华东师范大学精品教材建设专项基金资助项目

Discrete Mathematics

离散数学（第4版）

主编◎章炯民　副主编◎柳银萍　李海晟

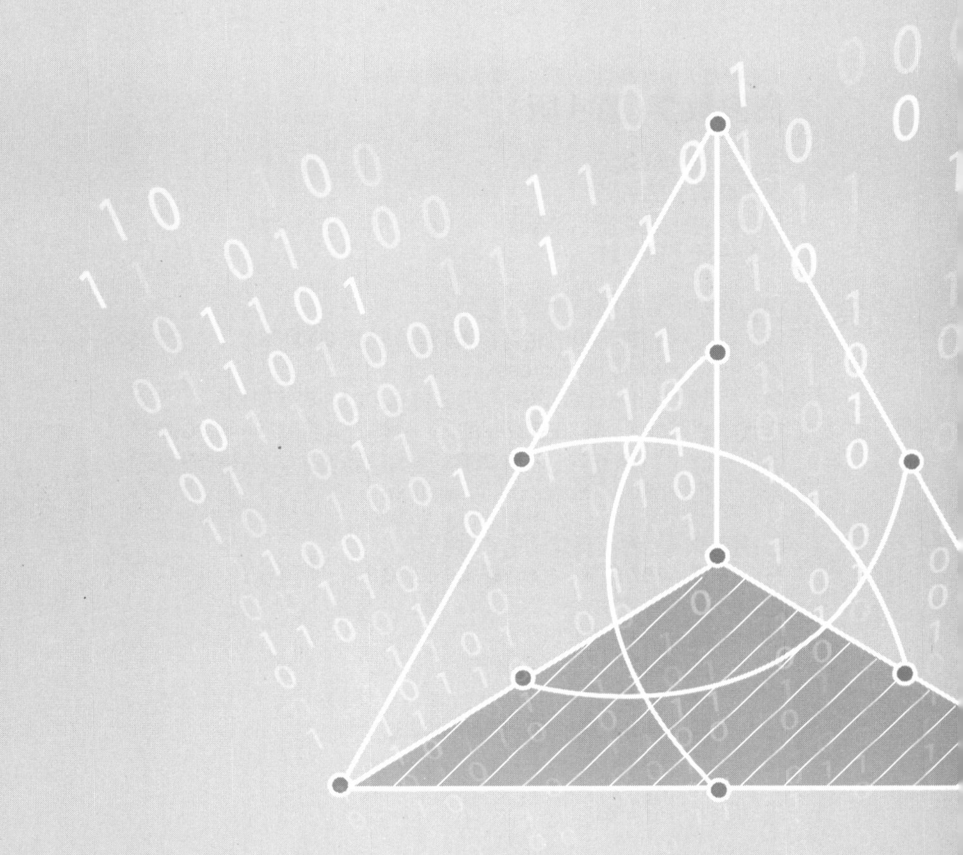

华东师范大学出版社
·上海·

图书在版编目(CIP)数据

离散数学/章炯民主编.—4版.—上海:华东师范大学出版社,2020
ISBN 978-7-5760-0232-4

Ⅰ.①离… Ⅱ.①章… Ⅲ.①离散数学—高等数学—教材 Ⅳ.①O158

中国版本图书馆CIP数据核字(2020)第107297号

华东师范大学精品教材建设专项基金资助项目
离散数学(第4版)

主　　编　章炯民
责任编辑　胡结梅
责任校对　郑华盛　时东明
装帧设计　俞　越

出版发行　华东师范大学出版社
社　　址　上海市中山北路3663号　邮编200062
网　　址　www.ecnupress.com.cn
电　　话　021-60821666　行政传真021-62572105
客服电话　021-62865537　门市(邮购)电话021-62869887
地　　址　上海市中山北路3663号华东师范大学校内先锋路口
网　　店　http://hdsdcbs.tmall.com

印 刷 者　上海昌鑫龙印务有限公司
开　　本　787毫米×1092毫米　1/16
印　　张　18.75
字　　数　424千字
版　　次　2021年2月第4版
印　　次　2023年8月第3次
书　　号　ISBN 978-7-5760-0232-4
定　　价　49.00元

出 版 人　王　焰

前言

本书第 1 版成书于 1985 年，此后每隔十余年都会重新修订一次，以适应计算机学科的快速发展。如今，距第 3 版出版已有十多年，计算机学科诸多方向又有了新的质的跃升，如人工智能、机器学习、大数据等领域飞速发展，国内外大环境也有了重大变化。为了落实党的二十大精神，更好地适应当今的新时代、新形势、新发展，我们再次对第 3 版作了全面修订。

本书从上世纪 80 年代初的油印讲义，到第 1 版，乃至如今的第 4 版，时间跨度长达四十多年，历经数代作者的精雕细琢，是所有参与作者集体智慧的结晶。在此我们向老一辈的三位作者陶增乐老师、黄馥林老师和陈强璋老师表示诚挚的感谢和深深的敬意，是他们为本书打下了扎实的基础，奠定了本书内容严谨、体系脉络清晰、表达简洁的基本风格。

第 4 版保持了本书一以贯之的基本风格，并大体保留了第 3 版的主要内容和结构。在此基础之上，第 4 版以党的二十大精神为指导，在确保正确的政治方向和价值导向的前提下，本着体现人类知识积累和创新成果、体现中华民族风格的理念，进一步强化理论联系实际。第 4 版精简了代数结构的部分内容，改写了第三章命题逻辑的部分内容，扩充了第八章图论的内容；同时，第 4 版整体进一步加强了离散数学与计算机科学的关联，增加或更新了离散数学在计算机科学中的应用方面的内容和实例。这些改变的主要依据是计算机学科的发展趋势，同时也兼顾了学生的接受水平和课程学时的限制。此外，第 4 版勘误了第 3 版的疏漏。

第 4 版第一章、第三章至第八章由章炯民执笔，第二章、第十一章至第十四章由柳银萍执笔，第九章、第十章由李海晟执笔。限于编者的水平，书中疏漏和不妥之处仍然难免，恳请读者指正。

编者

2023 年 8 月

目　录

第一章　集合论基础

集合是数学的基本概念,很多数学家都认为,所有的数学都可以用集合论的术语来表示.集合论的起源可以追溯到16世纪末,但它的创立是在19世纪末由德国数学家康托尔(G. Cantor)完成的.最初,为了建立微积分学的严格的理论基础,人们对数集进行了研究,直到1876~1883年,康托尔对任意元素的集合进行了系统的研究,提出了基数、序数和良序集等理论,从而奠定了集合论的基础.这样的集合论基于直观的集合概念,称为朴素集合论.1900年前后,由于各种悖论的发现,特别是1901年罗素(B. Russell)悖论的发现,使集合论的发展一度受阻.1908年,策莫罗(E. Zermelo)提出了第一个集合论的公理系统,使数学哲学中产生的一些矛盾基本得到统一.在此基础上,集合论与逻辑学相互融合并迅速发展,逐步形成了各种公理集合论.现在,集合论不仅作为一门纯数学成为数理逻辑的一个主要分支,而且作为精确、严谨而又简便的语言,已经渗透到现代数学的各个领域,成为现代数学的基础.

计算机科学对集合论感兴趣,是因为集合论在计算机科学中被广泛地应用,是建立数学模型以及进行深入探讨的有力工具.比如,在形式语言、编译理论、信息检索、数据结构、程序设计、算法分析、数据库、有限自动机、人工智能等等许多领域中,集合论都是不可缺少的理论工具,起着重要的作用.

本书仅限于讨论朴素集合论.本章介绍集合的基础知识,主要包括集合的概念、集合运算及其基本性质、n元组和笛卡儿乘积等等,这些基本概念是离散数学的基础,将贯穿整个课程.集合论其他更进一步的基本内容,如关系、函数、基数等,将在第五章和第六章中讲述.

1.1　集合的概念和术语

1.1.1　集合的基本概念和表示

集合是最基本的数学概念,没有更基本的可用来定义集合的其他数学概念,它的严谨描述属于数学的一个分支——公理集合论的研究范畴,这里只给出集合的直观描述.把某些对象汇集在一起,视为一个整体,这个整体就是一个**集合**,其中的对象(也就是各个个体)称为集合的**元素**.集合也常简称为**集**.

例如,所有的整数组成一个集合,这个集合含有整数…、-2、-1、0、1、2、…,但是不含有6.8、π、$\sqrt{2}$等非整数;中国的所有大学也构成一个集合,北京大学、清华大学、华东师范大学等都是这个集合的元素,但哈佛大学、麻省理工学院等都不是这个集合的元素. 还有大家熟悉的自然数集、有理数集和实数集等等,都是集合的例子.

通常,集合用大写英文字母表示,集合中的元素用小写英文字母表示,并且约定 $\mathbf{N}$、$\mathbf{Z}$、$\mathbf{Q}$ 和 $\mathbf{R}$ 分别表示自然数集、整数集、有理数集和实数集,$\mathbf{N}_+$、$\mathbf{Q}_+$ 和 $\mathbf{R}_+$ 分别表示正整数集、正有理数集和正实数集,$\mathbf{Z}_-$、$\mathbf{Q}_-$ 和 $\mathbf{R}_-$ 分别表示负整数集、负有理数集和负实数集.

若 x 是集合 A 中的元素,那么称 x **属于** A,记为 $x \in A$. 反之,若 x 不是 A 的元素,称 x **不属于** A,记为 $x \notin A$. 例如,$3 \in \mathbf{N}$, $0 \in \mathbf{N}$, $\sqrt{2} \notin \mathbf{Q}$, $\sqrt{2} \in \mathbf{R}$.

除了用符号表示集合及其元素以外,列举法、概括法和文氏图也是常用的描述集合的方法.

(1) 列举法

在花括号{ }中列举出集合的所有元素,或者将集合中的所有元素按某种显而易见的规律罗列出来. 例如,$\{1, 2, \{4\}\}$ 表示一个集合,这个集合中有 3 个元素,分别是 1、2 和 $\{4\}$;$\{1, 2, 3, \cdots\}$ 表示所有正整数的集合 $\mathbf{N}_+$,自然数集 $\mathbf{N} = \{0, 1, 2, 3, \cdots\}$.

(2) 概括法

通过指出集合中的元素所具有的性质来表示集合. 如果集合 A 中的元素都具有性质 p①,而不在 A 中的元素都不具有性质 p,也就是说,集合 A 由所有具有性质 p 的元素组成,那么应用概括法,集合 A 可表示为

$$\{x \mid p(x)\}.$$

例如,

$$\{x \mid x \in \mathbf{R} \text{ 且 } 0 < x < 1\}$$

表示开区间$(0, 1)$上的所有实数组成的集合,今后,我们也将直接用开区间来指代相应的集合;

$$\{x \mid x \text{ 是 10 以内的质数}\}$$

表示一个集合,这个集合中有 4 个元素,它们分别是 2、3、5 和 7,也即$\{2, 3, 5, 7\}$.

不难看出,集合

$$\{x \mid x \in \mathbf{R} \text{ 且 } x^2 + 1 = 0\}$$

不含任何元素. 不含任何元素的集合称为**空集**,记为$\varnothing$.

在特定的讨论范围内,由所关心的全体对象所组成的集合称为**全集**,全集常用 U 来表示. 比如,在微积分中,我们的讨论范围是全体实数,全集是实数集 $\mathbf{R}$;在数论中,全集是整数集 $\mathbf{Z}$,因为

---

① 在数理逻辑中,个体对象的性质可用一个谓词 $p(x)$ 表示,所以概括法也称为**谓词法**.

数论只关心整数的性质，而不关心小数和无理数. 所以，相应于不同的领域，全集也不尽相同，这一点需要特别注意.

（3）文氏图

文氏图是以英国数学家约翰·维恩(John Venn)的名字命名的，它可以形象地表示集合，尤其是集合之间的关系(参见 1.1.2 小节). 虽然这种表示方法并不精确，但它可以极大地帮助我们直观地分析问题.

文氏图把集合表示成几何图形. 一般用矩形表示全集，圆(或椭圆)或其他图形表示一般集合，有时也用点来表示集合中的特定元素.

在图 1.1.1 所展示的文氏图中，全集 U 是由 26 个小写英文字母组成的集合，集合 V 由 5 个小写的元音字母构成. 在文氏图 1.1.2 中，全集 U 是实数集 $\mathbf{R}$，三个集合 $\mathbf{R}$、$\mathbf{Q}$ 和 $\mathbf{N}$ 相互之间的"大小"关系在图中得到了直观的展示.

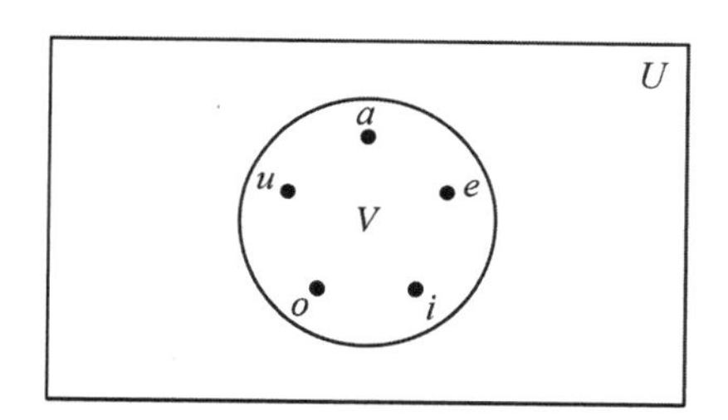

图 1.1.1 $U=\{a, b, c, \cdots, z\}$, $V=\{a, e, i, o, u\}$

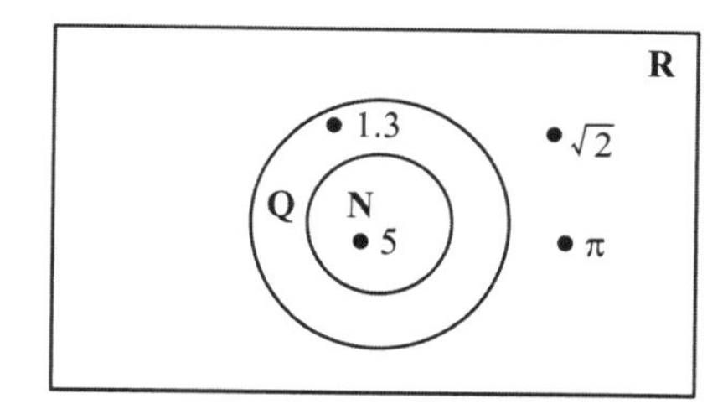

图 1.1.2 $U=\mathbf{R}$

1.1.2 集合之间的关系

定义 1.1.1 若集合 A 和 B 包含相同的元素，则称 A 和 B **相等**，记为 $A=B$.

例如，$\{x \mid x$ 是 10 以内的质数$\}=\{2, 3, 5, 7\}=\{7, 5, 3, 2\}$.

由上述定义，集合仅由组成它的元素所决定，而与元素在集合中出现的顺序和次数无关. 例如，

$$\{3, 4, 5\}=\{5, 4, 3\}=\{5, 5, 4, 4, 4, 3\}.$$

定义 1.1.2 若集合 A 中的元素均属于集合 B，则称 A 是 B 的**子集**，B **包含** A，A **包含于** B，记为 $A \subseteq B$ 或 $B \supseteq A$. 特别地，若 $A \subseteq B$ 但 $A \neq B$，则称 A 是 B 的**真子集**，B **真包含** A，A **真包含于** B，记为 $A \subset B$ 或 $B \supset A$.

例如，因为每个自然数都是整数，而有些整数不是自然数，所以，$\mathbf{N}$ 是 $\mathbf{Z}$ 的真子集，亦即 $\mathbf{N} \subset \mathbf{Z}$. 注意，集合 $\{a, b\}$ 不是集合 $\{\{a\}, b\}$ 的子集，当然也不是它的真子集，因为 $\{a\}$ 非 a，a 和 $\{a\}$ 是两个不同的元素. 注意，我们没有对集合的元素附加任何限制，任何对象都可以是某个集合的元素，因此一个集合完全可以含另一个集合作为其元素.

显然,空集是任何集合的子集,每个集合又都是全集的子集,即

$$\varnothing \subseteq A \subseteq U.$$

另外,任何集合都是其本身的子集,但不是其本身的真子集.所以,对于任意集合 A,称 $\varnothing$ 和 A 为它的**平凡子集**.

文氏图 1.1.3 和 1.1.4 形象地表示了 $A \subseteq B$ 和 $A \not\subseteq B$.

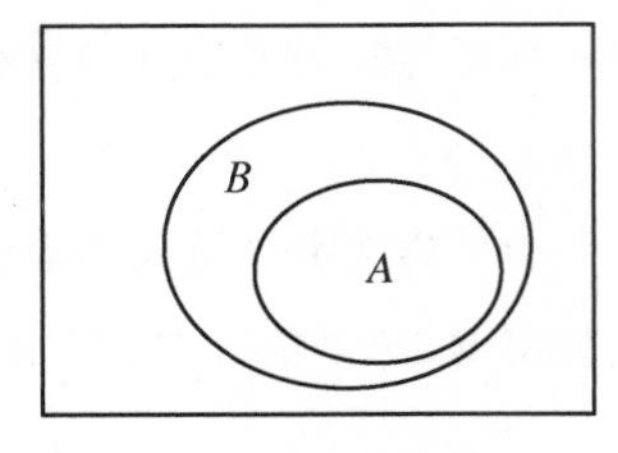

图 1.1.3　$A \subseteq B$

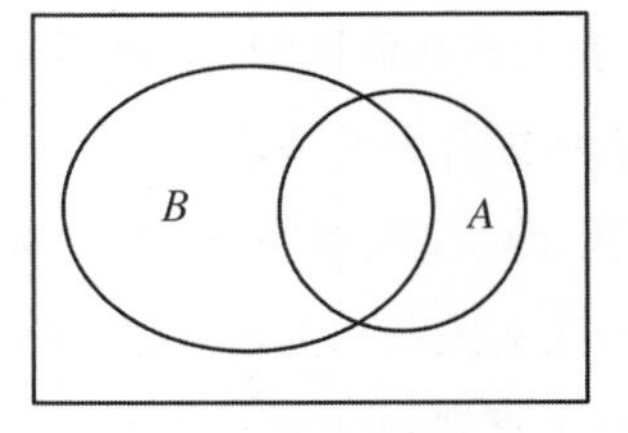

图 1.1.4　$A \not\subseteq B$

集合之间的包含关系满足下列性质.

定理 1.1.1　对于任意集合 A、B 和 C,

(1) $A \subseteq A$(自反性);

(2) 若 $A \subseteq B$,且 $B \subseteq A$,则 $A = B$(反对称性);

(3) 若 $A \subseteq B$,且 $B \subseteq C$,则 $A \subseteq C$(传递性).

定理 1.1.1 的证明很简单,留作练习,请读者自行完成.

注意: 定理 1.1.1 中的反对称性是证明两个集合相等的重要方法,参见 1.2 和 1.3 小节.

1.1.3 集合族

在对集合的描述中,并没有对其中的元素加以任何限制,所以集合本身也可以作为另一个集合的元素.

例如,$\{a, \{b\}\}$ 包含两个元素,其中一个元素 $\{b\}$ 就是以 b 为元素的集合;$\{\varnothing\}$ 是以空集 $\varnothing$ 为元素的单元素集.容易看出,

$$\{a, \{b\}\} \neq \{a, b\},\ \{a, \{b\}\} \subseteq \{a, b, \{b\}\},$$
$$\{\varnothing\} \neq \varnothing,\ \varnothing \subseteq \{\varnothing\}.$$

特别地,一个集合的所有元素可以都是集合.为了避免过多地使用集合这个词,我们把由若干集合组成的集合称为**集合族**.

例如,$\{\varnothing\}$ 和 $\{\varnothing, \{b\}\}$ 都是集合族.当 $A_1 = \{1\}$, $A_2 = \{2\}$ 时,称 $\{A_1, A_2\}$ 是以 $\{1, 2\}$ 为下标集,以 A_1 和 A_2 为元素的集合族.

一般地,若 B 是集合,且对任意 $\beta \in B$, A_β 是一个集合,那么称集合

$$\{A_\beta \mid \beta \in B\}$$

为以 B 为下标集,以所有 $A_\beta(\beta \in B)$ 为元素的集合族.

例如,对任意正整数 n,若定义 $A_n = \left\{x \,\middle|\, 0 < x < 1 + \frac{1}{n}\right\}$,则

$$\{A_n \mid n \in \mathbf{N}_+\}$$

是以正整数集 $\mathbf{N}_+$ 为下标集,以所有 $A_n(n \in \mathbf{N}_+)$ 为元素的集合族. 对任意 $x \in (0, 1)$,若令 $A_x = \{x\}$,则

$$\{A_x \mid x \in (0, 1)\}$$

是以集合 $(0, 1)$ 为下标集,以所有 $A_x(x \in (0, 1))$ 为元素的集合族.

值得注意的是,在以 B 为下标集的集合族 $\{A_\beta \mid \beta \in B\}$ 中,对于 β_1、$\beta_2 \in B$, $\beta_1 \neq \beta_2$, $A_{\beta_1} = A_{\beta_2}$ 是可能的.

1.2　集合的运算

1.2.1　集合的基本运算

对实数可以进行加、减、乘和除等基本运算,结果得到其他实数. 类似地,集合上也有并、交、差和补等基本运算,运算结果是其他新的集合.

定义 1.2.1　设 A 和 B 是集合,由 A 和 B 的所有元素所组成的集合称为 A 和 B 的**并集**,记为 $A \cup B$;由 A 和 B 的公共元素所组成的集合称为 A 和 B 的**交集**,记为 $A \cap B$;属于 A 但不属于 B 的元素所组成的集合称为 A 关于 B 的**差集**,记为 $A - B$. 特别地,称 $U - A$ 为 A 的**补集**. 记为 $\overline{A}$. 也就是说,

$$A \cup B = \{x \mid x \in A \text{ 或 } x \in B\}, \quad A \cap B = \{x \mid x \in A \text{ 且 } x \in B\},$$
$$A - B = \{x \mid x \in A \text{ 但 } x \notin B\}, \quad \overline{A} = \{x \mid x \notin A\}.$$

注意: 在通常情况下,讨论所涉及的元素限于全集,所以在上述 $\overline{A}$ 的概括法表示中,我们仅给出条件 $x \notin A$,默认所考虑的所有元素都属于全集.

文氏图 1.2.1、1.2.2、1.2.3 和 1.2.4 中的阴影区域分别表示了 $A \cup B$、$A \cap B$、$A - B$ 和 $\overline{A}$.

例 1.2.1　$\{1, 2\} \cup \{5, 6\} = \{1, 2, 5, 6\}$, $\{1, 2\} \cup \{2, 3\} = \{1, 2, 3\}$, $\{1, 2\} \cap \{2, 3\} = \{2\}$, $\{1, 2\} \cap \{5, 6\} = \varnothing$, $\{1, 2\} - \{2, 3\} = \{1\}$, $\{1, 2\} - \{5, 6\} = \{1, 2\}$, $\{1, 2\} - \{1, 2, 3\} = \varnothing$.

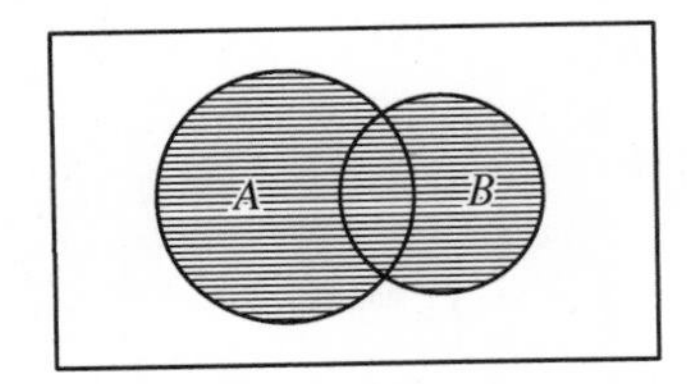

图 1.2.1　$A \cup B$

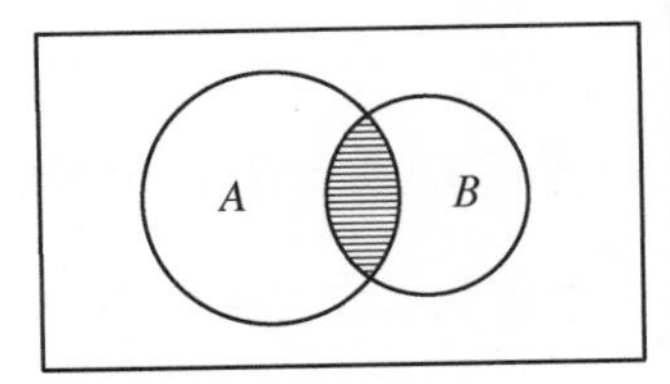

图 1.2.2　$A \cap B$

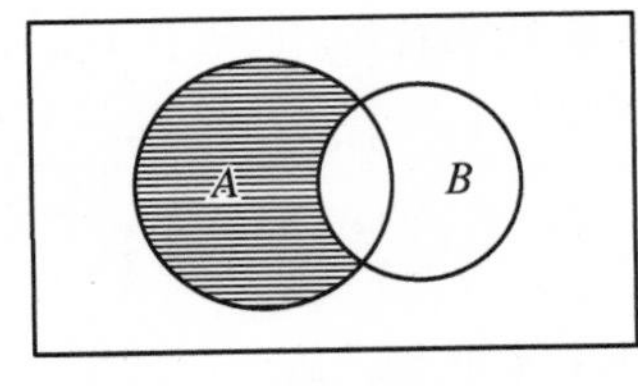

图 1.2.3　$A-B$

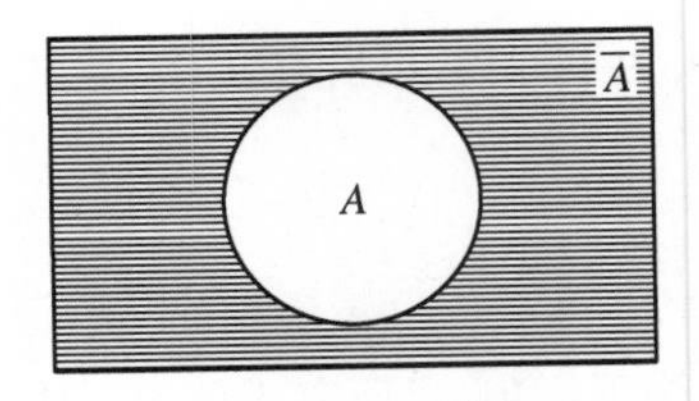

图 1.2.4　$\overline{A}$

若全集 U 为 $\mathbf{N}$,则

$$\overline{\{0, 1, 2\}} = \mathbf{N} - \{0, 1, 2\} = \{3, 4, 5, 6, \cdots\}. \blacksquare$$

当集合 A 和 B 满足 $A \cap B = \varnothing$ 时,称 A 和 B **互不相交**.

1.2.2　幂集

定义 1.2.2　设 A 是集合,由 A 的所有子集所组成的集合称为 A 的**幂集**,记为 $P(A)$.

也就是说,

$$P(A) = \{X \mid X \subseteq A\}.$$

由定义可知:$\varnothing \in P(A)$, $A \in P(A)$, $X \in P(A)$ 当且仅当 $X \subseteq A$.

例 1.2.2　$P(\mathbf{N})$表示自然数集 $\mathbf{N}$ 的幂集,所以,

$\{0\} \in P(\mathbf{N})$, $\{0, 2, 4\} \in P(\mathbf{N})$, $\{1, 3, 5, 7, \cdots, 2n-1, \cdots\} \in P(\mathbf{N})$, $\{\{0\}, \{0, 2, 4\}, \{1, 3, 5, 7, \cdots\}\} \subseteq P(\mathbf{N})$. $\blacksquare$

例 1.2.3　$P(\varnothing) = \{\varnothing\}$, $P(\{a\}) = \{\varnothing, \{a\}\}$, $P(\{a, b\}) = \{\varnothing, \{a\}, \{b\}, \{a, b\}\}$. $\blacksquare$

例 1.2.4　设 A 和 B 是集合,元素 $a \in A$,但 $a \notin B$,且 $A = B \cup \{a\}$,则

$$P(A) = P(B) \cup \{X \cup \{a\} \mid X \in P(B)\}.$$

证明:　令 $T = \{X \cup \{a\} \mid X \in P(B)\}$,也就是说,$T$ 是将 B 的每一个子集添加元素 a 之后得

到的集合族.

由于 $A = B \cup \{a\} \supseteq B$,所以 B 的任何子集也都是 A 的子集. 由幂集的定义,显然有,$P(A) \supseteq P(B)$. 同理,$P(A) \supseteq T$. 所以,

$$P(A) \supseteq P(B) \cup T.$$

反之,对于任意 $X \in P(A)$,由幂集的定义,X 是 A 的子集. 若 $a \notin X$,则 $X \subseteq B$, X 是 B 的子集,从而 $X \in P(B)$;若 $a \in X$,则 $X = (X - \{a\}) \cup \{a\}$,且 $X - \{a\} \in P(B)$,从而 $X \in T$. 总之,$X \in P(B) \cup T$. 因此,

$$P(A) \subseteq P(B) \cup T.$$

综上,由集合间包含关系的反对称性可知:

$$P(A) = P(B) \cup \{X \cup \{a\} \mid X \in P(B)\}. \blacksquare$$

例 1.2.4 实际上提示了一种罗列出有限集合所有子集的方法(参见习题 17).

1.2.3 n 元组和笛卡儿乘积

集合是由若干对象构成的一个整体,其中对象的顺序无关紧要,即使重新排列集合中的元素,只要集合中所包含的元素不变,作为整体的集合就保持不变. 然而,在很多情况下,我们也确实需要考虑对象构成整体的顺序,仅变换个体对象的顺序就可能导致另一个新的整体.

在笛卡儿直角坐标系下,(4, 2)和(2, 4)表示平面上两个不同的点,所以平面上的笛卡儿坐标可表示为两个实数组成的序列,而不能表示为集合. 类似地,英语单词可视为由若干个字母组成的序列,pin 和 nip 是两个不同的单词.

数学上,对象的序列表示为多元组.

定义 1.2.3　设 n 是正整数,则由 n 个对象组成的序列 $a_1a_2\cdots a_n$ 称为 ***n* 元组**,记为$(a_1, a_2, \cdots, a_n)$,其中,$a_i(1 \leqslant i \leqslant n)$ 称为该 n 元组的第 i 个**坐标**. 如果两个 n 元组对应的坐标均相同,那么称这两个 ***n* 元组相等**,即$(a_1, a_2, \cdots, a_n) = (b_1, b_2, \cdots, b_n)$ 当且仅当 $a_i = b_i(1 \leqslant i \leqslant n)$. 特别地, 2 元组也称为**有序偶**或**序偶**.

从定义可知, $(1, 2) \neq (1, 3)$, $(1, 2) \neq (2, 1)$, $(1, 2) \neq (1, 2, 3)$.

定义 1.2.4　设 n 是正整数,$D_1, D_2, \cdots, D_n$ 是 n 个集合,由 n 元组组成的集合 $\{(d_1, d_2, \cdots, d_n) \mid$ 对任意 $i(1 \leqslant i \leqslant n)$, $d_i \in D_i\}$ 称为 $D_1, D_2, \cdots, D_n$ 的**笛卡儿乘积**,记为 $D_1 \times D_2 \times \cdots \times D_n$.

也就是说,从 n 个集合 $D_1, D_2, \cdots, D_n$ 中依次各取出一个元素构成 n 元组,所有这样的 n 元组所组成的集合就是 $D_1, D_2, \cdots, D_n$ 的笛卡儿乘积.

特别地，$\underbrace{D \times D \times \cdots \times D}_{n个}$ 记为 D^n.

例 1.2.5 若集合 $A = \{1, 2, 3\}$，$B = \{a, b\}$，则

$$A \times B = \{(1, a), (2, a), (3, a), (1, b), (2, b), (3, b)\},$$
$$B \times A = \{(a, 1), (a, 2), (a, 3), (b, 1), (b, 2), (b, 3)\},$$
$$A^2 = \{(1, 1), (1, 2), (1, 3), (2, 1), (2, 2), (2, 3), (3, 1), (3, 2), (3, 3)\},$$
$$B^2 = \{(a, a), (a, b), (b, a), (b, b)\}. \blacksquare$$

例 1.2.6 R^2 表示笛卡儿平面，Q^2 表示笛卡儿平面上坐标是有理数的点组成的集合. ■

*1.2.4 广义并和广义交

定义 1.2.5 设 A 是集合族.

(1) 由所有 A 的元素中的元素所组成的集合称为集合族 A 的**广义并**，记为 $\cup A$，即

$$\cup A = \{x \mid 存在 X \in A, 使 x \in X\}.$$

(2) 若 A 不空，则由 A 中所有元素的公共元素所组成的集合称为集合族 A 的**广义交**，记为 $\cap A$，即

$$\cap A = \{x \mid 对任意 X \in A, 有 x \in X\}.$$

例 1.2.7 设集合族 $A = \{\{1, 2\}, \{2, \{3\}\}, \{1, 2, \{\{3\}\}\}\}$，则有

$$\cup A = \{1, 2, \{3\}, \{\{3\}\}\}, \cap A = \{2\}. \blacksquare$$

注意： $\cup \varnothing = \varnothing$，$\cap \varnothing$ 无定义.

若 A 是带下标集的集合族，$A = \{A_\beta \mid \beta \in B\}$，其中 B 是 A 的下标集，对任意 $\beta \in B$，A_β 是一个集合，则广义并 $\cup A$ 和广义交 $\cap A$ 也可分别表示或定义为：

$$\bigcup_{\beta \in B} A_\beta = \{x \mid 存在 \beta \in B, 使 x \in A_\beta\},$$
$$\bigcap_{\beta \in B} A_\beta = \{x \mid 对任意 \beta \in B, 有 x \in A_\beta\}.$$

例 1.2.8 若全集是实数集，对任意正整数 n，定义 $A_n = \left\{x \mid 0 < x < 1 + \frac{1}{n}\right\}$，那么

$$\bigcup_{n \in \mathbf{N}_+} A_n = \{x \mid 0 < x < 2\},$$
$$\bigcap_{n \in \mathbf{N}_+} A_n = \{x \mid 0 < x \leqslant 1\}. \blacksquare$$

$\bigcup\limits_{n\in\mathbf{N}_+} A_n$ 和 $\bigcap\limits_{n\in\mathbf{N}_+} A_n$ 也可分别记为 $\bigcup\limits_{n=1}^{\infty} A_n$ 和 $\bigcap\limits_{n=1}^{\infty} A_n$.

例 1.2.9　设 B 是非空集合，对任意 $\beta \in B$, $A_\beta = \{\beta\}$，则

$$\bigcup_{\beta\in B} A_\beta = B,$$

$$\bigcap_{\beta\in B} A_\beta = \begin{cases} B, & B \text{ 是单元素集}, \\ \varnothing, & B \text{ 非单元素集}. \end{cases}$$ ■

1.3　集合运算的性质

1.3.1　集合恒等式

实数上的四则运算满足许多运算律，如结合律、交换律、分配律等等. 类似地，集合运算也满足一些运算律. 当然，实数运算和集合运算所满足的运算律不尽相同.

定理 1.3.1　集合的并、交、差和补运算具有下列性质，其中 A、B 和 C 是任意集合.

(1) 幂等律：$A \cup A = A$, $A \cap A = A$；

(2) 同一律：$A \cup \varnothing = A$, $A \cap U = A$；

(3) 零律：$A \cup U = U$, $A \cap \varnothing = \varnothing$；

(4) 排中律：$A \cup \overline{A} = U$,

　　矛盾律：$A \cap \overline{A} = \varnothing$；

(5) 双重否定：$\overline{(\overline{A})} = A$；

(6) 交换律：$A \cup B = B \cup A$, $A \cap B = B \cap A$；

(7) 结合律：$A \cup (B \cup C) = (A \cup B) \cup C$, $A \cap (B \cap C) = (A \cap B) \cap C$；

(8) 分配律：$A \cup (B \cap C) = (A \cup B) \cap (A \cup C)$, $A \cap (B \cup C) = (A \cap B) \cup (A \cap C)$；

(9) 吸收律：$A \cup (A \cap B) = A$, $A \cap (A \cup B) = A$；

(10) 德摩根律：$\overline{A \cup B} = \overline{A} \cap \overline{B}$, $\overline{A \cap B} = \overline{A} \cup \overline{B}$.

下面的例题将选证定理 1.3.1 中的部分恒等式，其余留给读者作为练习. 证明的主要方法是：从集合运算的定义出发，利用集合间包含关系的反对称性.

例 1.3.1　证明集合并运算的结合律：$A \cup (B \cup C) = (A \cup B) \cup C$.

证明： 对任意的 x，如果 $x \in A \cup (B \cup C)$，那么 $x \in A$ 或 $x \in B \cup C$，而 $x \in B \cup C$ 意味着 $x \in B$ 或 $x \in C$，所以 $x \in A$ 或 $x \in B$ 或 $x \in C$，亦即 $x \in A \cup B$ 或 $x \in C$，从而 $x \in (A \cup B) \cup C$. 于是，

$$A\cup(B\cup C)\subseteq(A\cup B)\cup C.$$

同理可证

$$A\cup(B\cup C)\supseteq(A\cup B)\cup C.$$

综上,由集合间包含关系的反对称性可知

$$A\cup(B\cup C)=(A\cup B)\cup C.\ \blacksquare$$

由于集合并运算满足结合律,所以今后 $(A\cup B)\cup C$ 和 $A\cup(B\cup C)$ 统一简记为 $A\cup B\cup C$. 类似地,$(A\cap B)\cap C$ 和 $A\cap(B\cap C)$ 统一简记为 $A\cap B\cap C$.

例 1.3.2 证明集合并运算的吸收律:$A\cup(A\cap B)=A$.

证明: 对任意的 x,若 $x\in A\cup(A\cap B)$,则 $x\in A$ 或 $x\in A\cap B$,从而 $x\in A$,所以

$$A\cup(A\cap B)\subseteq A.$$

由并集的定义,显然有

$$A\subseteq A\cup(A\cap B).$$

综上,由集合间包含关系的反对称性可知

$$A\cup(A\cap B)=A.\ \blacksquare$$

例 1.3.3 证明集合并关于交的分配律:$A\cup(B\cap C)=(A\cup B)\cap(A\cup C)$.

证明: 对任意的 x,若 $x\in A\cup(B\cap C)$,则 $x\in A$ 或 $x\in B\cap C$.

当 $x\in A$ 时,由并的定义,显然有 $x\in A\cup B$ 且 $x\in A\cup C$,又由交的定义,有 $x\in(A\cup B)\cap(A\cup C)$ 成立.

当 $x\in B\cap C$ 时,由交的定义,显然有 $x\in B$ 且 $x\in C$,从而 $x\in A\cup B$ 且 $x\in A\cup C$,所以 $x\in(A\cup B)\cap(A\cup C)$.

综上,对任意的 x,当 $x\in A\cup(B\cap C)$ 时,有 $x\in(A\cup B)\cap(A\cup C)$,亦即

$$A\cup(B\cap C)\subseteq(A\cup B)\cap(A\cup C).$$

反之,对任意的 x,若 $x\in(A\cup B)\cap(A\cup C)$,则 $x\in A\cup B$ 且 $x\in A\cup C$.

当 $x\notin A$ 时,必有 $x\in B$ 且 $x\in C$,从而 $x\in B\cap C$,进而 $x\in A\cup(B\cap C)$. 所以,

$$A\cup(B\cap C)\supseteq(A\cup B)\cap(A\cup C).$$

当 $x\in A$ 时,显然有 $x\in A\cup(B\cap C)$. 所以,

$$A\cup(B\cap C)\supseteq(A\cup B)\cap(A\cup C).$$

综上,

$$A \cup (B \cap C) \supseteq (A \cup B) \cap (A \cup C).$$

最后,仍然由集合间包含关系的反对称性可知

$$A \cup (B \cap C) = (A \cup B) \cap (A \cup C). \blacksquare$$

在上面证明集合恒等式的过程中,我们利用了集合间包含关系的反对称性(参见 1.1.2 小节定理 1.1.1),这是证明两个集合相等的基本方法,今后我们还将经常使用这种方法,请读者注意熟练掌握.

这种证明方法的基本思路是:设 X 和 Y 是两个集合,欲证明 $X = Y$,只需证明 $X \subseteq Y$ 和 $X \supseteq Y$;欲证明 $X \subseteq Y$,只需证明:对任意 x,若 $x \in X$,则 $x \in Y$ 一定也成立;证明 $X \supseteq Y$ 可类似地进行. 请读者注意总结例 1.3.1 ~ 例 1.3.3 的证明模式.

例 1.3.4　证明集合并运算的德摩根律: $\overline{A \cup B} = \overline{A} \cap \overline{B}$.

证明: 对任意的 x,若 $x \in \overline{A \cup B}$,则 $x \notin A \cup B$,从而 $x \notin A$ 且 $x \notin B$,亦即 $x \in \overline{A}$ 且 $x \in \overline{B}$,所以 $x \in \overline{A} \cap \overline{B}$. 于是,

$$\overline{A \cup B} \subseteq \overline{A} \cap \overline{B}.$$

反之,对任意的 x,若 $x \in \overline{A} \cap \overline{B}$,则 $x \in \overline{A}$ 且 $x \in \overline{B}$,亦即 $x \notin A$ 且 $x \notin B$,从而 $x \notin A \cup B$,所以 $x \in \overline{A \cup B}$. 于是,

$$\overline{A \cup B} \supseteq \overline{A} \cap \overline{B}.$$

综上,

$$\overline{A \cup B} = \overline{A} \cap \overline{B}. \blacksquare$$

定理 1.3.2　设 A 和 B 是任意集合,则 $A - B = A \cap \overline{B}$.

证明: 在下面的证明中,符号⇔表示"当且仅当".

对任意的 x,

$$\begin{aligned} x \in A - B &\Leftrightarrow x \in A \text{ 且 } x \notin B && \text{(由集合差的定义)} \\ &\Leftrightarrow x \in A \text{ 且 } x \in \overline{B} && \text{(由集合补的定义)} \\ &\Leftrightarrow x \in A \cap \overline{B}. && \text{(由集合交的定义)} \end{aligned}$$

所以,$A - B \supseteq A \cap \overline{B}$,且 $A - B \subseteq A \cap \overline{B}$,从而 $A - B = A \cap \overline{B}$. ■

这个证明过程同时完成了对 $A - B \supseteq A \cap \overline{B}$ 和 $A - B \subseteq A \cap \overline{B}$ 的证明,表述比例 1.3.1 ~ 例 1.3.4 中的证明更简洁,但证明方法本质上完全相同. 请读者自行尝试将例 1.3.1 ~ 例 1.3.4 中的证明改为上述更简洁的形式.

1.3.2 集合演算

在代数中,我们用变量替代算术表达式中的具体的数,就得到代数公式,进而利用基本的代数恒等式对代数公式进行等值替换,即进行代数演算,从而化简代数公式、证明其他代数恒等式等等.类似地,在集合论中,我们有集合公式,有基本的集合恒等式(定理1.3.1和定理1.3.2),也可以利用这些基本恒等式进行集合演算,化简集合公式或证明其他集合恒等式.

例1.3.5 对任意三个集合A、B和C,证明

$$A\cup((A\cap B)\cap(A\cup C))=A.$$

证明: 左式$=(A\cup(A\cap B))\cap(A\cup(A\cup C))$ ($\cup$关于$\cap$的分配律)

$=A\cap(A\cup(A\cup C))$ ($\cup$的吸收律)

$=A$(右式). ($\cap$的吸收律)■

例1.3.6 对任意三个集合A、B和C,证明

$$A\cap((A\cup B)\cup(A\cap C))=A.$$

证明: 左式$=(A\cap(A\cup B))\cup(A\cap(A\cap C))$ ($\cap$关于$\cup$的分配律)

$=A\cup(A\cap(A\cap C))$ ($\cap$的吸收律)

$=A$(右式). ($\cup$的吸收律)■

例1.3.5和例1.3.6演示了证明两个集合相等的另一种方法:集合演算,即利用集合恒等式,将一个集合公式变换为另一个相等的集合公式,正如同代数中的代数演算,其中的过程是相似的,只不过参与演算的对象、运算和所遵循的运算律有所不同.在证明两个集合相等时,通过适当的集合演算有可能得到比较简洁的证明.

例1.3.7 设A、B和C是集合,且$A\cup C=B\cup C$, $A\cap C=B\cap C$.证明$A=B$.

证明: $A=A\cup(A\cap C)$ ($\cup$的吸收律)

$=A\cup(B\cap C)$ ($A\cap C=B\cap C$)

$=(A\cup B)\cap(A\cup C)$ ($\cup$关于$\cap$的分配律)

$=(A\cup B)\cap(B\cup C)$ ($A\cup C=B\cup C$)

$=(B\cup A)\cap(B\cup C)$ ($\cup$的交换律)

$=B\cup(A\cap C)$ ($\cup$关于$\cap$的分配律)

$=B\cup(B\cap C)$ ($A\cap C=B\cap C$)

$=B.$ ($\cup$的吸收律)■

1.3.3 对偶原理

注意观测例 1.3.5 和例 1.3.6,其中的等式非常相似. 对于例 1.3.5 中的等式,如果把其中的 $\cup$ 换成 $\cap$、$\cap$ 换成 $\cup$,就得到例 1.3.6 中的等式;反过来,若对例 1.3.6 中的等式进行同样的变换,就得到例 1.3.5 中的等式. 两个相似的等式同时成立,事实上这并非特例和巧合.

设 P 是至多包含并、交和取补三种集合运算(不含差运算)的命题,若将 P 中的 $\cup$、$\cap$、$\varnothing$ 和 U 分别替换为 $\cap$、$\cup$、U 和 $\varnothing$ 而得到一个新的命题,记为 P^*,则称 P 与 P^* 互为**对偶命题**. 若 $P = P^*$,则称 P 为**自对偶命题**.

例如,定理 1.3.1 中成对出现的恒等式都互为对偶命题,单独出现的恒等式 $\overline{(\overline{A})} = A$ 是自对偶命题;例 1.3.5 和例 1.3.6 中的两个等式互为对偶命题. 但是,$(A - B) - C = A - (B \cup C)$ 和 $(A - B) - C = A - (B \cap C)$ 不是对偶命题,因为其中包含差运算.

通常,集合运算的**对偶原理**成立,即,若 P 和 P^* 互为对偶命题,则 P 成立当且仅当 P^* 也成立.

定理 1.3.1、例 1.3.5 和例 1.3.6 都验证了对偶原理. 但是,我们无法给出对偶原理的严格证明,因为命题的形式千变万化. 不过,仔细观测定理 1.3.1 以及例 1.3.5 和例 1.3.6 的证明过程,应该可以大致理解对偶原理成立的原因. 集合的基本恒等式成对出现,每对恒等式互为对偶,或者是自对偶的,因此,只要采用集合演算的方法证明了某个恒等式,那么就一定可以简单地构造出对偶恒等式的"对偶"的证明. 事实上,如果把对偶原理中的命题限制为如同例 1.3.5 和例 1.3.6 那样的集合恒等式,则这种"受限的对偶原理"是可以比较简单地通过数学归纳法予以证明的,具体证明方法请有兴趣的读者自行思考.

例 1.3.8 设 A、B 和 C 是集合,证明 $(A - B) - C = A - (B \cup C)$.

证明: 左式 $= (A \cap \overline{B}) \cap \overline{C}$ (定理 1.3.2)

$= A \cap (\overline{B} \cap \overline{C})$ ($\cap$ 的结合律)

$= A \cap (\overline{B \cup C})$ ($\cup$ 的德摩根律)

$= A - (B \cup C)$. (定理 1.3.2) ■

但是,若将例 1.3.8 中的恒等式中的 $\cup$ 替换为 $\cap$,所得到的等式 $(A - B) - C = A - (B \cap C)$ 并不总是成立,从文氏图上就可以很容易地看出来. 比如,当 $A = \{1, 2, 3, 4, 5\}$、$B = \{2, 3\}$、$C = \{2, 4\}$ 时,$(A - B) - C = \{1, 5\}$,而 $A - (B \cap C) = \{1, 2, 3, 4, 5\} - \{2\} = \{1, 3, 4, 5\}$,所以 $(A - B) - C \neq A - (B \cap C)$. 前面已经指出,$(A - B) - C = A - (B \cup C)$ 和 $(A - B) - C = A - (B \cap C)$ 并非对偶命题,所以,$(A - B) - C = A - (B \cup C)$ 成立,而 $(A - B) - C = A - (B \cap C)$ 不成立,这个事实与对偶原理并不矛盾.

1.4 有限集合的计数

含有限个元素的集合称为**有限集**,非有限集的集合称为**无限集**,也即含无限个元素的集合是无限集. 若 A 是有限集,则用 $|A|$ 表示其中的元素个数. 若 $|A| = n$, n 为自然数,则称 A 为 ***n* 元集合**,简称 ***n* 元集**.

例如,$\{1, 2, \{4\}\}$ 是有限集,含有 3 个元素,$|\{1, 2, \{4\}\}| = 3$; N 是无限集,含有无限多个元素.

定理 1.4.1 设 A 和 B 是有限集,则

(1) $|A \cup B| = |A| + |B| - |A \cap B|$;

(2) $|A \times B| = |A| \cdot |B|$;

(3) $|P(A)| = 2^{|A|}$.

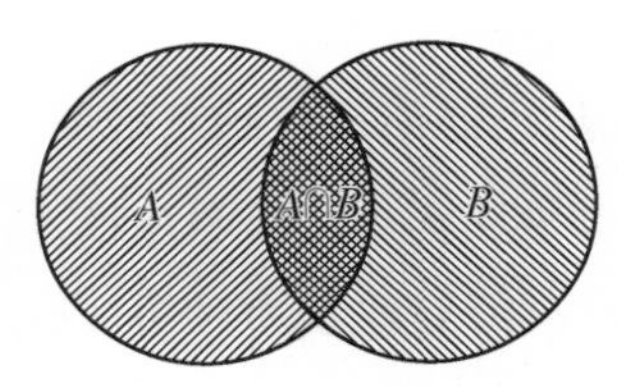

图 1.4.1 $A \cup B$ 和 $A \cap B$

证明: (1) 在计算 $|A| + |B|$ 时,$A \cap B$ 中的元素被计算了两次,如图 1.4.1 所示,所以 $|A \cup B| = |A| + |B| - |A \cap B|$.

(2) 对任意 2 元组 $(x, y) \in A \times B$, 由于 x 在 A 中共有 $|A|$ 种取法,而 y 在 B 中共有 $|B|$ 种取法,所以由乘法原理, $A \times B$ 中的 2 元组共有 $|A| \cdot |B|$ 种取法,故 $|A \times B| = |A| \cdot |B|$.

(3) 例 1.2.4 提示了一种运用数学归纳法的证明方法,请读者自行考虑. 下面给出另一种更简单直接的证明方法.

若 $|A| = 0$,则 $A = \varnothing$,所以 $P(A) = \{\varnothing\}$, $|P(A)| = 1 = 2^0$,从而结论成立.

若 $|A| > 0$,不妨设 $|A| = n$(n 是正整数),$A = \{a_1, a_2, \cdots, a_n\}$,其中 a_1、a_2、$\cdots$、a_n 互不相等. A 的任意子集 X(也即 $P(A)$ 中的任意元素 X) 都可以如下表示为一个长度为 n 的二进制串:若 $a_i \in X(1 \leqslant i \leqslant n)$, 则相应二进制串的第 i 位为 1,否则为 0;反之,每个长度为 n 的二进制串也如上对应了 A 的一个子集;而且,不同子集对应的二进制串互不相同,不同二进制串对应的子集也互不相同. 所以,A 的不同子集的数目就是不同二进制串的数目,后者显然为 2^n,故 $|P(A)| = 2^n = 2^{|A|}$. ■

定理 1.4.1 中的结论(1)称为**容斥原理**,这是一个重要的基本原理,常用于有限集的计数问题.

例 1.4.1 在一家软件公司中,每位软件工程师至少精通 C++和 Java 中的一种. 统计结果表明,精通 C++的软件工程师有 25 位,精通 Java 的软件工程师有 13 位,既精通 C++又精通 Java 的软件工程师有 8 位. 问这家软件公司共有多少位软件工程师?

解: 设 A 是这家软件公司里精通 C++的工程师的集合,B 是精通 Java 的工程师的集合. 那么 $A \cap B$ 是既精通 C ++ 又精通 Java 的工程师的集合. 又因为每位工程师至少精通 C ++ 和 Java 中的一种,所以全体工程师的集合是 $A \cup B$. 于是,这家软件公司共有 $|A \cup B|$ 位工程师,

$$|A \cup B| = |A| + |B| - |A \cap B| = 25 + 13 - 8 = 30. \blacksquare$$

例 1.4.2 在 1~100 的正整数中,含因子 3 或 5 的正整数共有多少个?

解: 设 A 是 1~100 中含因子 3 的正整数的集合,B 是 1~100 中含因子 5 的正整数的集合. 那么 $A \cap B$ 是 1 ~ 100 中既含因子 3 又含因子 5 的正整数的集合,$A \cup B$ 是 1~100 中含因子 3 或含因子 5 的正整数的集合. 所以,1~100 中含因子 3 或 5 的正整数共有 $|A \cup B|$ 个. 显然,

$$|A| = \left\lfloor \frac{100}{3} \right\rfloor = 33,\ |B| = \left\lfloor \frac{100}{5} \right\rfloor = 20,\ |A \cap B| = \left\lfloor \frac{100}{3 \cdot 5} \right\rfloor = 6.$$

于是,

$$|A \cup B| = |A| + |B| - |A \cap B| = 33 + 20 - 6 = 47. \blacksquare$$

上述基本的容斥原理还可以扩充到 n 个集合上,请参见下面的例 1.4.3 和第九章.

例 1.4.3 设 A、B 和 C 是有限集. 证明

$$|A \cup B \cup C| = |A| + |B| + |C| - |A \cap B| - |B \cap C| - |C \cap A| + |A \cap B \cap C|.$$

证明: $|A \cup B \cup C| = |A \cup (B \cup C)| = |A| + |B \cup C| - |A \cap (B \cup C)| = |A| + |B \cup C| - |(A \cap B) \cup (A \cap C)| = |A| + |B| + |C| - |B \cap C| - (|A \cap B| + |A \cap C| - |(A \cap B) \cap (A \cap C)|) = |A| + |B| + |C| - |A \cap B| - |B \cap C| - |C \cap A| + |A \cap B \cap C|.$ $\blacksquare$

例 1.4.4 **特征选择**也称**特征子集选择**,是当今机器学习领域中的研究热点之一. 机器学习通常基于样本的特征,比如基于样本的特征预测其类别. 现实中的情况往往是样本的特征集很大,即样本有很多特征,但其中的许多特征相互冗余或与目标问题并不相关. 例如,在基于学生的特征来预测学生能否通过本课程考试的问题中,可考虑的学生特征包括学号、姓名、性别、籍贯、其他相关课程的成绩、奖学金获得情况、课程难度系数、授课教师水平等等,其中"姓名"就是典型的无关特征;在预测幼儿成年后的身高时,可考虑的幼儿特征包括当前年龄和身高、性别、所在地、父母身高、民族或人种、家庭收入、家庭消费水平等等,其中"家庭收入"和"家庭消费水平"这两个特征具有相关性,其中之一就是冗余的. 实践表明,若特征维度(即特征集合中的特征个数)大于某个界限以后,随特征维度的增加,机器学习的效果不仅不会提高,反而可能会降低,而且特征维度越大训练开销也越大. 所以,特征选择,即从原始特征集中筛选出一个合适的特征子集对机器学习非常重要,良好选择的特征子集可以有效地提高模型的性能,减少过拟合,提高泛化能

力,获得较好的可解释性,加快训练速度. 但是,在现实复杂的应用环境中,人们很难判断特征与目标问题之间的相关性、特征与特征之间的相关性. 此外,定理1.4.1(3)告诉我们,若样本的特征维度为d,则不同的非空特征子集共有2^d-1个,于是简单的穷举式搜索必须检验2^d-1个特征子集才能确定最优的特征子集. 由于一般d都不会很小,所以穷举式搜索的计算量极大,无法现实地解决特征选择问题. 这就是当下研究特征选择方法的意义所在. ■

*1.5 罗素悖论

在康托尔创立集合论时,集合的概念完全是基于直观经验的,没有给出严格定义,正如我们在本章所做的那样,这样的集合论称为**朴素集合论**. 然而,仅凭直观经验建立起来的概念是靠不住的,康托尔本人也早就注意到了这一点,他和其他数学家都曾经发现不少例子,证明朴素集合论中存在矛盾,其中最著名的是英国哲学家和数学家罗素发现于1901年的悖论,即罗素悖论.

所谓悖论是指这样的命题,从它为真可以证明它为假,从它为假又可以证明它为真,也即它既是真的又是假的. 如果数学中存在这样的悖论,那么从任意一个悖论出发,很容易地就可以证明任何"定理"(参阅第三章),包括那些明显荒唐和矛盾的"定理"!而集合论是现代数学的基础,所以集合悖论的发现动摇了整个现代数学体系.

罗素悖论很简单. 罗素把所有的集合分为两类,第一类集合其自身是属于它自己的一个元素,第二类集合其自身不属于自己. 定义

$$S=\{x \mid x \notin x\},$$

即S是不以自身为元素的集合的集合. 命题$S \in S$即为罗素悖论.

若$S \in S$为真,则S不满足S定义中的条件,所以有$S \notin S$,即$S \in S$为假,这是矛盾的;反之,若$S \in S$为假,亦即$S \notin S$为真,则S满足S定义中的条件,所以有$S \in S$为真,这也是矛盾的. 所以,根据反证法,命题$S \in S$既是真的又是假的,它是一个悖论.

罗素悖论存在的直接原因可以归咎于集合S: 这样的集合S实际上不存在,或不是合法的集合. 如果在集合概念的直观描述中,简单地把这样的集合S剔除,即明确规定它不是合法的集合,是否就可以避免悖论呢? 答案是否定的,因为在朴素集合论中,没有给出集合的定义,所以,可以构造出各种各样的"集合",即使规定了S不是合法的集合,还可以存在其他非正常的"集合",无法穷尽. 彻底解决问题的办法是公理集合论,但这已超出了本书的范围,我们不再进一步深入讨论.

尽管在朴素集合论中存在悖论,整个数学的基础为之动摇,但是,只要我们小心地避免这种非正常的"集合",悖论通常不会出现,朴素集合论已足够满足一般数学应用的需要.

1.6　小结

集合论不仅是数学的基础,也是计算机科学的重要工具. 本章讲述集合论最基础的知识,主要包括集合的直观概念、集合的表示方法和基本术语、集合的基本性质、集合的基本运算、基本的集合恒等式和集合演算、幂集、n 元组和笛卡儿乘积、容斥原理等等. 这些基本知识(除罗素悖论以外)是离散数学的基础,将在以后的章节中反复使用,所以必须深刻理解和熟练掌握.

利用集合包含关系的反对称性和集合演算是证明集合相等的两种基本方法,需深刻理解并能熟练地应用. 对于集合基本恒等式和集合演算的掌握和应用,可通过类比初等代数的相关内容来加深理解.

有限集合计数是一个重要的主题,将在第九章和第十章更深入地讨论. 容斥原理是一个基本的计数原理,第九章还将介绍更一般的容斥原理,读者也将看到更复杂、更有趣的应用例子.

n 元组和笛卡儿乘积的基本概念是关系和函数的基础,第五章和第六章将分别介绍关系和函数,计算机科学中的许多对象可以直接简单地建模为 n 元组和函数.

1.7　习题

1. 对下列每个集合,判断 2 和 $\{2\}$ 是否是其元素.

(1) $\{x \mid x$ 是大于 1 的整数$\}$;　(2) $\{x \mid x$ 是某整数的平方$\}$;

(3) $\{2, \{2\}\}$;　(4) $\{\{2\}, \{\{2\}\}\}$;

(5) $\{\{2\}, \{2, \{2\}\}\}$;　(6) $\{\{\{2\}\}\}$.

2. 设集合 $A = \{2, 4, \{4, 2\}, \varnothing\}$,下列哪些命题成立? 哪些命题不成立? 为什么?

(1) $\{2, 4\} \in A$;　(2) $\{4, 2\} \subseteq A$;

(3) $\{2, 4, \{4, 2\}\} \subseteq A$;　(4) $\varnothing \in A$;

(5) $\varnothing \subseteq A$;　(6) $\{\varnothing\} \subseteq A$;

(7) $\{\varnothing\} \in A$.

3. 下列哪些命题成立? 哪些不成立? 为什么?

(1) $\varnothing \in \{\varnothing, \{\varnothing\}\}$;　(2) $\varnothing \subseteq \{\varnothing, \{\varnothing\}\}$;

(3) $\{\varnothing\} \subseteq \{\varnothing, \{\varnothing\}\}$;　(4) $\{\{\varnothing\}\} \subseteq \{\varnothing, \{\varnothing\}\}$.

4. 对下列给定的集合 A 和 B,求出 $A \cup B$、$A \cap B$、$A - B$、$\overline{A}$ 和 $\overline{B}$,假定全集 $U = \{1, 2, \cdots, 9\}$.

(1) $A=\{1, 4, 6, 9\}$, $B=\{1, 2, 4, 5, 6, 7, 9\}$;

(2) $A=\{1, 2, 4, 8, 9\}$, $B=\{3, 7\}$.

5. 设集合 $A=\{a, b, \{a, b\}, \varnothing\}$,下列集合由哪些元素组成?

(1) $A-\{a, b\}$;　　(2) $\{\{a, b\}\}-A$;

(3) $\{a, b\}-A$;　　(4) $A-\varnothing$;

(5) $\varnothing-A$;　　(6) $A-\{\varnothing\}$.

6. 设 A 是你们学校二年级学生的集合,B 是你们学校必须学习离散数学的学生的集合,用 A 和 B 表示你们学校不必学习离散数学的二年级的学生的集合.

7. 设 A、B 和 C 是任意集合,判断下列命题是否成立,并说明理由:

(1) 若 $A\subseteq B$、$C\subseteq D$,则 $A\cup C\subseteq B\cup D$, $A\cap C\subseteq B\cap D$;

(2) 若 $A\subset B$、$C\subset D$,则 $A\cup C\subset B\cup D$, $A\cap C\subset B\cap D$;

(3) 若 $A\cup B=A\cup C$,则 $B=C$;

(4) 若 $A\cap B=A\cap C$,则 $B=C$.

8. 设 A、B 和 C 是任意集合,证明下列集合恒等式:

(1) $A\cap(B-C)=(A\cap B)-C$;　　(2) $(A\cup B)-C=(A-C)\cup(B-C)$;

(3) $A-(A-B)=A\cap B$;　　(4) $A\cup(B-A)=A\cup B$;

(5) $(A-B)-C=A-(B\cup C)$.

9. 设 A、B 和 C 是集合,证明下列结论:

(1) 若 $(A-B)\cap C=\varnothing$,则 $(A\cap C)-B=\varnothing$;

(2) 若 $A\cap B=\varnothing$,则 $A\subseteq\overline{B}$;

(3) 若 $A\cap B=\varnothing$,则 $A-B=A$;

(4) 若 $A\cap B=\varnothing$, $C=A\cup B$,则 $A=C-B$.

10. 设 A、B 和 C 是任意集合,证明下列集合恒等式:

(1) $(A-B)\cup(A-C)=A-(B\cap C)$;　　(2) $(A-C)\cap(B-C)=(A\cap B)-C$.

11. 指出下列集合等式成立的充分必要条件,其中 A、B 和 C 是集合:

(1) $A\cap B=A\cup B$;　　(2) $A-B=B-A$;

(3) $A-B=B$;　　(4) $(A-C)\cup(B-C)=\varnothing$;

(5) $(A-B)\cap(A-C)=\varnothing$.

12. 设 A、B 和 C 是集合,且 $A\subseteq B$. 证明:

(1) $A\cup B\subseteq B\cup C$;　　(2) $A\cap C\subseteq B\cap C$.

13. 设 A 和 B 是集合,集合运算对称差 $\oplus$ 定义如下: $A\oplus B=(A-B)\cup(B-A)$. 证明下列恒等式,其中 A、B 和 C 是任意集合:

(1) $A\oplus B=B\oplus A$;　　(2) $(A\oplus B)\oplus C=A\oplus(B\oplus C)$;

(3) $A \oplus A = \varnothing$;　　(4) $A \oplus \varnothing = A$;

(5) $A \oplus B = (A \cup B) - (A \cap B)$.

14. 试求：(1)$P(\varnothing)$；(2)$P(P(\varnothing))$；(3)$P(\{\varnothing, a, \{a\}\})$.

15. 设 A 是集合，下列命题是否必定成立？

(1)$A \in P(A)$；(2)$A \subseteq P(A)$；(3)$\{A\} \in P(A)$；(4)$\{A\} \subseteq P(A)$.

16. 设 A 和 B 是任意集合，证明：

(1) $P(A \cap B) = P(A) \cap P(B)$;　　(2) $P(A \cup B) \supseteq P(A) \cup P(B)$;

(3) $P(A \cup B) \subseteq P(A) \cup P(B)$ 不一定成立；(4) $P(A) \cap P(B) = \{\varnothing\}$ 当且仅当 $A \cap B = \varnothing$.

***17.** 编写一个程序，输入任意一个自然数 n，输出 $P(\{1, 2, \cdots, n\})$ 的所有元素.（提示：参考例 1.2.4，编写递归程序；或参考定理 1.4.1(3) 的证明.）

18. 设 $A = \{a, b\}$, $B = \{b, c\}$. 下列集合由哪些元素组成？

(1)$A \times \{a\} \times B$；(2)$P(A) \times B$；(3)$(B \times B) \times B$.

19. 设 A 是任意集合，$A^3 = (A \times A) \times A = A \times (A \times A)$ 是否成立？为什么？

20. 设 A、B、C 和 D 是集合，证明：

(1) 若 $A \times A = B \times B$，则 $A = B$;

(2) 若 $A \times B = A \times C$ 且 $A \neq \varnothing$，则 $B = C$;

(3) 若 A、B、C 和 D 均非空集，且 $A \times B = C \times D$，则 $A = C$ 且 $B = D$;

(4) 若 $A \subset B$ 且 $C \subset D$，则 $A \times C \subset B \times D$.

21. 设 A、B、C 和 D 是任意集合. 请证明：

(1) $(A \times C) \cap (B \times D) = (A \cap B) \times (C \cap D)$;

(2) $(A \times C) \cup (B \times D) \subseteq (A \cup B) \times (C \cup D)$.

22. 设 $\{A_\beta \mid \beta \in B\}$ 是以 B 为下标集的集合族. 证明下列恒等式.

(1) $\overline{\bigcup_{\beta \in B} A_\beta} = \bigcap_{\beta \in B} \overline{A_\beta}$;　　(2) $\overline{\bigcap_{\beta \in B} A_\beta} = \bigcup_{\beta \in B} \overline{A_\beta}$.

23. 设集合族 $\{A_n \mid n \in \mathbf{N}\}$ 和 $\{B_n \mid n \in \mathbf{N}\}$，证明：$(\bigcup_{n \in \mathbf{N}} A_n) \cap (\bigcap_{n \in \mathbf{N}} B_n) \subseteq \bigcup_{n \in \mathbf{N}} (A_n \cap B_n)$.

***24.** 设集合族 $\{A_n \mid n \in \mathbf{N}\}$，令 $B_0 = A_0$, $B_n = A_n - \bigcup_{k=0}^{n-1} A_k (n > 0)$. 证明：

(1) 对任意 $i, j \in \mathbf{N}$, $i \neq j$，有 $B_i \cap B_j = \varnothing$;　　(2) $\bigcup_{n \in \mathbf{N}} A_n = \bigcup_{n \in \mathbf{N}} B_n$.

***25.** 设集合 $A_0 \supseteq A_1 \supseteq A_2 \supseteq \cdots \supseteq A_n \supseteq \cdots$，证明：$A_0 = (\bigcup_{n \in \mathbf{N}} (A_n - A_{n+1})) \cup D$，其中，$D = \bigcap_{n \in \mathbf{N}} A_n$.

26. 以 1 开头或者以 00 结束的不同的字节（8 位的二进制串）有多少个？

27. 在 1~200 的正整数中，

(1) 含因子 3、或 5、或 7 的正整数共有多少个？

(2) 含因子3,但不含因子5的正整数共有多少个?

(3) 含因子3或5,但不同时含因子3和5的正整数共有多少个?

(4) 含因子4或6的正整数共有多少个?

(5) 与15互素的正整数(即与15之间的最大公因子为1的那些正整数)共有多少个?

28. 对于100~200的正整数,回答上题中的5个问题.

第二章　数论基础

数论是研究整数及其性质的数学分支.整数的性质奇妙而复杂,古今中外,人们对整数一直保持着浓厚的兴趣.在我国古代的数学著作中,有关整数的讨论并不鲜见,如求最大公因数、勾股数组、某些不定方程的整数解等.古希腊时代的数学家对整除性进行了系统的研究,并由此诞生了质数、合数、因数、倍数等一系列概念.十八世纪末,德国数学大师高斯对历代积累的丰富而零散的研究成果作了整理、归纳和推广,编写了《算术探讨》一书,从此开创了现代数论的新纪元.

随着近代计算机科学和应用数学的蓬勃发展,数论获得了广泛的应用.比如,初等数论的许多结论在计算方法、代数编码、组合论等领域得到了应用,有人在测距中用上了孙子定理,在离散傅立叶变换中利用了原根和指数等.此外,数论的研究成果也在近似分析、差集合、快速变换等领域得到了应用.

本章主要介绍初等数论中最基本的概念和性质,包括整除、最大公因数、最小公倍数、欧几里得算法、整数的素分解、同余方程等,这些基础知识是离散数学的基础,也是信息安全和密码学等相关课程必不可少的数学基础.

2.1　最大公因数和最小公倍数

2.1.1　整除、同余、最大公因数和最小公倍数

两个整数的和、差、积仍然是整数,但是除法的结果不一定是整数.

定义 2.1.1　设 a 和 b 是整数, $b \neq 0$. 如果存在整数 q 使得 $a = bq$,则称 b **整除** a,记为 $b \mid a$,并称 b 是 a 的一个**因数**(或**约数**), a 为 b 的**倍数**;特别地,当 $q \neq 1$ 时,称 b 为 a 的一个**真因数**;如果不存在这样的整数 q,则称 b **不整除** a,记为 $b \nmid a$.

整数的除法运算具有下面的简单性质,这是整数的一个基本性质,从它可以导出许多其他的性质.

定理 2.1.1(带余除法)　设 a 和 b 是整数, $b \neq 0$,则存在整数 q 和 r,使得

$$a = bq + r, \tag{2.1.1}$$

其中$0 \leqslant r < |b|$,并且q和r由a和b唯一确定.

证明: 设a和b是整数. 不妨设$b > 0$(对于$b < 0$的情况可类似地证明). 构造整数序列:

$$\cdots, -3b, -2b, -b, 0, b, 2b, 3b, \cdots.$$

显然,a必在序列的某两项之间,即存在整数q使得

$$qb \leqslant a < (q+1)b.$$

令$a - bq = r$,则$a = bq + r$,且$0 \leqslant r < b$.

下面证明q和r的唯一性.

设整数q_1和r_1也满足(2.1.1),即$a = bq_1 + r_1$, $0 \leqslant r_1 < b$,则$bq_1 + r_1 = bq + r$. 于是$b(q - q_1) = r_1 - r$, 从而$b|q - q_1| = |r_1 - r|$.

由于$0 \leqslant r < b$且$0 \leqslant r_1 < b$,所以$0 \leqslant |r_1 - r| < b$. 于是$q - q_1 = 0$,即$q = q_1$,从而$r = r_1$. ■

(2.1.1)式中的q称为a被b除所得的**不完全商**,r称为a被b除所得的**余数**.

例 2.1.1 (1) 设$a = 255$, $b = 15$. $a/b = 17$,所以$a = 17b + 0$, a被b除的不完全商是17,余数是0.

(2) 设$a = 418$, $b = 15$. $a/b = 27.8666\cdots$,所以$a = 27b + 13$, a被b除的不完全商是27,余数是13.

(3) 设$a = -81$, $b = 15$. $a/b = -5.4$,所以$a = -6b + 9$, a被b除的不完全商是-6,余数是9. ■

显然,b整除a当且仅当a被b除的余数为零.

定义 2.1.2 设m是非零整数,a和b是整数. 如果$m \mid (a - b)$,则称a和b模m**同余**,记为$a \equiv b \pmod{m}$.

容易看出,a与b模m同余当且仅当a与b被m除所得的余数相同. 例如, $10 \equiv 4 \pmod 3$, $24 \equiv 0 \pmod 8$.

形如$a \equiv b \pmod{m}$的式子称为**同余式**,它的许多性质都与通常的等式的性质相似.

定理 2.1.2 同余关系是等价关系,即同余关系具有:

(1) 自反性:$a \equiv a \pmod{m}$;

(2) 对称性:如果$a \equiv b \pmod{m}$,则$b \equiv a \pmod{m}$;

(3) 传递性:如果$a \equiv b \pmod{m}$, $b \equiv c \pmod{m}$,则$a \equiv c \pmod{m}$.

定理 2.1.2 的证明很简单,请读者自行完成.

定理 2.1.3 模算术运算具有以下性质:

(1) 如果$a \equiv b \pmod{m}$, $c \equiv d \pmod{m}$,则$a \pm c \equiv b \pm d \pmod{m}$;

(2) 如果 $a \equiv b \pmod m$，$c \equiv d \pmod m$，则 $ac \equiv bd \pmod m$；

(3) 若 $ac \equiv bc \pmod m$，则 $a \equiv b\left(\bmod \dfrac{m}{(c,\ m)}\right)$；特别地，当 $(c,\ m) = 1$ 时，$a \equiv b \pmod m$.

证明： (1)是显然的. (2)可以从等式 $ac - bd = a(c - d) + d(a - b)$ 及已知条件得到. (3)是同余式中的消去律，涉及最大公因数的概念和性质，其证明将在定理 2.1.7 的后面给出. ■

最大公因数是一个基本的概念，在数论中起着非常重要的作用.

定义 2.1.3　设 $a_1,\ a_2,\ \cdots,\ a_n$ 是 $n(n \geqslant 2)$ 个不全为零的整数，若整数 d 是其中每个整数的因数，那么称 d 为 $a_1,\ a_2,\ \cdots,\ a_n$ 的**公因数**. 在整数 $a_1,\ a_2,\ \cdots,\ a_n$ 的诸公因数中，最大的那个称为**最大公因数**，记为 $(a_1,\ a_2,\ \cdots,\ a_n)$. 若 $(a_1,\ a_2,\ \cdots,\ a_n) = 1$，则称 $a_1,\ a_2,\ \cdots,\ a_n$ **互质**或**互素**.

显然，如果 d 是 $a_1,\ a_2,\ \cdots,\ a_n$ 的公因数，则 $-d$ 也是. 因此，最大公因数一定是正整数. 最大公因数还具有下列简单性质.

定理 2.1.4　若 $a_1,\ a_2,\ \cdots,\ a_n$ 是任意 $n(n \geqslant 2)$ 个不全为零的整数，则有

(1) $(a_1,\ a_2,\ \cdots,\ a_n) = (|a_1|,\ |a_2|,\ \cdots,\ |a_n|)$；

(2) 当 $a_i \neq 0(1 \leqslant i \leqslant n)$ 时，$(0,\ a_i) = |a_i|$；

(3) 任意变换 $(a_1,\ a_2,\ \cdots,\ a_n)$ 中各整数的位置，其值不变；

(4) 对于任意正整数 $i(1 \leqslant i \leqslant n)$ 和整数 $x_1,\ x_2,\ \cdots,\ x_n$，有

$$(a_1,\ a_2,\ \cdots,\ a_n) = (a_1 + a_i x_1,\ a_2 + a_i x_2,\ \cdots,\ a_{i-1} + a_i x_{i-1},\ a_i,\ a_{i+1} + a_i x_{i+1},\ \cdots,\ a_n + a_i x_n).$$

证明： (1)、(2)、(3)均可从最大公因数的定义直接得出. 对于(4)，下面以 $i = 1$、$x_2 = 1$、$x_3 = 0$、…、$x_n = 0$ 为例，证明 $(a_1,\ a_2,\ \cdots,\ a_n) = (a_1,\ a_2 + a_1,\ \cdots,\ a_n)$，一般情况则可简单地通过反复利用已证明的结果以及性质(1)和(3)来证明，这里不再赘述.

不妨设 $d = (a_1,\ a_2,\ \cdots,\ a_n)$，$d' = (a_1,\ a_2 + a_1,\ \cdots,\ a_n)$，$a_1,\ a_2,\ \cdots,\ a_n$ 均被 d 整除，从而 $d \mid a_2 + a_1$，即 $a_1,\ a_2 + a_1,\ \cdots,\ a_n$ 也均被 d 整除，故 $d \leqslant d'$；同理可得，$d' \leqslant d$. 因此 $d = d'$. ■

例 2.1.2　设 n 是正整数，证明 $(n - 1,\ n^2 + n + 4)$ 是 6 的因数.

证明： 根据定理 2.1.4(4)，因为 $n^2 + n + 4 = (n - 1)(n + 2) + 6$，所以 $(n - 1,\ n^2 + n + 4) = (n - 1,\ 6)$，从而 $(n - 1,\ n^2 + n + 4)$ 是 6 的因数. ■

与最大公因数相对的另一个重要概念是最小公倍数.

定义 2.1.4　设 $a_1,\ a_2,\ \cdots,\ a_n$ 是 $n(n \geqslant 2)$ 个非零整数，若整数 D 是其中每个整数的倍数，那么称 D 为 $a_1,\ a_2,\ \cdots,\ a_n$ 的**公倍数**. 在整数 $a_1,\ a_2,\ \cdots,\ a_n$ 的诸正公倍数中，最小的那个

称为**最小公倍数**,记为$[a_1, a_2, \cdots, a_n]$.

例如,24和78的最小公倍数是312,即$[24, 78] = 312$.

2.1.2 欧几里得算法

两个整数的最大公因数可由欧几里得算法求得,其基础是下面的定理.

定理2.1.5 设a、b和c是任意三个不全为零的整数,且$a = bq + c$,则$(a, b) = (b, c)$.

证明: 设d是a与b的公因数,则显然d是$c = a - bq$的因数,从而d是b和c的公因数. 同理可证,b和c的公因数也都是a和b的公因数. 故由最大公因数的定义,$(a, b) = (b, c)$. ■

设a和b是整数,$b \neq 0$. 按下述方式反复进行带余除法,直到某次带余除法的余数为0为止:

用b除a: $a = bq_0 + r_0$, $0 < r_0 < |b|$;

用r_0除b: $b = r_0q_1 + r_1$, $0 < r_1 < r_0$;

用r_1除r_0: $r_0 = r_1q_2 + r_2$, $0 < r_2 < r_1$;

……

用r_{n-1}除r_{n-2}: $r_{n-2} = r_{n-1}q_n + r_n$, $0 < r_n < r_{n-1}$;

用r_n除r_{n-1}: $r_{n-1} = r_nq_{n+1}$.

事实上,由于诸余数$r_0, r_1, \cdots$都为正整数,且满足$r_0 > r_1 > \cdots \geqslant 0$,所以,上述带余除法进行有限次之后余数必为零,整个过程一定终止. 这个辗转相除的过程就是**欧几里得算法**,也称为**辗转相除法**. 由定理2.1.5,有

$$(a, b) = (b, r_0) = (r_0, r_1) = \cdots = (r_{n-1}, r_n) = r_n,$$

从而得到a和b的最大公因数.

欧几里得算法是一个十分重要的算法,不仅可用来求两个整数的最大公因数,还可用于求解一次不定方程和同余方程,最大公因数的某些重要性质也可借助于它来证明.

例2.1.3 求435和377的最大公因数,并把它表示为435和377的线性组合.

解: 进行辗转相除,用大数435除以小数377:

$$435 = 1 \cdot 377 + 58,\ 377 = 6 \cdot 58 + 29,\ 58 = 2 \cdot 29 + 0.$$

所以,$(435, 377) = (377, 58) = (58, 29) = 29$.

把辗转相除的过程倒推回去,则有

$$29 = 377 - 6 \cdot 58 = 377 - 6 \cdot (435 - 1 \cdot 377) = 7 \cdot 377 - 6 \cdot 435,$$

从而得到所需的线性组合：

$$29 = 7 \cdot 377 - 6 \cdot 435. \blacksquare$$

例 2.1.3 表明，利用欧几里得算法不仅可求出两个整数的最大公因数，还可将最大公因数表示为这两个整数的线性组合，具体做法是将欧几里得算法倒推回去.

所谓**扩展的欧几里得算法**就是指这样的算法：对任意两个不全为零的整数 a 和 b，在欧几里得算法完成后，再继续倒推回去，求出整数 s 和 t，使得 $(a, b) = sa + tb$.

定理 2.1.6　设 a 和 b 是不全为零的整数，则存在整数 s 和 t，使得 $(a, b) = sa + tb$.

定理 2.1.6 给出了最大公约数的一个重要性质，其证明可直接由扩展的欧几里得算法得到.

例 2.1.4　设 a、b、c 是整数. 如果 $c \mid ab$，且 $(c, a) = 1$，则 $c \mid b$.

证明： 根据定理 2.1.6，存在整数 s 和 t，使得 $cs + at = 1$，从而 $cbs + abt = b$. 因为 $c \mid cb$, $c \mid ab$，所以 $c \mid b$. $\blacksquare$

2.1.3　最大公因数和最小公倍数的性质

定理 2.1.7　设 $a_1, a_2, \cdots, a_n$ 是 $n(n \geqslant 2)$ 个不全为零的整数，则它们的最大公因数具有性质：

(1) $(a_1, a_2, \cdots, a_n) = ((a_1, a_2), a_3, \cdots, a_n)$；

(2) 存在整数 $x_1, x_2, \cdots, x_n$，使得 $(a_1, a_2, \cdots, a_n) = a_1x_1 + a_2x_2 + \cdots + a_nx_n$；

(3) $a_1, a_2, \cdots, a_n$ 的每一个公因数都是$(a_1, a_2, \cdots, a_n)$的因数；

(4) 对于任意正整数 m，$(ma_1, ma_2, \cdots, ma_n) = m(a_1, a_2, \cdots, a_n)$；

(5) 若 $(a_1, a_2, \cdots, a_n) = d$，则$\left(\frac{a_1}{d}, \frac{a_2}{d}, \cdots, \frac{a_n}{d}\right) = 1$.

证明： (1) 设 $d = (a_1, a_2, \cdots, a_n)$，$d' = ((a_1, a_2), \cdots, a_n)$. 显然，$d'$ 是 $a_1, a_2, \cdots, a_n$ 的公因数，故 $d' \leqslant d$；另一方面，因为 d 整除 $a_1, a_2, \cdots, a_n$，根据定理 2.1.6，$d \mid (a_1, a_2)$，从而 d 是 $(a_1, a_2), \cdots, a_n$ 的公因数，故 $d \leqslant d'$. 因此 $d = d'$.

(2) 对 n 应用归纳法. 当 n 等于 2 时，根据定理 2.1.6，结论成立. 假设当 $n = k - 1$ 时命题成立. 不妨设 $d = (a_1, a_2, \cdots, a_{k-1})$，则存在整数 $x_1, x_2, \cdots, x_{k-1}$，使得

$$d = (a_1, a_2, \cdots, a_{k-1}) = a_1x_1 + a_2x_2 + \cdots + a_{k-1}x_{k-1}.$$

由性质(1)，$(a_1, a_2, \cdots, a_k) = ((a_1, a_2, \cdots, a_{k-1}), a_k) = (d, a_k)$. 根据定理 2.1.6，存在整数 s 和 t 使得$(d, a_k) = ds + a_kt$. 将 d 代入得：

$$\begin{aligned}(a_1, a_2, \cdots, a_k) &= (a_1x_1 + a_2x_2 + \cdots + a_{k-1}x_{k-1})s + a_kt \\ &= a_1sx_1 + a_2sx_2 + \cdots + a_{k-1}sx_{k-1} + a_kt.\end{aligned}$$

综上可知,对任意自然数 $n>2$,结论均成立.

(3)和(4)很容易从性质(2)得出,留作练习,请读者自行完成.

(5) 显然,$\frac{a_1}{d}, \frac{a_2}{d}, \cdots, \frac{a_n}{d}$都是整数. 由(4)可知,

$$d=\left(d\cdot\frac{a_1}{d}, d\cdot\frac{a_2}{d}, \cdots, d\cdot\frac{a_n}{d}\right)=d\left(\frac{a_1}{d}, \frac{a_2}{d}, \cdots, \frac{a_n}{d}\right),$$

故结论成立. ■

显然,根据定理 2.1.7(1),反复利用欧几里得算法即可求出 $n(n>2)$ 个整数的最大公因数.

下面给出定理 2.1.3(3)的证明.

证明: 因为 $ac\equiv bc(\bmod m)$,所以 $m\mid c(a-b)$,从而$\frac{m}{(c, m)}\left|\frac{c}{(c, m)}(a-b)\right.$. 由定理 2.1.7(5),$\left(\frac{m}{(c, m)}, \frac{c}{(c, m)}\right)=1$. 故$\frac{m}{(c, m)}\left|(a-b)\right.$. ■

例 2.1.5 0, 1, …, 10 中的哪些数可表示为 $12m+20n$ 的形式,其中 m 和 n 是整数?

解: 显然,$(12, 20)\mid 12m+20n$, $12m+20n$ 是$(12, 20)$ 的倍数. 另一方面,由定理2.1.7(2)可知,$(12, 20)$ 的倍数可以表示为 12 和 20 的线性组合. 所以,一个数可表示为 $12m+20n$ 的形式当且仅当它是$(12, 20)$ 的倍数. $(12, 20)=4$,因此符合条件的数有 0, 4 和 8. ■

下面的定理给出了最小公倍数的一些基本性质,其中,前三个性质与最大公约数的相应性质相似,第四个性质则将最大公约数和最小公倍数联系起来.

定理 2.1.8 设 $a_1, a_2, \cdots, a_n$ 是 $n(n\geqslant 2)$ 个非零整数,则它们的最小公倍数具有性质:

(1) $[a_1, a_2, \cdots, a_n]=[[a_1, a_2], \cdots, a_n]$;

(2) $a_1, a_2, \cdots, a_n$ 的每一个公倍数都是$[a_1, a_2, \cdots, a_n]$ 的倍数;

(3) 对于任意正整数 m, $[ma_1, ma_2, \cdots, ma_n]=m[a_1, a_2, \cdots, a_n]$;

(4) $(a_1, a_2)\cdot[a_1, a_2]=|a_1a_2|$.

证明: 首先证明(2). 设 $D=[a_1, a_2, \cdots, a_n]$, D' 是 $a_1, a_2, \cdots, a_n$ 的任一公倍数. 由带余除法可得 $D'=Dq+r$, $0\leqslant r<D$,从而 $r=D'-Dq$. 于是, $a_i\mid r$, $i=1, 2, \cdots, n$,即 r 是 $a_1, a_2, \cdots, a_n$ 的公倍数. 因为 D 是最小的正的公倍数,所以 $r=0$,即 D' 是 D 的倍数.

利用(2)可简单地证明(1),证明方法类似于定理 2.1.7(1)的证明方法.

下面证明(3). 设 $D=[ma_1, ma_2, \cdots, ma_n]$, $D'=[a_1, a_2, \cdots, a_n]$. 由定义, $ma_1, ma_2, \cdots, ma_n$ 均整除 D, 故 $a_1, a_2, \cdots, a_n$ 均整除$\frac{D}{m}$, 从而 $D'\leqslant\frac{D}{m}$. 类似地, 可证明 $D\leqslant mD'$. 因此,

$D = mD'$.

最后证明(4). 假设 a_1 和 a_2 均为正整数. 首先考虑 $(a_1, a_2) = 1$ 的情形. 由定义可知,存在整数 x 和 y,使 $a_1 x = [a_1, a_2] = a_2 y$. 于是 $a_2 \mid a_1 x$,但 $(a_1, a_2) = 1$,从而 $a_2 \mid x$,因此 $a_1 a_2 \mid a_1 x$, $a_1 a_2 \mid [a_1, a_2]$. 又 $a_1 a_2$ 是 a_1 和 a_2 的公倍数,从而必有 $a_1 a_2 = [a_1, a_2]$.

一般情形可化归为上述的特殊情形. 设 $d = (a_1, a_2)$,则 $\left(\frac{a_1}{d}, \frac{a_2}{d}\right) = 1$. 于是, $\left[\frac{a_1}{d}, \frac{a_2}{d}\right] = \frac{a_1 a_2}{d^2}$. 由(3)及定理 2.1.7(4),有

$$(a_1, a_2)[a_1, a_2] = d\left(\frac{a_1}{d}, \frac{a_2}{d}\right) \cdot d\left[\frac{a_1}{d}, \frac{a_2}{d}\right] = d^2 \frac{a_1 a_2}{d^2} = a_1 a_2. \blacksquare$$

定理 2.1.8(4) 表明,可借助欧几里得算法求两个整数的最小公倍数. 需要强调的是,当 $n > 2$ 时,$(a_1, a_2, \cdots, a_n) \times [a_1, a_2, \cdots, a_n]$ 不一定等于 $a_1 a_2 \cdots a_n$. 请读者自行验证该结论. 定理 2.1.8(1) 则提供了一种求 $n(n > 2)$ 个整数的最小公倍数的方法.

2.2　素数

2.2.1　整数的素分解

素数在研究整数结构的过程中占据着非常重要的地位.

定义 2.2.1　设 p 为大于 1 的整数,如果 p 的正因数只有 1 和 p 自身,则称 p 为**素数**(或**质数**),否则称 p 为**合数**.

下面的定理告诉我们,每个大于 1 的整数至少有一个素因数.

定理 2.2.1　设 a 是任一大于 1 的整数,则 a 的除 1 外的最小正因数 q 必为素数,并且,当 a 是合数时, $q \leqslant \sqrt{a}$.

证明:　假设 q 不是素数,由定义可知,q 除 1 和它本身之外还有一个正因数 q_1,则有 $1 < q_1 < q$. 因为 $q \mid a$,故 $q_1 \mid a$,这与 q 是 a 的除 1 外的最小正因数相矛盾.

当 a 是合数时,设 $a = a_1 q$. 因为 $q \leqslant a_1$,故 $q^2 \leqslant a_1 q = a$,即 $q \leqslant \sqrt{a}$. $\blacksquare$

定理 2.2.2　设 p 是素数,$a, b, \cdots, c$ 是整数. 如果 p 整除乘积 $ab\cdots c$,则 $a, b, \cdots, c$ 中至少有一个能被 p 整除.

定理 2.2.2 的证明留作练习,请读者自行完成.

下面讨论整数最基本的一个性质,它表明素数是构成整数的"基石".

定理 2.2.3(算术基本定理) 每个不等于1的正整数 n 都可分解为素数的幂之积:

$$n = p_1^{\varepsilon_1} p_2^{\varepsilon_2} \cdots p_k^{\varepsilon_k}, \tag{2.2.1}$$

其中 $p_1, p_2, \cdots, p_k$ 是互不相同的素数,$\varepsilon_i \in \mathbf{N}_+$, $i = 1, 2, \cdots, k$. 当规定 $p_1 < p_2 < \cdots < p_k$ 时,上述分解式是唯一的. 这个分解式称为**整数的标准分解式**.

证明: 假设 n 为正整数. 下面分两步证明,首先证明 n 可分解为有限个素数之积,然后证明分解的唯一性,进而将相同的素因数收集在一起,即得到整数的标准分解式.

(1) 对 n 用归纳法. 当 $n = 2$ 时,因为2是素数,从而结论成立. 假设结论对小于 n 的正整数均成立,现在考虑 n. 如果 n 是素数,则结论对 n 成立;如果 n 是合数,则 n 有真因数 a,令 $n = ab$(a 和 b 均是大于1的正整数). 显然,a 和 b 都小于 n,由归纳假设,a 和 b 均可分解为有限个素数之积,从而 n 可分解为有限个素数之积.

(2) 仍对 n 用归纳法. 当 $n = 2$ 时,分解显然是唯一的. 假设结论对小于 n 的正整数均成立,现考虑 n. 如果 n 有两种方式分解为素数之积 $n = p_1p_2\cdots p_r$ 及 $n = q_1\cdots q_s$,则 p_1 整除 $q_1\cdots q_s$,由定理2.2.2,素数 p_1 必整除某个 $q_i(1 \leqslant i \leqslant s)$. 不妨设 $p_1 \mid q_1$. 因为 q_1 为素数,故必有 $p_1 = q_1$. 令 $n' = \dfrac{n}{p_1} = \dfrac{n}{q_1}$. 如果 $n' = 1$,即 $n = p_1 = q_1$,则结论对 n 成立. 如果 $n' > 1$,则对 n' 应用归纳假设(因为 $n' < n$),得到 $r = s$,并且 $p_2, \cdots, p_r$ 是 $q_2, \cdots, q_s$ 的一个排列,从而 n 的素因数分解是唯一的.

显然,将 n 的分解式中相同的素因数收集在一起,即可得到分解式(2.2.1). ■

例 2.2.1 整数1996的素分解是 $2^2 \times 499$,即 $1996 = 2^2 \times 499$. ■

例 2.2.2 求方程 $xy + 2y - 3x = 25$ 的所有整数解.

解: 如果可将等式的左边因式分解,则可利用整数的素分解定理. 事实上,$(x+2)(y-3) = 19$. 因为19是素数,它只能分解为 $1 \cdot 19 = 19$ 或 $(-1) \cdot (-19) = 19$. 于是,就有4种可能性:$x + 2 = 1$、$x + 2 = -1$、$x + 2 = 19$、$x + 2 = -19$. 对每个 x 的值,可计算出相应的 y 值,最终得到四组解:$(-1, 22)$、$(-3, -16)$、$(17, 4)$、$(-21, 2)$. ■

下面的推论是中学教科书中求最大公因数和最小公倍数的依据.

推论 设 $a_1, a_2, \cdots, a_n$ 是任意 $n(n \geqslant 2)$ 个正整数,且

$$a_1 = p_1^{\alpha_{11}} p_2^{\alpha_{12}} \cdots p_k^{\alpha_{1k}},\ a_2 = p_1^{\alpha_{21}} p_2^{\alpha_{22}} \cdots p_k^{\alpha_{2k}},\ \cdots,\ a_n = p_1^{\alpha_{n1}} p_2^{\alpha_{n2}} \cdots p_k^{\alpha_{nk}},$$

其中 $\alpha_{ij} \in \mathbf{N}$, $i = 1, 2, \cdots, n$, $j = 1, 2, \cdots, k$,则

$$(a_1, a_2, \cdots, a_n) = p_1^{\delta_1} p_2^{\delta_2} \cdots p_k^{\delta_k},\ [a_1, a_2, \cdots, a_n] = p_1^{\gamma_1} p_2^{\gamma_2} \cdots p_k^{\gamma_k},$$

其中 $\delta_i = \min(\alpha_{1i}, \alpha_{2i}, \cdots, \alpha_{ni})$, $\gamma_i = \max(\alpha_{1i}, \alpha_{2i}, \cdots, \alpha_{ni})$, $i = 1, 2, \cdots, k$.

这个推论可从算术基本定理以及最大公因数和最小公倍数的定义直接得出. 从这个推论不难看出,如果 $a_1, a_2, \cdots, a_n$ 两两互素,则 $(a_1, a_2, \cdots, a_n) = 1$, $[a_1, a_2, \cdots, a_n] = a_1a_2\cdots a_n$.

2.2.2 素性探测

虽然任意不等于 1 的正整数都有唯一的标准分解式,但是,人们至今尚没有找到求正整数的标准分解式的高效的方法,也没有判断一个正整数是否是素数的简单方法,这主要是因为素数在正整数中的分布很不规则. 在实际应用中,可根据素数的定义及性质构造出素数表以供应用.

对任意给定的正整数 N,可采用筛选法来构造不超过 N 的素数表: 首先从 1 到 N 的列表中删去 1,接下来依次从表中删去 2, 3, 5, 7, 11, …的倍数,最终即可生成素数表. 根据定理 2.2.1,实际上只需从表中删去不超过 $\sqrt{N}$ 的素数的倍数即可.

然而,在有限的时间内找出所有的素数是不可能的,因为素数有无穷多个.

定理 2.2.4 素数有无穷多个.

证明: 假设素数只有有限多个,不妨设 $p_1, p_2, \cdots, p_n$ 就是所有的素数. 考虑正整数 $m = p_1p_2\cdots p_n + 1$. 显然 m 大于 1. 由于 $p_1, p_2, \cdots, p_n$ 都不能整除 m,所以 m 无 1 与自身以外的正因数,因而 m 是素数. 但是, m 不同于 $p_1, p_2, \cdots, p_n$,这与素数只有 $p_1, p_2, \cdots, p_n$ 相矛盾. 所以素数有无穷多个. ■

素数的个数无穷,那它们在正整数序列中的分布情况是怎样的呢? 这是数论中一个十分有趣的问题. D. Zagier 在 1977 年给出了 50 000 000 以内的素数表. 如果记 $\pi(n)$ 为 $1\sim n$ 的素数个数,则从 D. Zagier 的表中可发现: $\pi(100) = 25$, $\pi(1000) = 168$, $\pi(10\,000) = 1229$, $\pi(100\,000) = 9592$. 由此可以看出,素数在正整数序列中的分布越来越稀疏.

至今尚没有人给出任何计算大素数的有用公式. 值得一提的是,我国数学家和语言学家周海中于 1992 年首次给出了梅森素数(形如 $2^p - 1$ 的素数,其中 p 为素数) 分布的准确表达式,为人们探究梅森素数提供了方便,后来这一重要成果被国际上命名为“周氏猜测”. 迄今为止,人类找到的最大素数为 $2^{74\,207\,281} - 1$,是第 49 个梅森素数,其数值高达 22 338 618 位. 该数是美国数学家柯蒂斯·库珀于 2016 年 1 月 7 日找到的.

定义 2.2.2 **欧拉函数 $\varphi(n)$ 为不大于 n 并与 n 互素的正整数个数.**

若 n 的标准分解式为 $n = p_1^{\varepsilon_1}p_2^{\varepsilon_2}\cdots p_s^{\varepsilon_s}$,则

$$\varphi(n) = n\left(1 - \frac{1}{p_1}\right)\left(1 - \frac{1}{p_2}\right)\cdots\left(1 - \frac{1}{p_s}\right). \tag{2.2.2}$$

等式(2.2.2)的证明在许多数论书上均可找到,这里不再赘述.

下面介绍数论中两个非常重要的定理.

定理 2.2.5 (欧拉定理) 设 m, a 为正整数,且 $(a, m) = 1$,则 $a^{\varphi(m)} \equiv 1 \pmod m$.

定理2.2.5的证明在许多书上都能找到,在此不再赘述. 当取m为素数p时,$\varphi(m)=p-1$,于是就得到下面的费马定理.

定理2.2.6(费马定理) 设p是素数,a为正整数,且$(a, p)=1$,则$a^{p-1} \equiv 1(\bmod p)$.

这两个定理的应用非常广泛,比如,用于分数和小数的互化、大整数的素分解、判断整数的素性等等. 由于费马定理给出的仅是素数的必要条件,而不是充分条件,所以,在判断整数的素性时,除了应用费马定理外,为了进一步提高判断结果的可靠性,常辅以Miller测试,这就是著名的Miller-Rabin素性测试算法. Miller测试的依据是二次探测定理,它也给出了素数的一个必要条件.

定理2.2.7(二次探测定理) 如果p是一个素数,则方程$x^2 \equiv 1(\bmod p)$的解为$x \equiv 1(\bmod p)$和$x \equiv p-1(\bmod p)$.

证明: 若$x^2 \equiv 1(\bmod p)$,则$(x-1)\cdot(x+1) \equiv 0(\bmod p)$,即$p \mid (x-1)\cdot(x+1)$. 若$p$是素数且$0<x<p$,则必有$x=1$或$x=p-1$. ■

素性测试(即测试给定的数是否是素数)是近代密码学中的一个非常重要的课题. 虽然Wilson定理(对于给定的正整数n, n是素数的充要条件是$(n-1)! \equiv -1(\bmod n)$)给出了一个数是素数的充要条件,但根据它进行素性测试所需的计算量太大,无法实现对较大整数的测试. 目前,尽管高效的确定性的素性测试算法尚未找到,但已有一些**随机算法**①可用于素性测试及大整数的因数分解. 下面描述的Miller-Rabin素性测试算法就是一个这样的算法.

假设n是奇素数,则$n-1$必为偶数. 令$n-1=2^q\cdot m$. 随机选取整数$0<a<n$. 由费马定理,$a^{2^q m}=a^{n-1} \equiv 1(\bmod n)$. 由二次探测定理可知:$a^{2^{q-1}m} \equiv 1(\bmod n)$或$a^{2^{q-1}m} \equiv n-1(\bmod n)$. 若$a^{2^{q-1}m} \equiv 1(\bmod n)$成立,则再次由二次探测定理可知:$a^{2^{q-2}m} \equiv 1(\bmod n)$或$a^{2^{q-2}m} \equiv n-1(\bmod n)$. ……. 如此反复应用二次探测定理,直到$a^m \equiv n-1(\bmod n)$或$a^m \equiv 1(\bmod n)$. 总之,若$n$是素数,则$a^m \equiv 1(\bmod n)$,或存在$0 \leqslant r \leqslant q-1$,满足$a^{2^r m} \equiv n-1(\bmod n)$.

给定奇数n(令$n-1=2^q\cdot m.$),为了判断n是否是素数,首先检测$a^m \equiv 1(\bmod n)$是否成立. 若$a^m \equiv 1(\bmod n)$成立,则称检测通过;否则,进一步考察下面的**Miller序列**:

$$a^m(\bmod n),\ a^{2m}(\bmod n),\ a^{4m}(\bmod n),\ \cdots,\ a^{2^{q-1}m}(\bmod n).$$

若存在某个整数$0 \leqslant r \leqslant q-1$,使$a^{2^r m} \equiv n-1(\bmod n)$,则称检测通过;否则称检测未通过. 这就是**Miller测试**.

由上述分析可知,素数一定通过Miller测试. 所以,如果一个整数n不能通过Miller测试,则n一定是合数;如果n能通过Miller测试,则n很可能是素数. 这就是**Miller-Rabin算法**.

---

① 在许多算法中,在某些步骤上作出最优选择往往很困难,若用随机选择替代最优选择,则可大大降低算法的复杂度. 这种包含随机选择的算法即为随机算法,它们是非确定性的,即使输入完全相同,算法两次运行的结果也可能不同.

可以证明 Miller-Rabin 算法给出错误结果的概率小于等于 1/4. 若反复测试 k 次(每次选择不同的底 a),则错误概率可降低为$(1/4)^k$. 这是一个很保守的估计,实际使用的效果要好得多.

2.3　一次同余方程

2.3.1　一次同余方程

所谓同余方程就是指涉及同余的关于整数的方程.

定义 2.3.1　如果 a 和 b 是整数,m 是一个正整数,则

$$ax \equiv b \pmod m,\ a \not\equiv 0 \pmod m \tag{2.3.1}$$

称为模 m 的**一次同余方程**,或简称**一次同余式**.

若 $c \in \mathbf{Z}$ 满足方程(2.3.1),则称 c 为(2.3.1)的一个特解. 下面讨论同余方程的求解.

定理 2.3.1　设 $(a, m) = d$. 一次同余方程(2.3.1)有解当且仅当 $d \mid b$. 当此条件成立时,同余方程(2.3.1)共有 d 个解,它们是

$$x \equiv x_0 + t \cdot \frac{m}{d} \pmod m,\ t = 0, 1, 2, \cdots, d-1, \tag{2.3.2}$$

其中 x_0 是同余方程

$$\frac{a}{d}x \equiv \frac{b}{d}\left(\bmod \frac{m}{d}\right) \tag{2.3.3}$$

的任一解.

证明: (1) 先证定理的前半部分.

显然,一次同余方程(2.3.1)有解当且仅当 $ax + my = b$ 有整数解. 如果 $ax + my = b$ 有整数解,则 $d \mid b$(因为 $d \mid a$, $d \mid m$);反之,如果 $d \mid b$,则有 $b = kd$, $k \in \mathbf{Z}$. 由定理(2.1.6)可知,存在 $s, t \in \mathbf{Z}$,使 $as + mt = (a, m)$,故 $ask + mtk = kd = b$. 因此, $x = sk$, $y = tk$ 是 $ax + my = b$ 的整数解.

(2) 证明定理的后半部分.

假设同余方程(2.3.1)有解. 设 x_1 是它的一个解,即 $ax_1 \equiv b \pmod m$. 由于 $d \mid b$,不妨令 $a = da'$, $b = db'$, $m = dm'$, $a', b', m' \in \mathbf{Z}$. 由定理 2.1.7(4) 可知,$(a', m') = 1$. 由定理 2.1.3(3) 可知,$a'x_1 \equiv b' \pmod{m'}$. 又设 x_0 是同余方程(2.3.3)的一个解,即 $a'x_0 \equiv b' \pmod{m'}$. 于是 $a'(x_1 - x_0) \equiv 0 \pmod{m'}$,即 $m' \mid a'(x_0 - x_1)$,从而 $m' \mid x_1 - x_0$. 所以,$x_1 = x_0 + km'$, $k \in \mathbf{Z}$,即一次同余方程(2.3.1)的解都包含在(2.3.2)中,且关于模 m 同余,不同的解仅有 d 个. ■

由定理 2.3.1 的证明过程可得到求解同余方程(2.3.1)的主要步骤:

(1) 求(a, m),若$(a, m) \mid b$,则方程有解;

(2) 令$d=(a, m)$,求出$a'=a/d$, $b'=b/d$, $m'=m/d$;

(3) 求p和$q \in \mathbf{Z}$,满足$pa'+qm'=1$,得到同余方程$a'x \equiv b'(\bmod m')$的一个特解$x_0=pb'$;

(4) 将x_0代入(2.3.2)即得到方程(2.3.1)的解.

例 2.3.1 求同余方程$1215x \equiv 560(\bmod 2755)$的解.

解: 按上述步骤求解如下:

(1) 求$(a, m)=(1215, 2755)=5$,因$5 \mid 560$,故方程有解;

(2) $a'=1215/5=243$, $b'=560/5=112$, $m'=2755/5=551$;

(3) 由$(a', m')=1$,用辗转相除法可求得r和s满足$ra'+sm'=1$, $r=-195$, $s=86$. $x_0=r \cdot b'=-195 \cdot 112$;

(4) 所求同余方程的解为$x \equiv -195 \cdot 112+t \cdot 551(\bmod 2755)$, $t=0, 1, \cdots, 4$ ■

例 2.3.2 求$2x \equiv 179(\bmod 562)$的整数解.

解: $(2, 562)=2$,而$2 \nmid 179$,所以原同余方程无解. ■

2.3.2 一次同余方程组

关于同余方程组,我国古代数学家有不少杰出的工作.《孙子算经》中有以下叙述:"今有物不知其数,三三数之剩二,五五数之剩三,七七数之剩二,问物几何?答曰二十三."其意思是:要求一数,它被三除余二,被五除余三,被七除余二,求此数.答案为二十三.用同余方程来表示,就是求x满足

$$\begin{cases} x \equiv 2(\bmod 3), \\ x \equiv 3(\bmod 5), \\ x \equiv 2(\bmod 7), \end{cases} \tag{2.3.4}$$

$x=23$是它的一个特解.如何求它的一般解呢?1593年明朝的《算法统宗》对更一般的同余方程组:

$$\begin{cases} x \equiv a(\bmod 3), \\ x \equiv b(\bmod 5), \\ x \equiv c(\bmod 7), \end{cases} \tag{2.3.5}$$

用一首歌谣道出了它的一般解:三人同行七十稀,五树梅花廿一枝,七子团圆整半月,除百零五便得知.用式子表达,同余方程组(2.3.5)的解即为$x \equiv 70a+21b+15c(\bmod 105)$.

对于一般的同余方程组

$$\begin{cases} x \equiv a_1 (\bmod m_1), \\ x \equiv a_2 (\bmod m_2), \\ \cdots\cdots \\ x \equiv a_k (\bmod m_k), \end{cases} \tag{2.3.6}$$

孙子定理(也称中国剩余定理)给出了其一般解.

定理 2.3.2 (孙子定理) 设 $m_1, m_2, \cdots, m_k (k \geqslant 1)$ 是 k 个两两互素的正整数. 令

$$M = m_1 m_2 \cdots m_k, \ M_1 = M/m_1, \ M_2 = M/m_2, \ \cdots, \ M_k = M/m_k.$$

同余方程组(2.3.6)关于模 M 有唯一解(即有且仅有唯一的解 $0 \leqslant x < M$,其他的解都与该解模 M 同余),且一般解可表示为

$$x \equiv a_1 c_1 M_1 + a_2 c_2 M_2 + \cdots + a_k c_k M_k (\bmod M), \tag{2.3.7}$$

其中 c_i 是同余方程 $M_i x \equiv 1 (\bmod m_i)$ 的特解, $i = 1, 2, \cdots, k$.

在证明孙子定理之前,先应用它求解一个具体的同余方程组.

例 2.3.3 应用孙子定理求解同余方程组(2.3.4).

解: $m_1 = 3, m_2 = 5, m_3 = 7, M = 105, M_1 = 35, M_2 = 21, M_3 = 15$.

解方程 $35x \equiv 1 (\bmod 3)$,得到 $c_1 = 2$;解方程 $21x \equiv 1 (\bmod 5)$,得到 $c_2 = 1$;解方程 $15x \equiv 1 (\bmod 7)$,得到 $c_3 = 1$.

代入(2.3.7)即得方程(2.3.4)的一般解

$$x \equiv 2 \times 2 \times 35 + 3 \times 21 + 2 \times 15 \equiv 140 + 63 + 30 \equiv 23 (\bmod 105).$$

所获结果正是那首歌谣所述的结果. ■

下面证明孙子定理.

证明: 只需证明以下两点:(2.3.7)是(2.3.6)的解;(2.3.6)关于模 M 至多只有一个解.

(1) (2.3.7)满足(2.3.6)是显然的,只需将它代入(2.3.6)的每一个方程进行验证. 所以(2.3.7)是(2.3.6)的解.

(2) 设 x 和 y 是(2.3.6)的任意两个解. 由于

$$x \equiv a_i (\bmod m_i), \ y \equiv a_i (\bmod m_i), \ i = 1, 2, \cdots, k,$$

所以 $x - y \equiv 0 (\bmod m_i)$,从而 $m_i \mid x - y$,即 $x - y$ 是 m_i 的倍数,$i = 1, 2, \cdots, k$. 于是,由定理 2.1.8(2), $[m_1, m_2, \cdots, m_k] \mid x - y$. 因为 $m_1, m_2, \cdots, m_k$ 两两互素,由定理 2.2.3 的推论可知,$[m_1, m_2, \cdots, m_k] = M$,所以 $M \mid x - y$,从而 $x \equiv y (\bmod M)$. 因此,方程(2.3.6) 关于模 M 至多只

有一个解. ■

由孙子定理,求解同余方程组(2.3.6)的主要步骤如下:

(1) 求 $M = m_1m_2\cdots m_k$, $M_i = M/m_i(i = 1, 2, \cdots, k)$;

(2) 求一次同余方程 $M_ix \equiv 1(\bmod m_i)$ 的一个特解 $c_i(i = 1, 2, \cdots, k)$;

(3) 代入(2.3.7)得到(2.3.6)的通解: $x \equiv a_1c_1M_1 + a_2c_2M_2 + \cdots + a_kc_kM_k(\bmod M)$.

例 2.3.4 韩信点兵:有兵一队,若列成五行纵队,则末行一人;成六行纵队,则末行五人;成七行纵队,则末行四人;成十一行纵队,则末行十人. 求兵数.

解: 设 x 是所求兵数,则依题意:

$$\begin{cases} x \equiv 1(\bmod 5), \\ x \equiv 5(\bmod 6), \\ x \equiv 4(\bmod 7), \\ x \equiv 10(\bmod 11), \end{cases}$$

令 $m_1 = 5$, $m_2 = 6$, $m_3 = 7$, $m_4 = 11$, $a_1 = 1$, $a_2 = 5$, $a_3 = 4$, $a_4 = 10$. 于是 $M = m_1m_2m_3m_4 = 5 \times 6 \times 7 \times 11 = 2310$, $M_1 = 2310/5 = 462$, $M_2 = 385$, $M_3 = 330$, $M_4 = 210$. 有 $c_1M_1 \equiv 1(\bmod 5)$,即 $1 \equiv 462c_1 \equiv 2c_1(\bmod 5)$,因此 $c_1 = 3$. 同理可求出 $c_2 = 1$, $c_3 = 1$, $c_4 = 1$. 故解为:

$$x \equiv 1 \times 3 \times 462 + 1 \times 5 \times 385 + 1 \times 4 \times 330 + 1 \times 10 \times 210 \equiv 6731 \equiv 2111(\bmod 2310),$$

即 $x = 2111 + 2310k$, $k = 0, 1, 2, \cdots$. ■

需要说明的是,孙子定理只适用于求解规范的同余方程组(即每个方程中未知数 x 的系数为 1). 对于非规范的同余方程组,首先需将其中的各个方程化为规范的形式,然后再利用孙子定理求解. 规范化的方法就是解单个同余方程.

在下面的解同余方程组的例子中,解单个方程(规范化)是通过模运算(利用定理 2.1.3)来进行的,所得到的同余方程组比较简单,其解也是通过模运算及其性质直接化简求得的,未利用孙子定理.

事实上,利用欧拉定理也可求解单个同余方程,请读者自行考虑.

例 2.3.5 求解下列同余方程组:

$$5x \equiv 14(\bmod 17), \quad 3x \equiv 2(\bmod 13). \tag{2.3.8}$$

解: (1) 首先将方程(2.3.8)化为孙子定理中的规范形式.

由定理 2.1.3(2)和(3)可知,方程 $5x \equiv 14(\bmod 17)$ 与 $35x \equiv 98(\bmod 17)$ 同解,后者由定理 2.1.3(1) 可简化为 $x \equiv 13(\bmod 17)$. 同理,方程 $3x \equiv 2(\bmod 13)$ 与 $27x \equiv 18(\bmod 13)$ 同解,后者可简化为 $x \equiv 5(\bmod 13)$.

（2）求解化简后的规范方程组.

令 $x = 13 + 17q$, $q \in \mathbf{Z}$,则 $13 + 17q \equiv 5 \pmod{13}$. 化简得 $4q \equiv 5 \pmod{13}$,它与方程 $40q \equiv 50 \pmod{13}$ 同解,后者可简化为 $q \equiv 11 \pmod{13}$. 于是原方程组的解为: $x \equiv 13 + 17 \cdot 11 \equiv 200 \pmod{221}$. ■

*2.3.3 大整数的剩余表示法

在当今的计算机应用中,大整数经常出现,比如,在数据加密和解密的过程中,需要使用大整数. 然而,计算机的字长总是非常有限的,无法存储较大的整数. 解决这个问题的基本方法是用多个字表示一个整数.

用 k 个字表示一个大整数的一种方法是,把每个字看作一位(一个“数字”),从而把 k 个字看作一个 k 位的 r 进制数,其中, $r = 2^n$, n 是字长. 虽然这种方法的思想简单明了,但是,在这种机制下,高速运算无法实现. 例如,两个数相加需要从低位到高位依次逐位进行,在做第 i 位相加时,还必须知道来自低位的进位.

下面介绍的剩余表示法是一种高效的大整数表示方法,其基础是孙子定理.

取 s 个两两互素的大于 1 的整数 $m_1, m_2, \cdots, m_s$,令 $M = m_1 m_2 \cdots m_s$. 由孙子定理可知,对于任意 $x \in \{0, 1, 2, \cdots, M-1\}$, x 与 s 元组 $(a_1, a_2, \cdots, a_s)$ 一一对应,这里 $x \equiv a_i \pmod{m_i}$, $i = 1, 2, \cdots, s$, s 元组 $(a_1, a_2, \cdots, a_s)$ 称为 x **的剩余表示**.

例 2.3.6　若取 $m_1 = 2$, $m_2 = 3$, $m_3 = 5$,则 $M = m_1 m_2 m_3 = 30$,任何 0 ~ 29 之间的整数 x 都可以用剩余表示法唯一地表示为三元组 (a_1, a_2, a_3),其中 a_1、a_2 和 a_3 分别为 x 除以 2、3 和 5 的余数. 例如,0 表示为(0, 0, 0), 5 表示为(1, 2, 0), 13 表示为(1, 1, 3). ■

由模运算的性质(参见定理 2.1.3),在剩余表示机制下,整数运算可归约为: 分别对剩余表示中的各个分量(余数)独立地进行相应的模运算.

例 2.3.7　对于例 2.3.6 中的剩余表示法,4 和 7 的剩余表示分别为(0, 1, 4)和(1, 1, 2). 4+7 和 $4 \cdot 7$ 可通过对三元组的各分量分别进行加和乘来进行:

$(0, 1, 4) + (1, 1, 2) = (0+1, 1+1, 4+2) = (1, 2, 1)$, $(0, 1, 4) \cdot (1, 1, 2) = (0 \cdot 1, 1 \cdot 1, 4 \cdot 2) = (0, 1, 3)$.

$4 + 7 = 11$, 11 的剩余表示是(1, 2, 1). $4 \cdot 7 = 28$, 28 的剩余表示是(0, 1, 3). ■

在整数的剩余表示机制中,由于可以在多元组的各个分量上独立地并行运算,不必依次逐位运算,也不必考虑进位,所以可以实现大整数的快速运算.

从整数得到剩余表示很容易,但是,从剩余表示还原出原数则不那么容易,需要解一个同余方程组.

例 2.3.8 对于例 2.3.6 中的剩余表示法,三元组(1, 2, 1)的原数是下列一次同余方程组在 0~29 之间的整数解:

$$\begin{cases} x \equiv 1 \pmod 2, \\ x \equiv 2 \pmod 3, \\ x \equiv 1 \pmod 5, \end{cases}$$

利用孙子定理可求得解为 11. ■

* 2.4 RSA 公钥密码体制

密码学是数论最重要的应用之一. 著名的恺撒密码使用了模运算: 每个明文字符由其右边第 3 个(模 26)字符代替,A 由 D 代替,B 由 E 代替,……, W 由 Z 代替,X 由 A 代替,Y 由 B 代替,Z 由 C 代替. 目前,具有实用价值的公钥密码体制几乎都是基于三大数论难题的,这三大难题分别是大整数分解问题、离散对数问题、椭圆曲线上的离散对数问题. 这种基于数论的密码称为数论密码. 下面简单介绍一下基于大整数分解问题的 RSA 公钥密码体制.

在**对称密码**(也称**单钥密码体制**)中,加密和解密使用同一个密钥,所以密钥必须保密. 在**非对称密码**(也称**公钥密码体制**)中,加密和解密使用不同的密钥,且从加密秘钥(**公钥**)很难推算出解密秘钥(**私钥**),发送方用接受方公开的公钥对信息进行加密,接收方用自己保密的私钥进行解密. 公开密钥加密技术解决了密钥的发布和管理问题,是目前商业密码体制的主流.

RSA 公钥密码由李维斯特(R. L. Rivest)、沙米尔(A. Shamir)和阿德曼(L. Adleman)(简称 RSA)于 1978 年提出,其安全性源于大整数素分解的困难性. 公钥密码体制如下所述.

取两个大素数 p 和 $q(p \neq q)$,记 $n = pq$, $\varphi(n) = (p-1)(q-1)$. 选择正整数 e, e 与 $\varphi(n)$ 互素. 设 d 是 e 的模 $\varphi(n)$ 的逆,即 $de \equiv 1(\bmod\, \varphi(n))$. 加密密钥 (e, n) 是公开的,解密密钥 (d, n) 是保密的.

加密前,首先把明文数字化,然后把明文分成若干段,每段的值小于 n. 加密和解密以段为单位进行. 对于明文段 m,加密后的密文为 $c = E(m) = m^e (\bmod\, n)$,解密算法是: $m = D(c) = c^d (\bmod\, n)$. 对于 $m = c^d (\bmod\, n)$ 成立的原因,这里不予展开,有兴趣的读者可查阅其他专业书籍.

下面通过一个简单的例子来说明 RSA 的工作原理.

为用户 B 设计公私密钥 (e, n) 和 (d, n). 为了便于计算,不妨选取小数值的素数 p 和 q. 令 $p = 3$, $q = 11$. $n = pq = 3 \cdot 11 = 33$, $\varphi(n) = (p-1)(q-1) = 2 \cdot 10 = 20$. 取 $e = 3$(3 与 20 互质),则 $3 \cdot d \equiv 1(\bmod\, 20)$,可取 $d = 7$. 由此得到一对公私密钥,公钥(加密密钥)为: $KU = (e, n) = (3, 33)$,私钥(解密密钥)为: $KR = (d, n) = (7, 33)$.

将英文字母编码,以实现明文信息数字化.假定英文字母编码为其字母顺序的序号,例如,a的编码是01,e的编码是05,k的编码是11,y的编码是25.明文"key"的数字化编码是110525.

明文段长取为2.明文"key"分组为:$m_1 = 11$,$m_2 = 05$,$m_3 = 25$.

用户A将明文"key"传递给用户B的过程如下:

(1)将明文"key"数字化为110525,分组后得到$m_1 = 11$,$m_2 = 05$,$m_3 = 25$.

(2)用加密密钥(3, 33)将分组后的数字化明文加密成密文,得到3个密文:

$$c_1 = m_1^e \bmod n = 11^3 \bmod 33 = 11,$$

$$c_2 = m_2^e \bmod n = 5^3 \bmod 33 = 26,$$

$$c_3 = m_3^e \bmod n = 25^3 \bmod 33 = 16.$$

用户B收到密文后,解密的过程与加密的过程相反:

(1)用解密密钥(7, 33)将密文解密,得到3个明文:

$$m_1 = c_1^d \bmod n = 11^7 \bmod 33 = 11,$$

$$m_2 = c_2^d \bmod n = 26^7 \bmod 33 = 5,$$

$$m_3 = c_3^d \bmod n = 16^7 \bmod 33 = 25.$$

(2)将所得到的分组的数字化明文组合起来,得到110525,然后通过编码表还原为明文信息"key".

由于加密密钥(e, n)是公开的,如果已知分解式$n = pq$,则很容易计算出e模$\varphi(n)$的逆d,从而得到解密密钥(d, n),并进而破解密文获得明文.但是,以目前的技术,分解一个400位的整数需要上亿年的时间.因此,当p和q是200位的素数时,就目前的技术水平而言,RSA密码是安全的.当然,随着因数分解能力的提高,今后可能需要使用更大的素数.

2.5　小结

本章介绍了初等数论最基本的知识,主要包括整除、同余、最大公因数、最小公倍数、欧几里得算法、算术基本定理和同余方程等,以及相关的基本性质和解法,也介绍了计算机科学中的几个应用例子.

最大公因数和素数是数论中最基本的概念,小学算术课程就已涉及这两个概念,有关的基本性质和基本方法需深刻理解、熟练掌握.欧几里得算法及其扩展不仅是求两个整数最大公因数的最高效的算法之一,也是求解不定方程、同余方程的有力工具,是讨论整数其他性质的基本工具.由扩展的欧几里得算法可以得到最大公因数的线性组合,这个结论十分重要,许多结果都可以通过它得到.

算术基本定理阐述了整数最基本的性质,说明了素数是构成整数的基石,整数的很多性质都可基于算术基本定理推导出来.欧拉定理和费马定理是整数的两个非常重要的性质,具有广泛的应用,如RSA公钥密码体制、素性测试等等.

孙子定理为大整数的剩余表示法提供了理论基础,剩余表示法使大整数的算术运算得以并行地进行,但由余数还原出原数需求解一个同余方程组.

2.6 习题

1. 设n是整数,证明$6 \mid n^3 - n$.

2. 设$n>1$是奇数,证明$\left(1+\frac{1}{2}+\cdots+\frac{1}{n-1}\right)(n-1)!$被$n$整除.

3. 设$a=493$, $b=391$,求(a, b)和$[a, b]$,以及p、$q \in \mathbf{Z}$,使$pa+qb=(a, b)$.

4. 求方程$963x+657y=(963, 657)$的所有整数解.

5. 设a、b、c、d是正整数,满足$ab=cd$.证明:$a^4+b^4+c^4+d^4$不是素数.

6. 求$n=504$的标准分解式和$\varphi(n)$.

7. 团体操表演过程中,要求队伍在变换成10行、15行、18行、24行时均能成长方形,问需要多少人?

8. 证明:

(1) $(a, [b, c])=[(a, b), (a, c)]$;　　(2) $[a, (b, c)]=([a, b], [a, c])$.

***9.** 证明:形如$4n+3$的素数有无穷多个.

***10.** 证明:如果p、$p+2$、$p+4$都是素数,则$p=3$.

11. 求2^{400}被319除所得的余数.

12. 证明:完全平方数(即它可以写成一个正整数的平方)模3同余于0或1,模4同余于0或1,模5同余于0、1或4.

***13.** 证明:当$n \geqslant 3$时,$\varphi(n)$是偶数.

14. 解同余方程:

(1) $258x \equiv 131 \pmod{348}$;　　(2) $56x \equiv 88 \pmod{96}$.

15. 解同余方程$37x \equiv 31 \pmod{77}$.

16. 解同余方程组:

(1) $\begin{cases} x \equiv 3 \pmod{5}, \\ x \equiv 7 \pmod{9}; \end{cases}$　　(2) $\begin{cases} 5x \equiv 7 \pmod{12}, \\ 7x \equiv 1 \pmod{10}. \end{cases}$

17. 解同余方程组$x \equiv 3 \pmod{8}$, $x \equiv 11 \pmod{20}$, $x \equiv 1 \pmod{15}$.

18. 二数余一,五数余二,七数余三,九数余四,问该数几何?

*__19.__ 设 m_1 和 m_2 是正整数,b_1 和 b_2 是整数. 证明:一次同余方程组 $x \equiv b_1 \pmod{m_1}$, $x \equiv b_2 \pmod{m_2}$ 有解的充分必要条件是 $(m_1, m_2) \mid (b_1 - b_2)$;并且,当此条件成立时,该同余方程组的解可表示为 $x \equiv c(\bmod [m_1, m_2])$,其中 $0 \leqslant c < [m_1, m_2]$.

20. 设 a 和 b 是互素的整数,m 是给定的正整数. 证明:数列 $a+bn(n \geqslant 0)$ 中有无穷多项与 m 互素.

第三章 命题逻辑

简单来说,数理逻辑是研究推理的形式结构和规律的数学分支,它的基本思路是:通过符号化,为日常用自然语言表达的逻辑推理建立严格的数学模型,即符号系统(所以数理逻辑也称为符号逻辑),从而将通常涉及具体含义(语义)的逻辑推理表征为机械的符号串变换(演算),进而使推理的自动化处理成为可能.

人类对逻辑的研究早在古希腊时代就已经开始. 在雅典人柏拉图(Plato)以及他的学生亚里士多德(Aristoteles)的著作中可以发现有关的论述,那是远在公元前4~5世纪的事情了. 为逻辑推理建立精确数学模型的思想最早出现在17世纪中叶,德国人莱布尼茨(G. W. Leibniz)设想建立一套精确的符号体系,把推理归结为公式演算. 将近两个世纪以后,英国数学家布尔(G. Boole)建立了布尔代数,初步奠定了数理逻辑的基础. 19世纪中叶到20世纪初,许多数学家都对数理逻辑作出了重要的贡献,使数理逻辑取得了较大的进展,如美国人皮尔斯(C. S. Peirce)、德国人弗雷格(G. Frege)和施罗德(E. Schröder)、英国人怀特黑德(A. N. Whitehead)、意大利人皮亚诺(G. Peano)、奥地利人哥德尔(K. Gödel)等.

数学依赖于逻辑推理,数理逻辑是数学的基础之一. 20世纪中后期以来,数理逻辑的思想、体系和方法在计算机科学中也得到了广泛深入的应用,成为计算机科学的一个基础和工具. 例如,PROLOG语言就是以谓词逻辑为基础的,在程序验证、程序变换、软件形式说明、形式语义、人工智能等等许多方面,数理逻辑的方法都起着关键的作用. 同时,计算机科学也对数理逻辑提出了新的问题,反过来推动了数理逻辑的进一步发展.

在为推理建立数学模型时,可以采取各种不同的侧重点和抽象程度,由此导致了不同的数学模型,即不同的"数理逻辑". 命题逻辑和谓词逻辑称为经典的数理逻辑,它们是所有其他数理逻辑的基础. 许多非经典逻辑的产生和发展与计算机科学有着千丝万缕的关系,如模态逻辑、时态逻辑、构造性逻辑、非单调逻辑等等.

本书只讲述经典的数理逻辑. 本章介绍命题逻辑,它是推理的最基本的数学模型,也是谓词逻辑的基础. 第四章将介绍更精致的谓词逻辑. 命题逻辑和谓词逻辑的基本框架大致相同,命题逻辑相对较简单,初学者更易理解,所以本书将比较详尽地介绍命题逻辑,对谓词逻辑中的相似内容仅作简略陈述.

需要说明的是,数理逻辑的严格体系和思想比较抽象,还涉及很多细节,初学者不易理解. 出于对本书的读者对象和目标的考虑,本书采用比较直观的处理方法,对于某些习以为常的细节不给出繁琐的证明,甚至不作任何说明而直接使用. 希望进一步了解严格论述和细节的读者可参考其他书籍.

3.1　命题

3.1.1　命题与逻辑联结词

推理的基础是命题,即对事物是否具有某种属性或事物之间是否具有某种关联的判断,这种判断表达为陈述句.我们把具有确定真假性的陈述句称为**命题**.如果一个命题是真的,就说它的真值是真(用1表示);如果一个命题是假的,就说它的真值为假(用0表示).真值为真的命题称为**真命题**,真值为假的命题称为**假命题**.

例3.1.1　判断下列句子是否是命题.

(1) 北京是中国的首都.

(2) $2+4=8$.

(3) 4是奇数.

(4) 2100年二月五日下雨.

(5) 地球以外的星球有生命存在.

(6) 小红今天去学校吗?

(7) 公园里的人真多啊!

(8) 请勿吸烟!

解: 由题意得:

(1) 是真命题.

(2) 是假命题.

(3) 是假命题.

(4) 是命题.尽管我们现在还不知道它的真假性,无法确定它是真命题还是假命题,但它不是真的就是假的,具有确定的真假性.

(5) 是命题.与(4)相同,它有确定的真假性,虽然我们现在不知道其真值,但以后随着科学的发展其真值总能确定.

(6) 是疑问句,不是命题.

(7) 是感叹句,不是命题.

(8) 是祈使句,不是命题. ■

上述命题都比较简单,不能再进一步分解为其他更简单、更基本的命题,这样的命题称为**原子命题**.除原子命题以外的其他命题称为**复合命题**,它们是比较复杂的命题,可进一步分解为更简单、更基本的命题,并通过联结词组合而成.

例 3.1.2 判断下列句子是否是复合命题.

(1) 小王既学英语又学日语.

(2) 4 不是奇数.

(3) 如果天不下雨,那么我骑车上班.

(4) 小女孩七岁或八岁了.

解: 这 4 个句子都是复合命题,它们都由更基本的原子命题通过联结词组合而成.

(1) 由原子命题“小王学英语”和“小王学日语”通过联结词“并且”组合而成.

(2) 由原子命题“4 是奇数”通过联结词“非”组合而成.

(3) 由原子命题“天不下雨”和“我骑车上班”通过联结词“如果……,那么……”组合而成.

(4) 由原子命题“小女孩七岁”和“小女孩八岁”通过联结词“或”组合而成. ■

命题逻辑以原子命题为出发点建立推理的数学模型,凡不同的原子命题都看作是相互之间没有关联的独立的对象①. 所以,在符号化时,原子命题表示为不同的独立符号,一般我们用带下标或不带下标的小写英文字母表示原子命题. 例如,用 p 表示命题“$2+4=8$”,用 q 表示命题“水是液体”,等等,具体可简单地表示成下面的形式:

$$p: 2+4=8;$$

$$q: \text{水是液体}.$$

复合命题中的联结词也需要符号化. 通过分析和归纳自然语言,我们抽象出五种最常用的联结词: 否定、合取、析取、蕴涵、等价,并引进特定的符号($\neg$ 、$\wedge$、$\vee$、$\rightarrow$、$\leftrightarrow$)表示这五种联结词. 需要注意的是,日常使用的联结词的文字表达远不止这五种,但它们的本质含义是相同的. 如“而且”、“并且”、“和”,这三个联结词的含义实质上是相同的,在数理逻辑中用同一个符号表示. 也有些联结词的本质含义不同于上述五种联结词,但是,通过适当的组合,可以用上述五种联结词将其含义表达出来.

定义 3.1.1 设 p 和 q 为命题.

(1) 复合命题“非 p”称为 p 的否定,记作 $\neg p$, $\neg$ 称为**否定联结词**. $\neg p$ 的真值为 1 当且仅当 p 的真值为 0.

(2) 复合命题“p 并且 q”称为 p 与 q 的合取,记作 $p \wedge q$, $\wedge$ 称为**合取联结词**. $p \wedge q$ 的真值为 1 当且仅当 p 和 q 的真值都为 1.

(3) 复合命题“p 或者 q”称为 p 与 q 的析取,记作 $p \vee q$, $\vee$ 称为**析取联结词**. $p \vee q$ 的真值为 0 当且仅当 p 和 q 的真值都为 0.

(4) 复合命题“如果 p,那么 q”称为 p 蕴涵 q,记作 $p \rightarrow q$, $\rightarrow$ 称为**蕴涵联结词**,其中 p 称为蕴涵式 $p \rightarrow q$ 的**前件**, q 称为蕴涵式 $p \rightarrow q$ 的**后件**. $p \rightarrow q$ 的真值为 0 当且仅当 p 的真值为 1 且 q

---

① 这个观点与客观事实不完全吻合,事实上现实世界中的许多原子命题是相互关联的(具体实例可参阅第四章),所以命题逻辑并不能完全、准确地反映实际的逻辑推理. 这就是命题逻辑的局限所在,也是还需要其他更复杂的数理逻辑模型的原因. 当然,命题逻辑在“命题的层次上”真实地表征了日常的逻辑推理,且比较简单,所以它在许多环境中都有用武之地.

的真值为 0.

（5）复合命题“p 当且仅当 q”称为 p 与 q 的等价，记作 $p\leftrightarrow q$，$\leftrightarrow$ 称为**等价联结词**. $p\leftrightarrow q$ 的真值为 1 当且仅当 p 和 q 的真值相同.

可以把联结词看作真值(0 和 1)上的运算，于是定义 3.1.1 可归纳为表 3.1.1.

表 3.1.1 五种联结词的真值表

p	q	$\neg p$	$p\wedge q$	$p\vee q$	$p\rightarrow q$	$p\leftrightarrow q$
0	0	1	0	0	1	1
0	1	1	0	1	1	0
1	0	0	0	1	0	0
1	1	0	1	1	1	1

蕴涵式 $p\rightarrow q$ 的求值规则需要作些特别的说明. 当 p 为真而 q 为真时，$p\rightarrow q$ 为真；当 p 为真而 q 为假时，$p\rightarrow q$ 为假. 这些都符合我们的语言习惯. 但是，当 p 为假时，不管 q 是真或假，按定义，$p\rightarrow q$ 总为真. 这似乎不太合乎常识. 事实上，在 p 为假的情况下，人们通常不关心 $p\rightarrow q$ 的真假性. 以下两个例子可以大致说明如此定义→的合理性：命题“10 是 4 的倍数”的真值为 0，命题“10 是 2 的倍数”的真值为 1，命题“如果 10 是 4 的倍数，那么 10 是 2 的倍数”确实是一个合理的推断；命题“9 是 4 的倍数”的真值为 0，命题“9 是 2 的倍数”的真值也为 0，命题“如果 9 是 4 的倍数，那么 9 是 2 的倍数”也是一个合理的推断.

含有蕴涵意义的命题在日常推理中经常出现，分析清楚其中的充分条件和必要条件十分关键. 以下是几个常见的范例：“只要 p 就有 q”的含义是 $p\rightarrow q$，“只有 p 才有 q”的含义是 $q\rightarrow p$，“p 仅当 q”的含义是 $p\rightarrow q$.

例 3.1.3 符号化(即用符号表达)下列命题.

（1）期末考试成绩得 A 并且做本书的每道练习，足以使你这门课成绩得 A.

（2）如果我上街，我去超市购物，除非我很累.

（3）只有你主修计算机科学或不是新生，才可以从校园内访问因特网.

（4）除非你已满 16 周岁，否则只要你身高不足 1.2 米就不能乘公园的过山车.

（5）4 是偶数和 4 能被 2 整除是一个意思.

解：（1）令 p：你期末考试成绩得 A，q：你做了本书每一道练习，r：你这门课成绩得 A. 命题符号化为 $p\wedge q\rightarrow r$.

（2）令 p：我上街，q：我去超市购物，r：我很累. 命题符号化为 $\neg r\rightarrow(p\rightarrow q)$.

（3）令 p：你主修计算机科学，q：你是新生，r：你可从校园内访问因特网. 命题符号化为 $r\rightarrow(p\vee\neg q)$.

（4）令 p：你已满 16 周岁，q：你身高足 1.2 米，r：你能乘公园的过山车. 命题符号化为 $\neg p\rightarrow$

$(\neg q \to \neg r)$.

(5) 令 p: 4 是偶数, q: 4 能被 2 整除. 命题符号化为 $p \leftrightarrow q$. ■

符号化是数理逻辑的基础,复杂命题符号化的主要过程如下:

(1) 找出原子命题,并用小写英文字母表示;

(2) 用适当的联结词把原子命题组合(联结)成复合命题.

例 3.1.4 大部分网页搜索引擎、图书馆的数据库搜索引擎等等都支持**布尔检索**,其检索条件实际上就是一个复合命题. 例如,在图书查询系统中,在检索"李明"所著的《操作系统》时,实际上使用了一个复合命题:"书的作者是李明∧书的名称是《操作系统》",查询系统在数据库中找出满足该命题的所有记录. ■

3.1.2 命题公式

命题符号化的结果是一个符号串,它表示了命题的形式结构. 若将联结词看作运算符,那么这个符号串就类似于代数公式,称为命题公式. 与代数公式相似,命题公式中也可以有表示某个命题的变量,这种变量称为**命题变量**,其值只能取 0 或 1. 相应地,命题公式中的常量称为**命题常量**,其取值也只能是 0 或 1.

定义 3.1.2 **命题公式**递归定义如下:

(1) 单个命题变量和命题常量构成的符号串是命题公式;

(2) 如果 A 是命题公式,那么 $(\neg A)$ 也是命题公式;

(3) 如果 A 和 B 是命题公式,那么 $(A \wedge B)$、$(A \vee B)$、$(A \to B)$、$(A \leftrightarrow B)$ 都是命题公式;

(4) 仅有限次使用上面三条规则而得到的符号串才是命题公式.

显然,符号串 $((A \wedge B) \vee B)$、$((A \to B) \wedge (A \leftrightarrow B))$、$((\neg A) \vee B)$ 都是命题公式,$(A \wedge B) \vee (\to B)$、$(A \wedge \vee B$、$(\to B)$ 都不是命题公式. 以下在不产生歧义的情况下,命题公式也简称为**公式**.

含有 n 个命题变量的命题公式称为 **n 元命题公式**,记为 $A(p_1, p_2, p_3, \cdots, p_n)$,其中,$p_1, p_2, p_3, \cdots, p_n$ 是出现在公式中的 n 个命题变量. 如果 B 是命题公式 A 的一部分,且 B 本身也是一个公式,则称 B 为公式 A 的**子公式**.

类似于代数公式,为了简化公式,减少括号的数量,除约定最外层的括号可以省略外,另外规定联结词的优先次序从高到低依次为 $\neg$ 、$\wedge$ 和 $\vee$ 、$\to$ 和 $\leftrightarrow$. 于是,公式 $((A \vee B) \leftrightarrow C)$ 可简写为 $A \vee B \leftrightarrow C$.

特别需要注意的是,公式是由命题常量、命题变量和命题联结词按一定规则组成的符号串,它反映了一类命题的形式结构,但其本身并不是命题,仅当将其中所有命题变量或常量都替换为具体命题以后，才可将它看作为一个具体命题. 例如，对于公式 $p\to q$，若令 p：今天天气晴朗，q：我们去野炊，那么 $p\to q$ 表示命题：如果天气晴朗，那么我们去野炊；若令 p：我学习成绩好，q：我当选学习委员，那么 $p\to q$ 表示命题：如果我学习成绩好，那么我当选学习委员. 以上两个具体命题虽然不同，但其形式结构完全相同，都可表示为命题公式 $p\to q$.

定义 3.1.3　如果对 n 元命题公式 $A(p_1, p_2, p_3, \cdots, p_n)$ 中的 n 个命题变量 p_1、p_2、$\cdots$、p_n 分别指定真值 $a_1, a_2, a_3, \cdots, a_n$，那么称 $(a_1, a_2, a_3, \cdots, a_n)$ 为公式 A 的一个**真值赋值**或**赋值**. 如果 $A(a_1, a_2, a_3, \cdots, a_n)$ 的真值为 1 那么称这个赋值是公式 A 的**成真赋值**；如果 $A(a_1, a_2, a_3, \cdots, a_n)$ 的真值为 0，那么称这个赋值是公式 A 的**成假赋值**.

例如，命题公式 $p\wedge q$ 有 2 个命题变量，因而有 2^2 个可能的不同赋值，如表 3.1.2 所示.

表 3.1.2　$p\wedge q$ 的真值表

p	q	$p\wedge q$
0	0	0
0	1	0
1	0	0
1	1	1

其中 $(1, 1)$ 是 $p\wedge q$ 的成真赋值，其余 3 个赋值 $(0, 0)$、$(0, 1)$ 和 $(1, 0)$ 都是 $p\wedge q$ 的成假赋值. 表 3.1.2 给出了一个命题公式所有可能的赋值以及对应的公式的真值，这类表称为**真值表**.

例 3.1.5　列出下列命题公式的真值表：

(1) $p\to p\vee q$;

(2) $p\wedge\neg p$;

(3) $p\to q\to r$.

解：(1)

表 3.1.3　$p\to p\vee q$ 的真值表

p	q	$p\vee q$	$p\to p\vee q$
0	0	0	1
0	1	1	1
1	0	1	1
1	1	1	1

(2)

表 3.1.4　$p \wedge \neg p$ 的真值表

p	$\neg p$	$p \wedge \neg p$
0	1	0
1	0	0

(3)

表 3.1.5　$p \to q \to r$ 的真值表

p	q	r	$p \to q$	$p \to q \to r$
0	0	0	1	0
0	0	1	1	1
0	1	0	1	0
0	1	1	1	1
1	0	0	0	1
1	0	1	0	1
1	1	0	1	0
1	1	1	1	1

■

定义 3.1.4　如果命题公式 A 的每个赋值都是成真赋值,那么称 A 为**重言式**或**永真式**. 如果公式 A 的每个赋值都是成假赋值,那么称 A 为**矛盾式**或**永假式**. 如果公式 A 至少有一个成真赋值,那么称 A 为**可满足式**.

显然,重言式一定是可满足式,反之则不然;矛盾式一定不是可满足式.

真值表可用来判断命题公式的类型. 在例 3.1.5 中,(1)的所有赋值都是成真赋值,因此它是重言式;(2)的所有赋值都是成假赋值,因此它是矛盾式;(3)的赋值中,既有成真赋值,也有成假赋值,因此它是可满足式,但不是重言式,也不是矛盾式.

例 3.1.6　规范说明是计算机软硬件系统开发的基础,数理逻辑的符号化方法是精确表达规范说明的手段之一. 假定下面用自然语言表述的三条规则构成一个系统的规范说明:

(1) 诊断消息存储在缓冲区中或被重传;

(2) 诊断消息没有存储在缓冲区中;

(3) 如果诊断消息存储在缓冲区中,那么它被重传.

若令 p: 诊断消息存储在缓冲区中,q: 诊断消息被重传,则以上 3 条规则可分别表示为: $p \vee$

q、$\neg p$、$p \to q$.

仅当这 3 个命题公式是一致的,即它们具有共同的成真赋值时,满足这个规范说明的系统才是可开发的. 也就是说,仅当 $(p \vee q) \wedge (\neg p) \wedge (p \to q)$ 是可满足式时,才有可能开发出满足这个规范说明的系统.

不难看出,$(p \vee q) \wedge (\neg p) \wedge (p \to q)$ 确实是可满足式,所以这个规范说明是一致的. ■

3.2 等值演算

3.2.1 等值的概念

与代数公式一样,命题公式也有"相等"的概念. 注意,两个公式相等不是指它们作为符号串相等,而是指它们的值相等,即无论给其中的变量指定什么值,两个公式最终算得的值都相等.

定义 3.2.1 如果命题公式 A 和 B 对任意真值赋值都取相同的真值,那么称 A 和 B **等值**,记作 $A \Leftrightarrow B$.

显然,构造真值表是判定两个命题公式是否等值最直接了当的方法.

例 3.2.1 证明:$(p \wedge q) \vee r \Leftrightarrow (p \vee r) \wedge (q \vee r)$

证明: 构造两个公式的真值表:

表 3.2.1 $(p \wedge q) \vee r$ 和 $(p \vee r) \wedge (q \vee r)$ 的真值表

p	q	r	$p \vee r$	$q \vee r$	$p \wedge q$	$(p \wedge q) \vee r$	$(p \vee r) \wedge (q \vee r)$
0	0	0	0	0	0	0	0
0	0	1	1	1	0	1	1
0	1	0	0	1	0	0	0
0	1	1	1	1	0	1	1
1	0	0	1	0	0	0	0
1	0	1	1	1	0	1	1
1	1	0	1	1	1	1	1
1	1	1	1	1	1	1	1

由于与两个公式相对应的列完全相同,所以 $(p \wedge q) \vee r \vee r \Leftrightarrow (p \vee r) \wedge (q \vee r)$. ■

3.2.2 等值演算

通过真值表不难看出下面命题公式的基本恒等式.

定理 3.2.1 对于任意命题公式 A、B、C,下面的恒等式成立:

(1) 双重否定:$\neg\neg A \Leftrightarrow A$;

(2) 幂等律:$A \wedge A \Leftrightarrow A$, $A \vee A \Leftrightarrow A$;

(3) 交换律:$A \wedge B \Leftrightarrow B \wedge A$, $A \vee B \Leftrightarrow B \vee A$;

(4) 结合律:$(A \wedge B) \wedge C \Leftrightarrow A \wedge (B \wedge C)$, $(A \vee B) \vee C \Leftrightarrow A \vee (B \vee C)$;

(5) 分配律:$(A \wedge B) \vee C \Leftrightarrow (A \vee C) \wedge (B \vee C)$, $(A \vee B) \wedge C \Leftrightarrow (A \wedge C) \vee (B \wedge C)$;

(6) 德摩根律:$\neg (A \wedge B) \Leftrightarrow \neg A \vee \neg B$, $\neg (A \vee B) \Leftrightarrow \neg A \wedge \neg B$;

(7) 吸收律:$A \wedge (A \vee B) \Leftrightarrow A$, $A \vee (A \wedge B) \Leftrightarrow A$;

(8) 零律:$A \wedge 0 \Leftrightarrow 0$, $A \vee 1 \Leftrightarrow 1$;

(9) 同一律:$A \vee 0 \Leftrightarrow A$, $A \wedge 1 \Leftrightarrow A$;

(10) 排中律:$A \vee \neg A \Leftrightarrow 1$;

矛盾律:$A \wedge \neg A \Leftrightarrow 0$;

(11) 蕴涵恒等式:$A \rightarrow B \Leftrightarrow \neg A \vee B$;

(12) 假言易位:$A \rightarrow B \Leftrightarrow \neg B \rightarrow \neg A$;

(13) 等价恒等式:$A \leftrightarrow B \Leftrightarrow (A \rightarrow B) \wedge (B \rightarrow A)$.

由于$\wedge$和$\vee$的结合律都成立,所以$(A \wedge B) \wedge C$可以简写为$A \wedge B \wedge C$, $(A \vee B) \vee C$可以简写为$A \vee B \vee C$,也可以写出含更多项的合取式和析取式,如$A \wedge B \wedge C \wedge D$等等.

类似于代数演算,对命题公式可以进行**命题演算**,即,根据命题公式的基本恒等式,通过将公式中的子公式替换为与其等值的另一个公式,将一个命题公式推演成另一个与之等值的公式.

例 3.2.2 证明$\neg (p \vee (\neg p \wedge q)) \Leftrightarrow \neg p \wedge \neg q$.

证明:
$\neg (p \vee (\neg p \wedge q)) \Leftrightarrow \neg p \wedge \neg (\neg p \wedge q)$ (德摩根律)

$\Leftrightarrow \neg p \wedge (\neg\neg p \vee \neg q)$ (德摩根律)

$\Leftrightarrow \neg p \wedge (p \vee \neg q)$ (双重否定)

$\Leftrightarrow (\neg p \wedge p) \vee (\neg p \wedge \neg q)$ (分配律)

$\Leftrightarrow 0 \vee (\neg p \wedge \neg q)$ (矛盾律)

$\Leftrightarrow \neg p \wedge \neg q$. (同一律)■

例 3.2.3 证明$(p \wedge q) \rightarrow (p \vee q)$为永真式.

证明:
$(p \wedge q) \rightarrow (p \vee q) \Leftrightarrow \neg (p \wedge q) \vee (p \vee q)$ (蕴涵恒等式)

$\Leftrightarrow (\neg p \vee \neg q) \vee (p \vee q)$ (德摩根律)

$\Leftrightarrow (\neg p \vee p) \vee (\neg q \vee q)$ (交换律和结合律)

$\Leftrightarrow 1 \vee 1$ (排中律)

$\Leftrightarrow 1$ (幂等律). ■

例 3.2.4 证明 $((p \wedge q \wedge r) \to s) \wedge (r \to (p \vee q \vee s)) \Leftrightarrow (r \wedge (p \leftrightarrow q)) \to s$

证明: $((p \wedge q \wedge r) \to s) \wedge (r \to (p \vee q \vee s))$

$\Leftrightarrow (\neg (p \wedge q \wedge r) \vee s) \wedge (\neg r \vee (p \vee q \vee s))$ (蕴涵恒等式)

$\Leftrightarrow (\neg p \vee \neg q \vee \neg r \vee s) \wedge (\neg r \vee p \vee q \vee s)$ (德摩根律)

$\Leftrightarrow ((\neg p \vee \neg q \vee \neg r) \wedge (\neg r \vee p \vee q)) \vee s$ (分配律)

$\Leftrightarrow (((\neg p \vee \neg q) \wedge (p \vee q)) \vee \neg r) \vee s$ (分配律)

$\Leftrightarrow (\neg r \vee ((\neg p \vee \neg q) \wedge (p \vee q))) \vee s$ (交换律)

$\Leftrightarrow \neg (r \wedge (\neg (\neg p \vee \neg q) \vee \neg (p \vee q))) \vee s$ (德摩根律)

$\Leftrightarrow \neg (r \wedge ((p \wedge q) \vee (\neg p \wedge \neg q))) \vee s$ (德摩根律)

$\Leftrightarrow \neg (r \wedge ((\neg p \vee q) \wedge (\neg q \vee p))) \vee s$ (分配律、交换律、排中律、同一律)

$\Leftrightarrow \neg (r \wedge ((p \to q) \wedge (q \to p))) \vee s$ (蕴涵恒等式)

$\Leftrightarrow (r \wedge (p \leftrightarrow q)) \to s.$ (等价恒等式) ■

3.2.3 对偶原理

比较定理 3.2.1 和第一章的定理 1.3.1,可以发现它们具有高度的相似性,这并非偶然. 事实上,命题代数和集合代数都是布尔代数(参见第十四章)的特例,所以布尔代数所具有的性质命题代数和集合代数也都具备.

在布尔代数中,对偶原理成立,所以集合代数也满足对偶原理(参见第一章). 同样,命题代数也满足对偶原理.

在仅含联结词$\neg$、$\wedge$和$\vee$的命题公式A中,将$\wedge$、$\vee$、0、1 分别替换成$\vee$、$\wedge$、1、0,所得命题公式称为 A 的**对偶式**,记为 A^*.

可以证明: 对于任意命题公式 A 和 B, $A \Leftrightarrow B$ 当且仅当 $A^* \Leftrightarrow B^*$. 读者可结合定理 3.2.1 验证这个结论,具体证明请有兴趣的读者参阅其他参考书籍.

3.3 范式

所谓范式就是指具有某种形式特征的表达式(公式),因为它们往往具有一些很好的特殊性质,所以在许多情况下需要将一个一般的公式变换为范式. 主析取范式和主合取范式是两种有用的命题公式的范式,下面将说明一般命题公式都存在与之等值的主析取范式和主合取范式.

3.3.1 主析取范式

命题变量或其否定称为**文字**,如p、$\neg p$、$\neg r$等等.

定义 3.3.1 设命题公式A含n个命题变量.在由n个文字组成的合取式中,若A的每个命题变量都包含在其中,且与A的第i个命题变量有关的文字恰为该合取式中从左往右的第i个文字,则称该合取式为A的**极小项**.由若干个极小项组成的析取式称为**主析取范式**.更一般地,若干文字的合取式组成的析取式称为**析取范式**.

设命题公式A含n个命题变量.A的极小项是一个合取式,其中每个合取项都是命题变量或它的否定.若将极小项中的命题变量记作1、命题变量的否定记作0,那么极小项就转化为n位的二进制数,这个二进制数的各个位实际上对应了该极小项唯一的一个成真赋值.我们把这个二进制数的值(这里记为k)用作该极小项的编号,并将该极小项表示为m_k.

例如,若三个命题变量分别是p、q和r,则8个三元极小项是:$m_0=\neg p\wedge\neg q\wedge\neg r$、$m_1=\neg p\wedge\neg q\wedge r$、$m_2=\neg p\wedge q\wedge\neg r$、$m_3=\neg p\wedge q\wedge r$、$m_4=p\wedge\neg q\wedge\neg r$、$m_5=p\wedge\neg q\wedge r$、$m_6=p\wedge q\wedge\neg r$、$m_7=p\wedge q\wedge r$.

例 3.3.1 求与$(\neg p\to r)\to q$等值的主析取范式.

解: 构造$(\neg p\to r)\to q$的真值表.

表 3.3.1 $(\neg p\to r)\to q$的真值表

p	q	r	$\neg p$	$\neg p\to r$	$(\neg p\to r)\to q$
0	0	0	1	0	1
0	0	1	1	1	0
0	1	0	1	0	1
0	1	1	1	1	1
1	0	0	0	1	0
1	0	1	0	1	0
1	1	0	0	1	1
1	1	1	0	1	1

$(\neg p\to r)\to q$共有5个成真赋值,与它们对应的极小项是m_0、m_2、m_3、m_6、m_7.容易验证$m_0\vee m_2\vee m_3\vee m_6\vee m_7$恰与$(p\to q)\wedge(r\to q)$具有相同的成真赋值,所以与$(\neg p\to r)\to q$等值的主析取范式为:

$m_0 \lor m_2 \lor m_3 \lor m_6 \lor m_7$

$= (\neg p \land \neg q \land \neg r) \lor (\neg p \land q \land \neg r) \lor (\neg p \land q \land r) \lor (p \land q \land \neg r) \lor (p \land q \land r).$ ■

定理 3.3.1 任意非永假的命题公式都存在与之等值的主析取范式，该主析取范式恰由与命题公式的成真赋值所对应的极小项组成. 若规定主析取范式中的极小项按编号递增的顺序排列，则与一个命题公式等值的主析取范式是唯一的.

由例 3.3.1 的求解过程容易看出，定理 3.3.1 显然成立.

主析取范式与命题公式的成真赋值有着直接的关联，所以由主析取范式不难判断公式的类型，或得到命题公式的成真赋值和成假赋值. 虽然命题公式的表现形式无穷无尽，但是，对于所有相互等值的命题公式(非永假式)，它们的主析取范式却是相同(唯一)的，所以主析取范式给出了一类命题公式的标准形式.

求命题公式的主析取范式除了可以经由真值表以外，还可以通过等值演算来进行，主要步骤如下：

(1) 消去→和↔，利用蕴涵恒等式和等价恒等式；

(2) 把¬ 内移，使¬ 仅作用在命题变量上，利用德摩根律和双重否定；

(3) 展开为若干合取式的析取，利用∧关于∨的分配律；

(4) 补足各合取式所缺失的命题变量，利用同一律、排中律和∧关于∨的分配律.

例 3.3.2 用等值演算的方法求$(\neg p \to r) \to q$的主析取范式.

解： $(\neg p \to r) \to q$

$\Leftrightarrow \neg (\neg p \to r) \lor q$

$\Leftrightarrow \neg (p \lor r) \lor q$

$\Leftrightarrow (\neg p \land \neg r) \lor q$

$\Leftrightarrow (\neg p \land (\neg q \lor q) \land \neg r) \lor ((\neg p \lor p) \land q \land (\neg r \lor r))$

$\Leftrightarrow (\neg p \land \neg q \land \neg r) \lor (\neg p \land q \land \neg r) \lor (\neg p \land q \land r) \lor (p \land q \land \neg r) \lor (p \land q \land r).$ ■

3.3.2 主合取范式

由于命题逻辑有对偶原理，所以“对偶的”主合取范式也存在并具有相似的性质.

定义 3.3.2 设命题公式 A 含 n 个命题变量. 在由 n 个文字组成的析取式中，若 A 的每个命题变量都包含在其中，且与 A 的第 i 个命题变量有关的文字恰为析取式中从左往右的第 i 个文字，则称该析取式为 A 的**极大项**. 由若干个极大项组成的合取式称为**主合取范式**. 更一般地，若干文字的析取式组成的合取式称为**合取范式**.

设命题公式 A 含 n 个命题变量. A 的极大项是一个析取式，其中每个析取项都是命题变量或它的否定. 若将极大项中的命题变量记作 0、命题变量的否定记作 1，那么极大项就转化为 n 位的二进制数,这个二进制数实际上对应了该极大项唯一的一个成假赋值.我们把这个二进制数的值(这里记为k)用作该极大项的编号,并将该极大项表示为M_k.

例如,若三个命题变量分别是p、q和r,则8个三元极大项是:$M_0 = p \vee q \vee r$、$M_1 = p \vee q \vee \neg r$、$M_2 = p \vee \neg q \vee r$、$M_3 = p \vee \neg q \vee \neg r$、$M_4 = \neg p \vee q \vee r$、$M_5 = \neg p \vee q \vee \neg r$、$M_6 = \neg p \vee \neg q \vee r$、$M_7 = \neg p \vee \neg q \vee \neg r$.

定理3.3.2 任意非永真的命题公式都存在与之等值的主合取范式,该主合取范式恰由与命题公式的成假赋值所对应的极大项组成.若规定主合取范式中的极大项按编号递增的顺序排列,则与一个命题公式等值的主合取范式是唯一的.

主合取范式与主析取范式具有相似的性质,它们的求解方法以及相关定理的证明也相似,这里不再赘述,请读者自行思考.

例3.3.3 求出$(\neg p \rightarrow r) \rightarrow q$的主合取范式.

解: 下面分别采用真值表和等值演算的方法来求解.

(1) 由表3.3.1可知,公式共有3个成假赋值,其主合取范式由对应的3个极大项M_1、M_4、M_5组成:

$$M_1 \wedge M_4 \wedge M_5 = (p \vee q \vee \neg r) \wedge (\neg p \vee q \vee r) \wedge (\neg p \vee q \vee \neg r).$$

(2) $(\neg p \rightarrow r) \rightarrow q \Leftrightarrow \neg(\neg p \rightarrow r) \vee q \Leftrightarrow \neg(p \vee r) \vee q \Leftrightarrow (\neg p \wedge \neg r) \vee q \Leftrightarrow (\neg p \vee q) \wedge (q \vee \neg r) \Leftrightarrow (\neg p \vee q \vee (\neg r \wedge r)) \wedge ((\neg p \wedge p) \vee q \vee \neg r) \Leftrightarrow (p \vee q \vee \neg r) \wedge (\neg p \vee q \vee r) \wedge (\neg p \vee q \vee \neg r)$. ■

3.3.3 联结词的完备集

前面我们引进了5个联结词¬、∧、∨、→和↔,显然,还可以定义其他更多的联结词.这里自然就有一个问题,我们所定义的那5个联结词是否足以表达所有可能的命题?是否相互独立?也即是否相互可以表达?

定义3.3.3 $\{0, 1\}^n$到$\{0, 1\}$的n元函数称为***n*元真值函数**.

表3.3.2给出了所有可能的2元真值函数,共计有16个不同的2元真值函数.

表3.3.2 2元真值函数

p	q	F_1	F_2	F_3	F_4	F_5	F_6	F_7	F_8
0	0	0	0	0	0	0	0	0	0
0	1	0	0	0	0	1	1	1	1
1	0	0	0	1	1	0	0	1	1
1	1	0	1	0	1	0	1	0	1

p	q	F_9	F_{10}	F_{11}	F_{12}	F_{13}	F_{14}	F_{15}	F_{16}
0	0	1	1	1	1	1	1	1	1
0	1	0	0	0	0	1	1	1	1
1	0	0	0	1	1	0	0	1	1
1	1	0	1	0	1	0	1	0	1

观测命题公式的真值表,不难发现,每个含 n 个命题变量的命题公式 $A(x_1, x_2, \cdots, x_n)$ 都对应于一个 n 元真值函数 $F(x_1, x_2, \cdots, x_n)$,其中,对于 A 的任意赋值 $(a_1, a_2, \cdots, a_n)$, $F(a_1, a_2, \cdots, a_n)=1$ 当且仅当 $A(a_1, a_2, \cdots, a_n)$ 的真值为 1. 那么,是否每个 n 元真值函数都有一个与之对应的命题公式呢?显然,答案与公式可用的联结词有关.

定义 3.3.4　设 S 是一个联结词的集合. 如果对于任何 $n(n \geq 1)$ 元真值函数 $F(x_1, x_2, \cdots, x_n)$,都存在仅含 S 中的联结词的命题公式 A, A 所对应的真值函数恰为 $F(x_1, x_2, \cdots, x_n)$,则称联结词集合 S 是**完备的**或**完备集**. 若完备的联结词集合的任何真子集均不是完备的,则称该联结词集合为**极小完备的**或**极小完备集**.

如果一个联结词的集合是完备的,则由其中的联结词构成的命题公式足以表达所有的真值函数,从而能够描述所有的复合命题(仅限于命题逻辑的范畴).

定理 3.3.3　联结词集合 $\{\neg, \wedge, \vee\}$ 是完备的.

考察真值函数的真值表以及经由真值表求取命题公式的主析取范式的过程,不难看出,定理 3.3.3 成立.

虽然联结词集合 $\{\neg, \wedge, \vee\}$ 是完备的,但它并非极小完备的,因为其真子集 $\{\neg, \vee\}$ 和 $\{\neg, \wedge\}$ 都是完备的. 以完备集 $\{\neg, \wedge, \vee\}$ 为基础,进一步考察恒等式 $A \wedge B \Leftrightarrow \neg(\neg A \vee \neg B)$,其中 A 和 B 是任意的命题公式,即可简单地证明 $\{\neg, \vee\}$ 是完备的,因为任何仅含联结词 $\neg$、$\wedge$ 和 $\vee$ 的命题公式都可等值演算为仅含联结词 $\neg$ 和 $\vee$ 的命题公式(简单地利用上述恒等式即可),且相互等值的命题公式所对应的真值函数均相同(参见习题 14). $\{\neg, \wedge\}$ 的完备性可类似地证明.

例 3.3.4　设 p 和 q 为任意命题,复合命题"p 与 q 的否定"称为 p 和 q 的与非,记作 $p \uparrow q$. $\uparrow$ 为**与非联结词**, $p \uparrow q$ 的真值为 1 当且仅当 p 和 q 不同时为 1. 复合命题"p 或 q 的否定"称为 p 与 q 的或非,记作 $p \downarrow q$. $\downarrow$ 为**或非联结词**, $p \downarrow q$ 的真值为 1 当且仅当 p 和 q 同时为 0.

显然, $p \uparrow q \Leftrightarrow \neg(p \wedge q)$, $p \downarrow q \Leftrightarrow \neg(p \vee q)$.

由于 $\neg p \Leftrightarrow \neg(p \wedge p) \Leftrightarrow p \uparrow p$, $p \wedge q \Leftrightarrow \neg\neg(p \wedge q) \Leftrightarrow \neg(p \uparrow q) \Leftrightarrow (p \uparrow q) \uparrow (p \uparrow q)$,而 $\{\neg, \wedge\}$ 是完备集,所以 $\{\uparrow\}$ 也是完备集,并且是极小完备的,因为其唯一的真子集 $\varnothing$ 显然不是完备的.

类似地,{↓}也是极小完备集. ■

证明某个联结词集合不是完备的相对更困难一些,一个基本的方法是:证明任何仅含该集合中的联结词的命题公式所对应的真值函数均具有某种性质,但并非所有真值函数都具有这种性质(参见习题17).

3.4 自然推理系统 P

推理是从前提推出结论的思维过程. 撇除所涉及的具体内容,仅考虑推理的逻辑结构,可以发现凡正确的推理(形式)都具有这样的特质:只要所有前提都是正确的,则结论一定也是正确的. 所以,直观上,正确的推理形式对应于一个永真的蕴含式,其前件是所有前提的合取,其后件是所推出的结论. 请读者结合例3.4.1简单地验证一下.

例 3.4.1 考察下面的三个推理:

(1)"如果天气热,我就去游泳. 天气热. 所以,我去游泳."

(2)"如果两个三角形全等,那么它们的对应角相等. 两个三角形全等. 所以,它们的对应角相等."

(3)"如果天气热,我就去游泳. 我去游泳. 所以,天气热."

(1)和(2)的结构(形式)如出一辙,只是具体内容不同而已,只要其中之一是正确的,那么另一个也一定正确,所以下面将只讨论(1)和(3). 显然,(1)是正确的,(3)是错误的.

令 p: 天气热, q: 我去游泳.

(1)的前提是 $p\to q$ 和 p,结论是 q. 把前提合取起来再蕴含结论,得到 $(p\to q)\wedge p\to q$,这是一个永真公式.

(3)的前提是 $p\to q$ 和 q,结论是 p. 把前提合取起来再蕴含结论,得到 $(p\to q)\wedge q\to p$,这不是一个永真公式. ■

定义 3.4.1 设 $H_1, H_2, \cdots, H_n, C$ 都是命题公式,若 $(H_1\wedge H_2\wedge\cdots\wedge H_n)\to C$ 是重言式,则称公式 $H_1, H_2, \cdots, H_n$ 推出结论 C 的**推理正确**或**有效**, $H_1, H_2, \cdots, H_n$ 称为 C 的前提, C 是 $H_1, H_2, \cdots, H_n$ 的**有效结论**,记为 $(H_1\wedge H_2\wedge\cdots\wedge H_n)\Rightarrow C$.

验证一个推理是否有效最简单的方法就是验证相应的蕴含式是否是重言式. 但是,在实际应用中,这种方法并不可行,原因之一是这种方法的工作量可能比较大(因为所涉及的命题变量可能比较多),另一个更重要的原因是:许多推理都涉及谓词公式(参见第四章),但验证谓词公式是否永真的一般方法并不存在.

日常验证一个推理是否正确的方法是给出一个证明."因为 A,所以 B;又因为 C,所以

D；……”，这是自然环境下的证明的一般模式，其中 A、B、C、D 等等都是具体的命题. 仔细观察这些证明过程即可发现，证明的本质就是命题的序列（如前述的 $A, B, C, D, \cdots$），其中的每个命题要么是前提，要么是公理，要么是能够从序列中前面的某些命题合理地（符合推理规则）推出的命题，序列中的最后一个命题就是结论，其中每一步的正确性确保了整个推理的正确性.

定义 3.4.2 如果从前提集 $\{H_1, H_2, \cdots, H_n\}$ 出发，可以得到一个公式序列 $S_1, S_2, \cdots, S_m$，该序列满足：

（1）S_m 恰为公式 C，

（2）对于序列中的任意公式 $S_i(1 \leqslant i \leqslant m)$，$S_i$ 要么是前提，要么可由它前面的一些公式根据推理规则推出，

则称序列 $S_1, S_2, \cdots, S_m$ 是由前提 $H_1, H_2, \cdots, H_n$ 推出 C 的**形式证明**.

推理的数学模型（推理系统）一般可分为两大类. 其一是自然推理系统，它从前提出发运用系统的推理规则演绎出结论，其中不涉及任何预设公理；其二是公理推理系统，它从给定的公理集合出发，运用系统的推理规则演绎出结论. 这些推理系统本质上都是等价的，但正如其名称所提示的那样，自然推理系统与我们的直观更贴近，所以本书仅讨论自然推理系统，本章阐述的是命题逻辑的自然推理系统 P.

自然推理系统 P 最基本的推理规则有两条：

（1）***P* 规则**，即前提引入规则：在推理的任何一步都可以引入前提；

（2）***T* 规则**，即重言蕴涵规则：如果推理中前面已有的某些公式可合乎逻辑地推出公式 C，则在推理中可以引入 C. 所谓“前面已有的某些公式可合乎逻辑地推出 C”是指：C 是前面已有的某些公式的有效结论.

T 规则概括了直接推理模式，所有有效的推理（参见定义 3.4.1）都是 T 规则的特例，都可以视为推理规则. 下面是由 T 规则派生出来的 10 条常用的推理规则，其中 A、B、C、D 是任意的命题公式：

（1）**置换规则**：若 $A \Leftrightarrow B$，则 A 推出 B；

（2）**假言推理规则**：A 和 $A \rightarrow B$ 推出 B；

（3）**附加规则**：A 推出 $A \vee B$；

（4）**化简规则**：$A \wedge B$ 推出 A；

（5）**拒取式规则**：$\neg B$ 和 $A \rightarrow B$ 推出 $\neg A$；

（6）**假言三段论规则**：$A \rightarrow B$ 和 $B \rightarrow C$ 推出 $A \rightarrow C$；

（7）**析取三段论规则**：$\neg B$ 和 $A \vee B$ 推出 A；

（8）**构造性二难推理规则**：$A \vee C$、$A \rightarrow B$ 和 $C \rightarrow D$ 推出 $B \vee D$；

（9）**破坏性二难推理规则**：$\neg B \vee \neg D$、$A \rightarrow B$ 和 $C \rightarrow D$ 推出 $\neg A \vee \neg C$；

（10）**合取引入规则**：A 和 B 推出 $A \wedge B$.

对于上述10条推理规则中的每一条,将前提合取起来再蕴含结论,所得到的命题公式都是重言式,所以它们都是有效的推理规则.

例3.4.2 构造下列推理的形式证明:

(1) 前提: $p \vee q$, $p \rightarrow r$, $q \rightarrow s$,结论: $s \vee r$;

(2) 前提: p, $p \rightarrow q$, $q \rightarrow r$,结论: r.

证明: (1)

① $p \vee q$	前提引入
② $\neg p \rightarrow q$	①置换
③ $q \rightarrow s$	前提引入
④ $\neg p \rightarrow s$	②③假言三段论
⑤ $\neg s \rightarrow p$	④置换
⑥ $p \rightarrow r$	前提引入
⑦ $\neg s \rightarrow r$	⑤⑥假言三段论
⑧ $s \vee r$	⑦置换

(2)

① p	前提引入
② $p \rightarrow q$	前提引入
③ q	①②假言推理
④ $q \rightarrow r$	前提引入
⑤ r	③④假言推理■

注意: 与日常的证明不同,形式证明的构造过程是一个纯粹的符号串的机械变换过程,完全不涉及命题的含义,这就为计算机自动推理提供了可能. 但是,在前提都正确的情况下,如此得到的证明结论是否也一定是正确的? 反过来,如果在日常证明中,从一些前提可以证明某个结论,那么相应的形式证明是否也一定能构造出来? 下面的定理3.4.1给出了肯定的答案.

定理3.4.1 $H_1, H_2, \cdots, H_n, H \Rightarrow C$ 当且仅当存在由 $H_1, H_2, \cdots, H_n$ 推出 C 的形式证明.

定理3.4.1的必要性可由定义3.4.1和 T 规则直接获得;充分性可由数学归纳法简单地证明,仅需证明形式证明中的每个公式均为 $H_1, H_2, \cdots, H_n$ 的有效结论.

例3.4.3 证明下列推理的正确性:

如果他是工科学生,那么他必学好物理;如果他不是理科学生,那么他必是工科学生. 他没学好物理,所以他是理科学生.

证明： (1) 命题符号化.

p：他是工科学生

q：他学好物理

r：他是理科学生

前提：$p \to q$，$\neg r \to p$，$\neg q$

结论：r

(2) 构造形式证明.

① $p \to q$	前提引入
② $\neg q$	前提引入
③ $\neg p$	①②拒取式
④ $\neg r \to p$	前提引入
⑤ $\neg \neg r$	③④拒取式
⑥ r	⑤置换■

定理 3.4.2 $H_1, H_2, \cdots, H_n, H \Rightarrow C$ 当且仅当 $H_1, H_2, \cdots, H_n \Rightarrow H \to C$.

证明： 容易验证 $H_1 \wedge H_2 \wedge \cdots \wedge H_n \wedge H \to C \Leftrightarrow H_1 \wedge H_2 \wedge \cdots \wedge H_n \to (H \to C)$，所以定理成立. ■

由定理 3.4.2，欲证明 $H_1, H_2, \cdots, H_n \Rightarrow H \to C$，只需证明 $H_1, H_2, \cdots, H_n, H \Rightarrow C$，即将结论中的蕴涵式的前件 H 附加为前提，然后证明结论中的蕴涵式的后件 C. 这种证明方法称为**附加前提证明法**，并称 H 为**附加前提**. 这就是自然推理系统 P 的第三条基本推理规则，***CP* 规则**，即**条件证明规则**：如果能从假定前提 H 和一组前提推出 C，那么可以从这组前提推出$(H \to C)$.

例 3.4.4 利用附加前提证明法证明下列推理的有效性：

$$p \to (q \to r), \neg s \vee p, q \Rightarrow s \to r.$$

证明： 由题意得

① $\neg s \vee p$	前提引入
② s	附加前提引入
③ p	①②析取三段论
④ $p \to (q \to r)$	前提引入
⑤ $q \to r$	③④假言推理
⑥ q	前提引入
⑦ r	⑤⑥假言推理
⑧ $s \to r$	②⑦*CP*■

定理 3.4.3 若存在公式 B,使得 $H \wedge \neg C \Rightarrow B \wedge \neg B$,则 $H \Rightarrow C$.

证明: 假设存在公式 B,使 $H \wedge \neg C \Rightarrow B \wedge \neg B$,则 $H \wedge \neg C \to B \wedge \neg B$ 是重言式. 由于 $B \wedge \neg B \Leftrightarrow 0$,所以,$H \wedge \neg C \Leftrightarrow 0$,从而 $\neg (H \wedge \neg C)$ 是重言式. 因为 $\neg (H \wedge \neg C) \Leftrightarrow H \to C$,所以 $H \to C$ 也是重言式,于是 $H \Rightarrow C$. ■

由定理 3.4.3,欲证明 $H \Rightarrow C$,只需找到某个公式 B 并证明 $H \wedge \neg C \Rightarrow B \wedge \neg B$. 这种证明方法称为**归谬证明法**,又称**反证法**.

例 3.4.5 用归谬证明法证明下列推理的有效性:

$$(p \to q) \to q \Rightarrow p \vee q.$$

证明:

① $\neg (p \vee q)$	引入否定结论
② $\neg p \wedge \neg q$	①置换
③ $\neg q$	②化简
④ $(p \to q) \to q$	前提引入
⑤ $\neg (p \to q)$	③④拒取式
⑥ $p \wedge \neg q$	⑤置换
⑦ p	⑥化简
⑧ $\neg p$	②化简
⑨ $p \wedge \neg p$	⑦⑧合取引入■

3.5 消解

对于任意的命题公式 A、B 和 C,$(A \vee B) \wedge (\neg A \vee C) \to B \vee C$ 显然是永真公式,所以下面的截规则是一条有效的推理规则.

截规则: $A \vee B$ 和 $\neg A \vee C$ 推出 $B \vee C$.

粗略地来说,如果限定 A 为命题变量,B 和 C 为由若干文字构成的析取式,则截规则就转变为**消解规则**,所以消解规则可以大致地看作为截规则的特例. 更进一步,在上述截规则的特例中,若将 $A \vee B$、$\neg A \vee C$ 和 $B \vee C$ 看作为文字的集合,即各文字析取式中没有(或删除)重复的文字,也不考虑文字的顺序①,则此截规则的特例就成为消解规则. 容易看出,若限定 A 和 B 为命题变量,则析取三段论规则是消解规则的特例.

---

① 注意,析取满足结合律、交换律、幂等律.

例 3.5.1　用消解规则证明下列推理的正确性:

小明现在要么在读书,要么在玩耍;小明不在读书,除非在下雨;现在不下雨. 所以,小明在玩耍.

证明:（1）命题符号化.

p: 小明在读书

q: 小明在玩耍

r: 现在下雨

前提: $p \vee q$, $\neg p \vee r$①, $\neg r$

结论: q

（2）构造形式证明.

①$p \vee q$　　前提引入

②$\neg p \vee r$　　前提引入

③$q \vee r$　　①②消解

④$\neg r$　　前提引入

⑤q　　③④消解■

除 P 规则外,例 3.5.1 中的形式证明仅使用了一条推理规则,即消解规则. 事实上,在当今的许多自动推理系统以及 PROLOG 语言中,消解规则都起着非常关键的作用,它们都仅使用这一条推理规则,从而在自动推理的过程中规避了大量的猜测工作.

消解证明采用归谬法,并运用消解规则和 P 规则构造证明,基本步骤如下: 将前提和结论的否定转换为等值的合取范式,然后将各合取范式中的各个文字的析取式(称为**子句**)看作为独立的前提,最后用消解规则从这些子句构造出形式证明,即逐步消解,最终得到空式(表示为□),也就是空的子句,其中不含任何文字. 空式来源于两个具有相同的命题变量但又不同的文字的消解,这两个文字的存在意味着归谬法证明的完成.

例 3.5.2　构造下列推理的消解证明:

前提: $(\neg q \wedge p) \vee (\neg q \wedge r)$, $(q \vee \neg r) \wedge (p \rightarrow t) \wedge (t \rightarrow s)$

结论: s

证明:（1）将前提转换为合取范式.

$(\neg q \wedge p) \vee (\neg q \wedge r) \Leftrightarrow \neg q \wedge (p \vee r)$

$(q \vee \neg r) \wedge (p \rightarrow t) \wedge (t \rightarrow s) \Leftrightarrow (q \vee \neg r) \wedge (\neg p \vee t) \wedge (s \vee \neg t)$.

（2）前提和结论的否定转换为如下形式.

$\neg q$, $p \vee r$, $q \vee \neg r$, $\neg p \vee t$, $s \vee \neg t$, $\neg s$.

---

①“小明不在读书,除非在下雨”也可等价地符号化为 $\neg r \rightarrow \neg p$,参见例 3.1.3(2).

(3) 构造消解证明.

① $p \vee r$	前提引入
② $q \vee \neg r$	前提引入
③ $p \vee q$	①②消解
④ $\neg q$	前提引入
⑤ p	③④消解
⑥ $\neg p \vee t$	前提引入
⑦ $s \vee \neg t$	前提引入
⑧ $\neg p \vee s$	⑥⑦消解
⑨ $\neg s$	前提引入
⑩ $\neg p$	⑧⑨消解
⑪ □	⑤⑩消解■

例 3.5.2 中的消解证明可更直观地表示为如图 3.5.1 所示的消解树.

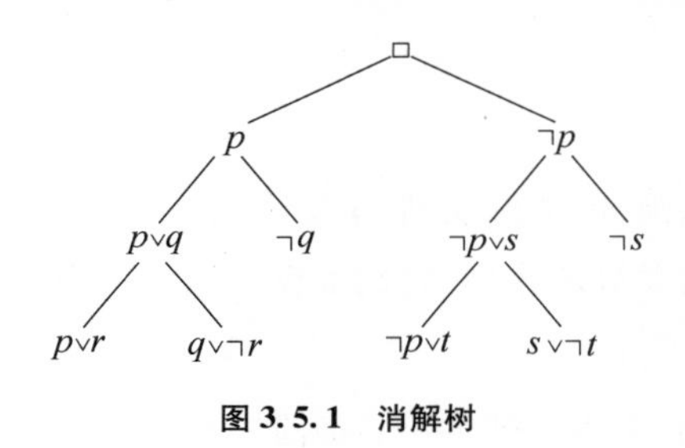

图 3.5.1 消解树

可以证明,类似定理 3.4.1 的结论对消解证明也成立,即 $H_1, H_2, \cdots, H_n, H \Rightarrow C$ 当且仅当存在由 $H_1, H_2, \cdots, H_n$ 推出 C 的消解证明. 注意,除了将公式转换为合取范式的工作以外,消解证明仅使用 P 规则和消解规则,如果不考虑常规的 P 规则,则可以认为消解证明仅使用一条推理规则,但其证明“能力”与自然推理系统 P 是完全相同(等价)的.

3.6 小结

命题逻辑是数理逻辑的基础,本章讲述了命题逻辑的基础知识,主要包括命题及命题公式的概念、命题公式的赋值和分类、命题公式的等值演算和范式、命题逻辑的推理理论等.

符号化是数理逻辑的出发点,需熟练掌握. 在命题逻辑中,基本句子(原子命题)符号化为单个符号,联结词符号化为特定的符号,复杂句子(命题公式)符号化为由特定的符号(联结词)串联而成的符号串.

为便于理解,我们对比熟知的初等代数. 代数公式也是符号串,不是某个数值,仅当为其中的每个变量都指定了一个具体数值以后,它才具有一个数值. 类似地,命题公式也不是命题,仅当为命题公式中的每个命题变量指定了具体命题后,它才成为一个命题. 命题逻辑不关心命题的具体内容,只关心命题的结构和相互关系,所以把命题抽象为两个值 0(假)和 1(真),分别表示真命题和假命题,正如代数中把具体对象的数量抽象为数值(例如,1 本书抽象为 1, 2 个人抽象为 2),从而引出了真值、真值赋值、等值等等概念,进而可以类似地进行等值演算. 这些都是命题逻辑最基本的思想,读者须深刻理解,熟练掌握.

通过给出有效推理和形式证明的定义,命题逻辑的推理理论为日常的逻辑推理建立数学模型. 在这(些)个模型中,推理过程仅涉及符号串变换(语法),而不涉及含义(语义),从而使推理机械化成为可能. 这些观念初学者不易领会,需仔细体会,深入思考,不能仅满足于表面的、刻板的"接受".

3.7 习题

1. 下列语句哪些是命题?

(1) 2 是正数吗? (2) $x^2+x+1=0$;

(3) 我要上学; (4) 明年 2 月 1 日下雨.

(5) 如果股票涨了,那么我就赚钱.

2. 判断下列命题的真值:

(1) 若 $1+1=3$,则 $2+2=4$; (2) 若鸟会飞,则 $1+1=3$;

(3) 企鹅生活在南极.

3. 符号化下列命题:

(1) 我不去看电影,我要复习功课;

(2) 假如上午不下雨,我去看电影,否则就在家里读书或看报;

(3) 只有我不复习功课,我才去看电影;

(4) 也许气温在零度以下,也许在下雪,但如果在零度以下,就不在下雪;

(5) 若 $1+1=3$,就存在上帝.

4. 把下列语句写成"如果 p,那么 q"的形式:

(1) 暖天持续一周苹果树就开花;

(2) 必须走 8 公里才能登顶珠穆朗玛峰;

(3) 除非你满 18 岁,否则你不能申请汽车驾照;

(4) 要得到终身教授职位,世界闻名就够了.

5. 设 p、q 为如下命题: p: 本周我买了彩票,q: 星期五我中了百万头奖. 把下列各命题表达为陈述句:

(1) $p\leftrightarrow q$; (2) $\neg q\vee(p\wedge q)$;

(3) $\neg q\rightarrow\neg q$; (4) $\neg q\wedge\neg p$.

6. 请为下列命题公式构造真值表:

(1) $p\rightarrow\neg q$; (2) $(p\rightarrow q)\vee(\neg p\rightarrow r)$;

(3) $(p \wedge q) \vee \neg r$;　　(4) $(\neg p \leftrightarrow \neg q) \leftrightarrow (q \leftrightarrow r)$.

7. 下列系统规范说明一致吗?

"当且仅当系统操作正常,则系统处于多用户状态. 如果系统操作正常,则内核运行正常. 内核运行不正常,或者系统处于中断模式. 如果系统不处于多用户状态,它就处于中断模式. 系统不处于中断模式."

8. 证明下列命题公式都是重言式:

(1) $\neg q \rightarrow ((p \rightarrow q) \rightarrow \neg p)$;　　(2) $(p \rightarrow (q \rightarrow r)) \rightarrow (q \rightarrow (p \rightarrow r))$;

(3) $((p \vee q) \rightarrow r) \rightarrow ((p \wedge q) \rightarrow r)$.

9. 请将下列两个命题符号化,并分别用真值表和等值演算的方法证明所得到的那两个命题公式是等值的.

(1) 如果你不会休息,则你就不会工作;如果你没有丰富的知识,则你就不会工作;

(2) 你会工作所以你一定会休息并具有丰富的知识.

10. 通过等值演算证明下列恒等式:

(1) $p \rightarrow (q \rightarrow p) \Leftrightarrow \neg p \rightarrow (p \rightarrow \neg q)$; (2) $\neg (p \leftrightarrow q) \Leftrightarrow (p \vee q) \wedge \neg (p \wedge q)$;

(3) $p \rightarrow (q \vee r) \Leftrightarrow (p \wedge \neg q) \rightarrow r$.

11. 请构造一个含 3 个命题变量的命题公式,要求其任意赋值为成真赋值当且仅当其中恰有两个 1.

12. 请通过等值演算求下列命题公式的主析取范式和主合取范式:

(1) $p \rightarrow (p \wedge (q \rightarrow p))$;　　(2) $(q \rightarrow p) \wedge (\neg p \wedge q)$.

13. 一教师要从 3 名学生 A、B 和 C 中选派 1~2 人参加市级科技竞赛,需满足以下条件:

(1) 若 A 去,则 C 同去;

(2) 若 B 去,则 C 不能去;

(3) 若 C 不去,则 A 或 B 可以去.

问该如何选派? 并给出所有满足条件的方案.

14. 证明:若两个命题公式相互等值,则它们所对应的真值函数也相同.

15. 证明:联结词集合$\{\neg, \wedge\}$是完备的.

16. 证明:联结词集合$\{\neg, \rightarrow\}$是完备的.

17. 证明:

(1) 任何仅含联结词$\wedge$和$\vee$的命题公式所对应的真值函数都具有以下性质:当所有自变量都取 1 时,对应的函数值也必为 1;

(2) 联结词集合$\{\wedge, \vee\}$不是完备的.

18. 证明下列推理的有效性:

(1) $p \rightarrow (q \rightarrow s), q, p \vee \neg r \Rightarrow r \rightarrow s$;

(2) $\neg(p \wedge \neg q), \neg q \vee r, \neg r \Rightarrow \neg p$.

19. 请构造下列推理的形式证明：

“今天下午没有出太阳并且今天比昨天冷. 只有今天下午出太阳，我们才去游泳. 若我们不去游泳，则我们乘独木舟游览. 若我们乘独木舟游览，则我们在黄昏时回家. 所以，我们在黄昏时回家.”

20. 请构造下列推理的形式证明：

“甲、乙、丙、丁四人参加了一次拳击比赛，每人仅参赛一局，每局比赛均分出了胜败. 如果甲胜，则乙败；如果丙胜，则乙也胜；如果甲不胜，则丁不败；所以，如果丙胜，则丁不败.”

21. 请构造下面推理的消解证明：

前提：$q \to p$, $q \leftrightarrow s$, $s \leftrightarrow t$, $t \wedge r$

结论：$p \wedge q \wedge s$

第四章　一阶逻辑

命题逻辑为推理建立的数学模型比较简单,有比较大的局限性,无法容纳许多常用的推理规则. 例如,简单的苏格拉底三段论是大家都熟知的正确的推理,但是,其正确性却不能在命题逻辑中得到验证.

苏格拉底三段论:凡是人都是要死的(大前提),苏格拉底是人(小前提),所以苏格拉底是要死的(结论). 大前提、小前提和结论都是原子命题,在命题逻辑中,若用p、q、r分别表示之,则苏格拉底三段论可符号化为:$p, q \Rightarrow r$,但这并不是命题逻辑的有效推理,因为$p \wedge q \to r$不是重言式.

命题逻辑的局限性源于其简单性,即它的抽象颗粒过大,把原子命题作为基本单位,仅关注一般命题是如何由原子命题构成的,而未进一步反映原子命题的内部结构及其相互之间的内在联系. 事实上,苏格拉底三段论中的3个原子命题并不是独立的,苏格拉底三段论的正确性依赖于它们本身之间的相互联系. 命题逻辑简单地将它们处理为3个独立的原子命题,用3个独立的符号表示,完全忽略了它们之间的联系. 所以,苏格拉底三段论的正确性在命题逻辑中得不到验证不足为奇.

一阶逻辑(也称为谓词逻辑)为推理建立了一个更精致的数学模型,它可以进一步表示出原子命题的内部结构,从而将不同的原子命题联系起来. 我们日常涉及的大部分(但不是全部)推理都可以包含在一阶逻辑内,包括苏格拉底三段论. 当然,"更精致"也就意味着更复杂,因为涉及更多的细节.

虽然一阶逻辑和命题逻辑两种模型的精细程度不同,但它们建模的基本思想和方法是相同的,所以它们的整体框架也基本相同,只是一阶逻辑在"继承"命题逻辑的基础上,增加了许多表达和处理"细节"的内容. 本章在第三章(命题逻辑)的基础上讲述一阶逻辑,主要介绍其不同于命题逻辑的部分,着重于描述一阶逻辑的基本思想和基本方法、基本框架和基本内容. 较之于第三章,本章的阐述更加简略一些,一些细节和证明因为比较繁琐而被有意识地略去,有兴趣的读者可进一步参阅本书最后所列的相关参考书.

4.1　谓词和谓词公式

4.1.1　谓词和量词

一阶逻辑将原子命题分解为个体词和谓词两部分,从而表达出原子命题的内部结构,并进而为描述原子命题之间的内在联系提供了可能. **个体词**是指命题中独立存在的个体,主要相当于汉语中的主语和宾语,**谓词**用来刻画个体的性质或它们之间的关系,基本相当于汉语中的谓语. 需要注意的是,这里的"主语"和"宾语"可能还要包括定语,"谓语"可能还包括状语. 例如,在命题"小张是大学生"中,"小张"是个体词,"……是大学生"是谓词,这个谓词表示个体所具有的性质;在命题"2 小于 3"中,2 和 3 是个体词,"……小于……"是谓词,这个谓词表示两个个体之间所满足的一种关系.

表示特定个体的个体词称为**个体常量**,一般用小写字母 a、b、c、… 表示;表示抽象或泛指个体的个体词称为**个体变量**,一般用小写字母 x、y、z、… 表示;个体变量所有可能取到的值的集合称为**个体域**. 有一个特殊的个体域,它由宇宙间所有个体所组成,称为**全总个体域**. 本书中,若未作特别说明,则个体域就指全总个体域.

谓词一般用大写字母 P、Q、R、… 表示. 若谓词 P 涉及 n 个个体词,则称之为 **n 元谓词**,记为 $P(x_1, x_2, \cdots, x_n)$,其中 $x_1, x_2, \cdots, x_n$ 是个体词. 通常,一元谓词表示个体的性质,$n(n \geqslant 2)$ 元谓词表示个体之间的关系. 命题可视为 **0 元谓词**.

如果用个体常量 a 表示"小张",用一元谓词 $P(x)$ 表示"x 是大学生",那么上面的第一个命题可以符号化为 $P(a)$;如果用个体常量 a 和 b 分别表示 2 和 3,用二元谓词 $L(y, z)$ 表示"y 小于 z",那么上面的第二个命题可以符号化为 $L(a, b)$.

在许多情况下,仅有个体词和谓词还不足以完整地描述命题的构成. 例如,"所有的有理数都是实数"、"有的实数是有理数"等等. 命题"所有的有理数都是实数"指出有理数集中的每一个元素 x 都具有"是实数"的性质,这种表示个体域中所有的元素都具有某个性质的命题称为**全称判断**. 命题"有的实数是有理数"指出实数集中存在元素 x 具有"是有理数"的性质,这种表示个体域中存在某个(些)元素具有某个性质的命题称为**特称判断**. 与命题逻辑中的联结词一样,这里也需要用特殊的符号——量词来表示这两种判断.

定义 4.1.1 短语"对于任意的 x"称为**全称量词**,记为 $\forall x$. 短语"存在 x"称为**存在量词**,记为 $\exists x$.

$\forall x P(x)$ 的含义是"对于任意的 x, $P(x)$ 都为真",等价的汉语翻译还有"对每个 x, $P(x)$ 都为真"、"对所有的 x, $P(x)$ 都为真"等等. 所以,只要找到一个 x 使得 $P(x)$ 为假,则 $\forall x P(x)$ 就为假;仅当找不到使 $P(x)$ 为假的 x 时,$\forall x P(x)$ 才为真. $\exists x P(x)$ 的含义是"存在 x,使得 $P(x)$ 为真",等价的汉语翻译还有"至少有一个 x,使得 $P(x)$ 为真"、"对某个 x, $P(x)$ 为真"等等. 所以,只要找到一个 x 使得 $P(x)$ 为真,则 $\exists x P(x)$ 就为真;仅当找不到使 $P(x)$ 为真的 x 时,$\exists x P(x)$ 才为假.

全称判断和特称判断的符号化与所考虑的个体域有关,对于不同的个体域,同一个判断的符号化形式可能不同.

例 4.1.1 设谓词 $Q(x)$：x 是有理数，$R(x)$：x 是实数.

(1) 若个体域为有理数集，则“所有的有理数都是实数”可符号化为 $\forall xR(x)$；若个体域为实数集，则“有的实数是有理数”可符号化为 $\exists xQ(x)$.

(2) 若个体域为全总个体域，则上述两个命题可分别符号化为 $\forall x(Q(x) \to R(x))$ 和 $\exists x(Q(x) \wedge R(x))$. ■

在许多情况下，全称判断可符号化为一个蕴含式，而特称判断则可符号化为一个合取式，如例 4.1.1 所示.

例 4.1.2 符号化下列命题.

(1) 计算机系的每个学生都学过《数据结构》这门课.

(2) 计算机系的某个学生去过美国.

(3) 没有无知的教授.

解： 符号化的形式与个体域有关，但这里并没有指定特定的个体域，按照我们的约定，默认使用全总个体域.

(1) 令谓词 $P(x)$：x 是计算机系的学生，$Q(x)$：x 学过《数据结构》这门课. 命题符号化为 $\forall x(P(x) \to Q(x))$.

(2) 令谓词 $P(x)$：x 是计算机系的学生，$Q(x)$：x 去过美国. 命题符号化为 $\exists x(P(x) \wedge Q(x))$.

(3) 令谓词 $P(x)$：x 是教授，$Q(x)$：x 是无知的. 命题符号化为 $\neg \exists x(P(x) \wedge Q(x))$. ■

例 4.1.3 设谓词 $F(x, y)$：x 和 y 是朋友，个体域是你们学校全体学生的集合. 谓词公式 $\exists x\forall y\forall z(F(x, y) \wedge F(x, z) \wedge (y \neq z) \to \neg F(y, z))$ 的含义是：你们学校有一个学生 x，对所有学生 y 及不同于 y 的其他所有学生 z，只要 x 与 y 和 z 都是朋友，那么 y 和 z 就不是朋友. 换句话说，有个学生，他的朋友们都不是朋友.

4.1.2 谓词公式

在命题逻辑中，命题符号化为命题公式；在一阶逻辑中，命题更细致地符号化为谓词公式. 谓词公式比命题公式稍复杂一些，其中不仅有联结词，还有量词、谓词、函数、个体词. 我们用项来描述个体，用谓词公式来描述命题.

定义 4.1.2 **项**递归定义如下：

(1) 个体词(个体常量和个体变量)是项；

(2) 若 f 是 $n(n \geqslant 1)$ 元函数符号，$t_1, t_2, \cdots, t_n$ 是项，则 $f(t_1, t_2, \cdots, t_n)$ 是项；

(3) 所有的项都是通过有限次使用(1)和(2)之后得到的符号串.

定义 4.1.3 **谓词公式**递归定义如下:

(1) 若 P 是 $n(n \geq 1)$ 元谓词符号, $t_1, t_2, \cdots, t_n$ 是项,则 $P(t_1, t_2, \cdots, t_n)$ 是谓词公式;

(2) 若 A 和 B 是谓词公式,则 $(\neg A)$、$(A \vee B)$、$(A \wedge B)$、$(A \rightarrow B)$、$(A \leftrightarrow B)$ 也是谓词公式;

(3) 若 A 是谓词公式,x 是个体变量,则 $\forall xA$、$\exists xA$ 也是谓词公式;

(4) 所有的谓词公式都是通过有限次使用(1)、(2)和(3)之后得到的符号串.

为了简化谓词公式,类似于对命题公式的处理方式,我们对谓词公式规定: 最外层的圆括号可以省略,$\forall$、$\exists$ 和 $\neg$ 的优先级相同,联结词的优先次序依次为 $\neg$、$\wedge$ 和 $\vee$、$\rightarrow$ 和 $\leftrightarrow$. 例如,谓词公式 $((\forall xA(x, y) \vee B(y)) \leftrightarrow \exists xC(y))$ 可以简化为 $\forall xA(x, y) \vee B(y) \leftrightarrow \exists xC(y)$.

定义 4.1.4 在谓词公式 $\forall xA$ 和 $\exists xA$ 中,x 为称**指导变量**,量词的**辖域**为 A. 辖域中的变量 x 称为**约束变量**. A 中的非约束变量称为**自由变量**.

为了便于叙述,我们把含 n 个自由变量 $x_1, x_2, \cdots, x_n$ 的谓词公式 A 记为 $A(x_1, x_2, \cdots, x_n)$.

例 4.1.4 指出下列公式中的指导变量、量词的辖域、约束变量、自由变量:

(1) $\forall xP(x) \rightarrow P(x)$;

(2) $\forall x(P(x) \wedge Q(x)) \wedge \exists xS(x)$;

(3) $\exists x \exists y(P(x, y) \wedge Q(z)) \vee \exists zF(z)$.

解: (1) 第一个 x 是指导变量,相应量词的辖域是 $P(x)$;第二个 x 是约束变量;第三个 x 是自由变量.

(2) 第一和第四个 x 都是指导变量,相应量词的辖域分别是 $P(x) \wedge Q(x)$ 和 $S(x)$;第二、第三和第五个 x 都是约束变量.

(3) 第一个 x 是指导变量,相应量词的辖域是 $\exists y(P(x, y) \wedge Q(z))$,第二个 x 是约束变量;第一个 y 是指导变量,相应量词的辖域是$(P(x, y) \wedge Q(z))$,第二个 y 是约束变量;第一个 z 是自由变量,第二个 z 是指导变量,相应量词的辖域是 $F(z)$,第三个 z 是约束变量. ■

与命题公式一样,谓词公式本身仅为符号串,并非命题,仅当规定了个体域,并对其中的自由变量、函数、谓词、常量等符号指定了具体含义以后,它才表示一个具体的命题. 个体域、自由变量、函数、谓词的含义构成对谓词公式的解释.

定义 4.1.5 谓词公式的一个**解释** I 由下面四个部分组成:

(1) 非空个体域 D;

(2) 为公式中的每个自由变量和常量符号分别指定 D 中的一个特定元素;

(3) 指定公式中的 n 元函数符号为 D^n 到 D 的函数;

(4) 指定公式中的 n 元谓词符号为 D^n 到 $\{0, 1\}$ 的函数.

设 P 是一元谓词符号,I 是谓词公式 $\forall xP(x)$ 的一个解释,其中,个体域是 D,为一元谓词符号 P 指定的 D 到 $\{0, 1\}$ 的函数记为 P^I. 谓词公式 $\forall xP(x)$ 在解释 I 下为真当且仅当:对于任意 $x \in D$, $P^I(x) = 1$;谓词公式 $\exists xP(x)$ 在解释 I 下为真当且仅当:存在 $x \in D$,使 $P^I(x) = 1$. 若个体域为有限集, $D = \{a_1, a_2, \cdots, a_n\}$,则 $\forall xP(x)$ 在解释 I 下为真当且仅当 $P^I(a_1) \wedge P^I(a_2) \wedge \cdots \wedge P^I(a_n) = 1$, $\exists xP(x)$ 在解释 I 下为真当且仅当 $P^I(a_1) \vee P^I(a_2) \vee \cdots \vee P^I(a_n) = 1$.

例 4.1.5 对于谓词公式 $\forall x(F(x) \wedge G(x, a))$ 和 $\exists x(F(f(x)) \wedge G(x, f(x)))$,给定解释 I 如下:

(1) 个体域 D: $\{1, 2\}$;

(2) 常量符号 a: 1;

(3) 函数符号 f: $f(1) = 2$, $f(2) = 1$;

(4) 谓词符号 F: $F(1) = 1$, $F(2) = 0$;谓词符号 G: 对于任意 i、$j \in D$, $G(i, j) = 1$.

在解释 I 下, $\forall x(F(x) \wedge G(x, a))$ 为假,因为 $(F(1) \wedge G(1, 1)) \wedge (F(2) \wedge G(2, 1)) = (1 \wedge 1) \wedge (0 \wedge 1) = 1 \wedge 0 = 0$; $\exists x(F(f(x)) \wedge G(x, f(x)))$ 为真,因为 $(F(f(1)) \wedge G(1, f(1))) \vee (F(f(2)) \wedge G(2, f(2))) = (F(2) \wedge G(1, 2)) \vee (F(1) \wedge G(2, 1)) = (0 \wedge 1) \vee (1 \wedge 1) = 1$. ■

例 4.1.6 对于谓词公式 $\forall xF(g(x, a), x)$ 和 $\forall x\forall y(F(f(x, a), y) \rightarrow F(f(y, a), x))$,给定解释 I 如下:

(1) 个体域 D: 实数集;

(2) 常量符号 a: 1;

(3) 函数符号 f: 对于任意 x、$y \in D$, $f(x, y) = xy$, $g(x, y) = x - y$;

(4) 谓词符号 F: 对于任意 x、$y \in D$, $F(x, y) = 1$ 当且仅当 $x = y$.

求上述两个谓词公式在解释 I 下的真值.

解: (1) $\forall xF(g(x, a), x)$ 在解释 I 下为真当且仅当对于任意 $x \in D$, $x - 1 = x$. 显然, $1 \in D$,但 $1 - 1 = 1$ 不成立. 所以, $\forall xF(g(x, a), x)$ 在解释 I 下为假.

(2) $\forall x\forall y(F(f(x, a), y) \rightarrow F(f(y, a), x))$ 在解释 I 下为真当且仅当对于任意 $x, y \in D$, $(x \times 1 = y) \rightarrow (y \times 1 = x)$ 为真. 显然,对于任意 $x, y \in D$, $x \times 1 = y \rightarrow y \times 1 = x$ 为真. 所以, $\forall x\forall y(F(f(x, a), y) \rightarrow F(f(y, a), x))$ 在解释 I 下为真. ■

定义 4.1.6 若谓词公式 A 在所有解释下的真值均为真,则称 A 为**有效公式**. 若 A 在所有解释下的真值均为假,则称 A 为**矛盾公式**. 若 A 至少存在一种使其为真的解释,则称 A 为**可满足公式**.

显然,有效公式一定是可满足公式,但反之不然;矛盾公式一定不是可满足公式. 类似于命题逻辑中的永真公式,有效公式在一阶逻辑中也起着重要的作用.

例 4.1.7　$\forall x \exists y F(x, y) \to \exists x \forall y F(x, y)$ 是否是有效公式? 考察解释 I:

(1) 个体域 D: 自然数集 $\mathbf{N}$,

(2) 谓词符号 F: 对于任意 $x, y \in D$, $F(x, y) = 1$ 当且仅当 $x = y$.

在解释 I 下, $\forall x \exists y F(x, y)$ 为真, $\exists x \forall y F(x, y)$ 为假,所以 $\forall x \exists y F(x, y) \to \exists x \forall y F(x, y)$ 为假,从而 $\forall x \exists y F(x, y) \to \exists x \forall y F(x, y)$ 不是有效公式. ■

定义 4.1.7　设 A 是含命题变量 $p_1, p_2, \cdots, p_n$ 的命题公式,其中 n 为正整数, $A_1, A_2, \cdots, A_n$ 是 n 个谓词公式. 若分别用 $A_i (1 \leqslant i \leqslant n)$ 替换 A 中的 p_i,则所得到的谓词公式称为命题公式 A 的**代换实例**.

直观上不难看出,永真的命题公式的谓词公式代换实例都是有效的谓词公式,永假的命题公式的谓词公式代换实例都是矛盾的谓词公式. 注意,可满足的命题公式的谓词公式代换实例不一定是可满足的谓词公式,这样的例子很容易给出,请读者自行考虑.

例 4.1.8　判断下列谓词公式是否是有效公式:

(1) $\forall x F(x) \wedge \exists x H(x) \to \forall x F(x) \vee \exists x H(x)$;

(2) $\forall x \exists y F(x, y) \wedge \neg (\forall x \exists y F(x, y) \vee \exists x H(x))$.

解: (1) $\forall x F(x) \wedge \exists x H(x) \to \forall x F(x) \vee \exists x H(x)$ 是 $p \wedge q \to p \vee q$ 的代换实例,而 $p \wedge q \to p \vee q$ 是永真公式,所以该谓词公式是有效公式.

(2) $\forall x \exists y F(x, y) \wedge \neg (\forall x \exists y F(x, y) \vee \exists x H(x))$ 是 $p \wedge \neg (p \vee q)$ 的代换实例,而 $p \wedge \neg (p \vee q)$ 是永假公式,所以该谓词公式是矛盾公式. ■

4.2　谓词公式的等值演算和前束范式

定义 4.2.1　若谓词公式 A 和 B 对任意解释都取相同的真值,称谓词公式 A 和 B 是**等值**的,记作 $A \Leftrightarrow B$.

显然, $A \Leftrightarrow B$ 当且仅当 $A \leftrightarrow B$ 是有效公式.

例 4.2.1　证明 $\forall x (P(x) \vee Q(x))$ 与 $\forall x P(x) \vee \forall x Q(x)$ 不等值.

解: 取解释 I 如下:

(1) 个体域 D: 整数集;

(2) 谓词符号 P: $P(x)$ 为真当且仅当 $x \geqslant 0$; 谓词符号 Q: $Q(x)$ 为真当且仅当 $x < 0$.

在解释 I 下，$\forall x(P(x) \vee Q(x))$ 为真，而 $\forall xP(x) \vee \forall xQ(x)$ 为假，所以这两个谓词公式不等值. ■

与命题逻辑的命题公式一样，一阶逻辑的谓词公式也满足一套基本的恒等式，以此为基础即可进行谓词公式的等值演算. 一阶逻辑的联结词完全“继承”自命题逻辑，所以命题公式的恒等式在谓词公式上也成立，即定理 3.2.1 中的 13 组等值模式的谓词公式代换实例都成立. 例如，$\forall xP(x) \to Q(x) \Leftrightarrow \neg \forall xP(x) \vee Q(x)$. 除此之外，一阶逻辑中还有一组与量词有关的基本恒等式.

定理 4.2.1 设 $A(x, y)$ 表示任意含自由变量 x 和 y 的谓词公式. $A(x)$ 和 $B(x)$ 表示任意含自由变量 x 的谓词公式，B 表示任意不含自由变量 x 的谓词公式. 下列谓词公式的恒等式成立：

(1) 量词否定：$\neg \forall xA(x) \Leftrightarrow \exists x\neg A(x)$，$\neg \exists xA(x) \Leftrightarrow \forall x\neg A(x)$；

(2) 量词交换：$\forall x\forall yA(x, y) \Leftrightarrow \forall y\forall xA(x, y)$，$\exists x\exists yA(x, y) \Leftrightarrow \exists y\exists xA(x, y)$；

(3) 量词消去：$\forall xB \Leftrightarrow B$，$\exists xB \Leftrightarrow B$；

(4) 换名：若 A 中不包含个体变量 y，则 $\forall xA(x) \Leftrightarrow \forall yA(y)$，$\exists xA(x) \Leftrightarrow \exists yA(y)$；

(5) 量词分配：$\forall x(A(x) \wedge B(x)) \Leftrightarrow \forall xA(x) \wedge \forall xB(x)$，$\exists x(A(x) \vee B(x)) \Leftrightarrow \exists xA(x) \vee \exists xB(x)$；

(6) 量词辖域收缩与扩张：

$\forall x(A(x) \vee B) \Leftrightarrow \forall xA(x) \vee B$，$\exists x(A(x) \wedge B) \Leftrightarrow \exists xA(x) \wedge B$，

$\forall x(A(x) \wedge B) \Leftrightarrow \forall xA(x) \wedge B$，$\exists x(A(x) \vee B) \Leftrightarrow \exists xA(x) \vee B$.

证明： 这里仅选证两个恒等式，其余请读者自行思考. 注意，下面给出的证明并不太严格，主要基于直观. 这些证明的核心是：证明等式两端在任意解释下的真值都相同.

设 I 是谓词公式的任意解释，其中的个体域为 D.

(1) 证明 $\neg \forall xA(x) \Leftrightarrow \exists x\neg A(x)$.

在解释 I 下，若 $\neg \forall xA(x)$ 为真，则 $\forall xA(x)$ 为假，即存在 $a \in D$ 使 $A(a)$ 为假. 于是 $\neg A(a)$ 为真，从而 $\exists x\neg A(x)$ 在解释 I 下为真.

在解释 I 下，若 $\neg \forall xA(x)$ 为假，则 $\forall xA(x)$ 为真，即对于任意 $x \in D$，$A(x)$ 为真. 于是，对任意 $x \in D$，$\neg A(x)$ 为假，从而 $\exists x\neg A(x)$ 在解释 I 下为假.

综上，等式成立.

(2) 证明 $\forall x(A(x) \wedge B(x)) \Leftrightarrow \forall xA(x) \wedge \forall xB(x)$.

在解释 I 下，若 $\forall x(A(x) \wedge B(x))$ 为真，则对于任意 $x \in D$，$A(x) \wedge B(x)$ 为真. 于是，对任意 $x \in D$，$A(x)$ 为真且 $B(x)$ 为真，从而，在解释 I 下，$\forall xA(x)$ 和 $\forall xB(x)$ 都为真. 所以，$\forall xA(x) \wedge \forall xB(x)$ 在解释 I 下为真.

若 $\forall x(A(x) \wedge B(x))$ 在解释 I 下为假，则存在 $a \in D$，使得 $A(a) \wedge B(a)$ 为假. 于是，$A(a)$ 为假或 $B(a)$ 为假，从而，在解释 I 下，$\forall xA(x)$ 为假或 $\forall xB(x)$ 为假. 所以，$\forall x(A(x) \wedge B(x))$ 在

解释 I 下为假.

综上,等式成立. ■

谓词演算与命题演算的方法基本相同. 下面给出通过等值演算求谓词公式的前束范式的方法,从而展示谓词演算.

定义 4.2.2 如果谓词公式 A 具有形式 $\square x_1 \square x_2 \cdots \square x_n B$,其中 $\square$ 是量词 $\forall$ 或 $\exists$, x_1, x_2, $\cdots$, x_n 是个体变量,B 是不含量词的谓词公式,则称 A 为**前束范式**,$\square x_1 \square x_2 \cdots \square x_n$ 称为其**前缀**,B 称为其**主式**.

例如, $\exists x \forall y \forall z(P(x) \rightarrow Q(x, y, z))$ 和 $\forall y \exists x(\neg P(x, y) \wedge Q(x))$ 都是前束范式.

定理 4.2.2 任何谓词公式都存在与之等值的前束范式.

例 4.2.2 展示了求谓词公式的前束范式的一般方法,从而说明了定理 4.2.1 的正确性.

例 4.2.2 求 $\forall x(A(x) \vee \forall z B(z, y) \rightarrow \neg \forall z \forall y C(x, y))$ 的前束范式.

解: $\forall x(A(x) \vee \forall z B(z, y) \rightarrow \neg \forall z \forall y C(x, y))$

$\Leftrightarrow \forall x(A(x) \vee \forall z B(z, y) \rightarrow \neg \forall y C(x, y))$ （消去无用量词）

$\Leftrightarrow \forall x(A(x) \vee \forall z B(z, y) \rightarrow \neg \forall u C(x, u))$ （换名,消去重名个体变量）

$\Leftrightarrow \forall x(\neg (A(x) \vee \forall z B(z, y)) \vee \neg \forall u C(x, u))$ （消去→和↔）

$\Leftrightarrow \forall x((\neg A(x) \wedge \exists z \neg B(z, y)) \vee \exists u \neg C(x, u))$ （内移¬ 至谓词前面）

$\Leftrightarrow \forall x(\exists z(\neg A(x) \wedge \neg B(z, y)) \vee \exists u \neg C(x, u))$ （量词前移）

$\Leftrightarrow \forall x \exists z((\neg A(x) \wedge \neg B(z, y)) \vee \exists u \neg C(x, u))$

$\Leftrightarrow \forall x \exists z \exists u((\neg A(x) \wedge \neg B(z, y)) \vee \neg C(x, u))$. ■

在例 4.2.2 求谓词公式的前束范式的过程中,第一步“消去无用量词”,使用定理 4.2.1(3);第二步“换名”,从左往右检查谓词公式中的每个量词,若在其辖域之外存在同名的个体变量,则使用定理 4.2.1(4)进行换名,换为全新的变量名以消除重名;第三步“消去→和↔”使用定理 3.2.1(11)和(13);第四步“内移¬ ”使用定理 3.2.1(1)和(6)、定理 4.2.1(1);第五步“量词前移”,使用定理 4.2.1(5)和(6). 量词前移实际在第五步完成,前四步都在做准备工作.

例 4.2.3 求下列谓词公式的前束范式:

(1) $\forall x A(x) \wedge \neg \exists x B(x)$;

(2) $(\forall x A(x, y) \rightarrow \exists y B(y)) \rightarrow \forall x C(x, y)$.

解: 由题意得

(1) $\forall x A(x) \wedge \neg \exists x B(x)$

$\Leftrightarrow \forall x A(x) \wedge \forall x \neg B(x)$

$\Leftrightarrow \forall x A(x) \wedge \forall y \neg B(y)$

$\Leftrightarrow \forall x \forall y(A(x) \wedge \neg B(y))$.

(2) $(\forall xA(x, y) \rightarrow \exists yB(y)) \rightarrow \forall xC(x, y)$

$\Leftrightarrow (\forall uA(u, y) \rightarrow \exists vB(v)) \rightarrow \forall xC(x, y)$

$\Leftrightarrow \neg(\neg \forall uA(u, y) \vee \exists vB(v)) \vee \forall xC(x, y)$

$\Leftrightarrow (\forall uA(u, y) \wedge \forall v \neg B(v)) \vee \forall xC(x, y)$

$\Leftrightarrow \forall u \forall v(A(u, y) \wedge \neg B(v)) \vee \forall xC(x, y)$

$\Leftrightarrow \forall u \forall v \forall x((A(u, y) \wedge \neg B(v)) \vee C(x, y))$. ■

4.3 一阶逻辑的推理理论

一阶逻辑的推理理论与命题逻辑的推理理论形式上相似,所采用的术语和记号也基本相同,只需将命题逻辑推理理论中的命题公式替换为谓词公式、将永真公式替换为有效公式、将命题公式的等值概念替换为谓词公式的等值概念,即大致得到一阶逻辑的推理理论,唯一尚需增加的是以下4条处理量词的推理规则:

(1) 全称量词消去规则(US规则):对于任意个体常量e, $\forall xA(x)$推出$A(e)$;对于任意个体变量y,若在A中,x不在任何$\forall y$和$\exists y$的辖域内自由出现,则$\forall xA(x)$推出$A(y)$;

(2) 全称量词引入规则(UG规则):若A中不含额外个体变量,且个体变量x不是任何前提的自由变量,则$A(x)$推出$\forall xA(x)$;

(3) 存在量词消去规则(ES规则):$\exists xA(x)$推出$A(e)$, e是在形式证明中没有出现过的新的额外个体常量;

(4) 存在量词引入规则(EG规则):对于任意个体常量e,若在A中,e不在任何$\forall x$和$\exists x$的辖域内出现,则$A(e)$推出$\exists xA(x)$;对于任意个体变量y,若在A中,y不在任何$\forall x$和$\exists x$的辖域内自由出现,则$A(y)$推出$\exists xA(x)$.

例4.3.1 证明苏格拉底三段论的正确性. 苏格拉底三段论:凡是人都是要死的,苏格拉底是人,所以苏格拉底是要死的.

证明: 命题符号化,个体域为全总个体域.

引入谓词$H(x)$: x是人,谓词$F(x)$: x是要死的,引入个体常量a: 苏格拉底.

前提符号化为: $\forall x(H(x) \rightarrow F(x))$, $H(a)$

结论符号化为: $F(a)$

构造形式证明

① $\forall x(H(x) \rightarrow F(x))$　　前提引入

② $H(a) \rightarrow F(a)$　　US规则

③ $H(a)$　　前提引入

④ $F(a)$　　②③假言推理■

例 4.3.2　构造下列推理的形式证明：

(1) $\forall x(A(x) \vee B(x))$, $\forall x(B(x) \to \neg C(x))$, $\forall xC(x) \Rightarrow \exists xA(x)$;

(2) $\forall x(F(x) \to \neg H(x))$, $\forall x(H(x) \vee G(x))$, $\exists x \neg G(x) \Rightarrow \neg \forall xF(x)$.

证明： (1)

① $\forall x(B(x) \to \neg C(x))$　　前提引入

② $B(a) \to \neg C(a)$　　①US 规则

③ $\forall xC(x)$　　前提引入

④ $C(a)$　　③US 规则

⑤ $\neg B(a)$　　②④拒取式

⑥ $\forall x(A(x) \vee B(x))$　　前提引入

⑦ $A(a) \vee B(a)$　　⑥US 规则

⑧ $A(a)$　　⑤⑦析取三段论

⑨ $\exists xA(x)$　　⑧EG 规则

(2)

① $\exists x \neg G(x)$　　前提引入

② $\neg G(e)$　　①ES 规则

③ $\forall x(H(x) \vee G(x))$　　前提引入

④ $H(e) \vee G(e)$　　③US 规则

⑤ $H(e)$　　②④析取三段论

⑥ $\forall x(F(x) \to \neg H(x))$　　前提引入

⑦ $F(e) \to \neg H(e)$　　⑥US 规则

⑧ $\neg F(e)$　　⑤⑦拒取式

⑨ $\exists x \neg F(x)$　　⑧EG 规则

⑩ $\neg \forall xF(x)$　　⑨置换规则■

在使用推理规则时，需注意其中的限制条件，不能滥用. 例如，UG 规则要求 x 不是前提中的自由变量，这个条件不能少，否则就可能得到错误的结论. 例如，下面的“形式证明”说明了 $P(x) \Rightarrow \forall xP(x)$ 的有效性，但这个“形式证明” 是错误的，因为其中错误地使用了 UG 规则. 事实上 $P(x) \Rightarrow \forall xP(x)$ 并不成立.

① $P(x)$　　前提引入

② $\forall xP(x)$　　①UG 规则（x 是前提 $P(x)$ 中的自由变量，UG 规则被滥用）

4.4 小结

一阶逻辑是对命题逻辑的精细化,因而一阶逻辑比命题逻辑更复杂、细节更多. 本章着重从直观上介绍一阶逻辑的基础知识,不过分追求严格的理论体系. 读者在学习本章时,可紧扣符号化(形式化)和机械化的基本思想,多思考,重点在于直观地领会其中的基本概念、方法和结论.

本章阐述的一阶逻辑的内容主要包括: 个体词、谓词、量词、个体域等等基本概念,以及谓词公式及其解释和分类、谓词公式的等值演算和前束范式、一阶逻辑的推理理论等等,读者应彻底理解相关概念的直观含义,以及相关结论的直观背景.

与命题公式一样,谓词公式也仅仅是符号串,而不是命题. 通过运用量词、个体词和谓词,谓词公式比命题公式更细致、更深入地刻画了命题的结构. 相对于命题公式,用谓词公式符号化命题稍复杂一些,应注意符号化全称判断和特称判断的一般规律,以及个体域对符号化的影响,并适当总结出一些常见的符号化模式. 符号化是数理逻辑的基础,必须熟练掌握.

谓词公式的等值演算可看作命题公式等值演算的推广,基本的演算方式完全相同,但谓词公式除具有命题公式的所有等值模式以外,还具有一些额外的关于量词的等值模式,因而谓词公式的等值演算更复杂一些,尤其需要注意一些有关量词和变量的细节.

一阶逻辑的推理理论也是命题逻辑推理理论的推广,二者的主体框架相似,但一阶逻辑的推理系统包含额外的处理量词的推理规则. 读者不仅应能熟练地构造形式证明,更应理解这些推理规则的直观意义. 此外,还应注意这些推理规则中的条件,不能滥用.

4.5 习题

1. 请用谓词公式表达下列语句,个体域为全总个体域.

(1) 所有的运动员都钦佩某些教练;

(2) 没有不犯错误的人;

(3) 没有有理数是实数;

(4) 没有最大的自然数;

(5) 某些有理数不是实数.

2. 请将谓词公式 $\forall x(C(x) \vee \exists y(C(y) \wedge F(x, y)))$ 翻译成汉语,其中谓词 $C(x)$ 表示 x 有电脑,$F(x, y)$ 表示 x 和 y 是同班同学,个体域是学校全体学生的集合.

3. 请将下列谓词公式翻译为汉语,并指出每个命题的真值,这里个体域为实数集.

(1) $\forall x(x^2 = x)$;

(2) $\exists x(2x = x)$;

(3) $\exists x(x^2 + 3x - 2 = x)$;

(4) $\forall x(x - 3 < x)$.

4. 设在解释 I 中，个体域为实数集合，谓词 $Q(x,y)$：$xy=0$. 请求出谓词公式 $\exists y\forall xQ(x,y)$、$\forall x\exists yQ(x,y)$ 和 $\forall x\forall yQ(x,y)$ 在解释 I 下的真值.

5. 给定解释 I 如下：

(1) 个体域 D：$\{-2,3,6\}$；

(2) 个体域中的个体常元 a：6；

(3) 谓词 P：$2>1$，$Q(x)$：$x\leqslant 3$，$R(x)$：$x>5$.

请求出谓词公式 $\forall x(P\to Q(x))\vee R(a)$ 在解释 I 下的真值.

6. 离散数学班上有 1 个主修数学的新生，12 个主修数学的二年级学生，15 个主修计算机科学的二年级学生，2 个主修数学的三年级学生和 1 个主修计算机科学的四年级学生. 请用谓词公式表达下列语句，并求出它们的真值：

(1) 班上有三年级学生；

(2) 班上每个学生都主修计算机科学；

(3) 班上有个学生既不主修数学，也不是三年级学生；

(4) 班上每个学生要么是二年级学生，要么主修计算机科学.

***7.** 设 $A=(\forall xP(x,x)\wedge\forall x\forall y\forall z(P(x,y)\wedge P(y,z)\to P(x,z))\wedge\forall x\forall y(P(x,y)\vee P(y,x)))\to\exists y\forall xP(y,x)$.

(1) 证明 A 关于个体域为有限集的解释总取真；

(2) 请构造一个以自然数集 $\mathbf{N}$ 为个体域的解释，使 A 在其下取假.

8. 请给出下列谓词公式的否定，并且使所有的否定紧接在谓词前面：

(1) $\forall y\exists x\forall zP(x,y,z)$；

(2) $\forall x\exists y(P(x,y)\to Q(x,y))$；

(3) $\forall x\exists y(P(x,y)\wedge\exists xR(x,y,z))$.

9. 请指出下列谓词公式中的指导变量、量词的辖域、约束变量和自由变量：

(1) $\forall x(P(x)\to\exists yQ(x,y))$；

(2) $\forall x\forall y(P(x,y)\vee Q(y,z))\wedge\exists xR(x,y)$；

(3) $(\forall xP(x)\wedge\exists xQ(x))\vee(\forall xP(x)\to Q(y,z))$；

(4) $\forall x(P(x)\leftrightarrow Q(x)\wedge\exists xR(x))\wedge S(x)$.

10. 请求出下列谓词公式的前束范式：

(1) $\forall x\forall y(P(x,y)\leftrightarrow Q(x,y))\to\exists x\forall yR(x,y)$；

(2) $(\forall xP(x)\to Q(z))\to\exists yR(x,y)$；

(3) $\forall x\exists y((P(x,y)\to Q(y))\to R(z))$.

11. 请构造下列推理的形式证明：

(1) $\neg\exists x(\neg P(x)\wedge Q(x)),\ \forall x(R(x)\to Q(x))\Rightarrow\forall x(R(x)\to P(x))$；

(2) $\neg\forall x(P(x)\wedge Q(x)),\ \forall xP(x)\Rightarrow\neg\forall xQ(x)$；

(3) $\forall x(P(x)\vee Q(x)),\ \forall x(Q(x)\to\neg R(x)),\ \forall xR(x)\Rightarrow\forall xP(x)$；

(4) $\exists xP(x) \to \forall x(Q(x) \vee P(x) \to R(x))$, $\exists xP(x)$, $\exists xQ(x) \Rightarrow \exists x \exists y(P(x) \wedge R(x))$.

12. 对下列每组前提,可以得出什么样的相关结论?请说明推理过程中的每一步所使用的推理规则:

(1) 若我在某一天休息,则那天下雨或下雪;我在周二休息或周四休息;周二出太阳;周四未下雪.

(2) 每个主修计算机科学的人都有个人电脑;小李没有个人电脑;小红有个人电脑.

13. 请判断下列论证是否正确,并解释原因:

(1) 班上所有学生都学习舞蹈. 小红是这个班上的学生. 因此,小红学习舞蹈.

(2) 每天跑步的人都健康. 小张不健康. 因此,小张不跑步.

(3) 每个计算机专业的学生都学《操作系统》这门课. 小李在学《操作系统》这门课. 因此,小李是计算机专业的学生.

14. 请证明下列推理的正确性(个体域采用本班学生的集合):

(1) 本班小李知道如何用 C 写程序. 知道用 C 写程序的人都可以从事软件开发工作. 因此,本班有人可以从事软件开发工作.

(2) 本班有人喜欢旅游. 每个喜欢旅游的人都关心环境治理. 因此,本班里有人关心环境治理.

(3) 本班 93 个学生每人都拥有一台个人电脑. 拥有个人电脑的人都能使用图像处理软件. 因此,本班学生小红能使用图像处理软件.

15. 证明下列推理的正确性:

每个科研工作者都努力工作. 每个努力工作而又聪明的人都取得事业的成功. 张三是科研工作者并且聪明. 所以,张三取得事业成功.

16. 请指出下列形式证明中的错误.

(1) ① $\forall xP(x) \to Q(x)$　　前提引入

② $P(a) \to Q(x)$　　①US 规则

(2) ① $\forall xP(x) \vee \exists x(Q(x) \wedge R(x))$　　前提引入

② $P(e) \vee (Q(e) \wedge R(e))$　　①US 规则、ES 规则

(3) ① $P(x) \to Q(x)$　　前提引入

② $\exists xP(x) \to Q(x)$　　①EG 规则

(4) ① $P(e) \wedge \exists x(P(e) \wedge Q(x))$　　前提引入

② $\exists xP(x) \wedge \exists x(P(x) \wedge Q(x))$　　① EG 规则

(5) ① $P(x) \to \exists xQ(x)$　　前提引入

② $P(c) \to Q(c)$　　①ES 规则

17. 下面是 $\forall x \exists yP(x, y) \Rightarrow \exists y \forall xP(x, y)$ 的形式证明,其中是否有错误?若有,则请

说明原因：

① $\forall x \exists y P(x, y)$	前提引入
② $\exists y P(x, y)$	①US 规则
③ $P(x, e)$	②ES 规则
④ $\forall x P(x, e)$	③UG 规则
⑤ $\exists y \forall x P(x, e)$	④EG 规则

第五章　关系

客观世界的对象之间有着各种各样的联系,比如,人与人之间的同学关系、行政机构之间的从属关系、对象与某些属性之间的关系(即一个对象是否具有某个性质)等等,这样的事例在我们的日常工作和生活中随处可见. 为了研究对象之间的联系,需要为这样的联系建立数学模型,离散数学中的"关系"正是这种联系的数学抽象. 大家所熟悉的函数就是一种特殊的关系,它们表达的是自变量与应变量之间的对应(关联).

数学不关心具体的对象及其联系,而关注于一般的对象和联系所普遍具有的性质,所以数学研究的是一般的抽象的集合之间的关系. 由于脱离了具体的对象,数学上,抽象的集合之间的关系无法再用人们所熟悉的自然语言中的名称来简单地描述,而是把各个有联系的元素组合成多元组,用多元组的集合来表示关系. 这样的表示也排除了自然语言所难以避免的二义性和模糊性.

关系不仅是一个基本的数学概念和工具,也是计算机科学的一个很有用的工具,最直接的例子莫过于关系数据库中的关系了.

本章主要介绍关系的基本概念和运算,着重讨论二元关系,包括二元关系的特殊性质及闭包、两种特殊的二元关系:等价关系和偏序关系. 另一类重要的特殊关系——函数将在第六章中详细讨论.

5.1　关系的概念

5.1.1　二元关系

最常见的事物之间的联系发生在二者之间,如同学关系、从属关系、大小关系等等,这样的联系在数学上抽象为两个集合间的关系,即二元关系,它是两个集合之间的二元组的集合,也就是两个集合的笛卡儿乘积(参见 1.2.3)的子集.

定义 5.1.1　设 X 和 Y 是集合,若 R 是 $X\times Y$ 的子集,则称 R 为 X 到 Y 的**二元关系**,简称**关系**. 特别地,若 $X=Y$,则称 R 为 **X 上的二元关系**,简称 **X 上的关系**. 若 $(x, y)\in R$,则称 **x、y 满足关系 R**,记为 xRy,并且称 x 是 y 的**前件**,y 是 x 的**后件**.

本书主要讨论二元关系,若不特别指明,以下叙述中的关系皆指二元关系.

定义 5.1.2 设 R 是 X 到 Y 的**二元关系**，R 的**定义域**记为 **dom**($\boldsymbol{R}$)，R 的**值域**记为 **ran**($\boldsymbol{R}$)，其中，

$$\mathrm{dom}(R)=\{x \mid x\in X,\text{且存在 } y\in Y \text{ 使}(x,\ y)\in R\},$$
$$\mathrm{ran}(R)=\{y \mid y\in Y,\text{且存在 } x\in X \text{ 使}(x,\ y)\in R\}.$$

也就是说，R 的定义域是 X 中那些在 R 下有后件的元素所组成的集合，R 的值域是 Y 中那些在 R 下有前件的元素所组成的集合.

例 5.1.1 设 $X=\{1,\ 2,\ 3\}$，$Y=\{a,\ b,\ c,\ d\}$，那么

$$R_1=\{(1,\ a),\ (1,\ b),\ (2,\ c),\ (3,\ d)\},$$
$$R_2=\{(1,\ a),\ (2,\ d)\},$$
$$R_3=\{(1,\ a),\ (2,\ a),\ (3,\ d)\},$$

都是 X 到 Y 的二元关系，而且，

$$\mathrm{dom}(R_1)=\{1,\ 2,\ 3\}=X,$$
$$\mathrm{ran}(R_1)=\{a,\ b,\ c,\ d\}=Y,$$
$$\mathrm{dom}(R_2)=\{1,\ 2\}\subset X,$$
$$\mathrm{ran}(R_2)=\{a,\ d\}\subset Y,$$
$$\mathrm{dom}(R_3)=\{1,\ 2,\ 3\}=X,$$
$$\mathrm{ran}(R_3)=\{a,\ d\}\subset Y. \blacksquare$$

例 5.1.2 设 $X=\{1,\ 2,\ 3,\ 4\}$.

$$R=\{(1,\ 1),\ (1,\ 2),\ (2,\ 1),\ (3,\ 4)\}$$

是 X 上的二元关系，而且，

$$\mathrm{dom}(R)=\{1,\ 2,\ 3\},$$
$$\mathrm{ran}(R)=\{1,\ 2,\ 4\},$$

它们都是 X 的真子集. ■

例 5.1.3 自然数集 **N** 上的“直接后继”关系：

$$S=\{(n,\ n+1)\mid n\in\mathbf{N}\}\subseteq\mathbf{N}\times\mathbf{N}. \blacksquare$$

例 5.1.4 设 A 是全体人的集合，则同学关系可以表示为 A 上的关系：

$R=\{(x, y) \mid x$ 和 y 是人,且 x 和 y 曾经同时或正在同一所学校学习$\} \subseteq A \times A$. ■

例 5.1.5 设 $X=\{1, 2, 3, 4\}$,定义 X 上的一个关系 R,使 xRy 表示 $x<y$. 于是,$1R4$ 和 $2R3$ 为真,但 $4R2$ 和 $3R2$ 为假. 请读者自行给出 R 中的所有二元组. ■

例 5.1.6 关系可用来描述对象所具有的某些属性或性质. 假设某大学有三位院士:张三、李四和王五,张三懂英语和法语,李四懂德语和日语,王五懂英语. 令集合

$$A=\{\text{张三}, \text{李四}, \text{王五}\}$$

表示院士的集合,集合

$$B=\{\text{英语}, \text{法语}, \text{德语}, \text{日语}\}$$

表示外语的集合,则 A 到 B 的关系

$$R=\{(\text{张三}, \text{英语}), (\text{张三}, \text{法语}), (\text{李四}, \text{德语}), (\text{李四}, \text{日语}), (\text{王五}, \text{英语})\}$$

表示了院士掌握外语的情况,院士 x 懂语言 y 当且仅当 $(x, y) \in R$,即 xRy. 例如,张三 R 法语、李四 R 德语都为真,但王五 R 日语为假. ■

对于任意两个集合 X 和 Y, $\varnothing$ 和 $X \times Y$ 是 $X \times Y$ 的两个平凡子集,由它们确定的关系分别称为 X 到 Y 的**空关系**和**全关系**.

例 5.1.7 集合 X 上的**恒等关系** I_X 是指

$$\{(x, x) \mid x \in X\}.$$

这里,

$$\operatorname{dom}(I_X)=\operatorname{ran}(I_X)=X. \blacksquare$$

例 5.1.8 设 X 是有限集,$|X|=n$, $n \in \mathbf{N}$. 问 X 上有多少个不同的关系?

解: X 上的关系是 X^2 的子集,也就是 $P(X^2)$的元素,所以 X 上不同关系的数目是$|P(X^2)|$. 由定理 1.4.1, $|P(X^2)|=2^{n^2}$,从而 X 上有 2^{n^2} 个不同的关系. ■

定义 5.1.3 设 X 和 Y 是集合,f 是 X 到 Y 的二元关系,且具有下列性质:

(1) $\operatorname{dom}(f)=X$,

(2) 对任意 $x \in X$, $y_1 \in Y$, $y_2 \in Y$,只要$(x, y_1) \in f$ 和$(x, y_2) \in f$ 都成立,就必有 $y_1=y_2$,

则称 f 是 X 到 Y 的**函数**,记为 f: $X \rightarrow Y$.

显然,若 f 是 X 到 Y 的函数,则 X 中的每个元素 x 关于 f 有且只有一个后件,我们把这个唯一

的后件表示为$f(x)$.

函数是特殊的二元关系,它们的定义域和值域不一定限于数域,关于数域的函数(如初等函数)仅是一类特殊的函数.

在例5.1.1的三个关系中,R_1和R_2都不是函数,因为1关于R_1有两个后件,3关于R_2没有后件.关系R_3是X到Y的函数.

函数的概念非常重要,我们将在下一章单独对它作更进一步的讨论.

5.1.2 二元关系的表示

二元关系是集合,因此所有用来表示集合的方法都可以用来表示关系.除此之外,有限集合之间的二元关系还可以表示为图形和矩阵.

若X和Y是有限集,则可以用**关系图**(有向图,参见第七章)来表示X到Y的二元关系R. X和Y中的元素表示为图中的点(顶点),一般可以把X中的元素画在左边,把Y中的元素画在右边.当且仅当$(x, y) \in R$时,有一条从结点x到结点y的箭头(有向边).注意,如果$X=Y$, R是X上的关系,则不必将X中的元素重复画两次.

图5.1.1、5.1.2、5.1.3和5.1.4分别是例5.1.1和例5.1.2中的四个关系的关系图.注意观观图5.1.4与其余三个图的不同.

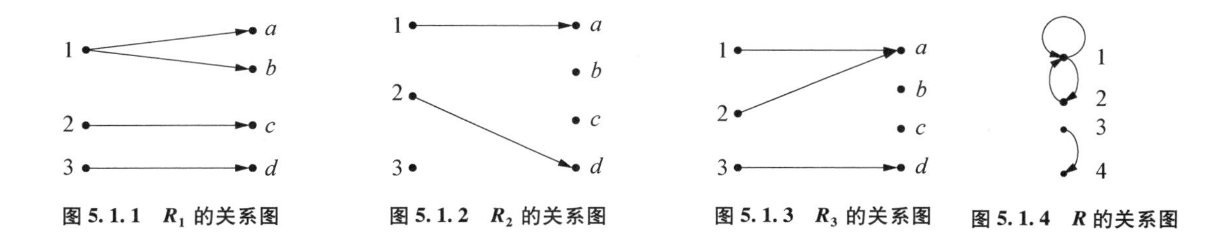

图5.1.1 R_1的关系图　图5.1.2 R_2的关系图　图5.1.3 R_3的关系图　图5.1.4 R的关系图

若X和Y是有限集,$X=\{x_1, x_2, \cdots, x_m\}$, $Y=\{y_1, y_2, \cdots, y_n\}$,则$X$到$Y$的二元关系$R$也可以表示为$m \times n$阶的**关系矩阵**$M_R$,

$$\boldsymbol{M_R}=(r_{ij})_{m\times n}=\begin{bmatrix} r_{11} & r_{12} & \cdots & r_{1n} \\ r_{21} & r_{22} & \cdots & r_{2n} \\ \vdots & \vdots & & \vdots \\ r_{m1} & r_{m2} & \cdots & r_{mn} \end{bmatrix},$$

其中,

$$r_{ij}=\begin{cases} 1, & (x_i, y_j) \in \mathbf{R}, \\ 0, & (x_i, y_j) \notin \mathbf{R}. \end{cases}$$

例 5.1.1 和例 5.1.2 中的四个关系的关系矩阵分别如下所示:

$$\boldsymbol{M}_{R_1}=\begin{bmatrix}1&1&0&0\\0&0&1&0\\0&0&0&1\end{bmatrix},\ \boldsymbol{M}_{R_2}=\begin{bmatrix}1&0&0&0\\0&0&0&1\\0&0&0&0\end{bmatrix},$$

$$\boldsymbol{M}_{R_3}=\begin{bmatrix}1&0&0&0\\1&0&0&0\\0&0&0&1\end{bmatrix},\ \boldsymbol{M}_{R}=\begin{bmatrix}1&1&0&0\\1&0&0&0\\0&0&0&1\\0&0&0&0\end{bmatrix}.$$

显然,关系矩阵中的各元素之和恰好等于关系图中的箭头的个数,也正是关系中的二元组的个数. 集合上的关系的关系矩阵必定是方阵. 另外,对于 X 到 Y 的二元关系 R, R 是 X 到 Y 函数当且仅当在 R 的关系图中,X 中的每个元素有且只有一个以它为尾的箭头,也当且仅当在 R 的关系矩阵中,每行有且只有一个 1.

若 R 是 X 到 Y 的二元关系,且 X 或 Y 是无限集,则 R 是否也能用类似的方式表示为关系图或关系矩阵呢? 请读者自行考虑.

关系图比较直观,可以帮助我们理解和分析问题. 对关系的某些处理可以简单地通过在关系矩阵上应用矩阵运算来进行,矩阵也易于在计算机中存储和处理.

*5.1.3 n 元关系

除二者之间的联系外,日常生活中也有许多发生在三者或更多事物之间的联系,这样的联系在数学上抽象为多个集合之间的多元关系,表示为 n 元组的集合,也就是 n 个集合的笛卡儿乘积的子集.

定义 5.1.4 设 $X_1, X_2, \cdots, X_n$ 是 n 个集合,笛卡儿乘积 $X_1\times X_2\times\cdots\times X_n$ 的子集 R 称为集合 $X_1, X_2, \cdots, X_n$ 上的 **n 元关系**.

例 5.1.9 $R=\{(a, b, c)\mid a$、b 和 c 都是自然数,且 $a<b<c\}$ 是 $\mathbf{N}$ 上的一个三元关系. ■

例 5.1.10 在某大学中,一位教师可以同时教授多门课,一门课也可以由多位教师同时讲授,学生可以自由地选择教师和课程. 设教师、学生和课程的集合分别是 S、T 和 C,则学生选课的情况可以表示为 S、C 和 T 上的三元关系.

例如,从三元关系 $\{(S_1, C_1, T_1), (S_1, C_2, T_2), (S_2, C_1, T_2), (S_2, C_2, T_1)\}$ 可知,学生 S_1 和 S_2 都选修了两门课程 C_1 和 C_2,但 S_1 和 S_2 选修课程的情况并不完全相同,因为 C_1 和 C_2 由两位教师 T_1 和 T_2 同时开设,学生 S_1 选了教师 T_1 讲授的课程 C_1 以及教师 T_2 讲授的课程 C_2,学生 S_2

选了 T_2 讲授的 C_1 以及 T_1 讲授的课程 C_2.

注意： 任何二元关系都无法完整地表示出本例中的学生选课情况，即使使用三个二元关系也不能完全反映学生的选课情况. 例如，S 到 C 的二元关系可以表示学生选修了那些课程，T 到 C 的二元关系可以表示教师开设课程的情况，S 到 T 的二元关系可以表示学生在听那些教师的课，但这三个二元关系仍然不足以表达 S_1 和 S_2 的选课情况是否完全相同. 请读者自行分析原因，列举出相关的例子. ■

本书主要讨论二元关系，以下将不再涉及一般的 n 元关系.

5.2 关系运算

5.2.1 关系的基本运算

关系是集合，所以可以对它们施行集合运算：并、交、差、补，这就是关系的集合运算. 需要注意的是关系的补运算. 若 R 是 X 到 Y 的二元关系，则在对 R 取补时，全集是 $X \times Y$.

例 5.2.1 设 $X = \{a, b, c\}$，$Y = \{1, 2\}$，$R = \{(a, 1), (b, 2), (c, 1)\}$，那么，

$$\overline{R} = X \times Y - R = \{(a, 2), (b, 1), (c, 2)\}. \blacksquare$$

除集合运算以外，关系上还有两种特殊的运算：逆和复合.

定义 5.2.1 设 R 是集合 X 到 Y 的二元关系，称 Y 到 X 的二元关系

$$\{(y, x) \mid (x, y) \in R\} \subseteq Y \times X$$

为 R 的**逆关系**，记为 R^{-1}.

对于例 5.2.1 中的关系 R，R 的逆关系

$$R^{-1} = \{(1, a), (2, b), (1, c)\}$$

是 Y 到 X 的关系.

例 5.2.2 对于实数集上的小于关系“<”

$$R = \{(x, y) \mid x \text{ 和 } y \text{ 是实数，且 } x < y\},$$

逆关系 R^{-1} 是大于关系“>”

$$\{(x, y) \mid x \text{ 和 } y \text{ 是实数，且 } x > y\},$$

补关系 $\overline{R}$ 是大于等于关系“≥”

$$\{(x, y) \mid x \text{和} y \text{是实数,且} x \geq y\}. \blacksquare$$

注意: 关系的否定(即补)与关系的逆不同. $(x, y) \notin R$ 表示 x 和 y 不满足关系 R,而 $(x, y) \in R^{-1}$ 则表示 y 和 x 满足关系 R,二者的含义不同. 在例 5.2.2 中,对于实数集上的小于关系“<”,它的否定是大于等于关系“≥”,它的逆是大于关系“>”.

关系逆的直观意义比较明显. 例如,人群中的母子关系的逆就是子与母的关系,而同学关系的逆还是同学关系,因为同学关系是对称的.

定义 5.2.2 设 R 是集合 X 到 Y 的二元关系,S 是集合 Y 到 Z 的二元关系,R 和 S 的复合是 X 到 Z 的关系

$$\{(x, z) \mid x \in X, z \in Z, \text{且存在} y \in Y \text{使} (x, y) \in R, (y, z) \in S\},$$

记为 $R \circ S$.

关系复合运算的示意图见图 5.2.1.

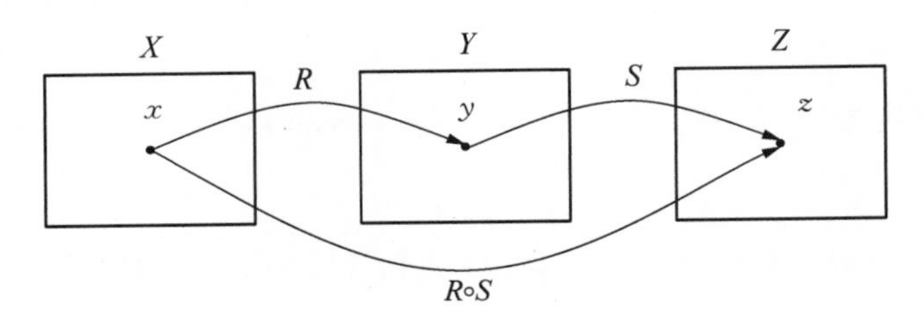

图 5.2.1 关系复合运算

例 5.2.3 设 $X = \{1, 2, 3, 4, 5\}$, R 和 S 都是 X 上的关系,

$$R = \{(1, 2), (4, 1), (2, 3)\}, S = \{(4, 3), (2, 5), (2, 3), (1, 3)\},$$

那么

$$R \circ S = \{(1, 5), (1, 3), (4, 3)\}, S \circ R = \varnothing. \blacksquare$$

例 5.2.4 若 R 是全体人的集合上的夫妻关系,S 是母子关系,则 $R \circ S$ 是父子关系. ■

例 5.2.5 设 R 是 X 到 Y 的二元关系,证明 $I_X \circ R = R$, $R \circ I_Y = R$.

证明: 这里只给出 $I_X \circ R = R$ 的证明,$R \circ I_Y = R$ 的证明留作练习.

关系也是集合,所以,欲证明 $I_X \circ R = R$,根据集合包含关系的反对称性,只需证明 $I_X \circ R \subseteq R$ 和 $I_X \circ R \supseteq R$.

因为 I_X 是 X 到 X 关系,R 是 X 到 Y 的二元关系,所以 $I_X \circ R$ 也是 X 到 Y 的二元关系.

对任意 $x \in X, y \in Y$,若 $(x, y) \in I_X \circ R$,则由关系复合的定义,存在 $z \in X$,使 $(x, z) \in I_X$, $(z, y) \in R$,而由 I_X 的定义可知 $x = z$,所以 $(x, y) \in R$,从而 $I_X \circ R \subseteq R$.

反之,对任意 $x \in X, y \in Y$,若 $(x, y) \in R$,则由 I_X 的定义可知 $(x, x) \in I_X$. 于是,由关系复合的定义,有 $(x, y) \in I_X \circ R$,从而 $I_X \circ R \supseteq R$.

综上,$I_X \circ R = R$ 得证. ■

显然,若 R 是 X 上的关系,则 $I_X \circ R = R \circ I_X = R$.

定义 5.2.3 设 R 是 X 上的关系,对任意自然数 n, R 的 n 次幂 R^n 递归定义为:

$$R^n = \begin{cases} I_X, & n = 0, \\ R^{n-1} \circ R, & n \text{ 是正整数}. \end{cases}$$

例 5.2.6 设 $X = \{1, 2, 3, 4\}$, X 上的关系 $R = \{(1, 2), (2, 3), (3, 4)\}$,那么

$$R^0 = I_X = \{(1, 1), (2, 2), (3, 3), (4, 4)\},\ R^1 = R^0 \circ R = \{(1, 2), (2, 3), (3, 4)\},$$
$$R^2 = R^1 \circ R = \{(1, 3), (2, 4)\},\ R^3 = R^2 \circ R = \{(1, 4)\},$$
$$R^4 = R^3 \circ R = \varnothing,\ R^n = R^{n-1} \circ R = \varnothing \circ R = \varnothing (n > 4).$$ ■

例 5.2.7 设 $X = \{1, 2, 3\}$, X 上的关系 $R = \{(1, 2), (2, 1), (1, 3)\}$,那么

$$R^0 = I_X = \{(1, 1), (2, 2), (3, 3)\},\ R^1 = R^0 \circ R = \{(1, 2), (2, 1), (1, 3)\},$$
$$R^2 = R^1 \circ R = \{(1, 1), (2, 2), (2, 3)\},\ R^3 = R^2 \circ R = \{(1, 2), (1, 3), (2, 1)\}.$$

因为 $R^3 = R^1$,所以,

$$R^{2n} = R^2,\ n \geqslant 1;\ R^{2n+1} = R,\ n \geqslant 0.$$ ■

定义 5.2.4 设 R 是 X 上的关系,Y 是 X 的子集,则 Y 上的关系 $\{(x, y) \mid x、y \in Y, 且 (x, y) \in R\}$ 称为 ***R 在 Y 上的限制***.

通常,在不至引起混淆的情况下,X 上的关系 R 在 X 的子集上的限制仍然记为 R.

5.2.2 关系运算的性质

关系运算满足一些基本的性质.

定理 5.2.1 设 R 是集合 X 到 Y 的二元关系,S 是集合 Y 到 Z 的二元关系, T 是集合 Z 到 W 的二元关系,则

(1) $(R^{-1})^{-1} = R$;

(2) $(R \cup S)^{-1} = R^{-1} \cup S^{-1}$, $(R \cap S)^{-1} = R^{-1} \cap S^{-1}$;

(3) $(R \circ S)^{-1} = S^{-1} \circ R^{-1}$;

(4) $(R \circ S) \circ T = R \circ (S \circ T)$,即关系的复合运算满足结合律.

证明: 这里仅证明(4),其余留作练习.

欲证明 $(R \circ S) \circ T = R \circ (S \circ T)$,只需证明$(R \circ S) \circ T \subseteq R \circ (S \circ T)$ 和$(R \circ S) \circ T \supseteq R \circ (S \circ T)$. 以下证明$(R \circ S) \circ T \subseteq R \circ (S \circ T)$, $(R \circ S) \circ T \supseteq R \circ (S \circ T)$ 可类似地证明.

$R \circ S$ 是 X 到 Z 的关系,$S \circ T$ 是 Y 到 W 的关系,$(R \circ S) \circ T$ 和 $R \circ (S \circ T)$ 都是 X 到 W 的关系.

对任意 $x \in X$, $w \in W$,若$(x, w) \in (R \circ S) \circ T$,则存在$z \in Z$,使得$(x, z) \in R \circ S$, $(z, w) \in T$(由关系复合的定义),于是又存在$y \in Y$,使得$(x, y) \in R$, $(y, z) \in S$(同样由关系复合的定义,因为$(x, z) \in R \circ S$),因此$(y, w) \in S \circ T$(因为$(y, z) \in S$且$(z, w) \in T$),最终得到$(x, w) \in R \circ (S \circ T)$(因为$(x, y) \in R$且$(y, w) \in S \circ T$). 所以,$(R \circ S) \circ T \subseteq R \circ (S \circ T)$ 成立. ■

定理 5.2.2 及其推论是关于关系的幂的,将在计算关系的传递闭包(参见 5.3 小节)时发挥重要作用.

定理 5.2.2 设 R 是 X 上的关系,则对任意正整数 n 和任意 x、$y \in X$, $(x, y) \in R^n$ 当且仅当存在 $n+1$ 元组$(x_0, x_1, x_2, \cdots, x_n) \in X^{n+1}$,其中,$x_0 = x$, $x_n = y$,且对于任意$i(0 \leqslant i < n)$, $(x_i, x_{i+1}) \in R$.

证明: 关于 n 使用数学归纳法.

(1) 当 $n = 1$ 时,结论显然成立.

(2) 假设 $n = k$ 时结论成立,证明 $n = k + 1$ 时结论也成立.

设 x、$y \in X$.

若$(x, y) \in R^{k+1} = R^k \circ R$,则存在$z \in X$,使得$(x, z) \in R^k$,且$(z, y) \in R$. 于是,由归纳假设,存在$(x_0, x_1, x_2, \cdots, x_k) \in X^{k+1}$,其中,$x_0 = x$, $x_k = z$,且对于任意$i(0 \leqslant i < k)$, $(x_i, x_{i+1}) \in R$. 令$x_{k+1} = y$,则有$(x_0, x_1, x_2, \cdots, x_{k+1}) \in X^{k+1+1}$,其中,$x_0 = x$, $x_{k+1} = y$,且对于任意$i(0 \leqslant i < k+1)$, $(x_i, x_{i+1}) \in R$.

反之,若存在$(x_0, x_1, x_2, \cdots, x_{k+1}) \in X^{k+1+1}$,其中,$x_0 = x$, $x_{k+1} = y$,且对于任意$i(0 \leqslant i < k+1)$, $(x_i, x_{i+1}) \in R$,则由归纳假设,$(x, x_k) \in R^k$,又因为$(x_k, x_{k+1}) \in R$,所以$(x, x_{k+1}) \in R^k \circ R = R^{k+1}$,即$(x, y) \in R^{k+1}$.

综上,当 $n = k + 1$ 时结论也成立.

由(1)和(2),结论对任意正整数 n 都成立. ■

推论 1 设 R 是 X 上的关系,则对任意 m、$n \in \mathbf{N}$,有 $R^{m+n} = R^m \circ R^n$.

证明: 对 m、n 的取值分两种情况分别证明:

(1) 第一种情况,m 和 n 中至少有一个为 0. 此时,结论显然成立.

(2) 第二种情况,m 和 n 都大于 0. 此时,可以简单地利用定理 5.2.2 直接证明. 具体的证明细

节请读者自行完成. ■

推论 2 设 R 是有限集 X 上的关系, $|X| = n$, $n \in \mathbf{N}$. 对任意 $x, y \in X$, $m \in \mathbf{N}$, 若 $(x, y) \in R^m$, 则存在 $k \in \mathbf{N}$, $k \leqslant n$, 使 $(x, y) \in R^k$.

证明: 设 x、$y \in X$, $(x, y) \in R^m$, 其中 $m \in \mathbf{N}$ 且 $m > n$.

由定理 5.2.2, 存在长度为 $m+1$ 的 X 中的元素的序列 $x_0x_1x_2\cdots x_m$, 其中, $x_0 = x$, $x_m = y$, 且相邻的元素对满足关系 R. 考察序列 $x_1x_2\cdots x_m$, 若其中存在相同的元素, 如 $x_i = x_j$, $1 \leqslant i < j \leqslant m$, 则可以改造这个序列, 从原序列中删除子序列 $x_i, x_{i+1}, \cdots, x_{j-1}$, 所得到的新序列的长度必定小于原序列的长度, 且在新序列的最前端加上 x_0 后, 在所得到的序列中, 相邻的元素对也满足关系 R. 若上述新序列中仍然存在相同的元素, 则对新序列重复进行上述删除子序列的过程, 直到其中没有相同的元素为止. 假设最终得到的新序列的长度是 k. 由于 $|X| = n$, 且新序列中没有重复的元素, 所以 $k \leqslant n$. 在最终得到的新序列的最前端加上 x_0 后, 在所得到的序列中, 相邻的元素对仍然满足关系 R. 于是, 仍然由定理 5.2.2, 我们有 $(x, y) \in R^k$. ■

下面的结论是上述推论 2 的直接结果.

推论 3 设 R 是有限集 X 上的关系, $|X| = n$, $n \in \mathbf{N}$, 那么

$$\bigcup_{m=1}^{\infty} R^m = \bigcup_{m=1}^{n} R^m.$$

5.3 关系的特殊性质及其闭包

5.3.1 关系的特殊性质

许多常见的关系都具有特殊的性质, 如集合之间的包含关系具有自反性、反对称性和传递性, 人群中的同学关系具有对称性, ……, 等等. 下面讨论这些重要的性质.

定义 5.3.1 设 R 是 X 上的关系.

(1) 若对任意 $x \in X$ 总有 $(x, x) \in R$, 则称 R 是 X 上的**自反关系**.

(2) 若对任意 $x \in X$ 总有 $(x, x) \notin R$, 则称 R 是 X 上的**反自反关系**.

(3) 若对任意 x、$y \in X$, 只要 $(x, y) \in R$ 就有 $(y, x) \in R$, 则称 R 是 X 上的**对称关系**.

(4) 若对任意 x、$y \in X$, 只要 $(x, y) \in R$ 且 $(y, x) \in R$ 就有 $x = y$, 则称 R 是 X 上的**反对称关系**. 也就是说, 若 R 是 X 上的反对称关系, 则对于任意 $x, y \in X$, 只要 $x \neq y$, 那么 $(x, y) \in R$ 和 $(y, x) \in R$ 就至多只有一个成立.

(5) 若对任意 x、y、$z \in X$, 只要 $(x, y) \in R$ 且 $(y, z) \in R$ 就有 $(x, z) \in R$, 则称 R 是 X 上的**传递关系**.

例 5.3.1 (1) 实数集上的小于等于($\leqslant$)关系是自反、反对称和传递的关系.

(2) 实数集上的小于等于($\leqslant$)关系不是对称关系,因为 $2 \leqslant 3$,但 $3 \leqslant 2$ 不成立.

(3) 实数集上的小于($<$)关系是反自反、反对称和传递的关系.

(4) X 上的恒等关系 I_X 显然是 X 上自反、对称的关系.

(5) X 上的恒等关系 I_X 是 X 上的反对称关系,因为不存在 x、$y \in X$,使 $(x, y) \in R$ 且 $(y, x) \in R$,但 $x \neq y$.

(6) X 上的恒等关系 I_X 是 X 上的传递关系,因为不存在 x、y、$z \in X$,使 $(x, y) \in R$ 且 $(y, z) \in R$,但 $(x, z) \notin R$. ■

例 5.3.2 设 $X = \{1, 2, 3\}$, $R = \{(1, 1), (1, 3), (2, 3), (3, 2)\}$,那么,

(1) R 不是自反关系,因为 $(2, 2) \notin R$;

(2) R 不是反自反关系,因为 $(1, 1) \in R$;

(3) R 不是对称关系,因为 $(1, 3) \in R$,但 $(3, 1) \notin R$;

(4) R 不是反对称关系,因为 $(2, 3) \in R$,且 $(3, 2) \in R$,但 $2 \neq 3$;

(5) R 不是传递关系,因为 $(1, 3) \in R$,且 $(3, 2) \in R$,但 $(1, 2) \notin R$. ■

从例 5.3.2 可以看出,自反和反自反、对称和反对称并非一般意义上的“正好相反”,存在既不是自反又不是反自反的关系,也存在既不是对称又不是反对称的关系. 反过来,既是自反又是反自反的关系是否存在?既是对称又是反对称的关系呢?请读者自行考虑.

例 5.3.3 设 X 是有限集, $|X| = n$, $n \in \mathbf{N}$. 问 X 上有多少个不同的自反关系?

解: X 上的关系是 $X \times X$ 的子集, $X \times X$ 中共有 n^2 个二元组(参见1.4小节). 任意 X 上的自反关系都包含 I_X 中的 n 个二元组, $X \times X$ 中其余的 $n(n-1)$ 个二元组中的每一个可以包含在自反关系中也可以不包含在自反关系中. 所以,根据乘法原理,共有 $2^{n(n-1)}$ 种不同的方法来指定那 $n(n-1)$ 个二元组是否包含在一个自反关系中,从而 X 上共有 $2^{n(n-1)}$ 个不同的自反关系. ■

定理 5.3.1 设 R 是 X 上的关系.

(1) R 是 X 上的自反关系当且仅当 $I_X \subseteq R$.

(2) R 是 X 上的反自反关系当且仅当 $R \cap I_X = \varnothing$.

(3) R 是 X 上的对称关系当且仅当 $R^{-1} = R$.

(4) R 是 X 上的反对称关系当且仅当 $R \cap R^{-1} \subseteq I_X$.

(5) R 是 X 上的传递关系当且仅当 $R^2 \subseteq R$.

(6) 若 R 是 X 上的传递关系,则对于任何正整数 n, $R^n \subseteq R$.

定理 5.3.1 可由定义简单地证明,请读者作为练习自行完成.

具有特殊性质的关系的矩阵也具有一定的特征. 例如,在自反关系的关系矩阵中,对角线全

都为1；在反自反关系的关系矩阵中，对角线全都为0；对称关系的关系矩阵是对称的；在反对称关系的关系矩阵中，任意两个相互对称的位置上至少有一个0. 请读者自行验证这些论断.

5.3.2　关系的闭包

闭包的基本思想是：某个关系可能不具有性质 P，是否可以设法在其中添加一些二元组，使之具有性质 P？同时，希望所添加的二元组尽可能的少. 闭包是一个非常重要的、本质的概念，在许多地方都起着关键的作用.

定义 5.3.2　设 R 是 X 上的关系，P 是某种关系的性质. 包含 R 的、具有性质 P 的、X 上的最小的关系称为 R 的 ***P* 闭包**.

也就是说，R 的 P 闭包是 X 上的一个关系 R^P，满足：

(1) $R \subseteq R^P$；

(2) R^P 具有性质 P；

(3) 对任意 X 上的关系 R'，若 R' 具有性质 P，且 $R \subseteq R'$，则 $R^P \subseteq R'$.

例如，若 R 是 X 上的关系，则 X 上包含 R 的最小的传递关系就是 R 的**传递闭包**，也就是说，如果 X 上的关系 T 具有下面的性质：

(1) $R \subseteq T$，

(2) T 是传递的，

(3) 任意 X 上包含 R 的传递关系都包含 T，

则 T 即为 R 的传递闭包.

类似地，我们有**自反闭包**和**对称闭包**，请读者自行给出定义. 关系 R 的自反闭包、对称闭包和传递闭包分别记为 $r(R)$、$s(R)$ 和 $t(R)$.

定理 5.3.2　设 R 是 X 上的关系，则

(1) $r(R) = R \cup I_X$；

(2) $s(R) = R \cup R^{-1}$；

(3) $t(R) = \bigcup_{n=1}^{\infty} R^n$.

证明： 这里只证明 $t(R) = \bigcup_{n=1}^{\infty} R^n$，另两个结论留作练习，请读者自行完成.

令 $T = \bigcup_{n=1}^{\infty} R^n$.

(1) 显然，$R \subseteq T$.

(2) 对任意 $x, y, z \in X$，若 $(x, y) \in T$，$(y, z) \in T$，则存在 $n_1, n_2 \in \mathbf{Z}^+$，使 $(x, y) \in R^{n_1}$，$(y, z) \in R^{n_2}$. 于是，$(x, z) \in R^{n_1} \circ R^{n_2} = R^{n_1+n_2}$，从而 $(x, z) \in T$. 所以，T 是 X 上的传递关系.

(3) 若 T_1 是 X 上包含 R 的传递关系，则对任意正整数 n，有 $T_1^n \subseteq T_1$（参见定理 5.3.1(6)）.

又因为 $R \subseteq T_1$,所以 $R^n \subseteq T_1^n$(参见定理 5.2.2). 于是,$T = \bigcup_{n=1}^{\infty} R^n \subseteq T_1$.

综上所述,T 是 R 的传递闭包,即 $t(R) = \bigcup_{n=1}^{\infty} R^n$. ■

推论 若 R 是有限集 X 上的关系,且 $|X| = n$, $n \in \mathbf{Z}^+$,则 $t(R) = \bigcup_{m=1}^{n} R^m$.

证明: 应用定理 5.2.2 的推论 3 直接证明. ■

例 5.3.4 设 $X = \{1, 2, 3, 4, 5\}$, $R = \{(1, 2), (2, 3), (2, 4), (4, 5)\}$. 求 R 的传递闭包.

解: $R^1 = R$, $R^2 = \{(1, 3), (1, 4), (2, 5)\}$,

$R^3 = \{(1, 5)\}$, $R^n = \varnothing (n \geqslant 4)$.

故 $t(R) = R \cup R^2 \cup R^3 = \{(1, 2), (2, 3), (2, 4), (4, 5), (1, 3), (1, 4), (2, 5), (1, 5)\}$.

图 5.3.1 给出了 R 和 $t(R)$ 的关系图. ■

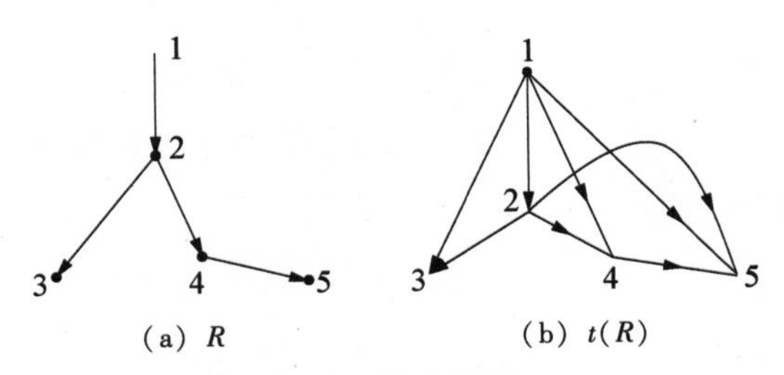

图 5.3.1 关系及其传递闭包

最后,请读者自行考虑一个问题. 前面介绍了关系的五种性质: 自反和反自反、对称和反对称、传递,但是,这里只讨论了三种闭包: 自反闭包、对称闭包和传递闭包,为什么不讨论“反自反闭包”和“反对称闭包”?

5.4 等价关系和划分

等价关系是一类基本和重要的特殊关系,其核心思想可以追溯到 19 世纪,当时拉格朗日和高斯研究了整数集上的同余关系. 划分和等价关系有着密切的联系,这两个概念表面上似乎毫不相干,但实际上,它们只是描述同一件事情的不同方式而已.

5.4.1 等价关系和等价类

定义 5.4.1 集合 X 上自反、对称且传递的关系称为 X 上的**等价关系**. 若 R 是 X 上的等价关系,xRy,则称 x 与 y 关于 R **等价**.

很显然,任意集合 X 上的恒等关系 I_X 必定是 X 上的等价关系,恒等关系 I_X 是等价关系的特例. 实数集上的小于等于($\leqslant$)关系是自反和传递的关系,但它是反对称的,而不是对称的,因而不是等价关系.

例 5.4.1　在中国某所大学的学生集合 S 上,定义一个关系 R,一个学生与另一个学生满足关系 R 当且仅当他们的姓氏相同. 显然,R 是 S 上的等价关系. ■

例 5.4.2　在所有中国人的集合 X 上定义一个关系 R,使 xRy 表示 x 和 y 有相同的父亲或母亲. 显然,R 是自反和对称的. 但是,R 不是传递的,因为可能有这样的情况: x 和 y 有相同的母亲(xRy 成立),y 和 z 有相同的父亲(yRz 成立),但 x 和 z 的父亲和母亲都不相同(xRz 不成立). 所以,R 不是 X 上的等价关系. 请读者自行验证,若使 $xR'y$ 表示 x 和 y 有相同的父亲,则 R' 是 X 上的等价关系. ■

例 5.4.3　设 m 是正整数,定义整数集 $\mathbf{Z}$ 上关于模 m 的同余关系(参见第二章)如下:

$$R_m = \{(x, y) \mid x、y \in \mathbf{Z},且存在 q \in \mathbf{Z} 使 x - y = qm\}.$$

容易证明 R_m 是 $\mathbf{Z}$ 上的等价关系,因为,

(1) 对任意 $x \in \mathbf{Z}$, $x - x = 0 = 0 \cdot m$,所以 xR_mx,从而 R_m 是自反的;

(2) 对任意 $x、y \in \mathbf{Z}$,若 xR_my,则存在 $q \in \mathbf{Z}$ 使 $x - y = qm$,从而 $y - x = (-q)m$,于是 yR_mx,所以 R_m 是对称的;

(3) 对任意 $x、y、z \in \mathbf{Z}$,若 xR_my,且 yR_mz,则存在 $q、p \in \mathbf{Z}$ 使 $x - y = qm$,且 $y - z = pm$,所以 $x - z = (p + q)m$,于是 xR_mz,从而 R_m 是传递的.

事实上,对任意 $x、y \in \mathbf{Z}$, xR_my 当且仅当 $x \equiv y(\bmod m)$(请读者自行验证,参见第二章),所以 xR_my 当且仅当 m 除 x 和 y 所得到的余数相等,从而 R_m 的自反性、对称性和传递性显而易见. ■

定义 5.4.2　设 R 是 X 上的等价关系,$x \in X$,定义 X 的子集

$$[x]_R = \{y \mid y \in X,且 yRx\},$$

称集合 $[x]_R$ 为 x 关于 R 的**等价类**,或简称为 x 的等价类,并称 x 为等价类 $[x]_R$ 的**代表元**.

也就是说,$x(\in X)$ 关于 X 上的等价关系 R 的等价类 $[x]_R$(X 的一个子集) 由 X 中所有与 x 关于 R 等价的元素组成. 由于等价关系的自反性,对任意 $x \in X$,总有 $x \in [x]_R$,所以 X 的这个子集 $[x]_R$ 也称为 x 所在的等价类.

例 5.4.4　对于整数集 $\mathbf{Z}$ 上的模 3 同余关系 R_3, 0、1 和 2 所在的等价类分别是

$$[0]_{R_3} = \{3n \mid n \in \mathbf{Z}\}、$$
$$[1]_{R_3} = \{3n + 1 \mid n \in \mathbf{Z}\}、$$

$$[2]_{R_3}=\{3n+2 \mid n\in \mathbf{Z}\}.$$

此外,作为集合,$\mathbf{Z}$ 上关于 R_3 的不同的等价类也只有这3个,因为

$$\cdots=[-6]_{R_3}=[-3]_{R_3}=[0]_{R_3}=[3]_{R_3}=[6]_{R_3}=\cdots,$$
$$\cdots=[-5]_{R_3}=[-2]_{R_3}=[1]_{R_3}=[4]_{R_3}=[7]_{R_3}=\cdots,$$
$$\cdots=[-4]_{R_3}=[-1]_{R_3}=[2]_{R_3}=[5]_{R_3}=[8]_{R_3}=\cdots. \blacksquare$$

例 5.4.5 在例5.4.1中,若不同的姓氏恰好有100个,则关于 R 的不同的等价类也恰有100个. 如果张三和张四都是该大学的学生,那么张三和张四(关于 R)的等价类相等,都为该校所有张姓学生所构成的学生子集. ■

定理 5.4.1 设 R 是集合 X 上的等价关系,那么对于任意 x、$y\in X$,

(1) 若 $(x,y)\in R$,则 $[x]_R=[y]_R$;

(2) 若 $(x,y)\notin R$,则 $[x]_R\cap[y]_R=\varnothing$;

(3) $\bigcup\limits_{z\in X}[z]_R=X$.

证明: 设 R 是集合 X 上的等价关系,x、$y\in X$.

(1) 假设 $(x,y)\in R$.

对于任意 $z\in[x]_R$,由等价类的定义,有 $(z,x)\in R$. 又由 R 的传递性,有 $(z,y)\in R$. 于是,由等价类的定义,有 $z\in[y]_R$. 所以,$[x]_R\subseteq[y]_R$.

同理可证,$[y]_R\subseteq[x]_R$.

所以,$[x]_R=[y]_R$.

(2) 假设 $(x,y)\notin R$.

若 $[x]_R\cap[y]_R\neq\varnothing$,则存在 $z\in[x]_R\cap[y]_R$,从而 $(z,x)\in R$,$(z,y)\in R$. 由 R 的对称性,有 $(x,z)\in R$. 又由 R 的传递性,有 $(x,y)\in R$. 这与 $(x,y)\notin R$ 矛盾.

所以,$[x]_R\cap[y]_R=\varnothing$.

(3) 对于任意 $z\in X$,显然有 $[z]_R\subseteq X$,所以 $\bigcup\limits_{z\in X}[z]_R\subseteq X$.

反之,对于任意 $z\in X$,由 R 的自反性,有 $z\in[z]_R$,从而 $z\in\bigcup\limits_{z\in X}[z]_R$. 所以,$X\subseteq\bigcup\limits_{z\in X}[z]_R$.

综上,$\bigcup\limits_{z\in X}[z]_R=X$. ■

关于 X 上的等价关系 R 及其等价类,定理5.4.1说明:

(1) 任意等价类中的任意一个元素都可以作为该等价类的代表元,因为对于任意等价类 $[x]_R$ 和其中的任意元素 $y\in[x]_R$,总有 $[x]_R=[y]_R$;

(2) 任意两个等价类或者相等或者没有公共元素;

(3) 同一个等价类中的元素相互等价,且任何与该等价类中的某个元素等价的元素都在该等价类中,换而言之,等价类是由所有那些相互等价的元素组成的,且其外的元素都不与其中的

元素等价.

请读者自行用前面的例子验证上述结论.

由一个集合以及其上的等价关系可以得到若干等价类,这些等价类组合起来构成一个称为商集的集合族.

定义 5.4.3　设 R 是 X 上的等价关系, X 关于 R 的所有等价类所组成的集合称为 X 关于 R 的**商集**,记为 X/R,即

$$X/R = \{[x]_R \mid x \in X\}.$$

例 5.4.6　整数集 $\mathbf{Z}$ 关于模 3 同余关系 R_3 的商集

$$Z/R_3 = \{[0]_{R_3}, [1]_{R_3}, [2]_{R_3}\}.$$

证明: 显然,

$$Z/R_3 \supseteq \{[0]_{R_3}, [1]_{R_3}, [2]_{R_3}\}.$$

下面证明

$$Z/R_3 \subseteq \{[0]_{R_3}, [1]_{R_3}, [2]_{R_3}\}.$$

对于任意 $x \in \mathbf{Z}$,存在 $q, r \in \mathbf{Z}$,使 $x = 3q + r$,其中 $0 \leqslant r < 3$,从而 xR_3r.(这里, q 是3除 x 所得到的商, r 是所得到的余数. 参见第二章.)由定理 5.4.1, $[x]_R = [r]_R \in \{[0]_{R_3}, [1]_{R_3}, [2]_{R_3}\}$.

所以,

$$Z/R_3 \subseteq \{[0]_{R_3}, [1]_{R_3}, [2]_{R_3}\}.$$

综上,

$$Z/R_3 = \{[0]_{R_3}, [1]_{R_3}, [2]_{R_3}\}. \blacksquare$$

为方便起见,今后将 Z/R_m 记为 z_m,即

$$z_m = \{[0]_{R_m}, [1]_{R_m}, \cdots, [m-1]_{R_m}\}.$$

5.4.2　划分和等价关系

所谓划分一个集合就是把这个集合分成若干个互不相交的子集.

定义 5.4.4　设 X 是集合, π 是 X 的子集构成的集合族, $\pi \subseteq P(X)$,满足

(1) $\varnothing \notin \pi$,

(2) 对任意 $A, B \in \pi$,有 $A = B$ 或 $A \cap B = \varnothing$,

(3) $\bigcup\limits_{A\in\pi} A = X$,

则称 π 是 X 的**划分**,π 中的元素称为该划分的**划分块**.

例 5.4.7 设 $A=\{1, 3, 4\}$, $B=\{2, 6\}$, $C=\{5\}$,那么 $\pi=\{A, B, C\}$ 是集合 $S=\{1, 2, 3, 4, 5, 6\}$ 的一个划分,参见图 5.4.1.

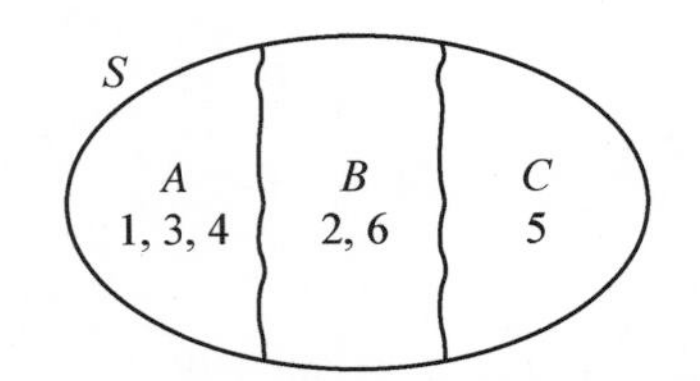

图 5.4.1 {1, 2, 3, 4, 5, 6}的一个划分

例 5.4.8 设 $X=\{1, 2, 3\}$. X 上不同的划分共有 5 个:只有 1 个划分块的划分有 1 个、具有 2 个划分块的划分有 3 个、具有 3 个划分块的划分有 1 个,如图 5.4.2 所示. 具体划分如下:

$$\pi_1=\{\{1\}, \{2\}, \{3\}\},\ \pi_2=\{\{1\}, \{2, 3\}\},$$

$$\pi_3=\{\{2\}, \{1, 3\}\},\ \pi_4=\{\{3\}, \{2, 1\}\},$$

$$\pi_5=\{\{1, 2, 3\}\}. \blacksquare$$

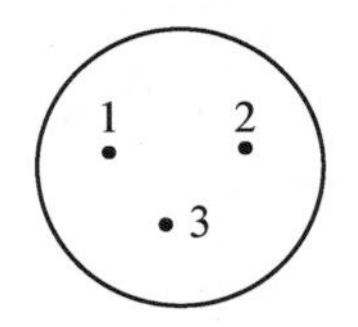

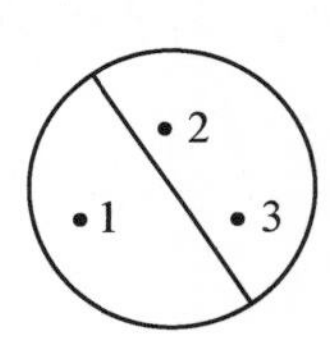

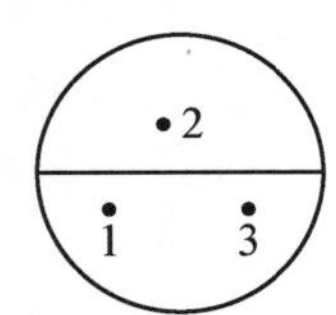

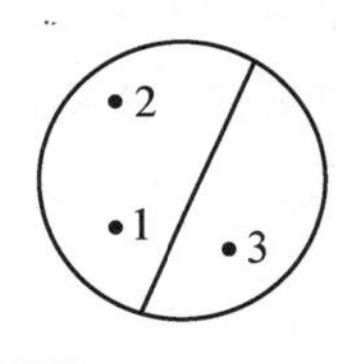

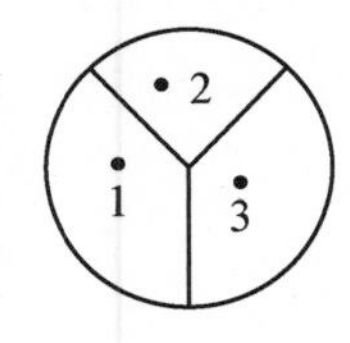

图 5.4.2 {1, 2, 3}的 5 种划分

划分和等价关系有紧密的联系,由等价关系可以导出划分,反过来,由划分也可以导出等价关系.

定理 5.4.2 设 R 是集合 X 上的等价关系,那么商集 X/R 是 X 的划分.

定理 5.4.3 设 π 是集合 X 的划分,定义关系 R 如下:

$$R=\{(x, y) \mid x, y \text{ 属于 } \pi \text{ 的同一个划分块}\},$$

那么 R 是 X 上的等价关系.

定理 5.4.2 和定理 5.4.3 的证明都比较简单,请读者自行完成.

如果 R 是集合 X 上的等价关系,则由 R 导出的划分 X/R 记为 π_R;反过来,如果 π 是集合 X 的划分,则由 π 按照定理 5.4.3 的方式导出的等价关系记为 R_π.

如上所述,如果 R 是集合 X 上的等价关系,则由等价关系 R 可导出划分 π_R,然后,由划分 π_R

又可以导出等价关系 R_{π_R},那么 R 和 R_{π_R} 是否相同? 类似地,如果 π 是集合 X 的划分,则由划分 π 可以导出等价关系 R_π,然后,由等价关系 R_π 又可以导出划分 π_{R_π},那么 π 和 π_{R_π} 是否相同?

上述两个问题的答案都是肯定的,其证明请读者自行完成. 所以,本质上,等价关系和划分描述的是同一件事情的两个方面.

例 5.4.9 设 $X=\{1, 2, 3\}$,求出 X 上所有不同的等价关系.

解: 直接求所有的等价关系比较困难,我们采用的方法是先求出所有的划分(参见例 5.4.8),然后由划分导出等价关系. 最后,所求出的 5 个等价关系如下:

$R_1=\{(1, 1), (2, 2), (3, 3)\}$, $R_2=\{(1, 1), (2, 2), (3, 3), (2, 3), (3, 2)\}$, $R_3=\{(1, 1), (2, 2), (3, 3), (1, 3), (3, 1)\}$, $R_4=\{(1, 1), (2, 2), (3, 3), (1, 2), (2, 1)\}$, $R_5=\{(1, 1), (2, 2), (3, 3), (1, 2), (1, 3), (2, 1), (2, 3), (3, 1), (3, 2)\}$. ■

*5.4.3 测试用例设计之等价类划分法

许多商品上都贴有“QC”字样的标签,其含义是产品经过了质量检验(Quality Control). 软件测试就是软件产品的“QC”,其目的是发现软件产品中可能存在的缺陷(Defect, Bug),并敦促缺陷修正,从而控制和保证软件产品的质量. 软件测试贯穿整个软件开发生命周期, G. J. Myer 在《软件测试之艺术》(The Art of Software Testing)中为其给出了一个广为接受的狭义定义:程序测试是为了发现错误而执行程序的过程.

显然,通常情况下,软件测试的覆盖率不可能达到100%,也就是说,测试不可能穷举所有的应用场景. 所以,一个良好的测试用例集是必须的,既为测试提供参考依据(判定正误),也为实施有效测试提供帮助,降低成本,提高效率,即以最小的成本(人力资源)投入在最短的时间内发现所有的软件缺陷. 基于良好设计的测试用例集,测试用例通过率也是检测代码质量的主要指标之一.

软件功能测试也称为数据驱动的测试,主要采用黑盒测试方法①,依据软件规格说明书,通过直接输入数据运行程序的方式来检验程序的功能. 等价类划分法是功能测试重要而常用的设计测试用例的方法,它将不能穷举的程序的输入数据集划分为若干子集(即等价类),然后从每个等价类中选取少量具有代表性的数据作为测试用例,从而“合理地覆盖”整个输入数据集. 划分的本质就是分类,即将输入域按照相同特性或者类似功能进行分类. 选择的本质是抽象,即在子类中抽象出相同特性并用实例来表征这个特性. 同一个等价类中的各个输入数据对于揭露程序的错误是等效的,所以可以“合理地”认为表征该类的数据能代表整个数据子集,从而测试一个等价类的代表元就等效于测试该类的所有数据.

这里的等价类一般有两种:有效等价类和无效等价类. 所谓有效等价类是指:由合法数据

① 黑盒测试方法(Black-box Testing):把测试对象(程序)看作一个不能打开的黑盒子,完全不考虑程序的内部结构和特性,仅依据规格说明书检验程序的功能.

(即满足程序规格说明的、有意义的输入数据)构成的等价类;所谓无效等价类是指:由不满足程序输入要求或者无效的输入数据构成的等价类. 有效等价类可以检验程序是否满足规格说明所规定的功能,无效等价类可以检验程序的容错性.

等价类的划分本质上是主观的,但有一些基本的方法. 若软件规格说明书限定了输入数据的取值范围,则可以确定一个有效等价类和两个无效等价类. 例如,对于一个为0—100之间的实数进行开方运算的程序,在设计测试用例时,可以将所有实数(输入域)划分为1个有效等价类:闭区间[1, 100],2个无效等价类:开区间(-∞, 0)和(100, +∞),相应的3个测试用例可分别选为3.1416、-6.25和125. 根据编程中常见的错误,还可进一步将此有效等价类进一步细分为3个子类:0、(0, 1)和[1, 100]. 若限定输入数据只能取若干固定的值(如性别、职称等等)之一,则可将每个固定值作为一个有效等价类,并将所有其他可能的输入值作为一个无效等价类. 较复杂的一种情况是:软件规格说明书规定了输入数据必须遵守的一些规则,此时可以将符合规则的数据归为一个有效等价类,将其他数据划分为若干无效等价类(在不同方面违反规则).

例 5.4.10 为一个学生管理系统的"出生日期检查功能"设计测试用例. 设输入的出生日期以6位数字字符组成,前4位表示年,后2位表示月,限定有效日期范围为1900年1月—2050年12月.

(1) 划分等价类并编号如表5.4.1:

表 5.4.1

等价类划分依据	有效等价类	无效等价类
日期的类型及长度	① 6位数字字符	② 有非数字字符 ③ 少于6位数字字符 ④ 多于6位数字字符
年份范围	⑤ 在1900—2050之间	⑥ 小于1900 ⑦ 大于2050
月份范围	⑧ 在01~12之间	⑨等于00 ⑩ 大于12

(2) 设计测试用例覆盖所有有效等价类如下:

测试数据	期望结果	覆盖的有效等价类
200211	输入有效	①、⑤、⑧

(3) 设计测试用例覆盖所有无效等价类如下:

测试数据	期望结果	覆盖的无效等价类
Jun 95	无效输入	②
20036	无效输入	③
2001006	无效输入	④

189912	无效输入	⑥
205101	无效输入	⑦
200100	无效输入	⑨
200113	无效输入	⑩■

5.5 偏序关系

集合不涉及其中元素之间的前后次序,如 $\{2, 3, 4, 5\} = \{5, 4, 3, 2\}$. 然而,客观世界中的许多对象之间都存在着某些前后次序关系,如实数之间的大小次序,字符串之间的前后次序,人与人之间按年龄的大小可以排一个次序,……,等等. n 元组(参见 1.2.3 小节)可用来表示有限个元素所构成的序列,也即有限个元素以及其间的全序. 偏序是更一般的次序关系的数学抽象.

5.5.1 偏序关系和偏序集

实数集上的数的小于等于关系"$\leqslant$"可用来规定实数之间的前后次序:所谓实数 a 不在实数 b 的后面就是指 $a \leqslant b$. "$\leqslant$" 关系的自反性、反对称性和传递性保证了如此规定的"序" 具有如下两个属性:

(1) 对于任何两个不同的实数 a 和 b, a 不在 b 的后面,或 b 不在 a 的后面,二者只能居其一,不能二者都成立,即 a 不可能同时既在 b 的前面,又在 b 的后面;

(2) 若 a 不在 b 的后面,且 b 不在 c 的后面,则 a 不在 c 的后面.

所以,反对称性和传递性是通常直观意义上的"序"的基本特征.

集合之间的包含关系也可用来规定集合之间的前后次序:所谓集合 A 不在集合 B 的后面是指 $A \subseteq B$, 而当 A 和 B 之间不满足任何包含关系时,则不规定它们之间的前后次序. 与前面规定的实数之间的次序不同,并非任意两个集合之间都规定有前后次序,因为并非任意两个集合之间都存在包含关系,但集合之间的包含关系也是自反、反对称和传递的,所以如此规定的部分集合之间的前后次序也具有上述两个"序"的基本属性,直观上也是合理的.

一般地,集合 X 上自反、反对称和传递的关系可用来建立 X 上部分元素之间的次序.

定义 5.5.1 设 X 是集合,X 上自反、反对称和传递的关系称为 X 上的**偏序关系**,简称**偏序**. 偏序关系也称为**部分序关系**,或简称**部分序**.

通常,偏序用"$\leqslant$"来表示,$x \leqslant y$ 表示 x 和 y 满足这种偏序关系,称 x 不在 y 的后面,读作"x 小于等于 y". $x < y$ 表示 $x \leqslant y$ 且 $x \neq y$,这时称 x 在 y 的前面或 y 在 x 的后面,读作"x 小于 y". 注意,这里的"小于等于" 和"小于" 的含义并不是指通常的数的大小,而是指元素之间的某种"次序".

定义 5.5.2 若$\leqslant$是集合X上的偏序,且对于X中的任意两个元素x和y,$x \leqslant y$或$y \leqslant x$总有一个成立,则称$\leqslant$是X上的**全序关系**,简称**全序**.

定义 5.5.3 若$\leqslant$是集合X上的偏序,则集合X和偏序$\leqslant$合称为**偏序集**,并记为二元组$(X, \leqslant)$. 若$\leqslant$是集合X上的全序,则称$(X, \leqslant)$是**全序集**.

例 5.5.1 实数集R关于通常的数的小于等于关系构成全序集$(R, \leqslant)$,但是实数集R上的小于关系不是偏序,因为它不是自反的. ■

例 5.5.2 正整数集合$\mathbf{N}_+$关于整除关系$\mid$构成偏序集$(\mathbf{N}_+, \mid)$,其中,整除关系$\mid$定义如下:对于任意$x, y \in \mathbf{N}_+$, $x \mid y$当且仅当存在$q \in \mathbf{N}_+$,使$y = qx$,也即x是y的因子(参见第二章). $(\mathbf{N}_+, \mid)$不是全序集,因为$2 \mid 3$和$3 \mid 2$都不成立. ■

设$\leqslant$是集合X上的偏序,$x, y \in X$,若有$x \leqslant y$或$y \leqslant x$,则称x和y关于偏序$\leqslant$是**可比较的**,否则称它们关于偏序$\leqslant$是**不可比较的**. 于是,$\leqslant$是全序当且仅当对于任意$x, y \in X$, x和y都是可比较的.

例 5.5.3 设U是全集,$P(U)$关于其上的包含关系$\subseteq$构成偏序集$(P(U), \subseteq)$. 但是,在一般情况下,$(P(U), \subseteq)$不是全序集,因为并非任意两个集合都是可比较的. 此外,$P(U)$上的真包含关系$\subset$不是偏序,因为它不是自反的. $(P(U), \subseteq)$是否有可能在某些情况下也构成全序?请大家自行考虑. ■

例 5.5.4 设X是人的集合,定义X上的关系R:对于任意$x, y \in X$, xRy当且仅当x的年龄不大于y. 若两个不同的人x和y的年龄相同,则xRy且yRx,但是$x \neq y$. 所以,关系R不是反对称的,因而不是偏序. ■

若$\leqslant$是X上的偏序,那么它的逆关系也是X上的偏序,记为$\geqslant$,读作"大于等于". 如果Y是X的子集,那么$\leqslant$在Y上的限制(仍然记为$\leqslant$)也是Y上的偏序. 因此由偏序集$(X, \leqslant)$可诱导出偏序集$(X, \geqslant)$和$(Y, \leqslant)$. 这些结论都是显然的,请读者自行证明.

若$(X_1, \leqslant_1)$和$(X_2, \leqslant_2)$都是偏序集,则在$X_1 \times X_2$上由关系$\leqslant_1$和$\leqslant_2$可定义新关系$\leqslant$: $(x_1, x_2) \leqslant (x_1', x_2')$当且仅当$x_1 <_1 x_1'$,或者$x_1 = x_1'$且$x_2 \leqslant_2 x_2'$. 不难证明,$\leqslant$是$X_1 \times X_2$上的偏序,这种偏序称为$X_1 \times X_2$上由$\leqslant_1$和$\leqslant_2$规定的**字典序**.

5.5.2 哈斯图

有限偏序集可以直观地表示为哈斯图,这种图本质上是一种简化了的关系图(参见5.1.2小节).

定义 5.5.4 设$(X, \leqslant)$是偏序集,对于任意$x, y \in X$,若$x < y$,且不存在$z \in X$,使$x <$

$z < y$，则称 y **覆盖** x，或称 y 是 x 的**直接后继**.

例 5.5.5　若 $U = \{a, b\}$，则在偏序集$(P(U), \subseteq)$中，$\{a\}$ 和 $\{b\}$ 覆盖 $\varnothing$，$\{a, b\}$ 同时覆盖 $\{a\}$ 和 $\{b\}$. ■

有限集上的二元关系可以表示为关系图，所以有限的偏序集也可以表示为关系图. 因为偏序关系具有自反、反对称和传递的性质，所以可以对有限偏序集的关系图作简化，所得到的图称为**哈斯图**. 在偏序集的哈斯图中，规定结点 x 和结点 y 之间有箭头相连当且仅当 y 覆盖 x，且 y 位于 x 的上方. 所以，哈斯图中的箭头通常少于相应的普通关系图. 哈斯图中的箭头总是从下方指向上方，所以进一步规定省略所有的箭头，仅保留连线. 此外，偏序关系是自反的，其关系图中的每个结点上都有环，所以哈斯图中的环也可以统一省略，默认每个结点上都有环.

例 5.5.6　偏序集$(\{1, 2, 3, 4, 6, 8, 12\}, \mid)$的关系图如图 5.5.1(a) 所示，图 5.5.1(b) 是其哈斯图. 这里，$\mid$ 是整除关系（参见例 5.5.2）. ■

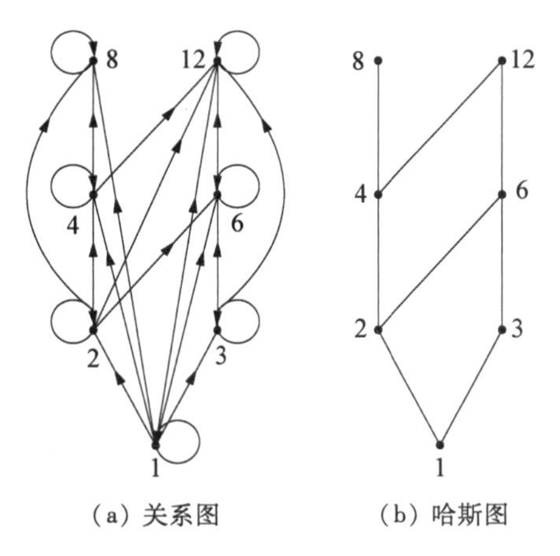

(a) 关系图　　(b) 哈斯图

图 5.5.1　偏序集$(\{1, 2, 3, 4, 6, 8, 12\}, \mid)$

例 5.5.7　偏序集$(P(\{a, b, c\}), \subseteq)$的哈斯图如图 5.5.2 所示. ■

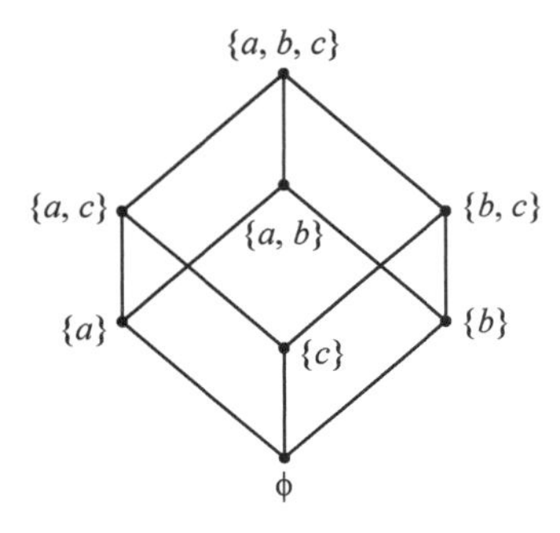

图 5.5.2　偏序集$(P\{a, b, c\}, \subseteq)$

5.5.3 偏序集的性质

定义 5.5.5 设$(X, \leqslant)$是偏序集，$a \in X$.

(1) 若对于任意 $x \in X$,都有 $x \leqslant a$,则称 a 是$(X, \leqslant)$ 的**最大元**.

(2) 若对于任意 $x \in X$,都有 $a \leqslant x$,则称 a 是$(X, \leqslant)$ 的**最小元**.

(3) 若不存在 $x \in X$,使 $a < x$,则称 a 是$(X, \leqslant)$ 的**极大元**.

(4) 若不存在 $x \in X$,使 $x < a$,则称 a 是$(X, \leqslant)$ 的**极小元**.

换而言之,最大(小)元是比所有其他元素都大(小)的元素;对极大(小)元来说,不存在比它更大(小)的元素,但允许存在与它不可比较的元素."最大(小)"和"极大(小)"是两个不同的概念,请读者注意分辨.

例 5.5.8

(1) 偏序集$(N, \leqslant)$没有最大元和极大元,但有 1 个最小元和极小元: 0.

(2) 偏序集$(Z, \leqslant)$没有最大元和极大元,也没有最小元和极小元.

(3) 偏序集$(\{2, 4, 5, 10, 12, 20, 25\}, \mid)$的哈斯图如图 5.5.3 所示,它有 3 个极大元: 12、20 和 25, 2 个极小元: 2 和 5,没有最大元和最小元. ■

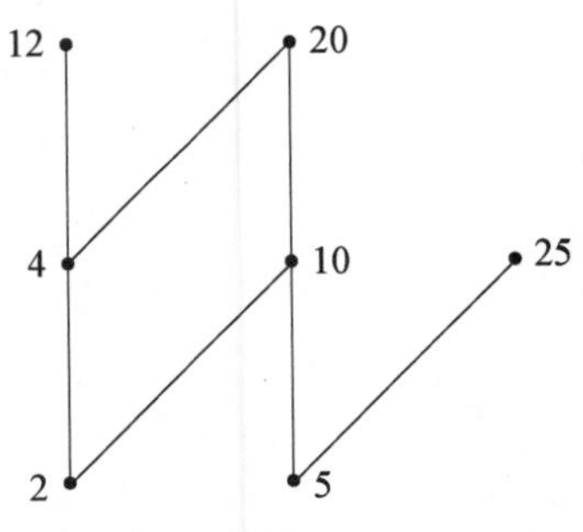

图 5.5.3 偏序集$(\{2, 4, 5, 10, 12, 20, 25\}, \mid)$

不难看出,在任意偏序集中,最大(小)元至多只有一个,也可以没有;极大(小)元可以有多个,也可以没有;极大(小)元不一定是最大(小)元,但最大(小)元一定是极大(小)元,且当最大(小)元存在时,极大(小)元也只有一个;全序集的极大(小)元一定也是最大(小)元,也就是说,在全序集中"最大(小)"和"极大(小)"没有区别,原因在于其中不存在不可比较的元素.

定理 5.5.1 非空有限偏序集必有极大元和极小元.

证明: 设$(X, \leqslant)$是有限偏序集,下面证明其中必有极小元,极大元的存在性可类似地证明.

任取 X 中的元素记为 x_1;如果 x_1 不是极小元,那么存在 $x_2 \in X$,使得 $x_2 < x_1$;如果 x_2 仍然不是极小元,那么存在 $x_3 \in X$,使得 $x_3 < x_2$; ……. 因为 X 是有限集,且上述过程所选取的元素两两互不相同,所以这个过程不可能无限重复. 假设上述过程在重复 k 次后$(1 \leqslant k \leqslant n)$终止,则 x_k 即为极小元. ■

注意: 定理 5.5.1 中的偏序集的有限性不可少,请读者自行考虑其中的原因.

*5.5.4 拓扑序列

在工程施工中,一个工程常被分解成多个子工程,子工程之间往往存在先后次序关系,比如,

子工程 b 必须在子工程 a 结束后才能开始. 若规定每个子工程自己与自己之间都满足这种次序关系,那么对于一个合理的工程,这种子工程之间的次序关系是偏序(否则子工程之间将出现循环等待的情况),于是整个工程就可以用一个偏序集来建模. 日常工作中的许多问题都可以以类似的方式用偏序来建模,比如,产品生产加工的流程(其中有多道加工工序,工序之间必须遵循一定的先后次序关系)、专业课程安排(其中有多门课程,课程之间必须满足一定的先修关系)、计算机软件系统的执行流程(其中有多个过程,过程之间必须遵循一定的先后执行次序)等等.

在上述那类问题中,常常需要将其中的对象(如子工程、工序等等)排成一个线性的序列,以便能按照这个序列依次顺序地处理各个对象,这个序列就是拓扑序列. 下面的定理告诉我们,对于有限偏序集,拓扑序列一定存在.

定理 5.5.2 设$(X, \leqslant)$是有限偏序集,$|X| = n$, $n \in \mathbf{Z}^+$,则可以将 X 中的元素排列成一个序列$(x_1, x_2, \cdots, x_n)$,使得对于任意 $i, j \in \mathbf{Z}^+$, $1 \leqslant i, j \leqslant n$,只要 $x_i \leqslant x_j$,就必有 $i \leqslant j$.

证明: 由定理 5.5.1,有限偏序集$(X, \leqslant)$有极小元,取 x_1 为$(X, \leqslant)$的极小元;类似地,取 x_2 为$(X - \{x_1\}, \leqslant)$的极小元;取 x_3 为$(X - \{x_1, x_2\}, \leqslant)$的极小元;……;最后取 x_n 为$(X - \{x_1, x_2, \cdots, x_{n-1}\}, \leqslant)$的极小元. 由于每次取到的元素都是剩余元素中的极小元,所以不存在 $1 \leqslant i < j \leqslant n$,使 $x_j < x_i$. 于是,$(x_1, x_2, \cdots, x_n)$即为满足定理要求的 n 元组. ■

定理 5.5.2 中的序列即称为 X 关于$\leqslant$的**拓扑序列**.

例 5.5.9 偏序集$(\{2, 3, 4, 6, 8, 12\}, |)$的哈斯图如图 5.5.4 所示,它有多个不同的拓扑序列,其中的两个是:(2, 3, 4, 6, 8, 12)和(3, 2, 4, 6, 12, 8). ■

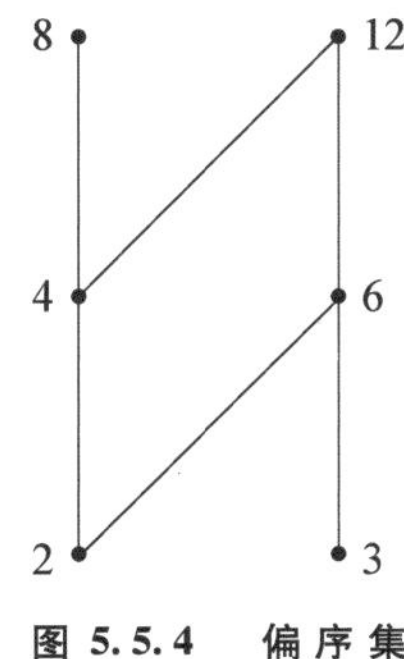

图 5.5.4 偏序集$(\{2, 3, 4, 6, 8, 12\}, |)$

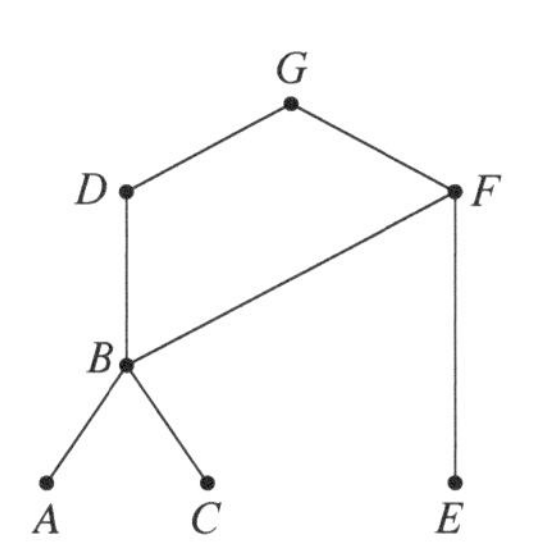

图 5.5.5 子项目偏序集

例 5.5.10 一计算机软件开发项目由 7 个子项目 A、B、…、G 构成,其中的某些子项目只能在另一些子项目完成后才能开始. 设 X 是这 7 个子项目所组成的集合,如下定义 X 上的偏序$\leqslant$: $x \leqslant y$ 当且仅当 $x = x$ 或 y 在 x 完成后才能开始. 子项目偏序集$(X, \leqslant)$的哈斯图如图 5.5.5 所示. (A, C, B, E, F, D, G) 是偏序集$(X, \leqslant)$ 的一个拓扑序列,它给出了完成各子项目的一种可行的串行顺序. ■

*5.5.5 格

格是一种特殊的偏序集,可用于许多领域的数学建模,比如,格可用于信息安全的数学模型中.

定义 5.5.7 设$(X, \leqslant)$是偏序集, $Y \subseteq X$, $a \in X$.

(1) 若对任意 $y \in Y$,总有 $y \leqslant a$,则称 a 为 Y 在$(X, \leqslant)$ 中的**上界**.

(2) Y 在$(X, \leqslant)$中的最小上界称为 Y 在$(X, \leqslant)$中的**上确界**,或**最小上界**,记为 $\sup\limits_{(X, \leqslant)} Y$.

(3) 若对任意 $y \in Y$,总有 $a \leqslant y$,则称 a 为 Y 在$(X, \leqslant)$ 中的**下界**.

(4) Y 在$(X, \leqslant)$中的最大下界称为 Y 在$(X, \leqslant)$中的**下确界**,或**最大下界**,记为 $\inf\limits_{(X, \leqslant)} Y$.

例 5.5.11 偏序集 $(\{2, 3, 4, 6, 8, 12\}, \mid)$ 的哈斯图如图 5.5.4 所示. 子集$\{2, 3\}$的上界是 6 和 12,上确界是 6,但它没有下界. 子集$\{8, 12\}$的下界是 2 和 4,下确界是 4,但它没有上界. ■

显然,对于任意偏序集的任意子集,其上确界至多只有一个,因为其最小性;同样,其下确界也至多只有一个.

定义 5.5.8 如果一个偏序集的每对元素都有上确界和下确界,则称该偏序集为**格**.

例 5.5.12 偏序集 $(\{2, 3, 4, 6, 8, 12\}, \mid)$ 的哈斯图如图 5.5.4 所示,它不是格,因为 2 和 3 没有下界,当然更没有下确界(参见例 5.5.11). 偏序集$(\{1, 2, 3, 4, 6, 8, 12\}, \mid)$ 的哈斯图如图 5.5.1(b)所示,它也不是格,因为 8 和 12 没有上界,当然也没有上确界(参见例 5.5.6). ■

例 5.5.13 偏序集 $(\mathbf{N}_+, \mid)$ 是格,任意两个正整数关于 $\mid$ 都有上确界和下确界,分别为它们的最小公倍数和最大公因数. 全序集$(N, \leqslant)$ 也是格(其中的 $\leqslant$ 表示通常的数的大小关系),任意两个自然数关于 $\leqslant$ 的上确界就是它们之中的较大者,下确界就是它们之中的较小者. 事实上,任意全序集都是格,请读者自行验证这个结论. ■

例 5.5.14 对于任意集合 X,偏序集$(P(X), \subseteq)$是格. 对于 $P(X)$ 中的任意两个元素,即 X 的两个子集,它们关于$\subseteq$的上确界和下确界分别是它们的并和交(参见例 5.5.7). ■

5.6 小结

客观对象之间的联系普遍存在,是客观对象的基本属性,所以这种联系的数学模型——关系的重要性不言而喻，它既是一个基本的数学概念，也是计算机科学的重要工具.

本章介绍了关系的基础知识，主要讨论了二元关系，包括关系的基本概念和表示方法（关系矩阵和关系图）、关系运算及其性质、关系的特殊性质及其闭包、两种重要的特殊关系（等价关系和偏序关系）及其性质、格等等，另一类重要的特殊关系——函数将在第六章中详细讨论. 除了掌握这些基础知识以外，我们还需要关注和体会论述过程所展示的方法，比如，为联系建立数学模型的方法、建立和处理基本概念的方法、具体的证明方法等等，这些方法的掌握对今后的学习和工作都大有裨益.

关系的概念和术语、运算及其性质、表示方法，是以后开展讨论的基础，必须熟练掌握.

关系的五种性质（自反和反自反、对称和反对称、传递）是本章的一个重点，必须深刻理解，彻底掌握，要能够比较熟练地判断和证明这些性质.

等价关系和偏序关系是两种非常重要的关系，具有广泛的应用，它们在其他课程和日常工作中也时有出现，所以它们是本章的另一个重点，同样必须深刻理解并彻底掌握有关的基本概念和性质，要能够比较熟练地判断和证明.

等价关系和划分本质上刻画的是同一件事，它们之间可以相互导出，是考察事物分类的两个不同的角度和方法. 事物的一个类就是一个划分块，若用等价关系来加以描述，则把属于同一个类的事物都看成是等价的，事物的一个类就是一个等价类.

偏序关系是对事物之间一般的前后次序关系的抽象. 数之间的大小关系是一个具体例子，但偏序关系并不仅限于数的大小关系. 一般的偏序关系允许非数值对象之间的次序关系，允许存在不可比较的对象.

5.7　习题

1. 设 $X=\{1, 2, 3, 4\}$，R_1 和 R_2 是 X 上的关系，$R_1=\{(a, b) \mid (a-b)/2$ 是非零整数$\}$，$R_2=\{(a, b) \mid (a-b)/3$ 是非零整数$\}$. 请求出 $\mathrm{dom}(R_1 \cup R_2)$、$\mathrm{ran}(R_1 \cap R_2)$ 以及 R_1-R_2、$R_1 \circ R_2$、$(R_1 \circ R_2) \circ R_1$.

2. 设集合 $X=\{a, b, c\}$ 上的一个关系 R 的关系矩阵是 $\begin{bmatrix} 1 & 0 & 1 \\ 0 & 1 & 0 \\ 1 & 0 & 1 \end{bmatrix}$，请写出这个关系.（注：矩阵的第 1、2、3 行以及第 1、2、3 列，分别对应 X 中的元素 a、b、c）

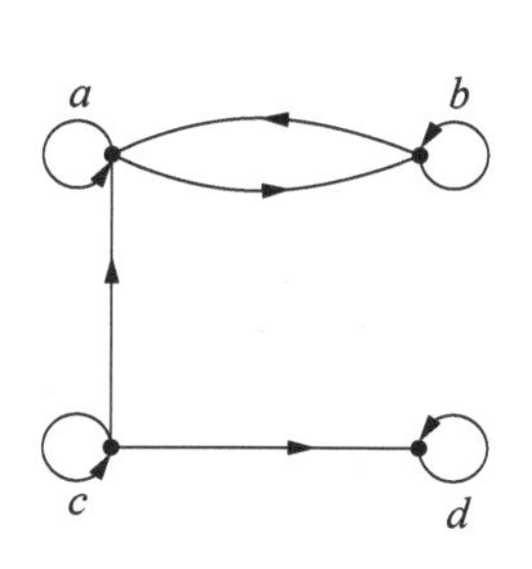

图 5.7.1　关系图

3. 已知一关系的关系图如图 5.7.1 所示，请写出这个关系.

4. 设 R_1、R_2 和 R_3 都是 X 上的二元关系，且 $R_1 \subseteq R_2$. 请证明：

(1) $R_1^{-1} \subseteq R_2^{-1}$;　　(2) $R_1 \circ R_3 \subseteq R_2 \circ R_3$, $R_3 \circ R_1 \subseteq R_3 \circ R_2$.

5. 设 R 和 S 都是 X 到 Y 的二元关系,请证明:

(1) $(R^{-1})^{-1} = R$;　　(2) $(R \cup S)^{-1} = R^{-1} \cup S^{-1}$, $(R \cap S)^{-1} = R^{-1} \cap S^{-1}$.

6. 设 R 是 X 到 Y 的二元关系,S 是 Y 到 Z 的二元关系,请证明 $(R \circ S)^{-1} = S^{-1} \circ R^{-1}$.

7. 设 R、S、T 都是 X 上的关系. 请证明:

(1) $R \circ (S \cup T) = (R \circ S) \cup (R \circ T)$, $(R \cup S) \circ T = (R \circ T) \cup (S \circ T)$;

(2) $R \circ (S \cap T) \subseteq (R \circ S) \cap (R \circ T)$, $(R \cap S) \circ T \subseteq (R \circ T) \cap (S \circ T)$.

8. 设 X 和 Y 都是有限集, $|X| = m$, $|Y| = n$. 问 X 到 Y 的不同的关系有多少个?

9. 请简单地描述关系运算(并、交、差、补、逆、复合)与矩阵运算的联系.

10. 请分别设计算法实现关系的各种运算(并、交、差、补、逆、复合).

11. 下列关系是否具有自反、反自反、对称、反对称和传递的性质?

(1) 整数集 Z 上的大于关系;

(2) 集合 $X = \{1, 2, \cdots, 9, 10\}$, X 上的关系 $R = \{(x, y) \mid x + y = 10\}$;

(3) 实数集上的关系 $R = \{(x, \sqrt{x}) \mid x \geqslant 0\}$;

(4) 任意集合 X 上的恒等关系 I_X;

(5) 任意集合 X 上的空关系$\varnothing$.

12. 设 X 是所有人组成的集合,定义 X 上的关系 R_1 和 R_2: aR_1b 当且仅当 a 比 b 高,aR_2b 当且仅当 a 和 b 有共同的祖父母. 问关系 R_1 和 R_2 是否是自反的、反自反的、对称的、反对称的、传递的?

13. 下列命题是否成立? 为什么?

(1) 不存在既是自反又是反自反的关系;

(2) 自反的关系必定不是反自反的;类似地,反自反的关系也必定不是自反的;

(3) 非自反的关系必定是反自反的;类似地,非反自反的关系必定是自反的;

(4) 不存在既是对称又是反对称的关系;

(5) 对称的关系必定不是反对称的;类似地,反对称的关系必定不是对称的;

(6) 不对称的关系必定是反对称的;类似地,非反对称的关系必定是对称的.

14. 请简单描述自反关系、反自反关系、对称关系、反对称关系和传递关系的关系图和关系矩阵分别具有哪些特征.

15. 下面的论证试图证明: 如果集合 X 上的关系 R 是对称和传递的,那么 R 必定也是自反的. 请指出其中的错误.

"由对称性,从 xRy 可推出 yRx,再由传递性,可从 xRy 和 yRx 推出 xRx,所以 R 是自反的."

16. 请证明: 集合 X 上的关系 R 是自反的当且仅当其补是反自反的.

17. 请证明：对称和传递的非空关系必定不是反自反的.

18. 下列命题是否成立？为什么？

(1) 若 R_1 和 R_2 是 X 上的反自反关系，则 $R_1 \circ R_2$ 也是 X 上的反自反关系；

(2) 若 R_1 和 R_2 是 X 上的传递关系，则 $R_1 \cup R_2$ 也是 X 上的传递关系；

(3) 若 R 是 X 上的传递关系，则 R^{-1} 也是 X 上传递的关系.

19. 请证明：若 R 是 X 上自反和传递的关系，则 $R^2 = R$.

20. 请证明定理 5.3.1.

21. 设 X 是有限集，$|X| = n$, $n \in \mathbf{N}$. 问：

*(1) X 上有多少个不同的对称关系？ *(2) X 上有多少个不同的反对称关系？

(3) X 上有多少个不同的既非自反又非反自反的关系？

22. 请证明：对称关系的传递闭包必定也是对称的.

23. 设 R_1 和 R_2 是 X 上的关系. 请证明：

(1) $r(R_1 \cup R_2) = r(R_1) \cup r(R_2)$； (2) $s(R_1 \cup R_2) = s(R_1) \cup s(R_2)$；

(3) $t(R_1 \cup R_2) \supseteq t(R_1) \cup t(R_2)$.

24. 关于关系的闭包，我们只介绍了自反闭包、对称闭包和传递闭包，而没有讨论反对称闭包和反自反闭包，为什么？

25. 设 X 是所有人组成的集合，如下定义的哪些关系是 X 上的等价关系？

(1) $\{(a, b) \mid a$ 是 b 的兄弟$\}$； (2) $\{(a, b) \mid a$ 与 b 的年龄相差不超过 3 岁$\}$；

(3) $\{(a, b) \mid a$ 和 b 有相同的祖父$\}$； (4) $\{(a, b) \mid a$ 与 b 相识$\}$；

(5) $\{(a, b) \mid a$ 与 b 会说同一种语言$\}$.

26. 定义非零实数集 $\mathbf{R}_+$ 上的关系 T 如下：$T = \{(x, y) \mid x, y \in \mathbf{R}_+, x \cdot y > 0\}$. 请证明 T 为 $\mathbf{R}_+$ 上的等价关系，并求出 $\mathbf{R}_+$ 关于 T 的商集 $\mathbf{R}_+/T$.

27. 定义 $\mathbf{Z} \times \mathbf{Z}$ 上的关系 R 如下：$R = \{((x_1, y_1), (x_2, y_2)) \mid x_1 + y_2 = x_2 + y_1\}$.

(1) 请证明 R 是 $\mathbf{Z} \times \mathbf{Z}$ 上的等价关系，并求出商集 $\mathbf{Z} \times \mathbf{Z}/R$；

(2) 设 $X = \{(1, 2), (3, 4), (5, 6), \cdots\} \subset \mathbf{Z} \times \mathbf{Z}$，请证明 R(在 X 上的限制) 也是 X 上的等价关系，并求出商集 X/R；

(3) 设 $Y = \{(0, 2), (1, 2), (2, 4), (3, 4), (4, 6), (5, 6), \cdots\} \subset \mathbf{Z} \times \mathbf{Z}$，请证明 R(在 Y 上的限制) 是 Y 上的等价关系，并求出商集 Y/R.

28. 请简单描述等价关系的关系图和关系矩阵具有哪些特征.

29. 若 R_1 和 R_2 是 X 上的等价关系，则 $X^2 - R_1$、$R_1 - R_2$、R_1^2、$t(R_1 \cup R_2)$ 是否也都是 X 上的等价关系？为什么？

30. 设 $X = \{(x, y) \mid x$ 和 y 是非零实数$\}$，E 是 X 上的关系：$(x_1, y_1)E(x_2, y_2)$ 当且仅

当$\dfrac{y_1}{x_1}=\dfrac{y_2}{x_2}$且$x_1 \cdot x_2 > 0$. 请证明$E$是$X$上的等价关系，并给出$[(x, y)]_E$的几何解释.

31. 下面哪些子集族构成整数集Z的划分？为什么？

(1) {偶数集，奇数集}；　　(2) {正整数集，负整数集}；

(3) {能被3整除的整数的集合，被3除余数为1的整数的集合，被3除余数为2的整数的集合}；

(4) {小于-100的整数的集合，绝对值不超过100的整数的集合，大于100的整数的集合}；

(5) {不能被3整除的整数的集合，偶数集合，被6除余数为3的整数的集合}.

32. 对于为非空集合X上的关系R，若R是自反和对称的，则称R为相容关系.

(1) 请证明：X^2和I_X是相容关系；

(2) 请证明：非空集合X上的任意关系R都存在相容闭包；

(3) 请给出相容闭包的计算方法.

33. 恒等关系是等价关系吗？是偏序关系吗？

34. 已知3个关系的关系矩阵如下，请判断这3个关系是否是偏序.

$$\begin{bmatrix}1&0&1\\1&1&0\\0&0&1\end{bmatrix},\ \begin{bmatrix}1&0&0\\0&1&0\\1&0&1\end{bmatrix},\ \begin{bmatrix}1&0&1&0\\0&1&1&0\\0&0&1&1\\1&1&0&1\end{bmatrix}.$$

35. 下列集合关于整除关系$|$构成偏序集. 请分别画出它们的哈斯图，判断它们是否是全序集，给出它们的极大元、极小元、最大元、最小元.

(1) $\{1, 2, 3, 4, 6, 8, 12, 24\}$；(2) $\{2, 4, 8, 16\}$；

(3) $\{1, 3, 5, 9, 45\}$；　　(4) $\{2, 3, 4, 5, 9, 10, 80\}$.

36. 设$X=\{a, b, c, d, e, f\}$，偏序集$(X, \leqslant)$的哈斯图如图5.7.2所示. 若存在，则请

(1) 写出$(X, \leqslant)$的所有极大元、极小元、最大元、最小元；

(2) 写出$\{b, d, e, f\}$的上界、上确界、下界、下确界；

(3) 写出X关于$\leqslant$的一个拓扑序列.

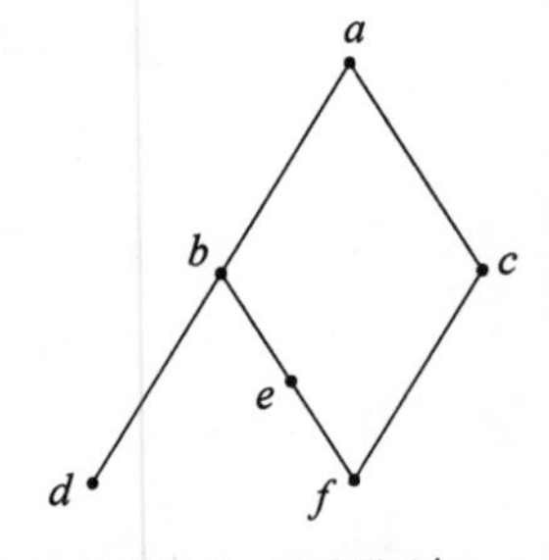

图 5.7.2 偏序集$(\{a, b, c, d, e, f\}, \leqslant)$的哈斯图

37. 请证明：

(1) 偏序集的最小元也必定是其极小元；

(2) 任意偏序集至多只有一个最小元，即偏序集的最小元是唯一的.

(3) 任意全序集至多只有一个极小元,即全序集的极小元是唯一的.

38. 请简单分析一下偏序集中可能存在多个极小元的原因.

39. 设$(A, \leqslant_1)$和$(B, \leqslant_2)$是偏序集,在$A \times B$上定义关系$\leqslant$: $(a_1, b_1) \leqslant (a_2, b_2)$当且仅当$a_1 \leqslant_1 a_2$且$b_1 \leqslant_2 b_2$. 请证明$\leqslant$是$A \times B$上的偏序关系.

***40.** 设R是X上自反和传递的关系,$S = R \cap R^{-1}$. 请证明:

(1) S是X上的等价关系;

(2) 若在X/S上定义关系T: $([x]_S, [y]_S) \in T$当且仅当$(x, y) \in R$,那么T是X/S上的偏序关系.

41. 设$(X, \leqslant)$是偏序集,$Y \subseteq X$. 请证明Y在$(X, \leqslant)$中的上确界至多只有一个.

***42.** 设X是集合,$\pi(X)$表示X上所有划分所组成的集合. 在$\pi(X)$上定义关系$\leqslant$: $\pi_1 \leqslant \pi_2$当且仅当π_1的每个划分块都是π_2的某个划分块的子集. 请证明:

(1) $\leqslant$是$\pi(X)$上的偏序关系;

(2) $\inf(\{\pi_1, \pi_2\}) = \pi_{R_1 \cap R_2}$, $\sup(\{\pi_1, \pi_2\}) = \pi_{t(R_1 \cup R_2)}$,其中,$R_1 = R_{\pi_1}$, $R_2 = R_{\pi_2}$,即R_1和R_2分别是由划分π_1和π_2导出的等价关系.

43. 下列偏序集是否是格?

(1) $(\{1, 2, 3, 4, 6, 8, 12, 24\}, |)$;　　(2) $(\{1, 3, 5, 9, 45\}, |)$;

(3) $(Z, \geqslant)$;　　(4) $(P(A), \supseteq)$.

44. 请证明全序集都是格.

***45.** 请证明格的任意有限非空子集都有上确界和下确界.

第六章 函数和集合的基数

函数是一种特殊的二元关系(参见5.1.1小节),其本质是后件的唯一性,即关系定义域中的每个元素在该关系下有且仅有唯一的一个后件,或者说,函数将定义域中的每个元素唯一地变换为(对应到)值域中的另一个元素. 计算机程序的本质就是函数,它将输入变换为输出. 通常意义上的函数仅是实数集上的函数,如初等函数$f(x) = x^2$、$g(x) = \sin(x)$等等,离散数学中所讨论的函数是更抽象、更一般、更广泛的任意集合之间的函数.

函数的历史可以追溯到17世纪末,莱布尼茨首创术语"函数",表示代数量之间的对应关系. 现代集合论把函数定义为特殊的关系,这已经是二十世纪30年代的事情了. 今天,函数不仅是一种基本的数学工具,其也在科学技术的各个领域都发挥着重要的作用.

集合的基数是对集合所含元素的数量(集合大小)的度量. 比较有限集的大小可以采用计数的方法(参见1.4小节),比较无限集的大小则需借助一一对应(函数). 无限集的基数并非就是简单的"无限",并非都是相同的,比如,实数集的基数大于自然数集的基数.

基数是一个基本的数学概念,在计算机理论研究中也有用武之地. 本章利用基数的概念简单地证明了不可计算的问题的存在性.

本章首先讨论了函数的基本性质,然后介绍了集合基数的概念和性质,最后证明了不可计算的问题的存在性,并列举了一个著名的不可判定问题——停机问题. 限于本书的范围,本章对基数和可计算性的讨论仅为普及和入门性质的.

6.1 函数的概念和性质

6.1.1 函数的基本概念

5.1.1小节已给出函数定义如下:

定义6.1.1 设X和Y是集合,f是X到Y的二元关系,且具有下列性质:

(1) $\mathrm{dom}(f) = X$,

(2) 对任意$x \in X$, $y_1 \in Y$, $y_2 \in Y$,只要$(x, y_1) \in f$和$(x, y_2) \in f$都成立,就必有$y_1 = y_2$,

则称f是X到Y的**函数**或**映射**,记为$f: X \to Y$. 对于X中的每个元素x, x关于f有且只有一个后件,这个唯一的后件记为$f(x)$,并称$f(x)$为x在f下的**像**,称x为$f(x)$在f下的一个**原像**. 又若$X = Y$,则称X到X的函数为**X上的函数**.

注意： 若 f 是 X 到 Y 的函数，$x \in X$，$y \in Y$，则 x 在 f 下的像是唯一的，即 $f(x)$，但是，y 在 f 下的原像却可能有多个，也可能没有.

例 6.1.1　对于任意集合 X，I_X 是 X 上的函数. ■

例 6.1.2　设 $X = \{1, 2, 3\}$，$Y = \{a, b, c, d\}$，X 到 Y 的二元关系

$R_1 = \{(1, a), (1, b), (2, c), (3, d)\}$、$R_2 = \{(1, a), (2, d)\}$、$R_3 = \{(1, a), (2, a), (3, d)\}$，

则 R_1 和 R_2 都不是函数，因为 1 关于 R_1 有两个后件，而 3 关于 R_2 没有后件. 关系 R_3 是 X 到 Y 的函数. 注意，在函数 R_3 下，X 中的每个元素都对应到 Y 中的唯一的一个像，而 Y 中的元素 a 有两个 X 中的原像，b 则没有原像. (参见图 6.1.1～图 6.1.3) ■

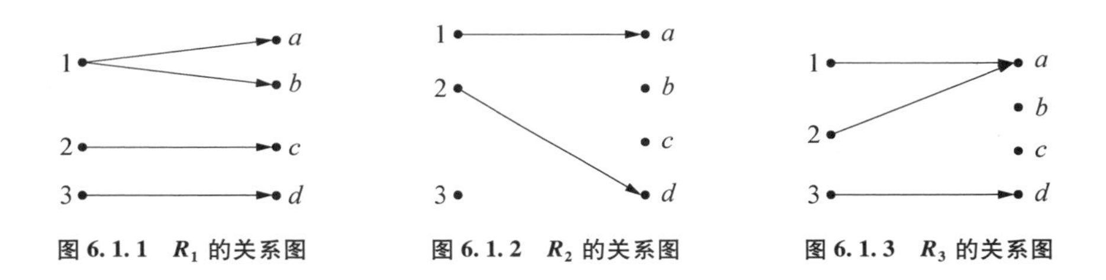

图 6.1.1　R_1 的关系图　　图 6.1.2　R_2 的关系图　　图 6.1.3　R_3 的关系图

结合图 6.1.1～图 6.1.3，不难看出，X 到 Y 的函数 f 的关系图具有下列特征：

(1) X 中的每个元素都有从它出发的箭头，因为 $\mathrm{dom}(f) = X$；

(2) X 中的每个元素都至多只有一个从它出发的箭头，因为后件的唯一性.

也就是说，X 中的每个元素都有且仅有一个从它出发的箭头.

给定 X 到 Y 的两个函数 f 和 g，由函数的定义，显然，$f = g$ 当且仅当对于任意 $x \in X$，$f(x) = g(x)$.

例 6.1.3　设 $U = \{1, 2, 3, 4, 5\}$，Y 为小于 20 的非负整数的集合. 可如下定义从 $P(U)$ 到 Y 的函数 h：对于任意 $X \in P(U)$，定义 $h(X) = |X|$. ■

和关系一样，我们经常涉及具有某些特殊性质的函数，下面是三种特殊的函数：一对一的函数、到上的函数、一一对应.

定义 6.1.2　设 $f: X \to Y$.

(1) 若 $\mathrm{ran}(f) = Y$，则称 f 是**到上的**或**映上的**；

(2) 若对任意 x_1、$x_2 \in X$，$x_1 \neq x_2$，有 $f(x_1) \neq f(x_2)$，则称 f 是**一对一的**；

(3) 若 f 既是一对一的，又是到上的，则称 f 是**一一对应**.

一对一的函数又称为**单射**，到上的函数又称为**满射**，一一对应又称为**双射**.

例 6.1.4 以下3个实数集到整数集的函数在计算机科学中经常使用.

(1) 底函数: $\lfloor x \rfloor$ = 小于或等于 x 的最大整数,即 $\{(x, y) \mid x \in \mathbf{R}, y \in \mathbf{Z}, y \leqslant x$,且对于任意 $u \in \mathbf{Z}, u \leqslant x$,有 $u \leqslant y\}$;

(2) 顶函数: $\lceil x \rceil$ = 大于或等于 x 的最小整数,即 $\{(x, y) \mid x \in \mathbf{R}, y \in \mathbf{Z}, y \geqslant x$,且对于任意 $u \in \mathbf{Z}, u \geqslant x$,有 $u \geqslant y\}$;

(3) 四舍五入函数: $[x]$ = 距 x 最近的整数,并规定,当 x 与两个相邻的整数等距时,$[x]$ 取那两个相邻整数之中的大者,即 $\{(x, y) \mid x \in \mathbf{R}, y \in \mathbf{Z}$,且对于任意 $u \in \mathbf{Z}$,有 $|u-x| \geqslant |y-x|$;同时,若存在 $u \in \mathbf{Z}$,使 $x - u = 0.5$,则 $y = u + 1\}$.

$\lfloor x \rfloor$、$\lceil x \rceil$ 和 $[x]$ 都是到上的,因为对于任意 $z \in \mathbf{Z}$, $\lfloor z \rfloor = z$, $\lceil z \rceil = z$, $[z] = z$. 但是,由于 $\lfloor 1.1 \rfloor = \lfloor 1.2 \rfloor = 1$, $\lceil 1.1 \rceil = \lceil 1.2 \rceil = 2$, $[1.1] = [1.2] = 1$,所以它们都不是一对一的,从而也都不是一一对应. ■

例 6.1.5 考察指数函数 $f(x) = \mathrm{e}^x$. 它是严格单调的,因而是一对一的. 若把它看作实数集上的函数,则它不是到上的(因为 $\mathrm{e}^x > 0$),因而不是一一对应. 但是,若把它看作实数集到开区间 $(0, +\infty)$ 的函数,则它是一一对应. ■

例 6.1.6 图 6.1.4、图 6.1.5 和图 6.1.6 分别展示了3个函数 f、g 和 h 的关系图. 容易验证,f 是一对一但不是到上的、g 是到上但不是一对一的、h 是一一对应(既是一对一又是到上的). ■

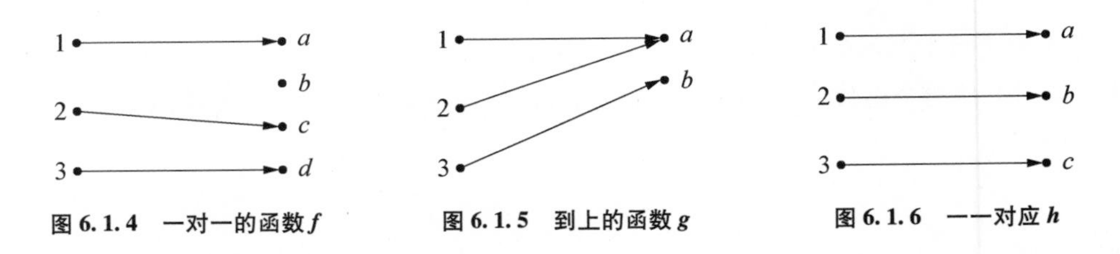

图 6.1.4 一对一的函数 f　　图 6.1.5 到上的函数 g　　图 6.1.6 一一对应 h

考察函数 $f: X \to Y$ 的关系图. 前面已经看到,对于 X 中的每个元素,有且仅有一个从它出发的箭头. 下面考察关系图中 Y 的元素. 若 f 是一对一的,则不会有多个箭头指向 Y 中的同一个元素,即不会有多个 X 中的不同的元素,它们在 f 下的对应结果相同,也就是说,对于 Y 中的任意元素,其原像至多只有一个;若 f 是到上的,则对于 Y 中的每个元素,至少有一个箭头指向它,即其原像必定存在;若 f 是一一对应,则对于 Y 中的每个元素,有且仅有一个箭头指向它,即其原像必定存在且唯一.

定义 6.1.3 设 X 是集合,X 上的一一对应称为 X 上的**变换**,有限集上的变换又称为**置换**.

有限集上的置换可以简洁明了地表示为列表. 例如, 置换 $\{(a_1, a_4), (a_2, a_1), (a_3, a_2), (a_4, a_3)\}$ 可以表示为:

$$\begin{pmatrix} a_1 & a_2 & a_3 & a_4 \\ a_4 & a_1 & a_2 & a_3 \end{pmatrix}.$$

这种列表方式还可以进一步简化为:

$$\begin{pmatrix} 1 & 2 & 3 & 4 \\ 4 & 1 & 2 & 3 \end{pmatrix}, \text{或} \begin{pmatrix} 4 & 3 & 1 & 2 \\ 3 & 2 & 4 & 1 \end{pmatrix} \text{等}.$$

如果在有限集 X 上的一个置换中, a_{i_1} 对应于 a_{i_2}、a_{i_2} 对应于 a_{i_3}、…、a_{i_k} 对应于 a_{i_1}, 其余元素都对应于自身, 那么称这种置换为**轮换或循环置换**, 简记为 $(i_1 \quad i_2 \quad i_3 \quad \cdots \quad i_k)$ 或 $(i_2 \quad i_3 \quad \cdots \quad i_k \quad i_1)$ 等等. 例如,

$$\begin{pmatrix} 1 & 2 & 3 & 4 & 5 \\ 2 & 3 & 1 & 4 & 5 \end{pmatrix} = (1 \quad 2 \quad 3),$$

$$\begin{pmatrix} 1 & 2 & 3 & 4 & 5 \\ 1 & 2 & 3 & 4 & 5 \end{pmatrix} = (1) = (2) = (3) = (4) = (5).$$

6.1.2　函数的复合和逆

函数是特殊的二元关系, 所以可以对函数进行关系运算, 通常我们只关心函数的复合和逆. 把函数作为关系, 对其做复合和逆运算, 运算结果当然是关系, 但是, 是否仍然是函数呢? 定理 6.1.1 说明, 函数的复合仍然是函数.

定理 6.1.1　设 $f: X \to Y$, $g: Y \to Z$, 那么 $f \circ g$ 是 X 到 Z 的函数.

证明: 由复合的定义, $f \circ g$ 是 X 到 Z 的关系, 只要证明 $f \circ g$ 满足函数定义中的两个条件即可.

(1) 首先证明 $\mathrm{dom}(f \circ g) = X$.

由于 $f \circ g$ 是 X 到 Z 的关系, 所以 $\mathrm{dom}(f \circ g) \subseteq X$ 是显然的.

对任意 $x \in X$, 因为 f 是 X 到 Y 的函数, $\mathrm{dom}(f) = X$, 所以存在 $y \in Y$, 使 $(x, y) \in f$. 又因为 g 是 Y 到 Z 的函数, $\mathrm{dom}(g) = Y$, 所以存在 $z \in \mathbf{Z}$, 使 $(y, z) \in g$. 于是, $(x, z) \in f \circ g$, 从而 $x \in \mathrm{dom}(f \circ g)$. 因此, $X \subseteq \mathrm{dom}(f \circ g)$.

综上, 有 $\mathrm{dom}(f \circ g) = X$.

(2) 其次证明: 对任意 $x \in X$, z_1、$z_2 \in \mathbf{Z}$, 若 $(x, z_1) \in f \circ g$, 且 $(x, z_2) \in f \circ g$, 则必有 $z_1 = z_2$.

设 $x \in X$、z_1、$z_2 \in \mathbf{Z}$, $(x, z_1) \in f \circ g$, $(x, z_2) \in f \circ g$. 于是, 存在 $y_1 \in Y$, 使得 $(x, y_1) \in f$, $(y_1, z_1) \in g$, 存在 $y_2 \in Y$, 使得 $(x, y_2) \in f$, $(y_2, z_2) \in g$. 因为 f 是 X 到 Y 的函数, 所以 $y_1 = y_2$. 同

样,因为 g 是 Y 到 Z 的函数,$y_1 = y_2$,所以 $z_1 = z_2$. ■

设 $f: X \to Y$, $g: Y \to Z$,那么 $f \circ g: X \to Z$,对于任意 $x \in X$,存在唯一 $z \in \mathbf{Z}$,使 $(x, z) \in f \circ g$,即 $z = f \circ g(x)$. 由关系复合的定义和函数的性质,存在唯一 $y \in Y$,使 $(x, y) \in f$, $(y, z) \in g$,其中 $y = f(x)$, $z = g(y)$. 所以,$f \circ g(x) = z = g(y) = g(f(x))$.

例 6.1.7 设 $X = \{a, b, c\}$, $Y = \{1, 2, 3\}$, g 是 X 上的函数,f 是 X 到 Y 的函数. 假设 $g(a) = b$, $g(b) = c$, $g(c) = a$; $f(a) = 3$, $f(b) = 2$, $f(c) = 1$. 那么 $g \circ f$ 是 X 到 Y 的函数,$g \circ f(a) = f(g(a)) = f(b) = 2$, $g \circ f(b) = f(g(b)) = f(c) = 1$, $g \circ f(c) = f(g(c)) = f(a) = 3$.

注意: 复合运算 $f \circ g$ 无法进行. ■

例 6.1.8 设 f 和 g 都是整数集 Z 上的函数,$f(n) = n^2$, $g(n) = (n+1)^2$,则 $f \circ g$ 和 $g \circ f$ 也都是整数集 Z 上的函数,$f \circ g(n) = g(f(n)) = g(n^2) = (n^2+1)^2$, $g \circ f = f(g(n)) = f((n+1)^2) = (n+1)^4$. ■

关系的复合运算满足结合律,但一般不满足交换律,函数的复合也如此,如例 6.1.7 和例 6.1.8 所示.

定理 6.1.2 设 $f: X \to Y$, $g: Y \to Z$.

(1) 若 f 和 g 都是到上的,则 $f \circ g$ 也是到上的;

(2) 若 f 和 g 都是一对一的,则 $f \circ g$ 也是一对一的;

(3) 若 f 和 g 都是一一对应,则 $f \circ g$ 也是一一对应.

这个定理的证明不难,请读者自行完成. 注意,这个定理的逆并不完全成立,也请读者自行思考.

虽然函数复合的结果仍然是函数,但是,函数的逆却并不一定也是函数.

例 6.1.9 考察如图 6.1.4、图 6.1.5 和图 6.1.6 所示的函数 f、g 和 h,把图中所有的箭头方向都反过来,就分别得到 f^{-1}、g^{-1} 和 h^{-1} 的关系图,见图 6.1.7、图 6.1.8 和图 6.1.9.

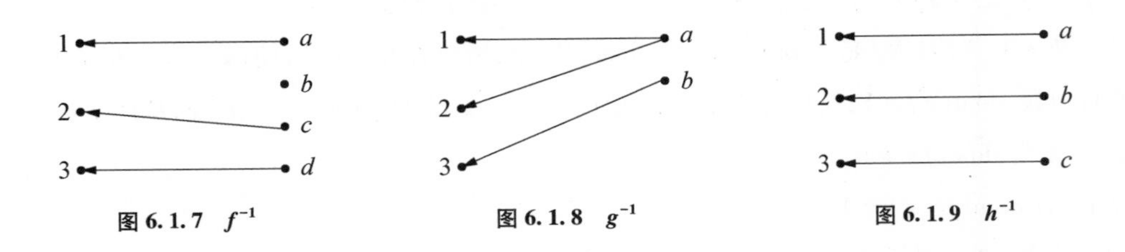

图 6.1.7 f^{-1}　　图 6.1.8 g^{-1}　　图 6.1.9 h^{-1}

f 是 $\{1, 2, 3\}$ 到 $\{a, b, c, d\}$ 的函数,所以 f^{-1} 是 $\{a, b, c, d\}$ 到 $\{1, 2, 3\}$ 的关系. 由于 f 是一对一的,所以 $\mathrm{dom}(f^{-1})$ 中的每个元素在 f^{-1} 下都有唯一的后件. 但是,由于 f 不是到上的,所以

$\mathrm{dom}(f^{-1})=\mathrm{ran}(f)\neq\{a, b, c, d\}$，事实上，$\mathrm{dom}(f^{-1})=\{a, c, d\}$. 因此，$f^{-1}$不是$\{a, b, c, d\}$到$\{1, 2, 3\}$的函数.

g是$\{1, 2, 3\}$到$\{a, b\}$的函数，所以g^{-1}是$\{a, b\}$到$\{1, 2, 3\}$的关系. 由于g是到上的，所以$\mathrm{dom}(g^{-1})=\mathrm{ran}(g)=\{a, b\}$. 但是，由于$g$不是一对一的，所以并非$\mathrm{dom}(g^{-1})$中的每个元素在$g^{-1}$下的后件都是唯一的. 事实上，$a$在$g^{-1}$下有两个后件1和2. 因此，$g^{-1}$不是$\{a, b\}$到$\{1, 2, 3\}$的函数.

h是$\{1, 2, 3\}$到$\{a, b, c\}$的函数，所以h^{-1}是$\{a, b, c\}$到$\{1, 2, 3\}$的关系. 由于h是一对一的，所以$\mathrm{dom}(h^{-1})$中的每个元素在h^{-1}下都有唯一的后件. 由于h是到上的，所以$\mathrm{dom}(h^{-1})=\mathrm{ran}(h)=\{a, b, c\}$. 因此，$h^{-1}$是$\{a, b, c\}$到$\{1, 2, 3\}$的函数. 特别地，与$h$一样，$h^{-1}$也是一一对应. ■

例6.1.9说明，只有当函数是一一对应时，其逆才是函数. 定理6.1.3给出了这个结论. 一一对应的逆通常称为**反函数**.

定理6.1.3　设$f: X\to Y$.

(1) f^{-1}是Y到X的函数当且仅当f是一一对应；

(2) 若f是一一对应，则f^{-1}也是一一对应；

(3) 若f是一一对应，则$f\circ f^{-1}=I_X$，$f^{-1}\circ f=I_Y$.

证明： (1) 由关系逆运算的定义，显然，f^{-1}是Y到X的关系，且$\mathrm{dom}(f^{-1})=\mathrm{ran}(f)$.

首先假设f是一一对应. 于是f是到上的，即$\mathrm{ran}(f)=Y$，从而$\mathrm{dom}(f^{-1})=Y$. 对任意$y\in Y$，$x_1\in X$，$x_2\in X$，若$(y, x_1)\in f^{-1}$，$(y, x_2)\in f^{-1}$，则$(x_1, y)\in f$，$(x_2, y)\in f$. 由于f也是一对一的，所以有$x_1=x_2$. 综上，f^{-1}是Y到X的函数.

其次假设f^{-1}是Y到X的函数. 于是$\mathrm{dom}(f^{-1})=Y$，从而$\mathrm{ran}(f)=\mathrm{dom}(f^{-1})=Y$，所以$f$是到上的. 对任意$x_1$、$x_2\in X$，由于$(x_1, f(x_1))\in f$，$(x_2, f(x_2))\in f$，所以$(f(x_1), x_1)\in f^{-1}$，$(f(x_2), x_2)\in f^{-1}$. 若$f(x_1)=f(x_2)$，则由函数$f^{-1}$下后件的唯一性可知$x_1=x_2$，从而，当$x_1\neq x_2$时，必有$f(x_1)\neq f(x_2)$，因此$f$是一对一的. 综上，$f$是一一对应.

(2) 假设f是一一对应，于是由(1)，f^{-1}是Y到X的函数. 由关系逆运算的性质，有$(f^{-1})^{-1}=f$. 因为函数f^{-1}的逆f是X到Y的函数，从而由(1)可知，f^{-1}是一一对应.

(3) 假设f是一一对应，于是由(1)，f^{-1}是Y到X的函数.

显然，$f\circ f^{-1}$是X上的关系.

由于f是X到Y的函数，所以$\mathrm{dom}(f)=X$. 于是，对于任意$x\in X$，有$(x, f(x))\in f$，从而$(f(x), x)\in f^{-1}$，所以$(x, x)\in f\circ f^{-1}$. 因此，$f\circ f^{-1}\supseteq I_X$.

对任意x_1、$x_2\in X$，若$(x_1, x_2)\in f\circ f^{-1}$，则存在$y\in Y$，使$(x_1, y)\in f$，$(y, x_2)\in f^{-1}$，于是$(y, x_1)\in f^{-1}$. 由$y$在函数$f^{-1}$下的后件的唯一性，有$x_1=x_2$，从而$(x_1, x_2)\in I_X$. 因此，$f\circ f^{-1}\subseteq I_X$.

综上，$f\circ f^{-1}=I_X$.

类似于(2)的证明过程,利用已经证明的等式和 $(f^{-1})^{-1}=f$,即有 $f^{-1}\circ f=f^{-1}\circ (f^{-1})^{-1}=I_Y$. ■

*6.2 集合的基数

集合的基数也称为集合的势,粗略地来说,就是对集合大小(所含元素的数量)的一种度量,是有限集计数概念的推广.

6.2.1 集合的等势

直观上,在比较两个有限集的大小时,可以分别数出其中的元素个数,然后比较所得到的计数. 另外,无限集当然比有限集大. 但是,计数的方法不适合用来比较两个无限集的大小,因为无法数出其中的元素个数.

比较集合大小的另一种更简单的方法是"愚人比宝法". 古时,有两愚人,各带了一袋宝石,他们都说自己袋中的宝石比对方多. 由于这两人都不识数,所以不会点数,因而争执不下. 最后,一聪明人教了他们一个好办法,解决了争执:两人同时分别从各自的口袋中逐个取出宝石,谁最先取完,谁袋里的宝石就少.

本质上,"愚人比宝法"的数学抽象就是两个宝石集合之间的一个函数.

例 6.2.1 设 $f: X\to Y$, X 和 Y 都是有限集.

(1) 若 f 是到上的,则由于后件的唯一性, X 的元素不可能少于 Y 的元素,即 $|X|\geqslant|Y|$;

(2) 若 f 是一对一的,则由于 Y 中的元素的原像的唯一性,Y 的元素不可能少于 X 的元素,即 $|X|\leqslant|Y|$;

(3) 若 f 是一一对应,则由(1)和(2), $|X|=|Y|$. ■

直观上,"愚人比宝法"显然也可以用于比较两个无限集的大小,只要两个集合之间存在一个一一对应,那么它们的大小就是相同的;而且,那个一一对应具体是什么样的并不重要. 这就是集合等势的概念.

定义 6.2.1 设 A 和 B 是集合,如果存在 A 到 B 的一一对应,则称集合 A 与 B **等势**,记为 $A\sim B$.

例 6.2.2 设 $A=\{a, b, c, d\}$, $B=\{e, f, g, h\}$, $C=\{1, 2, 3, 4\}$. 定义函数 $f: A\to C$ 如下:

$$f(a)=1, f(b)=2, f(c)=3, f(d)=4.$$

定义函数 g: $A \to B$ 如下：

$$f(a)=e, f(b)=f, f(c)=g, f(d)=h.$$

显然，f 和 g 都是一一对应，所以，$A \sim C$, $A \sim B$. 同时，它们的计数也确实相等：$|A|=|C|$、$|A|=|B|$. ■

例 6.2.3　证明 $(0, 1) \sim \mathbf{R}$.

证明： 定义函数 f: $(0, 1) \to \mathbf{R}$ 如下：对于任意 $x \in (0, 1)$，定义 $f(x)=\tan\left(x-\frac{1}{2}\right)\pi$. 显然，$f$ 是一一对应，所以 $(0, 1) \sim \mathbf{R}$. ■

例 6.2.4　设 M 是非负偶数的集合. 定义函数 f: $\mathbf{N} \to M$ 如下：对于任意 $n \in \mathbf{N}$，定义 $f(n)=2n$. 显然，f 是一一对应，所以 $\mathbf{N} \sim M$. ■

由例 6.2.1，两个有限集等势当且仅当它们所含元素的个数相同. 所以，两个集合等势是两个集合包含的元素个数相同的概念的推广. 无限集与其真子集等势是可能的，如例 6.2.3 和例 6.2.4 所示，这似乎有悖于等势概念的直观理解. 这里需要注意，对于无限集，等势比较的是集合所含元素“多或少”的“度”，而不是绝对的个数. 容易看出，任何有限集都不可能与某个无限集等势，直观来说，二者所含元素的“数量级”明显不同.

定理 6.2.1　集合间的等势关系具有下列性质：

(1) 自反性：对任意集合 A, $A \sim A$;

(2) 对称性：对任意两个集合 A 和 B，如果 $A \sim B$，那么 $B \sim A$;

(3) 传递性：对任意三个集合 A、B 和 C，如果 $A \sim B$, $B \sim C$ 那么 $A \sim C$.

证明：

(1) 设 A 是集合. 显然 I_A 是 A 到 A 的一一对应，所以 $A \sim A$.

(2) 设 A 和 B 是两个集合. 若 $A \sim B$，则存在一一对应 f: $A \to B$，于是 f^{-1} 是 B 到 A 的一一对应（参见定理 6.1.3），从而 $B \sim A$;

(3) 设 A、B 和 C 是三个集合. 若 $A \sim B$, $B \sim C$，则存在一一对应 f: $A \to B$ 和 g: $B \to C$，于是 $f \circ g$ 是 A 到 C 的一一对应（参见定理 6.1.2），从而 $A \sim C$. ■

6.2.2 可数集

与自然数集等势的无限集是一类非常重要的无限集合，它们是“最小”的无限集.

定义 6.2.2　设 A 是集合，如果 A 是有限集或者与自然数集等势，则称 A 为**可数集**.

由等势关系的自反性可知 $\mathbf{N}$ 是可数集；由等势关系的对称性和传递性可知，无限可数集彼此两两等势.

例 6.2.5 考察整数集 $\mathbf{Z}$,定义 f: $\mathbf{Z}\to\mathbf{N}$ 如下:

$$f(n)=\begin{cases}2n, & n\geqslant 0,\\ -2n-1, & n<0.\end{cases}$$

显然,f 是一一对应,所以 $\mathbf{Z}\sim\mathbf{N}$,从而 $\mathbf{Z}$ 是可数集. ■

定理 6.2.2 集合 A 是可数集当且仅当可以将 A 的所有元素逐个地排列成为一个序列,使得其中的每个元素都属于 A,而且 A 中的每个元素都在其中的某个位置上出现且仅出现一次.

证明: 对于 A 是有限集的情况,定理显然成立. 下面假定 A 是无限集.

若集合 A 是可数集,则 $A\sim\mathbf{N}$,于是存在一一对应 f: $\mathbf{N}\to A$. 考察序列 $f(0)$, $f(1)$, $f(2)$, $\cdots$, $f(n)$, $\cdots$. 显然,序列中的每个元素都属于 A. 由于 f 是到上的,所以 A 中的每个元素都在序列的某个位置上出现. 由于 f 是一对一的,所以每个元素至多在序列中出现一次. 综上,序列 $f(0)$, $f(1)$, $f(2)$, $\cdots$, $f(n)$, $\cdots$即为满足要求的序列.

反之,若可以将 A 的所有元素逐个地排列成为一个序列 a_0, a_1, $\cdots$, a_n, $\cdots$,使得其中的每个元素都属于 A,而且 A 中的每个元素都在其中的某个位置上出现且仅出现一次,则可定义 f: $\mathbf{N}\to A$ 如下,对于任意 $n\in\mathbf{N}$,定义 $f(n)=a_n$. 容易验证 f 是一一对应,所以 $A\sim\mathbf{N}$,亦即 A 是可数集. ■

定理 6.2.2 给出了一个判断集合是否是可数集的简单方法,下面定理 6.2.3 的证明就利用了这个结果. 因为定理 6.2.2 成立,所以可数集也称为**可列集**.

定理 6.2.3 可数个可数集的并是可数集.

证明: 这里只证明无限可数个互不相交的无限可数集的并是可数集,其余情况请读者自行证明.

把可数个互不相交的无限可数集排列成一个无限序列 A_0, A_1, $\cdots$, A_n, $\cdots$. 不妨设

$$\begin{array}{l}
A_0=\{a_{00},\ a_{01},\ a_{02},\ a_{03},\ \cdots\},\\
\qquad\quad\nearrow\quad\nearrow\quad\nearrow\quad\nearrow\\
A_1=\{a_{10},\ a_{11},\ a_{12},\ a_{13},\ \cdots\},\\
\qquad\quad\nearrow\quad\nearrow\quad\nearrow\quad\nearrow\\
A_2=\{a_{20},\ a_{21},\ a_{22},\ a_{23},\ \cdots\},\\
\qquad\quad\nearrow\quad\nearrow\quad\nearrow\quad\nearrow\\
A_3=\{a_{30},\ a_{31},\ a_{32},\ a_{33},\ \cdots\},\\
\qquad\quad\nearrow\quad\nearrow\quad\nearrow\quad\nearrow\\
\qquad\qquad\vdots
\end{array}$$

$\bigcup_{n\in\mathbf{N}} A_n$ 中的元素可以按箭头所示的顺序排成一个无限序列

$$a_{00},\ a_{10},\ a_{01},\ a_{20},\ a_{11},\ a_{02},\ a_{30},\ a_{21},\ a_{12},\ a_{03},\ \cdots,$$

a_{ij} 在序列中的位置为 $\sum_{p=1}^{i+j} p + j$(注意：序列的第一个位置为0)，所以 $\bigcup_{n\in\mathbf{N}} A_n$ 是可数集. ■

在定理6.2.3中，若参与并运算的各个集合都是互不相交的有限集，那么简单地依次罗列各个集合的元素，即可得到并集的元素序列.

例 6.2.6　有限字母表 Σ 上的所有长度有限的字符串组成一个可数集.

我们将有限集 Σ 称为字母表，由 Σ 中的元素组成的有限序列称为 Σ 上的字符串，序列的长度称为字符串的长度. 若 α 是 Σ 上的字符串，α 的长度记为 $|\alpha|$. 当 $|\alpha| = 0$ 时，称 α 为空串，空串记为 Λ.

Σ 上所有字符串所组成的集合记为 Σ^*，所有非空字符串所组成的集合记为 Σ^+，即

$$\Sigma^* = \{\alpha \mid \alpha \text{ 是 } \Sigma \text{ 上的字符串}\},\ \Sigma^+ = \{\alpha \mid \alpha \in \Sigma^*,\ \text{且} |\alpha| \neq 0\}.$$

对于任意 $n \in \mathbf{N}$，Σ 上所有长度为 n 的字符串所组成的集合记为 Σ_n，即

$$\Sigma_n = \{\alpha \mid \alpha \in \Sigma^* \text{ 且} |\alpha| = n\}.$$

于是，$\Sigma^* = \bigcup_{n\in\mathbf{N}} \Sigma_n = \Sigma^+ \cup \{\Lambda\}$.

由于 Σ 是有限集，所以对于任意 $n \in \mathbf{N}$，Σ_n 也是有限集，因而是可数集. 由定理6.2.3，$\Sigma^* = \bigcup_{n\in\mathbf{N}} \Sigma_n$ 是可数集.

由于广义并 $\bigcup_{n\in\mathbf{N}} \Sigma_n$ 中的各个集合都是互不相交的有限集，所以简单地依次罗列 Σ_0、Σ_1、Σ_2、… 中的元素即可将 Σ^* 中的元素排列成一个序列. ■

6.2.3　无限集和集合的基数

我们已经看到许多无限集都是可数集，那么是否所有的无限集都是可数集呢？答案是否定的. 事实上，存在着许多不可数的无限集，可数无限集仅是一类特殊的“最小”的无限集，任何无限集都含有可数的无限子集.

定理 6.2.4　开区间 $(0, 1)$ 不是可数集.

证明： 采用反证法，假定 $(0, 1)$ 是可数集.

于是，$(0, 1)$ 上的实数可以排列成一个无限序列

$$s_0,\ s_1,\ s_2,\ \cdots,\ s_n,\ \cdots.$$

将 s_n 写成十进无限小数的形式：

$$s_0 = 0.a_{00}a_{01}a_{02}\cdots,$$
$$s_1 = 0.a_{10}a_{11}a_{12}\cdots,$$
$$s_2 = 0.a_{20}a_{21}a_{22}\cdots,$$
$$\cdots\cdots$$
$$s_n = 0.a_{n0}a_{n1}a_{n2}\cdots,$$
$$\cdots\cdots$$

其中还要求每个无限小数中的任何一位之后都有非零的数字存在,从而确保每个小数有且仅有唯一的表示.

对任意 $n \in \mathbf{N}$,令

$$b_n = \begin{cases} 1, & a_{nn} \neq 1, \\ 2, & a_{nn} = 1. \end{cases}$$

由此得到无限十进小数 $r = 0.b_1b_2\cdots b_n\cdots$, $r \in (0, 1)$.

显然,对于任意 $n \in \mathbf{N}$, $r \neq s_n$. 这与$(0, 1)$ 中的元素已排成序列

$$s_0, s_1, s_2, \cdots, s_n, \cdots$$

矛盾.

所以$(0, 1)$不是可数集. ■

定义 6.2.3 把互相等势的集合归于一类,赋予每一类一个记号,称之为该类中集合的**基数**或**势**. 集合 A 的基数记为 $|A|$. 规定有限集的基数是它的计数,自然数集的基数记为 a,实数集的基数记为 c.

集合之间的等势关系满足自反、对称和传递的性质(参见定理6.2.1),从而保证了定义 6.2.3 的合理性.

显然,对于任意两个集合 A 和 B,由定义 6.2.3, $|A| = |B|$ 当且仅当 $A \sim B$. 于是,可数的无限集的基数都是 a.

此外,对于有限集合,基数与其计数相一致,所以可以把基数看作广义的"计数".

例 6.2.7 综合前面的例子,我们有

$$|\Sigma^*| = |\mathbf{Z}| = |\mathbf{N}| = a, \ |\mathbf{R}| = |(0, 1)| = c.$$

对于任意正整数 n,若令 $\mathbf{N}_n = \{1, 2, \cdots, n\}$,则

$$|\mathbf{N}_n| = n. ■$$

定义 6.2.4 设 A 和 B 是集合. 若存在 B 的子集 B_1 满足 $A \sim B_1$,则称 $|A|$ 不大于 $|B|$,记

为$|A| \leqslant |B|$. 若$|A| \leqslant |B|$且$|A| \neq |B|$,则称$|A|$小于$|B|$,记为$|A| < |B|$.

显然,对于任意$n \in \mathbf{N}$, $n < a < c$.

定理 6.2.5 任意无限集都含有可数的无限子集.

证明: 设A是无限集. 因为$A \neq \varnothing$,所以可从A中任取一个元素,不妨记为a_0. 又因为$A - \{a_0\} \neq \varnothing$,所以可从$A - \{a_0\}$中任取一个元素,不妨记为$a_1$. 一般地,对任意$n \in \mathbf{N}$,由于$A$是无限集,所以可从非空子集$A - \{a_0, a_1, \cdots, a_n\}$中任取一个元素,记为$a_{n+1}$. 显然,当$i \neq j$时,$a_i \neq a_j$. 于是,就得到$A$的一个可数的无限子集

$$B = \{a_0, a_1, \cdots, a_n, \cdots\}. \blacksquare$$

由定理 6.2.5,可数的无限集是“最小”的无限集. 若A是可数的无限集,B是无限集,则$|A| \leqslant |B|$,即可数无限集的基数是所有无限集中最小的.

下面的定理 6.2.6 说明没有最大的基数.

定理 6.2.6 对于任意集合A, $|A| < |P(A)|$.

证明: 令$T = \{\{a\} \mid a \in A\}$. 显然,$T \subseteq P(A)$,且$A \sim T$. 所以,$|A| \leqslant |P(A)|$.

下面证明A不与$P(A)$等势.

采用反证法,假设$A \sim P(A)$,即存在一一对应$f: A \to P(A)$.

由于f是到上的,所以存在a_1、$a_2 \in A$,使$f(a_1) = A$, $f(a_2) = \varnothing$. 对于任意$a \in A$,若$a \in f(a)$,则我们称a是“好”元素,否则称a为“坏”元素. 例如,a_1是“好”元素,a_2是“坏”元素. 设S是“坏”元素的集合,亦即

$$S = \{a \mid a \in A, a \notin f(a)\}.$$

因为S是A的子集,所以存在$a_0 \in A$,使$f(a_0) = S$. 如果a_0是“好”元素,那么$a_0 \in f(a_0) = S$,这与S仅由“坏”元素组成矛盾;如果a_0是“坏”元素,那么$a_0 \notin f(a_0) = S$,这与S包含所有的“坏”元素矛盾. 于是,a_0既不是“好”元素又不是“坏”元素. 这是不可能的. 所以,A不可能与$P(A)$等势.

综上,$|A| < |P(A)|$得证. $\blacksquare$

对于集合A,幂集$P(A)$的基数常表示为$2^{|A|}$.

定理 6.2.7 对于任意集合A和B,若$|A| \leqslant |B|$且$|B| \leqslant |A|$,则$|A| = |B|$.

通常,分别证明A与B的一个子集等势以及B与A的一个子集等势,比直接证明A与B等势容易得多,所以定理 6.2.7 提供了证明两个集合等势的一个重要的途径. 定理 6.2.7 的证明比较复杂,已超出了本书的范围.

例 6.2.8 可数集的子集必定也是可数集.

证明： 设A是可数集，B是A的子集，$B\subseteq A$. 于是，$|B|\leqslant|A|$. 若B是有限集，则显然B是可数集；若B是无限集，则由定理6.2.5，有$|A|\leqslant|B|$(因为A是可数集)，从而由定理6.2.7，$|A|=|B|$，所以B是可数集. ■

例 6.2.9 证明有理数集$\mathbf{Q}$是可数集.

证明： 因为整数集$\mathbf{Z}$是有理数集$\mathbf{Q}$的子集，所以$|\mathbf{Z}|\leqslant|\mathbf{Q}|$.

下面证明$|\mathbf{Q}|\leqslant|\mathbf{Z}|$.

任意非零的有理数都可以表示成既约分数$\pm\dfrac{p}{q}$的形式.

定义函数f: $\mathbf{Q}\to\mathbf{Z}$如下：对于任意$x\in\mathbf{Q}$,

$$f(x)=\begin{cases}2^p3^q, & x\text{ 等于正既约分数}\dfrac{p}{q},\\ 0, & x=0,\\ -2^p3^q, & x\text{ 等于负既约分数}-\dfrac{p}{q}.\end{cases}$$

显然，$\operatorname{ran}(f)\subseteq\mathbf{Z}$.

定义函数g: $\mathbf{Q}\to\operatorname{ran}(f)$如下：对于任意$x\in\mathbf{Q}$，$g(x)=f(x)$.

容易验证，g是一一对应，所以$\mathbf{Q}\sim\operatorname{ran}(f)\subseteq\mathbf{Z}$，从而$|\mathbf{Q}|\leqslant|\mathbf{Z}|$.

综上，由定理6.2.7，我们有$|\mathbf{Q}|=|\mathbf{Z}|$，从而$\mathbf{Q}$是可数集. ■

下面的定理6.2.8指出了无限集的一个重要特征.

定理 6.2.8 任意无限集都有与其等势的真子集.

证明： 设A是无限集. 由定理6.2.5，存在A的可数无限子集，不妨设为$M=\{a_0, a_1, \cdots, a_n, \cdots\}$. 令$M_1=\{a_1, a_2, \cdots, a_n, \cdots\}$，$A_1=M_1\cup(A-M)$. 于是，$A_1$是$A$的真子集，且$A=M\cup(A-M)$. 显然，$M\sim M_1$，$A-M\sim A-M$. 由于$M\cap(A-M)=\varnothing$，$M_1\cap(A-M)=\varnothing$，所以容易证明$M_1\cup(A-M)\sim M\cup(A-M)$，即$A\sim A_1$. ■

由于有限集不与其任何真子集等势，所以可以根据无限集的上述特征定义无限集.

* 6.3 数字计算机的不可解问题

现代数字计算机已经应用于社会生活的各个方面，似乎无所不能，即，若不考虑运算时间和资源有限的限制，则对于任何问题，只要能把它抽象成计算机可接受的输入形式，就能用计算机进行求解. 然而，实际情况并非如此，可计算性理论告诉我们：确实存在计算机无法解决的问题，尽管它们可以表示成计算机可接受的输入形式.

以下将粗浅地讨论一下可计算性的问题,首先利用可数集的概念证明不可计算的问题确实存在,然后给出著名的不可判定的停机问题.

6.3.1　不可解问题的存在性

所谓不可解的问题是指使用数字计算机无法解决的问题,在这里,更确切地来说,就是指使用某种程序设计语言无法解决的问题,也即不存在可为它们求解的程序.

下面将说明不可解的问题确实存在,基本方法是:首先说明程序的集合是无限可数的,然后说明问题的集合是无限不可数的,所以问题比程序"多得多",确实无法为每个问题都编写出解决它的程序.

假定所考察的程序设计语言是 C 语言(换成其他程序设计语言也可以). C 语言的字符集是有限集,设为 Σ. C 程序(源程序)是 Σ 中的字符所构成的有限(长度的)字符串. 设所有语法正确的 C 程序组成集合 C,则 $C \subseteq \Sigma^*$,其中 Σ^* 是 Σ 上有限字符串的集合. 由于 Σ^* 是可数集(参见例 6.2.6),所以 C 也是可数集(参见例 6.2.8).

问题可以抽象为从输入到输出的函数,通过适当的编码,输入和输出可以分别编码为两个自然数,所以可以用自然数集 **N** 上的函数来为问题建模. 反过来,**N** 上的函数也都是问题. 于是,可以用 **N** 上的函数的集合来为问题的集合建立数学模型.

设自然数集 **N** 上的函数的集合是 F,

$$F = \{f \mid f: \mathbf{N} \to \mathbf{N}\}.$$

若 F 是可数集,则 F 可以排列成一个序列 $f_0, f_1, \cdots$. 定义 $f: \mathbf{N} \to \mathbf{N}$ 如下:

$$f(n) = \begin{cases} 1, & f_n(n) \neq 1, \\ 2, & f_n(n) = 1. \end{cases}$$

显然,f 是 **N** 上的函数,即 $f \in F$. 但是,由 f 的定义可知,对于任意 $n \in \mathbf{N}$, $f \neq f_n$,因为 $f(n) \neq f_n(n)$. 于是,$f \notin F$,这是矛盾的. 所以 F 不是可数集.

C 和 F 都是无限集,前者可数,后者不可数,所以 $|C| < |F|$. 如果 F 中的每个函数都存在计算它的程序,那么 F 可以与 C 的一个子集等势,从而 $|F| \leqslant |C|$. 这些结果是矛盾的,所以一定存在某个函数(问题),计算它的程序不存在.

6.3.2　停机问题

具有实际应用价值的不可解问题是否存在? 答案是肯定的,著名的停机问题就是一个这样的例子.

停机问题(halting problem)是不可解问题的经典例子,它的不可解性是计算机科学中最著名

的定理之一,图灵(Alan Turing)在1936年证明了停机问题的不可解性.停机问题的定义如下:

输入:一个程序和这个程序要处理的一个输入;

输出:若该程序在该输入下能终止,则输出Yes,否则,输出No.

停机问题是有重要现实意义的问题,它的成功解决将对程序员的工作提供很大的帮助,比如,自动判断程序中是否有死循环等等.但是,遗憾的是这个问题是不可解的,这样的检测工具是构造不出来的.

在证明停机问题的不可解性之前,首先注意,不能通过简单地运行一个程序并观察它的行为来确定在给定的输入下它是否能终止.若程序运行一段时间后停止了,则可以简单地得出答案.但是,若运行了一段时间之后程序未停止,则无法确定它究竟是永不停机,还是我们等待的时间不够(事实上,编制一个必须运行数亿年之后才停止的程序并非难事).

假定停机问题是可解的,有一个名为halt的解决停机问题的C函数:

```
int Halt(char *prog, char *input);
```

它有两个输入:*prog是一个C函数的源代码字符串,*input是表示输入的字符串.如果函数*prog在给定的输入*input下能终止,halt返回1,否则返回0.

再编写一个简单的函数contrary如下.

```
void contrary(char *prog)
{if(halt(prog, prog))
    while(1);}
```

现将函数contrary本身(源程序)作为输入调用contrary,考察其执行过程:

(1) 若其中对halt的调用返回1,则halt表明contrary在对自身运行时将会停机.但是,分析contrary的源代码可以发现,在这种情况下,contrary将进入一个无限循环,从而不会停机.这是矛盾的.

(2) 若其中对halt的调用返回0,则halt表明contrary在对自身运行时将不会停机.但是,contrary的源代码表明,在这种情况下,contrary不会进入无限循环,从而将停机.这也是矛盾的.两种情况都有矛盾.所以,函数halt实际上是构造不出来的,即停机问题不可解.

通过把某个已知不可解的问题归约到一个新问题,可以证明新问题也是不可解的.例如,考虑如下的停机问题的变体——0输入停机问题:

输入:一个没有输入的程序;

输出:若该程序能终止,则输出Yes;否则,输出No.

假定0输入停机问题是可解的,有一个函数

```
int Ehalt(char *prog);
```

其输入是一个没有输入的程序,若被输入的程序能终止,则Ehalt返回1,否则,Ehalt返回0.可以利用Ehalt构造halt,即把停机问题归约到0输入停机问题,这样就可得到解决停机问题的一个程序，这与已证明的结论（停机问题是不可解的）矛盾，从而证明 0 输入停机问题也是不可解的. 具体归约方法如下：第一步把 halt 的输入程序 P 和输入字符串 I 改造成一个没有输入的程序 P'，并使 P'能终止当且仅当程序 P 在输入 I 下能终止；第二步以 P' 调用 Ehalt；第三步直接输出 Ehalt（P'）的返回值. 第一步的改造可如下进行：修改程序 P，把 I 作为它的一个静态变量 S 存储，并进一步修改 P 中对输入的引用，使它们从 S 中得到输入，经过如此改造的程序即为 P'. 这个改造过程显然是可行的.

上述证明使用了可计算性证明中的一个常规技术，即用一个程序修改另一个程序.

现实中还有许多我们希望用计算机来解决的问题实际是不可解的，其中许多都与程序的行为有关. 例如，判定程序中的某行代码在某个输入下是否会被执行的问题是不可解的、判定程序是否包含病毒等等. 然而，这并不意味着不能构造出处理某些特殊情况（甚至可能是大多数情况）的工具. 例如，有许多好的启发式规则可用来确定程序是否含有病毒，至少可以确定程序是否含有已知的那些病毒.

6.4　小结

本章涉及三个主题：函数、基数和可计算性，其中函数是基础.

函数是最基本的数学概念和工具之一，在科学技术的各个领域、在理论和实际应用中都发挥着重要的作用. 本章讨论了任意集合上的一般的函数及其性质（一对一、到上、一一对应）、函数的复合和逆及其性质，这些内容都是基本的、重要的，需深刻理解，彻底掌握，并能灵活应用.

以函数的概念为基础，本章介绍了有关集合基数理论的基础知识，给出了一些基本的结果，着重讨论了可数无限集. 计算机理论研究和某些形式化方法需要涉及集合的基数，所以计算机专业的学生应该了解集合基数的基本知识. 本章对集合基数理论的介绍是粗浅的，有兴趣的读者可以进一步阅读更深入的教材.

作为集合基数理论的一个应用，本章证明了计算机不可解问题的存在性，并描述了著名的停机问题. 计算机专业的学生至少应该对这些结果有所了解. 这些内容很有趣，有兴趣的读者可以进一步学习可计算性理论.

6.5　习题

1. 下列 X 上的关系哪些是函数？

(1) $X=\{1, 3, 5, 7, 8\}$，$R=\{(1, 7), (3, 5), (5, 3), (7, 7), (8, 5)\}$.

(2) $X=\{0, 1, 2, 3\}$，$R=\{(0, 0), (1, 1), (1, 1), (2, 2), (3, 3)\}$.

(3) $X=\{-2,-1,0,1\}$, $R=\{(-2,0),(0,3),(1,-1)\}$.

(4) $X=\{1,3,5\}$, $R=\{(1,5),(3,5),(5,5)\}$.

2. 设函数 $f: X \to Y$. 对任意 $M \subseteq X$,定义 $f(M)=\{f(x) \mid x \in M\}$. 对于任意 A、$B \subseteq X$,

(1) 请证明 $f(A \cup B)=f(A) \cup f(B)$;

(2) 请证明 $f(A \cap B) \subseteq f(A) \cap f(B)$;

(3) 请举例说明 $f(A \cap B) \neq f(A) \cap f(B)$.

3. 下列哪些函数是一对一的?是到上的?

(1) $f: \mathbf{Z} \to \mathbf{Z}$, $f(x)=2x$; (2) $f: \mathbf{Z} \to \mathbf{Z}$, $f(x)=x+1$;

(3) $f: \mathbf{R} \to \mathbf{R}_+$, $f(x)=x^2$, $\mathbf{R}_+$ 是非负实数集;

(4) $f: \mathbf{N} \times \mathbf{N} \to \mathbf{N}$, $f((m,n))=m+n$;

(5) $f: \mathbf{N} \times \mathbf{N} \to \mathbf{N}$, $f((m,n))=m \cdot n$.

4. 设函数 $f: X \to Y$. 下列命题是否成立?

(1) f 是一对一的当且仅当对任意 a、$b \in X$,当 $f(a)=f(b)$ 时,必有 $a=b$;

(2) f 是一对一的当且仅当对任意 a、$b \in X$,当 $f(a) \neq f(b)$ 时,必有 $a \neq b$.

5. 图 6.5.1 展示了五个关系的关系图. 问:这些关系中,哪些是函数?哪些是一对一的函数?哪些是到上的函数?哪些是一一对应?

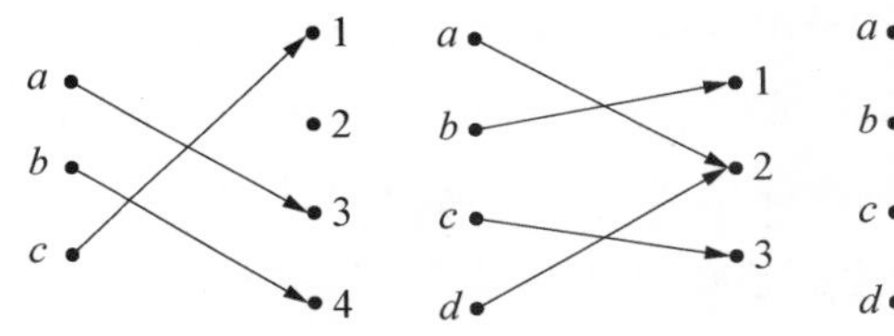

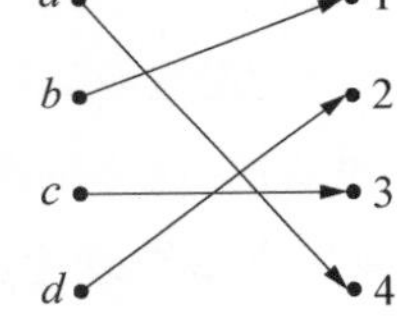

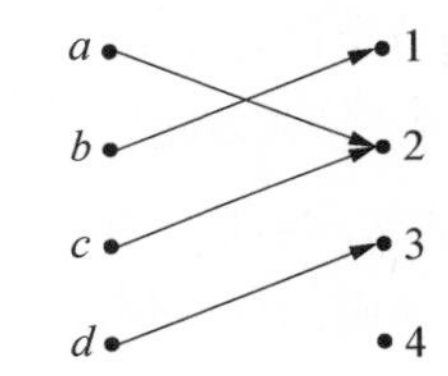

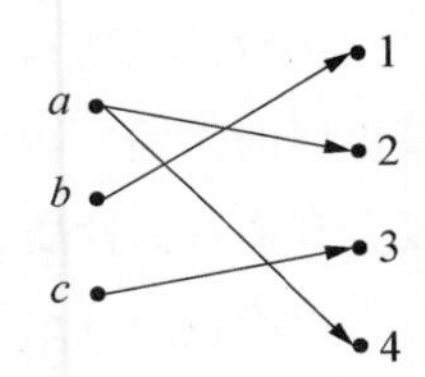

图 6.5.1 五个关系图

6. 设 f、g 和 h 都是 $\mathbf{N}$ 上的函数,对任意 $n \in \mathbf{N}$, $f(n)=n+1$, $g(n)=2n$,

$$h(n)=\begin{cases}1, & n \text{ 是偶数}, \\ 0, & n \text{ 是奇数}.\end{cases}$$

求 $f \circ f$、$f \circ g$、$(f \circ g) \circ h$.

7. 给出下列 $\mathbf{N}$ 上的函数的例子,使它是:

(1) 一对一但非到上的; (2) 到上但非一对一的;

(3) 既是到上又是一对一的,但不同于恒等函数;

(4) 既非到上又非一对一的.

8. 设函数 $f: X \to Y$, $g: Y \to Z$. 请证明:

(1) 若 f 和 g 都是到上的,则 $f \circ g$ 也是到上的;

(2) 若f和g都是一对一的,则$f \circ g$也是一对一的;

(3) 若f和g都是一一对应,则$f \circ g$也是一一对应.

9. 设函数$f: X \to Y$, $g: Y \to Z$. 下列命题是否成立?

(1) $f \circ g$是一对一的当且仅当f和g都是一对一的;

(2) $f \circ g$是到上的当且仅当f和g都是到上的;

(3) $f \circ g$是一一对应当且仅当f和g都是一一对应.

10. 设X和Y是有限集, $|X| = m$, $|Y| = n$, m、$n \in \mathbf{N}$.

(1) 从X到Y的不同的函数有多少个?

(2) 从X到Y的不同的一对一的函数有多少个?

(3) 从X到Y的不同的一一对应有多少个?

***11.** 设X和Y是有限集, $|X| = m$, $|Y| = n$, m、$n \in \mathbf{N}$, 且$m > n > 0$. 若$f: X \to Y$, 那么存在$x_1, x_2, \cdots, x_k \in X$使得$f(x_1) = f(x_2) = \cdots = f(x_k)$, 其中$k = \lceil m/n \rceil$.

12. 集合$\{x \mid x \in \mathbf{Z}$, 且$x$不能被3整除$\}$是否是可数集? 若是, 则给出自然数集$\mathbf{N}$与它之间的一个一一对应.

13. 设集合族$\{A_n \mid n \in \mathbf{N}\}$和$\{B_n \mid n \in \mathbf{N}\}$中的集合都是两两互不相交的(即$i \neq j$时$A_i \cap A_j = \varnothing$, $B_i \cap B_j = \varnothing$), 且对任意$n \in \mathbf{N}$, $A_n \sim B_n$. 请证明: $\bigcup_{n \in \mathbf{N}} A_n \sim \bigcup_{n \in \mathbf{N}} B_n$.

14. 请证明: 有限集和可数集的笛卡儿乘积是可数集.

15. 请证明: 平面上所有顶点均为有理点的三角形的集合是可数集.

16. 设F是X到Y的所有函数所组成的集合: $F = \{f \mid f: X \to Y\}$, $|X| = n$, n是正整数. 请证明: $F \sim Y^n$.

***17.** 设X是集合, F是X到$\{0, 1\}$的所有函数所组成的集合. 请证明: $F \sim P(X)$.

(提示: 定义$\varphi: F \to P(X)$, 对任意$f \in F$, $\varphi(f) = \{x \mid f(x) = 1\}$)

***18.** 证明: 可数集的所有有限子集构成一个可数集.

19. 请建立$[0, 1]$到$(0, 1)$的一个一一对应.

***20.** 设集合$F = \{f \mid f: \mathbf{N} \to M\}$, 其中$M$为正偶数集. 请证明: F中存在这样的函数f, 计算f的C程序不存在.

第七章 图论基础

图形的特点是形象直观、容易理解,所以常被用来表示各种事物,许多困难的问题都是借助于图形才得以解决的. 图论所研究的图是对事物及其联系的图形表示,我们在第五章就曾经用关系图来表示二元关系. 图论是建立和处理离散结构的数学模型的重要工具,是一门应用性很强的学科,在工业、商业、科学等等许多领域中都有广泛的应用.

图论是一门古老的学科,形成至今已有250年以上的历史. 欧拉被公认为图论之父,他在18世纪初对哥尼斯堡七桥问题(参见第八章)的研究奠定了图论的基础. 图论又是一门现代的学科,计算机技术的广泛应用引发了对图论的重新关注,使图论焕发了青春,得到了近一步的发展. 有些科学家(比如E. Dijkstra)同时对图论和计算机科学都作出了重大贡献,他们提出了一些与图论有关的算法. 如今,图论的应用更为广泛和深入,已成为许多学科,如计算机科学、信息论、控制论、系统科学、管理科学、运筹学、化学、经济学等等的重要数学工具.

图论的内容浩如烟海,本书仅介绍图论的基础知识,着重展示图论的基本概念、基本方法、应用,这些对培养抽象思维能力以及分析问题和解决问题的能力都有莫大的帮助. 本章主要介绍图论的基本概念和术语、图的表示方法、图的基本性质、图的连通性、最短路径算法等等,下一章将进一步讨论几种重要的图.

7.1 图及其表示

7.1.1 图的概念

图论中讨论的图是一种数学抽象,是事物及其联系的数学模型,其中用点表示所关注的对象,用点之间的连线表示对象之间的关联. 实践证明,这是分析和解决实际问题的一种很有效的方法.

描述不同类型的联系需要不同类型的图,其中最基本的图有两种,即无向图和有向图.

定义 7.1.1 一个**无向图** G 是一个三元组(V, E, f),记作 $G=(V, E, f)$,其中,

(1) V 是一个非空的集合,V 中的元素称为 G 的**顶点**或**结点**, V 称为是 G 的**顶点集**;

(2) E 是一个集合,E 中的元素称为 G 的**无向边**,简称为**边**,E 称为是 G 的**边集**;

(3) f 是 E 到顶点无序偶集合的函数，$f: E \to \{\{u, v\} \mid u, v \in V\}$.

无向图可简单明了地表示成图形，其中，用点表示顶点，用连接相应顶点而不经过其他顶点的直线或曲线表示边. 通常，也将一个无向图的图形表示就看作是这个无向图. 需要注意的是，图论所研究的图是事物及其相互之间联系的抽象模型，与日常的地理位置无关，所以表示图的图形可以任意变形，只要不改变顶点之间的连接关系即可.

例 7.1.1　图 7.1.1 是无向图 $G=(V, E, f)$ 的图形，其中，

$V=\{v_1, v_2, v_3, v_4\}$，$E=\{e_1, e_2, e_3, e_4, e_5, e_6, e_7, e_8\}$，

$f(e_1)=\{v_1, v_2\}$，$f(e_2)=\{v_1, v_2\}$，$f(e_3)=\{v_2, v_3\}$，$f(e_4)=\{v_2, v_3\}$，$f(e_5)=\{v_1, v_4\}$，$f(e_6)=\{v_2, v_4\}$，$f(e_7)=\{v_3, v_4\}$，$f(e_8)=\{v_1\}$. ■

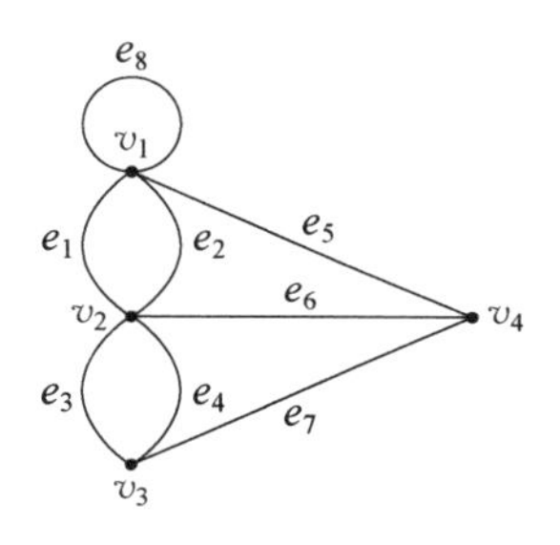

图 7.1.1　无向图

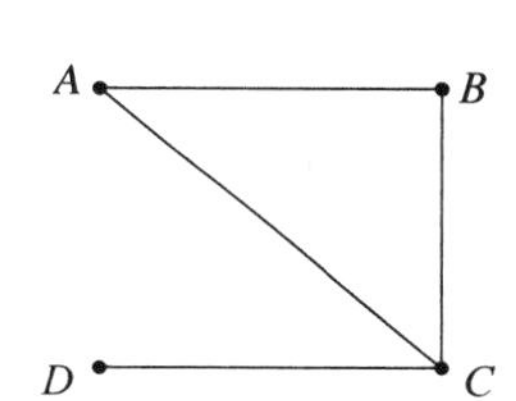

图 7.1.2　网络的拓扑结构

例 7.1.2　图 7.1.2 所示的无向图表示了一个计算机网络的拓扑结构（连接方式），顶点 A、B、C、D 分别表示四台主机，顶点之间的边表示相应主机之间的通讯线路. ■

在例 7.1.2 中，如果某条通讯线路不是双向的，则必须使用有向图，因为无向图无法表示出通讯线路的方向.

定义 7.1.2　一个**有向图** G 是一个三元组 (V, E, f)，记作 $G=(V, E, f)$，其中，

(1) V 是一个非空的集合，V 中的元素称为 G 的**顶点**或**结点**，V 称为是 G 的**顶点集**；

(2) E 是一个集合，E 中的元素称为 G 的**有向边**，简称为**边**，E 称为是 G 的**边集**；

(3) f 是 E 到顶点有序偶集合的函数，$f: E \to V^2$.

有向图也可以类似地表示成图形，但其中用带箭头的连线表示有向边，箭头从有序偶的第一个元素指向第二个元素.

例 7.1.3　图 7.1.3 是有向图 $G=(V, E, f)$ 的图形，其中，

$V=\{v_1, v_2, v_3, v_4, v_5\}$，$E=\{e_1, e_2, e_3, e_4, e_5, e_6, e_7\}$，

$f(e_1)=(v_2, v_1)$，$f(e_2)=(v_1, v_2)$，$f(e_3)=(v_1, v_3)$，$f(e_4)=(v_2,$

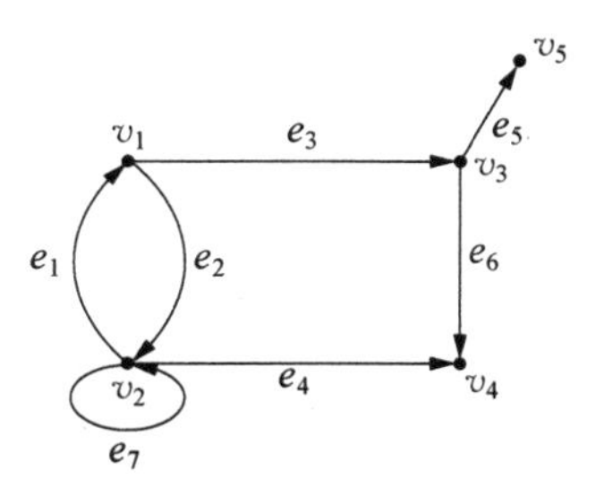

图 7.1.3　有向图

$v_4)$, $f(e_5)=(v_3, v_5)$, $f(e_6)=(v_3, v_4)$, $f(e_7)=(v_2, v_2)$. ■

在无向图 $G=(V, E, f)$ 中,若无向边 e 连接两个顶点 u 和 v,即 $u, v \in V$, $e \in E$,且 $f(e)=\{u, v\}$,则称边 e 与顶点 u 和 v 相**关联**,u 和 v 是 e 的两个**端点**,u 和 v **相邻**;若无向图中的两条边同时关联某个相同的顶点,则称这两条边**相邻**. 在有向图 $G=(V, E, f)$ 中,若有向边 e 连接顶点 u 到 v,即 $u, v \in V$, $e \in E$,且 $f(e)=(u, v)$,则称边 e 与顶点 u 和 v 相**关联**,u 和 v 是 e 的两个**端点**,u 是 e 的**起点**,v 是 e 的**终点**,u **邻接到** v, v **邻接于** u.

有向图和无向图的区别在于:前者的边所关联的两个端点是有序的,而后者的边所关联的两个端点是无序的. 从它们的图形上看,前者的边是带箭头(有方向)的,而后者的边是不带箭头(无方向)的. 有向图和无向图既有区别,又有联系,可以将无向图中的每条边看作方向相反的两条有向边,所以无向图本质上就是一种特殊的有向图,二者都是(顶点)集合及其上二元关系的图形表示(参见 5.1.2 小节),也可以认为无向图就是简化的有向图. 今后,我们用术语**图**泛指有向图和无向图.

若在图 $G=(V, E, f)$ 中,V 和 E 都是有限集,则称 G 是**有限图**. 本书将只讨论有限图. 若 $|V|=n$, n 是正整数,则称 G 为 ***n* 阶图**. 若 $E=\varnothing$, 则称 G 为**零图**. 若 $|V|=1$,且 $E=\varnothing$,则称 G 为**平凡图**.

对于有向图,若忽略有向边的方向,把有向边看作无向边,则有向图就转化为无向图,如此得到的无向图称为原有向图的**底图**.

在图 $G=(V, E, f)$ 中,若 $e \in E$,且 e 的两个端点相同,则称 e 是**环**; 若 $e_1, e_2, \cdots, e_k$ 是 E 中 k 条互不相同的边($k \geqslant 2$),且 $f(e_1)=f(e_2)=\cdots=f(e_k)$,则称 e_1、e_2、$\cdots$、e_k 是**平行边**或**重边**;没有任何边与之关联的顶点称为**孤立点**.

在例 7.1.1 中,e_1 和 e_2 是平行边,因为 $f(e_1)=f(e_2)=\{v_1, v_2\}$; e_8 是环,因为 $f(e_8)=\{v_1\}$. 在例 7.1.3 中,e_1 和 e_2 不是平行边,因为 $f(e_1)=(v_2, v_1) \neq (v_1, v_2)=f(e_2)$; e_7 是环.

定义 7.1.3 不含平行边和环的图称为**简单图**;含平行边的图称为**多重图**.

图 7.1.1 所示的图是无向多重图;图 7.1.2 所示的图是简单无向图;图 7.1.3 所示的图既不是有向多重图(因为其中没有平行边,e_1 和 e_2 不是平行边),又不是简单有向图(因为其中有环 e_7).

用来表示关系的关系图(参见 5.1.2 小节)是有向图,并且必定不是多重图,但不一定是简单图,因为其中可能存在环.

简单图 $G=(V, E, f)$ 通常简记为 $G=(V, E)$,且边直接表示为顶点的无序偶(对简单无向图)或顶点的有序偶(对简单有向图),如 $\{u, v\}$ 或 (u, v). 因为在简单图中没有多重边,所以这种记法不会引起混淆. 此外,在不至于引起混淆的前提下,一般图有时也简记为 $G=(V, E)$. 例如,例 7.1.2 中的图可表示为 $G=(\{A, B, C, D\}, \{\{A, B\}, \{B, C\}, \{C, A\}, \{C, D\}\})$.

定义 7.1.4 设图 $G=(V, E, f)$, $v \in V$,称 v 作为边的端点的次数为 v 的**度**,记为

$d(v)$. G的顶点的最大的度记为$\Delta(G)$或Δ，G的顶点的最小的度记为$\delta(G)$或δ. 若G是有向图，则称以v为起点的边的数目为v的**出度**，记为$od(v)$；称以v为终点的边的数目为v的**入度**，记为$id(v)$.

粗略地来说，顶点的度就是图中与其关联的边的数目，但是环在计算与其相关联的端点的度时需计数两次. 在有向图中，环在计算与其相关联的端点的入度和出度时各计数一次.

显然，在有向图中，$d(v) = id(v) + od(v)$.

对于图 7.1.1 所示的无向图，$d(v_1) = d(v_2) = 5$，$d(v_3) = d(v_4) = 3$，$\Delta = 5$，$\delta = 3$；对于图 7.1.3 所示的有向图，$id(v_1) = id(v_3) = 1$，$id(v_2) = id(v_4) = 2$，$id(v_5) = 1$，$od(v_1) = od(v_3) = 2$，$od(v_2) = 3$，$od(v_4) = 0$，$od(v_5) = 0$，$d(v_1) = d(v_3) = 3$，$d(v_2) = 5$，$d(v_4) = 2$，$d(v_5) = 1$，$\Delta = 5$，$\delta = 1$.

7.1.2　图的矩阵表示

邻接矩阵和关联矩阵是图的两种常用的矩阵表示. 图的矩阵表示可以方便地在计算机中存储和处理，通过矩阵的代数运算还可以获得图的某些有用性质.

定义 7.1.5

(1) 设简单无向图 $G = (V, E)$，$V = \{v_1, v_2, \cdots, v_n\}$，$n$ 是正整数. 定义 n 阶 0－1 方阵 $\boldsymbol{A} = (a_{ij})_{n\times n}$，其中，

$$a_{ij} = \begin{cases} 1, & \{v_i, v_j\} \in E, \\ 0, & \{v_i, v_j\} \notin E, \end{cases}$$

矩阵 $\boldsymbol{A}$ 称为无向图 G 的**邻接矩阵**.

(2) 设简单有向图 $G = (V, E)$，$V = \{v_1, v_2, \cdots, v_n\}$，$n$ 是正整数. 定义 n 阶 0－1 方阵 $\boldsymbol{A} = (a_{ij})_{n\times n}$，其中，

$$a_{ij} = \begin{cases} 1, & (v_i, v_j) \in E, \\ 0, & (v_i, v_j) \notin E, \end{cases}$$

矩阵 $\boldsymbol{A}$ 称为有向图 G 的**邻接矩阵**.

如图 7.1.4 所示的无向图 G_1 和有向图 G_2 的邻接矩阵分别是 $\boldsymbol{A}_1$ 和 $\boldsymbol{A}_2$，其中，

$$\boldsymbol{A}_1 = \begin{bmatrix} 0 & 1 & 0 & 1 \\ 1 & 0 & 1 & 1 \\ 0 & 1 & 0 & 1 \\ 1 & 1 & 1 & 0 \end{bmatrix}, \boldsymbol{A}_2 = \begin{bmatrix} 0 & 1 & 0 & 0 \\ 0 & 0 & 1 & 1 \\ 1 & 1 & 0 & 1 \\ 1 & 0 & 0 & 0 \end{bmatrix}.$$

定义 7.1.6

(1) 设简单无向图 $G = (V, E)$，$V = \{v_1, v_2, \cdots, v_n\}$，$E = \{e_1, e_2, \cdots, e_m\}$，$n$ 和 m 是正整

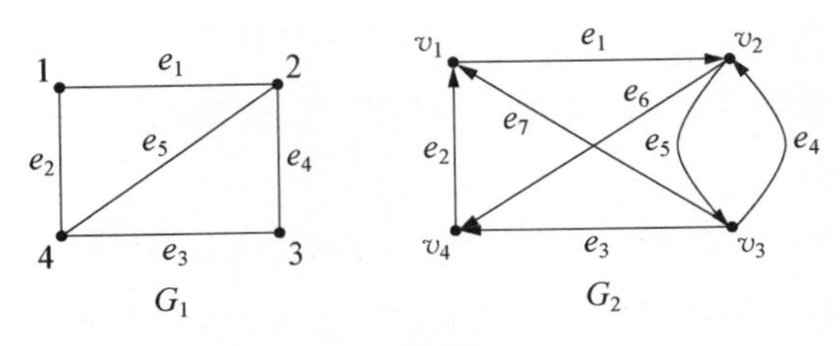

图 7.1.4　无向图和有向图

数. 定义 $n \times m$ 的 0 - 1 矩阵 $\boldsymbol{M} = (m_{ij})_{n\times m}$,其中,

$$m_{ij} = \begin{cases} 1, & 边\ e_j\ 与顶点\ v_i\ 关联, \\ 0, & 边\ e_j\ 不与顶点\ v_i\ 关联. \end{cases}$$

矩阵 $\boldsymbol{M}$ 称为无向图 G 的**关联矩阵**.

(2) 设简单有向图 $G = (V, E)$, $V = \{v_1, v_2, \cdots, v_n\}$, $E = \{e_1, e_2, \cdots, e_m\}$, n 和 m 是正整数. 定义 $n \times m$ 的矩阵 $\boldsymbol{M} = (m_{ij})_{n\times m}$,其中,

$$m_{ij} = \begin{cases} 1, & 顶点\ v_i\ 是边\ e_j\ 的起点, \\ 0, & 边\ e_j\ 不与顶点\ v_i\ 关联, \\ -1, & 顶点\ v_i\ 是边\ e_j\ 的终点. \end{cases}$$

矩阵 $\boldsymbol{M}$ 称为有向图 G 的**关联矩阵**.

如图 7.1.4 所示的无向图 G_1 和有向图 G_2 的关联矩阵分别是 $\boldsymbol{M}_1$ 和 $\boldsymbol{M}_2$,其中,

$$\boldsymbol{M}_1 = \begin{bmatrix} 1 & 1 & 0 & 0 & 0 \\ 1 & 0 & 0 & 1 & 1 \\ 0 & 0 & 1 & 1 & 0 \\ 0 & 1 & 1 & 0 & 1 \end{bmatrix}, \quad \boldsymbol{M}_2 = \begin{bmatrix} 1 & -1 & 0 & 0 & 0 & 0 & -1 \\ -1 & 0 & 0 & -1 & 1 & 1 & 0 \\ 0 & 0 & 1 & 1 & -1 & 0 & 1 \\ 0 & 1 & -1 & 0 & 0 & -1 & 0 \end{bmatrix}.$$

对于非简单图也可以定义邻接矩阵和关联矩阵,但它们都将可能不再是 0 - 1 矩阵,请有兴趣的读者参考其他文献.

注意: 图与矩阵的对应不是唯一的,只有当规定了顶点的序号(对于关联矩阵,还必须规定边的序号)以后,矩阵才能唯一地确定.

显然,简单图的邻接矩阵的主对角线为全 0;无向图的邻接矩阵是对称的,且行和列的元素之和都为相应顶点的度;对于有向图,其邻接矩阵的行和列之和分别为相应顶点的出度和入度;对于无向图,其关联矩阵的列之和均为 2(因为每条边均与两个不同的顶点相关联),行之和为相应顶点的度;对于有向图,其关联矩阵的列之和均为 0(因为每条边都有一个起点和一个终点),列的绝对值之和均为 2(因为每条边均与两个不同的顶点相关联),行中 1 之和为相应顶点的出度,-1 之和的绝对值为相应顶点的入度,行的绝对值之和为相应顶点的度. 请读者在如图 7.1.4 所示的

图上自行验证这些性质.

除了以上这些性质外,通过矩阵的代数运算还可以获得图的另一些重要性质,我们将在以后的章节中予以讨论.

7.1.3 几种特殊的简单图

某些特殊的图在理论分析和实际应用中经常出现.

(1) 完全图

每对不同顶点之间均有边的简单无向图称为**无向完全图**, n(n 是正整数)阶无向完全图记为 K_n;每对不同顶点之间均有两条方向相反的边的简单有向图称为**有向完全图**. 在不致混淆的情况下,无向完全图和有向完全图都简称为**完全图**.

在如图 7.1.5 所示的图中,G_1、G_2 和 G_3 分别是 K_4、K_5 和 3 阶有向完全图.

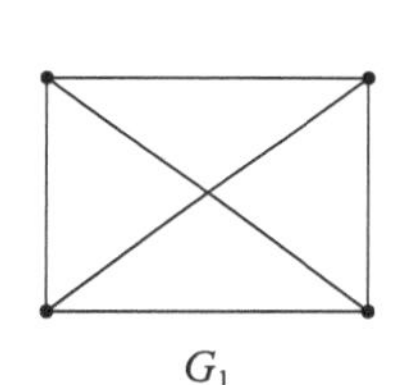

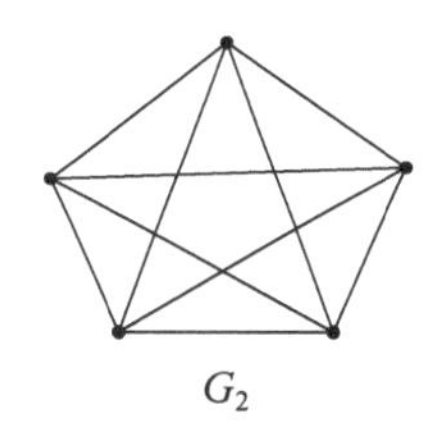

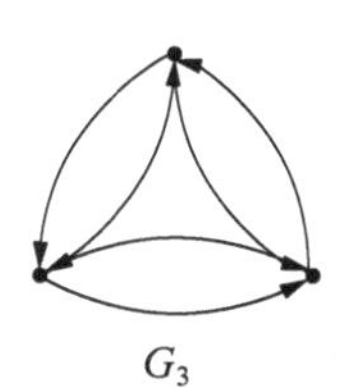

图 7.1.5　无向完全图和有向完全图

例 7.1.4　证明 K_n 有 $\frac{1}{2}n(n-1)$ 条边,n 是正整数.

证明: K_n 是 n 阶图,所以其中共有 C_n^2 对不同的顶点. 又因为 K_n 是简单图,所以其中没有环,且每对顶点之间有且仅有一条边. 于是,K_n 共有 $C_n^2=\frac{1}{2}n(n-1)$ 条边. ■

容易证明,n 阶有向完全图有 $n(n-1)$ 条边.

例 7.1.5 是利用图模型解决实际问题的一个例子.

例 7.1.5　证明:在任意六个人的集会上,必定有三个人相互都认识或者相互都不认识.

证明: 用顶点表示人,用边表示认识关系,相互认识的两个人用实线相连,相互不认识的两个人用虚线相连,由此构成一个六阶无向完全图 G. 图 7.1.6 给出了一个实例. 显然,三个相互都认识的人在 G 中表现为由实线组成的三角形,三个相互都不认识的人在 G 中表现为由虚线组成的三角形. 于是,原问题就归结为证明:在 G 中,要么存在由实线组成

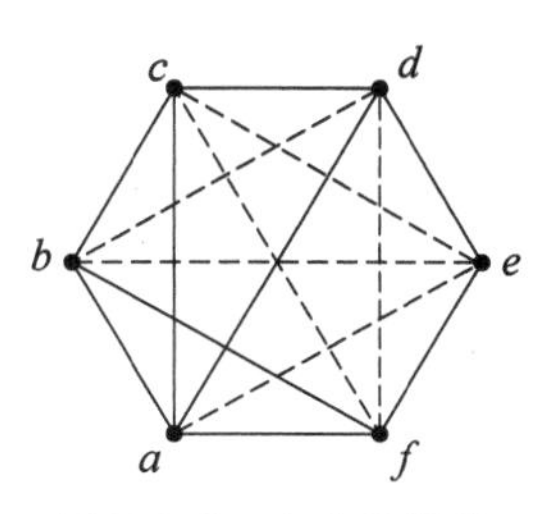

图 7.1.6　六人认识关系的图模型

的三角形,要么存在由虚线组成的三角形.

任取 G 中的一个顶点,如 a. 与 a 关联的五条边中,必有三条边同为实线或同为虚线. 不妨设 $\{a, b\}$、$\{a, c\}$ 和 $\{a, d\}$ 都为实线. 若 $\{b, c\}$、$\{c, d\}$ 或 $\{d, b\}$ 之中的某条边为实线,如 $\{b, c\}$ 为实线,则由顶点 a、b 和 c 构成的三角形就是由实线组成的三角形;若 $\{b, c\}$、$\{c, d\}$ 和 $\{d, b\}$ 都不是实线,则由顶点 b、c 和 d 构成的三角形就是由虚线组成的三角形. 总之,G 中或者存在由实线组成的三角形,或者存在由虚线组成的三角形. ■

(2) 圈图

在 n(n 是正整数,且 $n \geqslant 3$) 阶简单无向图 $G = (V, E)$ 中,假设 $V = \{v_1, v_2, \cdots, v_n\}$. 若 $E = \{\{v_1, v_2\}, \{v_2, v_3\}, \cdots, \{v_{n-1}, v_n\}, \{v_n, v_1\}\}$,则称 G 为**圈图**,记为 C_n.

图 7.1.7 展示了圈图 C_3、C_4、C_5 和 C_6,其中的 C_3 恰好就是 K_3.

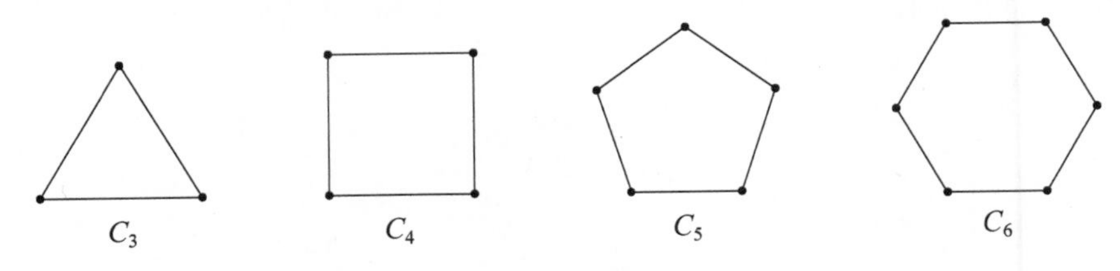

图 7.1.7 圈图

(3) 轮图

在 n(n 是正整数,$n \geqslant 3$) 阶圈图 C_n 中添加第 $n+1$ 个顶点,然后在这个新顶点与 C_n 原来的每个顶点之间添加一条边,所得到的无向图就是**轮图**,记为 W_n.

图 7.1.8 展示了轮图 W_3、W_4、W_5 和 W_6.

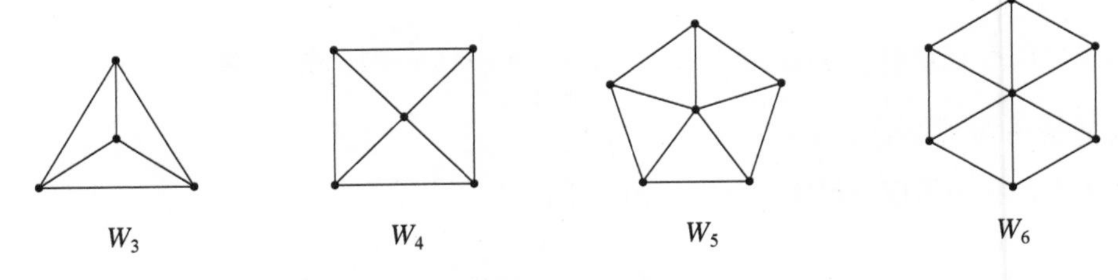

图 7.1.8 轮图

(4) 超立方体图

***n* 超立方体图**是 2^n 阶简单无向图(n 是正整数),可以用长度为 n 的二进制位串标记其顶点,其中任意两个顶点相邻当且仅当它们所对应的位串恰好相差一位. n 超立方体图记为 Q_n. 一种大规模并行计算网络互联的拓扑结构就采用了 n 超立方体图.

图 7.1.9 展示了超立方体图 Q_1、Q_2 和 Q_3.

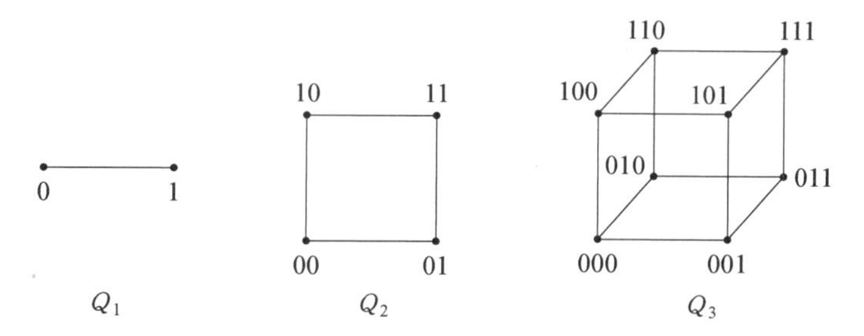

图 7.1.9　超立方体图

（5）偶图

若简单无向图的顶点集可以分成两个不相交的子集，使得所有的边都在这两个子集之间，即任意一条边的两个端点都不在同一个子集中，则称这样的简单无向图为**偶图**、**二分图**或**二部图**.

又若偶图 G 的顶点集 $V=V_1\cup V_2$，$V_1\cap V_2=\varnothing$，所有的边都在 V_1 和 V_2 之间，且 V_1 中的任意顶点与 V_2 中的每个顶点都相邻，则称 G 为**完全偶图**，记为 $K_{|V_1|,|V_2|}$.

图 7.1.10 展示了完全偶图 $K_{2,3}$ 和 $K_{3,3}$.

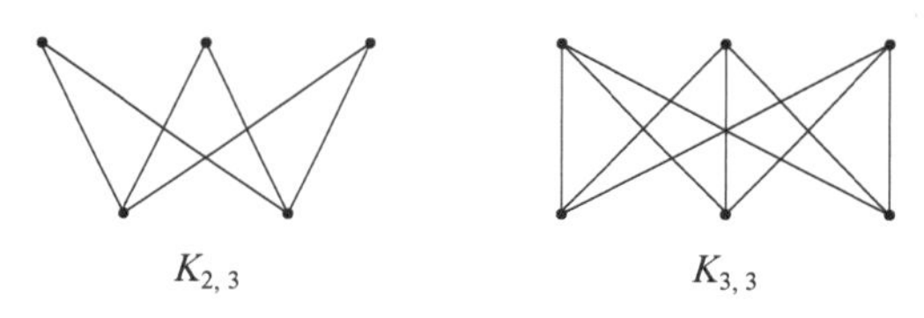

图 7.1.10　完全偶图

容易证明，$K_{m,n}$ 有 mn 条边.

例 7.1.6　K_3 不是偶图，而 C_6 是偶图.

（1）K_3 不是偶图. 若把 K_3 的 3 个顶点分成两个不相交的集合，则其中必有一个集合含 2 个顶点，而在 K_3 中，任意两个顶点之间都有边，包括这两个顶点. 所以，K_3 的顶点集不可能分成满足偶图要求的两个子集，因而 K_3 不是偶图.

（2）C_6 是偶图. 因为，如图 7.1.11 所示，可以将 C_6 的顶点集分成两个集合：$V_1=\{v_1, v_3, v_5\}$，$V_2=\{v_2, v_4, v_6\}$，所有的边都在这两个子集之间. C_5 是偶图吗？一般的 C_n 呢？请读者自行思考. ■

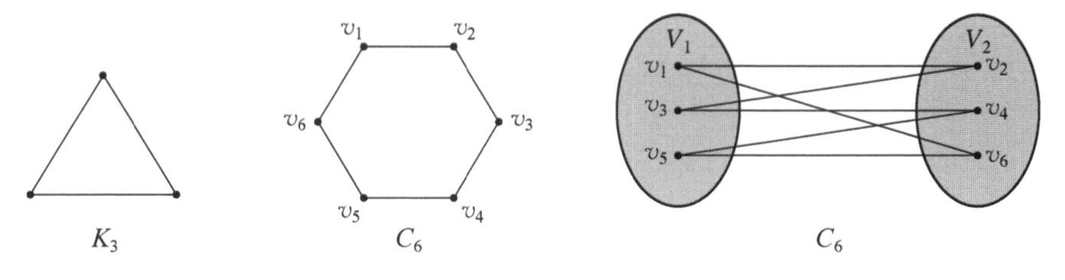

图 7.1.11　K_3 和 C_6

例 7.1.7 在如图 7.1.12 所示的两个图中,图 G 是偶图,因为它的顶点集可以分成两个不相交的子集:$\{a, b, d\}$ 和 $\{c, e, f, g\}$,所有的边都在这两个子集之间,顶点 a、b 和 d 之间没有边,顶点 c、e、f 和 g 之间也没有边. 图 H 不是偶图. 事实上,在图 H 中,顶点 a、b 和 f 导出的子图是一个 3 阶完全图 K_3,所以不可能将图 H 的顶点集分成满足偶图要求的两个子集. ■

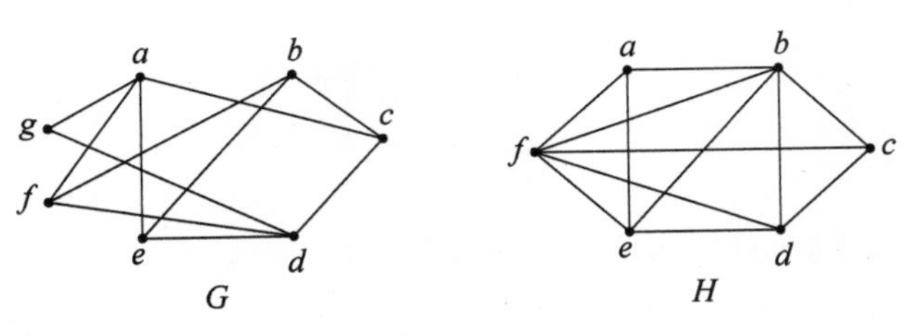

图 7.1.12 偶图 G 和非偶图 H

7.1.4 子图和图运算

所谓子图,简单来说,就是原图的一部分. 在实际应用中,经常需要关注事物整体的某一部分,反映在图模型中,就是子图.

定义 7.1.7

(1) 设图 $G=(V, E)$, $G'=(V', E')$. 若 $V' \subseteq V$ 且 $E' \subseteq E$,则称 G' 是 G 的**子图**,记作 $G' \subseteq G$;若 $G' \subseteq G$,且 $G' \neq G$,则称 G' 是 G 的**真子图**,记作 $G' \subset G$.

(2) 设图 $G=(V, E)$, $G'=(V', E')$, $G' \subseteq G$. 若 $V'=V$,则称 G' 是 G 的**生成子图**;若 E' 由 E 中两个端点都在 V' 中的所有的边组成,则称 G' 是由 V' 导出的**顶点导出子图**,记作 $G(V')$;若 $E' \neq \varnothing$, V' 由 E' 中所有的边的端点组成,则称 G' 是由 E' 导出的**边导出子图**,记作 $G(E')$.

在图 7.1.13 所示的图中,H_1 和 H_2 都是 G 的子图. H_1 既是 G 的由顶点集 $\{v_1, v_2\}$ 导出的顶点导出子图,又是由边集 $\{e_4, e_5\}$ 导出的边导出子图. H_2 是 G 的生成子图,也是 G 的由边集 $\{e_1, e_2, e_3\}$ 导出的边导出子图.

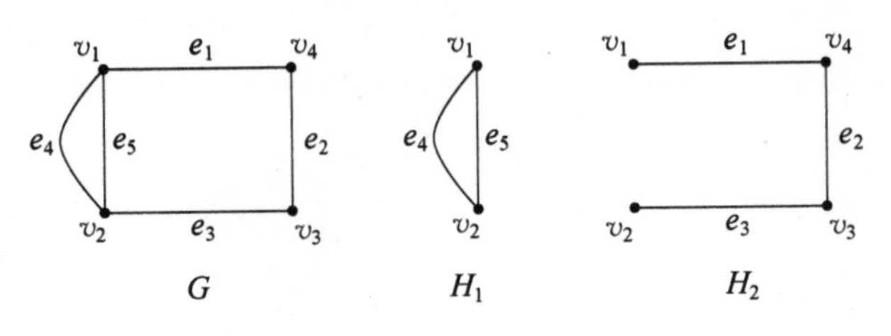

图 7.1.13 子图

对任意给定的简单图,总可以通过添加一些边,将它补足为一个具有相同顶点集的完全图.

定义 7.1.8　设简单图 $G=(V, E)$，$G'=(V, E')$，若 $E\cap E'=\varnothing$，且图 $(V, E\cup E')$ 是完全图，则称 G 与 G' 互为**补图**.

在图 7.1.14 所示的图中，G_1 和 G_2、G_3 和 G_4 互为补图.

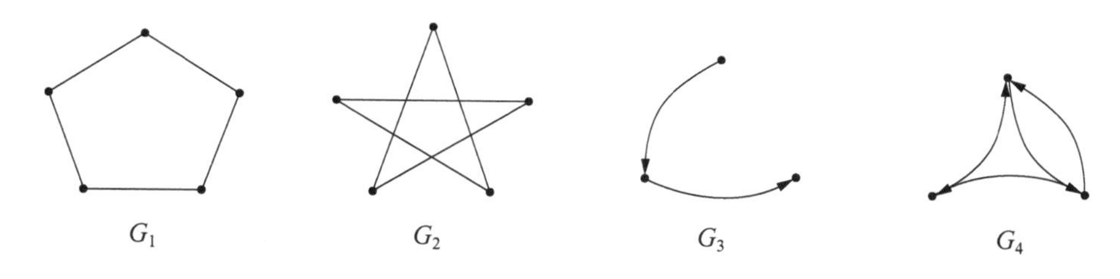

图 7.1.14　补图

定义 7.1.9　设图 $G_1=(V_1, E_1)$，$G_2=(V_2, E_2)$，$G_3=(V_3, E_3)$.

(1) 若 $V_3=V_1\cup V_2$，$E_3=E_1\cup E_2$，则称 G_3 是 G_1 与 G_2 的**并图**，记作 $G_3=G_1\cup G_2$；

(2) 若 $E_3=E_1-E_2$，$V_3=(V_1-V_2)\cup\{v\mid v\in V_1$，且在 E_3 中存在与 v 关联的边$\}$，则称 G_3 是 G_1 对 G_2 的**差图**，记作 $G_3=G_1-G_2$.

在图 7.1.13 所示的图中，$G=H_1\cup H_2$，$H_1=G-H_2$，$H_2=G-H_1$.

在图论的证明和对图进行操作时，经常需要增删图的某些顶点和边，为了便于叙述，我们约定下面的几种记法. 设图 $G=(V, E)$，v 和 e 分别是一个顶点和一条边，V_1 和 E_1 分别是顶点集和边集，且 e 和 E_1 中的边的端点都是 V 的元素，则

(1) 从 G 中删除 E_1 中的所有边以后所得到的图记为 $G-E_1$，即 $G-E_1=(V, E-E_1)$；$G-e$ 表示从 G 中删除边 e 以后所得到的图，即 $G-e=G-\{e\}$；

(2) 在 G 中添加 E_1 中的所有边以后所得到的图记为 $G+E_1$，即 $G+E_1=G(V, E\cup E_1)$；$G+e$ 表示在 G 中添加边 e 以后所得到的图，即 $G+e=G+\{e\}$；

(3) 从 G 中删除 V_1 中的所有顶点以及与它们关联的边以后所得到的图记为 $G-V_1$，即 $G-V_1=G(V-V_1)$；从 G 中删除顶点 v 及其所关联的边以后所得到的图记为 $G-v$，即 $G-v=G-\{v\}$；

(4) 在 G 中添加 V_1 中的所有顶点以后所得到的图记为 $G+V_1$，即 $G+V_1=(V\cup V_1, E)$；在 G 中添加顶点 v 以后所得到的图记为 $G+v$，即 $G+v=G+\{v\}$.

7.2　握手定理

握手定理揭示了图的边数和顶点的度之间的关系，这是一个简单、基本、有用的结论.

定理 7.2.1(握手定理) 设图 $G=(V, E)$,则有 $\sum_{v \in V} \mathrm{d}(v)=2|E|$.

证明: 因为在计算顶点的度数时,每条边都要在两个端点处各被计数一次,故定理成立. ■

推论 在任意图中,度为奇数的顶点的个数为偶数.

证明: 设图 G 的度为偶数的顶点所组成的集合为 V_0,度为奇数的顶点所组成的集合为 V_1. 由定理 7.2.1,有

$$\sum_{v \in V_0} \mathrm{d}(v)+\sum_{v \in V_1} \mathrm{d}(v)=\sum_{v \in V} \mathrm{d}(v)=2|E|,$$

从而,

$$\sum_{v \in V_1} \mathrm{d}(v)=\sum_{v \in V} \mathrm{d}(v)-\sum_{v \in V_0} \mathrm{d}(v)=2|E|-\sum_{v \in V_0} \mathrm{d}(v).$$

于是 $\sum_{v \in V_1} \mathrm{d}(v)$ 是两个偶数的差,必为偶数,即 $|V_1|$ 个奇数之和为偶数,所以 $|V_1|$ 必为偶数. ■

定理 7.2.2 设有向图 $G=(V, E)$,则有 $\sum_{v \in V} \mathrm{id}(v)=\sum_{v \in V} \mathrm{od}(v)=|E|$.

定理 7.2.2 可以类似于定理 7.2.1 那样证明,请读者自行考虑.

例 7.2.1 若图 G 有 10 条边、4 个 3 度的顶点,其余顶点的度数均不大于 2. 问 G 中至少有多少个顶点?

解: 设 V_1 是 G 中度数不大于 2 的顶点所组成的集合. 由握手定理,有

$$\sum_{v \in V_1} \mathrm{d}(v)=2 \times 10-4 \times 3=8.$$

而

$$\sum_{v \in V_1} \mathrm{d}(v) \leqslant \sum_{v \in V_1} 2=2|V_1|,$$

所以,$|V_1| \geqslant 4$,即 G 中除 4 个 3 度的顶点以外,至少还有 4 个度数不大于 2 的顶点,从而 G 中至少有 8 个顶点. ■

例 7.2.2 在任意集会中,和奇数个人握过手的人一定有偶数个.

证明: 为问题建立简单无向图模型:用顶点表示人,两个顶点之间有边当且仅当相应的两个人在集会中握过手. 显然,每个人的握手次数就是图中相应顶点的度数. 于是,由定理 7.2.1 的推论,和奇数个人握过手的人必有偶数个. ■

7.3 图的连通性

图的连通性问题是关于如何用若干条边将两个顶点连接起来的问题,是图论的一个基本问题,因为这样的问题在理论和实践中广泛存在,具有重要的理论和实用意义.

7.3.1 通路和回路

通过若干条边将两个顶点连接起来的问题在图论中抽象为通路的概念.

定义 7.3.1

(1) 设无向图 $G=(V, E)$. 若存在顶点和边的交替序列 $v_0e_1v_1e_2\cdots e_kv_k$, k 是非负整数,其中,对于任意 $i(i=1, 2, \cdots, k)$, v_{i-1} 和 v_i 是 e_i 的两个端点,则称此序列为顶点 v_0 到顶点 v_k 的**通路**或**路径**,其中包含的边的数目 k 称为此通路的**长度**;

(2) 设有向图 $G=(V, E)$. 若存在顶点和边的交替序列 $v_0e_1v_1e_2\cdots e_kv_k$, k 是非负整数,其中,对于任意 $i(i=1, 2, \cdots, k)$, v_{i-1} 是 e_i 的起点,v_i 是 e_i 的终点,则称此序列为顶点 v_0 到顶点 v_k 的**通路**或**路径**,其中包含的边的数目 k 称为此通路的**长度**.

当不需要区分不同的平行边时(如在简单图中),可在通路中略去所有的边,而仅用顶点的序列表示通路.

例 7.3.1 在如图 7.3.1 所示的图中,序列 α_1、α_2、α_3、α_4、α_5 和 α_6 都是从 v_1 到 v_4 的通路,其中, $\alpha_1=v_1v_2v_4$, $\alpha_2=v_1v_2v_3v_4$, $\alpha_3=v_1v_1v_2v_3v_4$, $\alpha_4=v_1v_2v_1v_2v_4$, $\alpha_5=v_1e_6v_2e_7v_1e_2v_3e_3v_4$, $\alpha_6=v_1e_1v_3e_3v_4$. ■

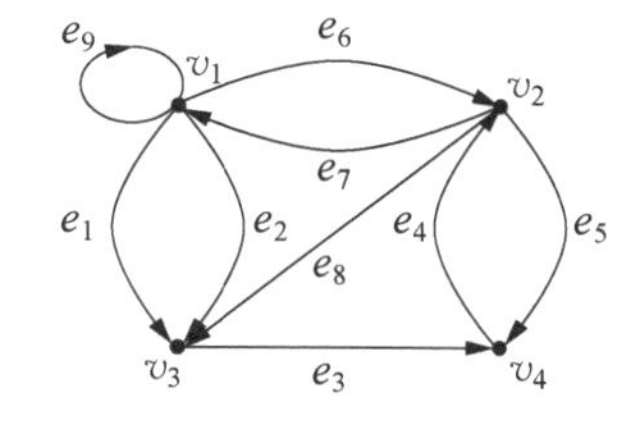

图 7.3.1 通路

定义 7.3.2 设 α 是图 G 的通路. 若 α 中所有的边互不相同,则称 α 为**简单通路**;若 α 中所有的顶点互不相同,则称 α 为**基本通路**.

定义 7.3.3 图中,起点和终点相同的通路称为**回路**;既是简单通路又是回路的通路称为**简单回路**;除起点和终点外,其他顶点互不相同的简单回路称为**基本回路**.

显然,基本通路必定是简单通路,基本回路一定是简单回路,反之不一定成立. 另外,基本通路不可能成为回路,因为在回路上至少有两个相同的顶点(起点和终点).

例 7.3.2 在如图 7.3.1 所示的图中,设 α_1、α_2、α_3、α_4、α_5 和 α_6 如同例 7.3.1, $\beta_1=v_2v_3v_4v_2$, $\beta_2=v_2v_1v_1v_2$, $\beta_3=v_2v_1v_2$, $\beta_4=v_2e_7v_1e_9v_1e_9v_1e_1v_3e_3v_4e_4v_2$, $\beta_5=v_1v_1$,则 α_1、α_2 和 α_6 是基本

通路,因而也是简单通路;α_3、α_5、β_1、β_2、β_3 和 β_5 是简单通路,但不是基本通路;α_4 和 β_4 不是简单通路,因而更不是基本通路;β_1、β_2、β_3、β_4 和 β_5 都是回路;β_1、β_3 和 β_5 是基本回路,因而也是简单回路;β_2 是简单回路,但不是基本回路;β_4 不是简单回路,因而更不是基本回路. ■

定理 7.3.1 在 n 阶图中,基本通路的长度不大于 $n-1$;基本回路的长度不大于 n.

证明: 由定义,通路的长度等于其中的顶点数目减一. 基本通路中没有重复出现的顶点,故其长度是其中不同顶点的数目减一. n 阶图的基本通路中不同顶点的数目至多为 n,因而其长度不大于 $n-1$.

类似地,基本回路的长度恰等于其中不同顶点的数目,因而 n 阶图的基本回路的长度不大于 n. ■

推论 在 n 阶图中,若存在从顶点 u 到顶点 v 的通路 $(u \neq v)$,则一定存在从 u 到 v 长度不大于 $n-1$ 的基本通路.

证明: 假设在 n 阶图 G 中,$\alpha = v_0e_1v_1e_2\cdots e_kv_k$ 是从顶点 u 到顶点 v 的通路,$v_0 = u$, $v_k = v$, $u \neq v$.

由定理 7.3.1, G 中任何基本通路的长度都不大于 $n-1$,所以,只要从 u 到 v 的基本通路存在,推论就必成立.

若 α 是基本通路,则显然从 u 到 v 的基本通路存在. 若 α 不是基本通路,则其中存在相同的顶点,不妨设 $v_i = v_j$, $0 \leqslant i < j \leqslant k$,于是 α 的子序列 $v_ie_{i+1}v_{i+1}e_{i+2}\cdots e_jv_j$ 构成一个回路,从 α 中删除这个回路(保留顶点 v_i)就得到从 u 到 v 的新通路 $v_0e_1v_1e_2\cdots e_iv_ie_{j+1}v_{j+1}\cdots e_kv_k$,记为 α_1. 显然 α_1 的长度小于 α 的长度. 若 α_1 仍然不是基本通路,则可以重复上述删除回路的过程,得到从 u 到 v 的通路 α_2,……. 注意到 α 的有限性,上述删除回路的过程不可能无限进行,最后一次删除过程结束后,所得到的通路就是从 u 到 v 的基本通路. 总之,从 u 到 v 的基本通路必定存在. ■

7.3.2 图的连通性

定义 7.3.4 若在无向图中存在从顶点 u 到顶点 v 的通路,则称 u 和 v 是**连通的**,并规定任意顶点到自身总是连通的. 若在有向图中存在从顶点 u 到顶点 v 的通路,则称 u 到 v 是**可达的**,并规定任意顶点到自身总是可达的.

定义 7.3.5 任意两个顶点都是连通的无向图称为**连通图**. 无向图的极大连通子图称为该无向图的**连通分量**或**连通分支**. 无向图 G 中的连通分量的数目记为 $\omega(G)$ 或 ω.

这里,所谓“极大”是指:在子图中不能再添加原图中的任何边或顶点使之仍为原图的连通子图. 也就是说,极大连通子图是连通子图,且它不是任何连通子图的真子图.

例 7.3.3 如图 7.3.2 所示,无向图 G 不是连通图,G_1、G_2 和 G_3 是 G 的三个连通分量,$\omega(G) = 3$. G_4 是 G 的连通子图但不是 G 的连通分量,因为 $G_4 \subset G_1$,且 G_1 是 G 的连通子图,所以 G_4 不是极大的连通子图. ■

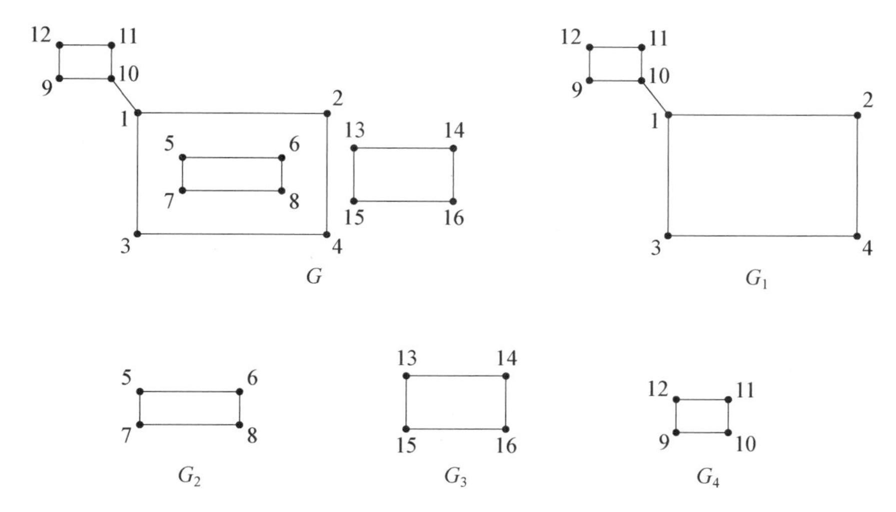

图 7.3.2 无向图的连通性和连通分量

显然,一个无向图是连通图当且仅当它以自己作为唯一的一个连通分量,即 $\omega = 1$.

在无向图中,若删除某个顶点以及所有与其关联的边以后,剩下的子图所含的连通分量的数目大于原图所含的连通分量的数目,则称该顶点为**割点**;若删除某条边以后,剩下的子图所含的连通分量的数目大于原图所含的连通分量的数目,则称该边为**割边**. 也就是说,若无向图 $G = (V, E)$, $v \in V$, $e \in E$,则 v 是割点当且仅当 $\omega(G) < \omega(G - v)$, e 是割边当且仅当 $\omega(G) < \omega(G - e)$.

在如图 7.3.2 所示的无向图中,G 和 G_1 都有 2 个割点和 1 条割边,请读者自行指出那些割点和割边;G_2、G_3 和 G_4 都没有割点和割边.

有向图也有相应的连通性概念.

定义 7.3.6 底图是连通图的有向图称为**弱连通图**. 若任意两个顶点至少从其中之一到另一个是可达的,则称这样的有向图为**单向连通图**. 任意两个顶点都相互可达的有向图称为**强连通图**. 有向图的极大强连通子图称为该有向图的**强连通分量**或**强连通分支**.

与连通分量类似,强连通分量是强连通子图,且它不是任何强连通子图的真子图.

例 7.3.4 在如图 7.3.3 所示的有向图中,G_1 是强连通图,G_2 是单向连通图但不是强连通图,G_3 是弱连通图但不是单向连通图.

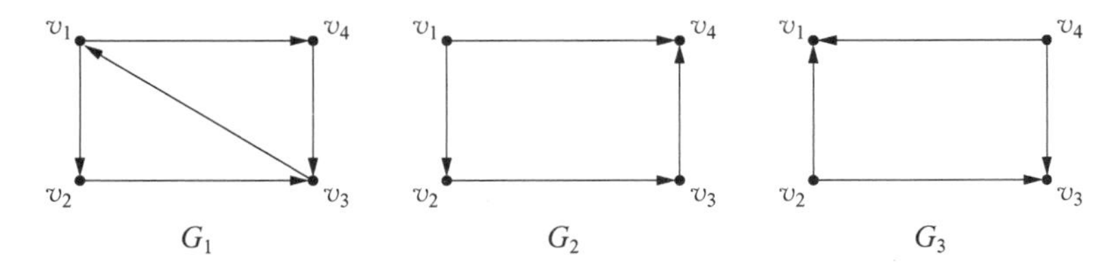

图 7.3.3 有向图的连通性

显然,强连通图一定是单向连通图,单向连通图一定是弱连通图,反之都不一定成立.

定理 7.3.2 有向图是强连通图当且仅当其中存在包含该图所有顶点的回路.

证明: 定理的充分性是比较显然的,必要性可通过具体地构造出一条这样的回路来证明. 设有向图 $G=(V, E)$.

(1) 充分性

设 G 有一条包含所有顶点的回路 α. 显然 α 上的任意两个顶点都是相互可达的. 由于 α 包含 G 的所有顶点,所以 G 的任意两个顶点都是相互可达的,因而 G 是强连通图.

(2) 必要性

设 G 是强连通图. 又设 u 和 v 是 V 中任意的两个顶点,则存在从 u 到 v 的通路 α_1 和从 v 到 u 的通路 α_2. 将 α_1 和 α_2 在 v 处连接起来就得到包含 u 和 v 的回路 α. 若存在 $x\in V$,且 x 不在 α 上,则同样可得到包含 u 和 x 的回路 β. 由于回路 α 和 β 有公共顶点 u,所以可将它们在 u 处连接起来,扩充为新的回路 α', α' 除包含 α 所包含的所有顶点以外,还包含 α 所不包含的顶点 x,不妨将 α' 仍记为 α. 由 G 的有限性,上述过程重复有限次后必将得到包含 G 的所有顶点的回路 α. ■

定理 7.3.2 的构造性证明方法在图论中经常使用,请读者注意掌握.

例 7.3.5 证明有向图任意两个不同的强连通分量都没有公共顶点.

证明: 设有向图 $G=(V, E)$, G 有多个不同的强连通分量, $G_1=(V_1, E_1)$ 和 $G_2=(V_2, E_2)$ 是其中任意的两个,且 $G_1\neq G_2$.

采用反证法,假设 $V_1\cap V_2\neq\varnothing$, $v\in V_1\cap V_2$.

由定理 7.3.2, G_1 中存在包含 V_1 中所有顶点的回路,不妨设 α 是这样的回路;同样, G_2 中存在包含 V_2 中所有顶点的回路,不妨设 β 是这样的回路. 由于 v 同时在 α 和 β 上,所以可以将 α 和 β 在 v 处连接起来,不妨设所的得到的回路为 γ. 显然, γ 是 $G_1\cup G_2$ 中的回路,且包含 $G_1\cup G_2$ 中的所有顶点,所以,由定理 7.3.2, $G_1\cup G_2$ 是 G 的强连通子图. 由于 $G_1\neq G_2$,所以 $G_1\cup G_2$ 至少与 G_1 和 G_2 中的一个不相等,不妨设 $G_1\cup G_2\neq G_1$. 于是 $G_1\subset G_1\cup G_2$,即强连通分量 G_1 是强连通子图 $G_1\cup G_2$ 的真子图. 这与强连通分量的定义矛盾.

综上,我们有 $V_1\cap V_2=\varnothing$,即 G_1 和 G_2 没有公共顶点. ■

反证法也是图论中常用的证明方法,在某些情况下,如果运用得当,可得到较为简洁的证明. 事实上,定理 7.3.2 的必要性也可用反证法予以证明,请读者自行尝试.

7.3.3 矩阵运算和连通性

图的连通性质可通过邻接矩阵的代数运算得到.

定理 7.3.3 设简单图 $G=(V, E)$, $V=\{v_1, v_2, \cdots, v_n\}$,邻接矩阵是 $\boldsymbol{A}=(a_{ij})_{n\times n}$. 若令

$(a_{ij}^{(m)})_{n\times n}=\boldsymbol{A}^m$（$m$ 是正整数），则 $a_{ij}^{(m)}$ 为 G 中从顶点 v_i 到 v_j 长度为 m 的不同的通路的条数.

证明： 对 m 使用归纳法.

（1）当 $m=1$ 时，$\boldsymbol{A}^m=\boldsymbol{A}$，由邻接矩阵的定义易知结论成立.

（2）假设当 $m=k$ 时结论成立，考察 $m=k+1$ 的情形.

因为 $\boldsymbol{A}^{k+1}=\boldsymbol{A}^k\boldsymbol{A}$，从而 $a_{ij}^{(k+1)}=\sum\limits_{p=1}^{n}a_{ip}^{(k)}\cdot a_{pj}$. 由归纳假设，从顶点 v_i 到 v_p 长度为 k 的不同的通路的条数是 $a_{ip}^{(k)}$，而由邻接矩阵的定义，v_p 到 v_j 长度为 1 的不同的通路的条数是 a_{pj}，所以从顶点 v_i 经 v_p 然后直接到 v_j 长度为 $k+1$ 的不同的通路的条数为 $a_{ip}^{(k)}\cdot a_{pj}$. 于是，从顶点 v_i 到 v_j 长度为 $k+1$ 的不同的通路的条数为 $\sum\limits_{p=1}^{n}a_{ip}^{(k)}\cdot a_{pj}=a_{ij}^{(k+1)}$.

所以，当 $m=k+1$ 时，结论亦成立.

综合（1）和（2），定理得证. ■

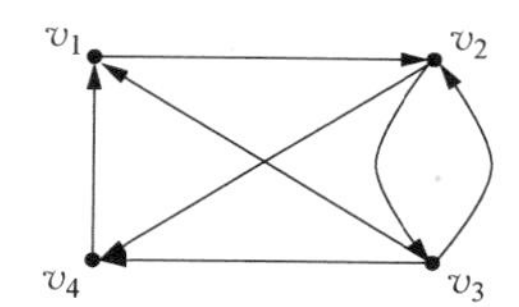

图 7.3.4　有向图 G

例 7.3.6　如图 7.3.4 所示的有向图 G 的邻接矩阵 $\boldsymbol{A}$ 及 $\boldsymbol{A}^2$、$\boldsymbol{A}^3$ 和 $\boldsymbol{A}^4$ 分别为：

$$\boldsymbol{A}=\begin{bmatrix}0&1&0&0\\0&0&1&1\\1&1&0&1\\1&0&0&0\end{bmatrix},\ \boldsymbol{A}^2=\begin{bmatrix}0&0&1&1\\2&1&0&1\\1&1&1&1\\0&1&0&0\end{bmatrix},\ \boldsymbol{A}^3=\begin{bmatrix}2&1&0&1\\1&2&1&1\\2&2&1&2\\0&0&1&1\end{bmatrix},\ \boldsymbol{A}^4=\begin{bmatrix}1&2&1&1\\2&2&2&3\\3&3&2&3\\2&1&0&1\end{bmatrix}.$$

于是，从 v_3 到 v_1 长度分别为 1、2、3 和 4 的不同的通路的数目分别是 1、1、2 和 3. ■

图的连通性可直接表示成可达矩阵.

定义 7.3.7　设图 $G=(V,E)$，$V=\{v_1,v_2,\cdots,v_n\}$. 定义 n 阶方阵 $\boldsymbol{P}=(p_{ij})_{n\times n}$，其中，

$$p_{ij}=\begin{cases}1, & v_i\text{ 到 }v_j\text{ 是可达的（若 }G\text{ 是有向图）或 }v_i\text{ 与 }v_j\text{ 是连通的（若 }G\text{ 是无向图），}\\0, & \text{否则，}\end{cases}$$

称此矩阵为 G 的**可达矩阵**.

显然，无向图是连通图或有向图是强连通图当且仅当其可达矩阵的每个元素均为 1.

设 n 阶图 $G=(V,E)$，$V=\{v_1,v_2,\cdots,v_n\}$，$\boldsymbol{A}$ 是其邻接矩阵. 令 n 阶方阵 $\boldsymbol{R}=(r_{ij})_{n\times n}=\sum\limits_{i=0}^{n-1}\boldsymbol{A}^i$，则由定理 7.3.3，$r_{ij}$ 为从顶点 v_i 到 v_j 长度不大于 $n-1$ 的（包括长度为 0 的）不同的通路的数目. 于是，由定理 7.3.1 的推论，v_i 到 v_j 是连通或可达的当且仅当 $r_{ij}\neq 0$. 由此可以得到计算 G 的可达矩阵的一种方法.

例 7.3.7 参见例 7.3.6,对于如图 7.3.4 所示的有向图,

$$\boldsymbol{R}=\sum_{i=0}^{3}\boldsymbol{A}^{i}=\begin{bmatrix}3&2&1&2\\3&4&2&3\\4&4&3&4\\1&1&1&2\end{bmatrix},$$

所以

$$\boldsymbol{P}=\begin{bmatrix}1&1&1&1\\1&1&1&1\\1&1&1&1\\1&1&1&1\end{bmatrix},$$

从而 G 是强连通图. ■

* 7.4 最短通路和 Dijkstra 算法

在许多理论和实际问题中都需要求图中两个顶点之间的最短通路. 下面针对不同的情况给出两种算法. 这两种算法的主要思想有相似之处,它们之所以有效,主要的依据是以下的事实: 若 $sv_1v_2\cdots v_i\cdots v_kt$ 是从顶点 s 到顶点 t 的最短通路,那么对于通路上任意的中间顶点 v_i, $sv_1v_2\cdots v_i$ 也是从顶点 s 到顶点 v_i 的最短通路. 这个事实是显然的,请读者自行思考. 本书未给出这两个算法的详细证明,但从算法思想和步骤不难看出它们的正确性,严格的证明可通过数学归纳法来进行,请读者自行考虑. 此外,尽管以下给出的例子都是针对无向图的,但实际上这两个算法也都适用于有向图.

7.4.1 广度优先搜索算法

设简单无向图 $G=(V, E)$, $s, t\in V$,要求找出顶点 s 到顶点 t 的长度最小的通路.

广度优先搜索是解决这个问题的一种简单的方法,其基本思想是: 从 s 开始,首先找出距 s 最近的顶点(s 到这些顶点的最短通路的长度为 1),然后找出距 s 第二近的顶点(s 到这些顶点的最短通路的长度为 2),……. 具体做法是: 首先考虑 s,接着考虑与 s 相邻的顶点(它们就是距 s 最近的顶点),然后考虑与这些顶点相邻的顶点(它们就是距 s 第二近的顶点),……,等等,同时对顶点作标记,记录 s 到该顶点的最短通路的长度和从 s 到它的最短通路上的前驱(即最短通路上该顶点的前一个顶点),最后,通过检查顶点上的标记反向地求出从 s 到每个顶点的最短通路. 比如,如果顶点 v 被标记为 $3(u)$,那么从 s 到 v 的最短通路的长度为 3,且在从 s 到 v 的最短通路上 u 是

v 的前驱,即某条从 s 到 v 的最短通路包含边$\{u, v\}$.

广度优先搜索算法

设简单图 $G=(V, E)$, $s \in V$. 算法将找出从 s 到其他各顶点的最短通路及其长度.

算法中,L 表示最近刚被标记的顶点的集合,k 记录当前已找到的最短通路的长度.

(1) 对 s 做标记

将 s 标记为 0( ). 令 $L=\{s\}$, $k=0$.

(2) 标记其他顶点

(a) $k=k+1$.

(b) 对于 L 中的每个顶点 v,找出与 v 相邻且尚未被标记的所有顶点,赋予它们标记 $k(v)$.

(c) 清空 L,把步骤(b)中刚被标记的顶点加入 L.

(3) 若 $L \neq \varnothing$,则转到(2).

(4) 构造最短通路

对于任意顶点 v,若顶点 v 未被标记,则 s 到 v 没有通路;否则,s 到 v 的最短通路的长度就是 v 上的数值标记,下列序列的逆序就构成从 s 到 v 的一条最短通路:(v, v 的前驱,v 的前驱的前驱,$\cdots$, s).

例 7.4.1 对于如图 7.4.1 所示的无向图,求从 S 到 I 和 K 的最短通路及其长度.

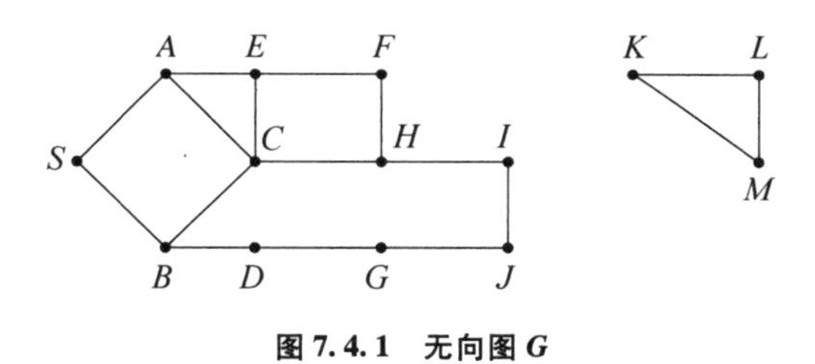

图 7.4.1　无向图 G

解: 应用广度优先搜索算法对 G 进行标记,结果如图 7.4.2 所示. 所以,S 到 I 的一条最短通路是 $SACHI$,其长度为 4; S 到 K 的通路不存在,因为 K 没有被算法标记. ■

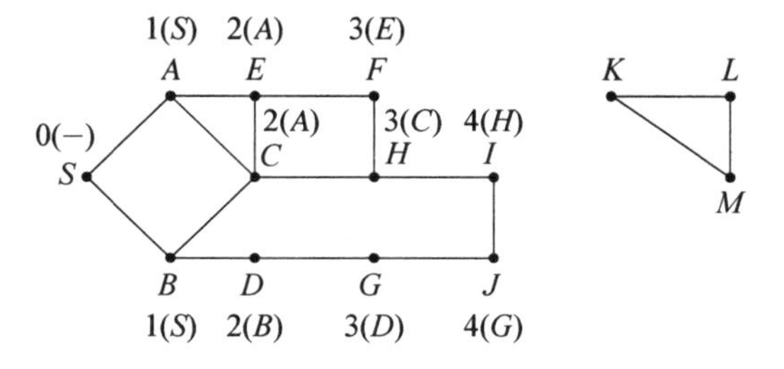

图 7.4.2　广度优先搜索算法的标记结果

7.4.2 带权图和 Dijkstra 算法

在实际应用中,图中的边常与一个数值相关联. 例如,在为铁路系统建立的无向图模型中,顶点表示城市,两个顶点之间有边当且仅当相应的城市之间有铁路,每条边都可被赋予一个数值,表示相应的两个城市之间的铁路距离. 两个城市之间沿铁路的距离是相应顶点之间的通路中所有边上的数值之和,而非通路中的边的数目. 这样的最短通路问题更广泛、更有实际意义.

带权图是指在边上带有表示某种信息的数值的图,这个数值称为**权**. 带权图中,通路的**长度**指通路上各条边的权之和.

例 7.4.2 如图 7.4.3 所示的图是一个带权图. 边 $\{A, B\}$ 的权为 1,边 $\{B, D\}$ 的权为 5. 通路 $SACE$ 的长度是 $3+2+3=8$,通路 $ABCDE$ 的长度是 $1+3+1+1=6$. ■

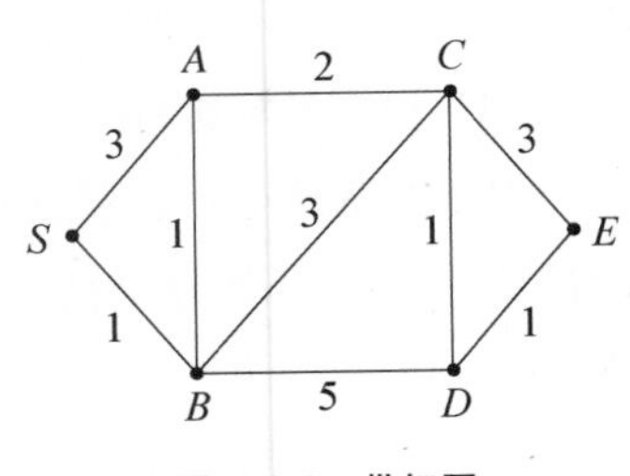

图 7.4.3 带权图

在为铁路系统建立的图模型中,顶点表示城市,边表示城市之间的铁路,边上的权表示铁路的长度. 在这个铁路交通网络的带权图中,任意两个顶点之间的最短通路就是相应城市之间的最短铁路线路.

一般地,带权图中的权表示某种代价或价值,在不同的问题中可被赋予不同的意义,如距离、时间、利润等等. 所以,求带权图最短通路的方法不仅可用于求最短的交通线路,还可以用来解决其他很多问题,只要能将问题抽象为带权图的最短通路问题即可.

著名的 Dijkstra 算法是公认的较好的求带权图最短通路的算法,其基本思想与广度优先搜索算法有相似之处,同样通过标记顶点,按长度递增的次序依次求出从某个顶点(始点)到其余各顶点(终点)的最短通路. 每个标记也包含两部分: 一个数值和一个前驱. 与广度优先搜索算法不同的是,在 Dijkstra 算法中,顶点不是逐步被标记的,而是一开始就全部被标记,但标记分为两类: 永久的和临时的. 在算法刚开始执行时,顶点被赋予的是临时标记,以后逐步修正为永久标记. 对于任意一个顶点,永久标记中的数值就是始点到它的最短通路的长度,永久标记中的前驱则是它在最短通路上的前驱;临时标记中的数值和前驱也是始点到它的"最短通路"的长度和"最短通路"上的前驱,但是,这里,"最短"的考查范围受到限制,即"最短通路"指所有这种通路中的最短通路: 它们的中间顶点仅限于具有永久标记的顶点.

Dijkstra 算法

设简单无向带权图 $G=(V, E)$. 假定 G 是完全图,并且所有权均不小于 0. 对任意 $\{u, v\} \in E$, $\{u, v\}$ 上的权记为 $w(u, v)$. 设 $s \in V$,算法将找出从 s 到其他各顶点的最短通路及其长度.

算法中,P 表示带永久标记的顶点的集合.

(1) 初始标记

(a) 将 s 标记为 0( ). 令 $P=\{s\}$.

(b) 将每个不在 P 中的顶点 v 标记为 $w(s, v)(s)$.

(2) 标记永久化

(a) 取一个不在 P 中,且带有最小临时数值标记的顶点,设为 u,将 u 加入到 P 中.

(b) 对每个不在 P 中且与 u 相邻的顶点 x,将其数值标记替换为下列二者中的较小者: x 的旧数值标记、u 上的数值标记$+w(u, x)$. 如果 x 的数值标记确实改变了,则将 x 的前驱标记替换为 u.

(3) 若 $P \neq V$,则转到(2).

(4) 构造最短通路

对于任意顶点 v,若其数值标记为∞,则 s 到 v 没有通路;否则,s 到 v 的最短通路的长度就是 v 上的数值标记,下列序列的逆序就构成从 s 到 v 的一条最短通路: (v, v 的前驱,v 的前驱的前驱,…, s).

注意: 上述算法假定图 G 为完全图. 在一般情况下,若 G 不是完全图,则可以在 G 中添加一些具有∞权值的边,从而将 G 当作是完全图. 此外,所有边上的权均不小于 0 保证了: 只要两个顶点之间存在通路,最短通路就必定存在. 请读者自行思考其中的原因.

例 7.4.3 对如图 7.4.3 所示的带权图应用 Dijkstra 算法,假定始点是 S. 步骤(1)执行以后的标记情况如图 7.4.4 所示,执行 1 次步骤(2)以后的标记情况如图 7.4.5 所示,算法终止以后的标记情况如图 7.4.6 所示,其中,顶点上的 * 号表示该顶点带永久标记. 在图 7.4.6 中,顶点上的数值标记给出了 S 到它的最短通路的长度,按照顶点上的前驱标记回溯,就可以找到一条以这个数值为长度的最短通路. 例如,通路 $SBCDE$ 是 S 到 E 的最短通路,长度为 6. ■

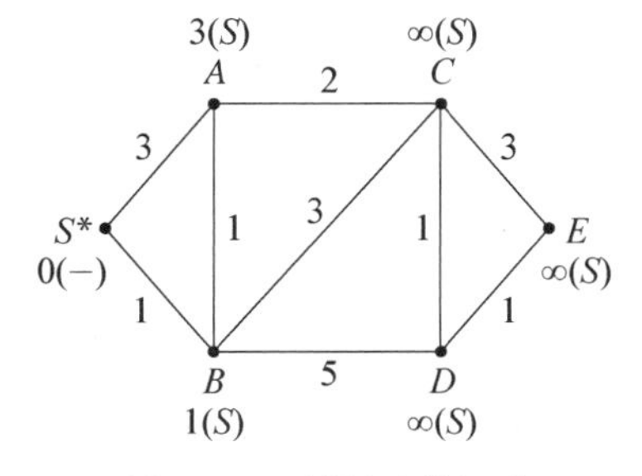

图 7.4.4　步骤(1)执行后

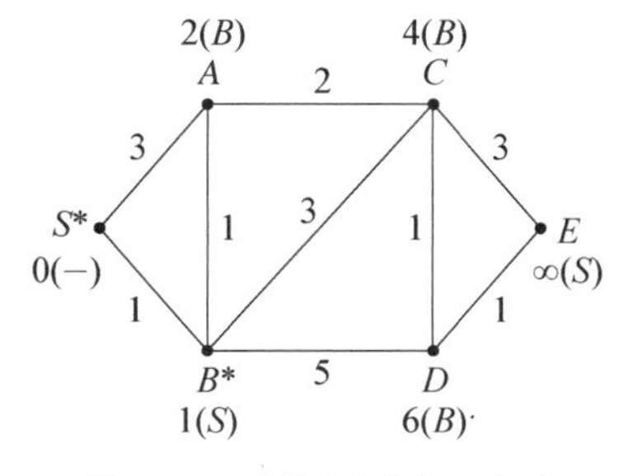

图 7.4.5　步骤(2)执行 1 次后

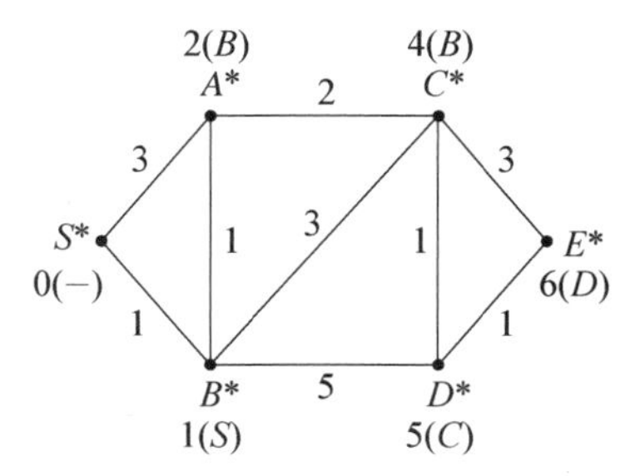

图 7.4.6　算法终止后

7.5 顶点着色

图论的应用十分广泛,有些应用甚至出乎人们的意料.

例 7.5.1 假设一化工厂要通过铁路运输六种化工原料 P_1、P_2、P_3、P_4、P_5 和 P_6,它们的数量并不多,一节火车车厢就足以装下所有的化工原料. 但是,由于有些化工原料混合在一起会发生爆炸,所以不能装在同一节车厢. 假定 P_1 和 P_2、P_3、P_4,P_2 和 P_3、P_5,P_3 和 P_4,P_5 和 P_6 不能在同一节车厢里运输. 为了降低运费,希望使用尽可能少的车厢.

可以这样来为问题建立图模型,用顶点表示化工原料,两个顶点之间有边当且仅当相应的两种化工原料不能放在一起,如图 7.5.1 左边的图所示. 如果用车厢给图的每个顶点做标记,使相邻顶点有不同的标记,那么这种标记就给出了一种装载化工原料的方案,其中所需要的车厢数就是不同的标记的数目.

如果 P_1 标记为车厢 1,那么 P_2 就需要另一节不同的车厢,设为车厢 2. P_3 与 P_1 以及 P_2 相邻,所以 P_3 需要另一节车厢,设为车厢 3. 但是,P_4 不需要新的车厢,可以标记为车厢 2. P_5 也不需要新的车厢,车厢 1 或车厢 3 都可以用,假设选择车厢 1. P_6 可以选车厢 2 或车厢 3,假设选车厢 2. 图 7.5.1 右边的图说明了如何标记顶点以使不相容的化工原料位于不同的车厢. 此外,由于 P_1、P_2 和 P_3 相互邻接,因此任何满足要求的方案都至少需要三节不同的车厢. 所以,图 7.5.1 右边的图给出了一种最优的运输方案. ■

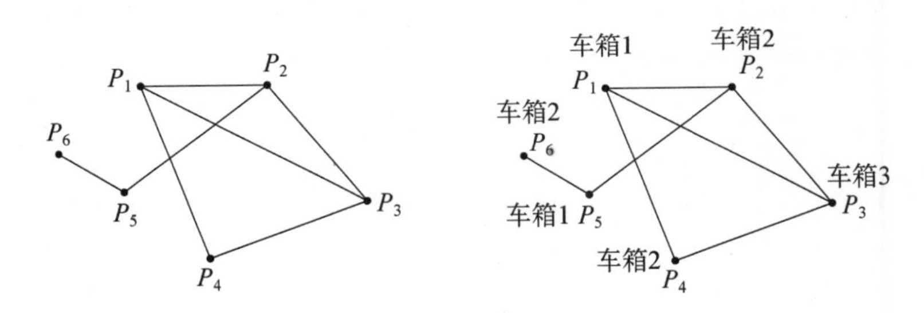

图 7.5.1 化工原料运输问题的图模型

给图中的顶点指定标记,使得相邻的顶点有不同的标记,这种想法起源于地图着色问题(参见第八章),所以这些标记一般被称为颜色.

定义 7.5.1 给简单无向图 G 的每个顶点指定一种颜色,使得相邻的顶点着有不同的颜色,这样的着色方案称为 G 的**顶点着色**,简称**着色**. 在 G 的所有着色中,最少的颜色数目称为 G 的**色数**,记作 $\chi(G)$ 或 χ.

在例 7.5.1 中,所需的最少车厢数就是如图 7.5.1 所示的无向图的色数,一种颜色对应于一节车厢. 由例 7.5.1 的分析可知,该图的色数是 3,因为存在颜色数目为 3 的着色,但不存在颜色数目更少的着色.

例 7.5.2　下列四个结论不难证明.

(1) $\chi(K_n)=n$.

K_n 可以用 n 种颜色着色,而每个顶点都与其他所有顶点相邻,所以使用更少的颜色数不可行.

(2) 若 $n(n\geqslant 3)$ 是奇数,则 $\chi(C_n)=3$.

设 n 是奇数. 把 C_n 中的基本回路表示为顶点序列,则其中有 $n+1$ 个顶点,且第一个顶点和最后一个顶点相同. 在 C_n 的任何着色中,序列中相邻的顶点必须具有不同的颜色,因为它们在 C_n 中也是相邻的. 若用 2 种颜色为 C_n 着色,则序列中的顶点颜色必定是交替的. 由于 n 是奇数, $n+1$ 是偶数,所以序列的第一个顶点和最后一个顶点将具有不同的颜色. 但是,实际上,它们是 C_n 中的同一个顶点,必须具有相同的颜色. 于是,无法用 2 种颜色为 C_n 着色. 显然, C_n 也没有 1 种颜色的着色,但有 3 种颜色的着色. 所以, $\chi(C_n)=3$. 请读者参见图 7.5.2.

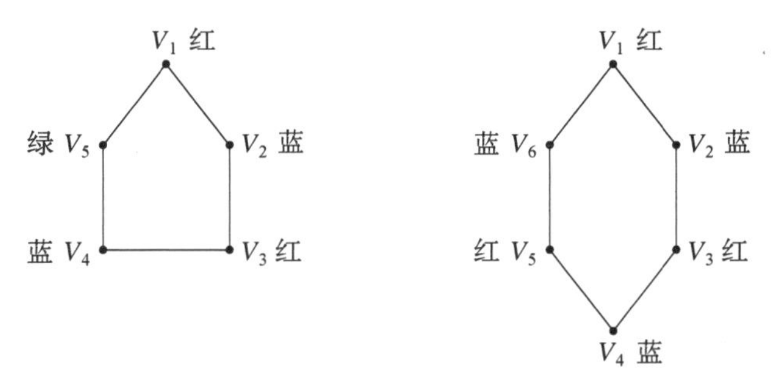

图 7.5.2　C_5 和 C_6 的着色

(3) 若 $n(n\geqslant 4)$ 是偶数,则 $\chi(C_n)=2$.

设 n 是偶数. 显然, C_n 没有 1 种颜色的着色,但有 2 种颜色的着色. 所以, $\chi(C_n)=2$. 请读者参见图 7.5.2.

(4) 若 n 是奇数,则 $\chi(W_n)=4$;若 n 是偶数,则 $\chi(W_n)=3$.

由上述关于 C_n 的结论很容易验证这两个结论. ■

例 7.5.3　若 G 是至少含一条边的简单无向图,则 G 是偶图当且仅当 $\chi(G)=2$.

证明: 设简单无向图 $G=(V,E)$, $|E|\geqslant 1$. 显然, G 没有 1 种颜色的着色,所以 $\chi(G)\geqslant 2$.

(1) 设 G 是偶图, $V=V_1\cup V_2$, $V_1\cap V_2=\varnothing$.

给 V_1 中的顶点着以一种颜色,给 V_2 中的顶点着以另一种颜色. 显然,这是 G 的一种着色. 所以,$\chi(G) \leqslant 2$,从而$\chi(G) = 2$.

(2) 设$\chi(G) = 2$.

因为$\chi(G) = 2$,所以 G 存在颜色数为 2 的着色. 假设在 G 的一个颜色数为 2 的着色中,被着以第一种颜色的顶点的集合是 V_1,被着以第二种颜色的顶点的集合是 V_2,则 $V = V_1 \cup V_2$, $V_1 \cap V_2 = \varnothing$. 因为 V_1 中的顶点在这个着色中被着以相同的颜色,所以它们互不相邻. 同样, V_2 中的顶点也互不相邻. 所以,G 是偶图. ■

在一般情况下,要确定一个图的色数并不容易. 下面给出的三个结论有助于确定图的色数.

定理 7.5.1 对于任意简单无向图 G, $\chi(G) \leqslant \Delta(G) + 1$.

证明: 设 G 是简单无向图. 对于任意指定的 $\Delta(G) + 1$ 种颜色,下面的过程将给出仅使用这些颜色的 G 的一种着色. 任选一个尚未被着色的顶点 v,考查与 v 相邻的已被着色的顶点. 由于与 v 相邻的顶点最多只有 $\Delta(G)$ 个,所以,在指定的 $\Delta(G) + 1$ 种颜色中,至少有 1 种颜色尚未被用于与 v 相邻的顶点上,于是就将 v 着以这样的一种颜色. 重复这个过程,直到 G 的所有顶点都已被着色.

由于 G 存在颜色数不超过 $\Delta(G) + 1$ 的着色,所以$\chi(G) \leqslant \Delta(G) + 1$. ■

定理 7.5.2 (Brooks 定理) 若简单无向图 G 不是完全图,也不是奇圈,则$\chi(G) \leqslant \Delta(G)$.

定理 7.5.2 中的奇圈是指含奇数个顶点的圈图. 这个定理的证明比较复杂,所以本书不给出它的证明.

定理 7.5.3 对于任意简单无向图 G, $\chi(G) \leqslant 2$ 当且仅当 G 不包含长度为奇数的回路.

证明: 设 G 是简单无向图.

(1) 设$\chi(G) \leqslant 2$.

通过类似于例 7.5.2(2)的论证,容易证明:若 G 包含长度为奇数的回路,则 G 的任意着色至少包含 3 种颜色. 因此,当$\chi(G) \leqslant 2$ 时,G 不包含长度为奇数的回路.

(2) 设 G 中没有长度为奇数的回路.

容易看出,各连通分量的最大色数也就是 G 的色数,所以不妨进一步假设 G 是连通图.

任选一个顶点 s,从 s 开始应用广度优先搜索算法(参见 7.4 小节). 由于 G 是连通的,所以每个顶点最终都会被标记. 把数值标记为奇数的顶点着以一种颜色,数值标记为偶数的顶点着以另一种颜色.

对于任意两个不同的顶点 u 和 v,如果它们在上述赋色方法下被赋予相同的颜色,则从 s 到 u 和 v 的最短通路的长度的奇偶性相同. 若 u 和 v 相邻,则可以利用这两条最短通路构造回路 $s\cdots uv\cdots s$,其长度是: s 到 u 的最短通路的长度+s 到 v 的最短通路的长度+1,这是一个奇数,与假设 G 中没有长度为奇数的回路矛盾. 所以,在上述赋色方法下,被赋予相同颜色的顶点必定不是相邻的,这个赋色方案是 G 的一个着色.

由于 G 存在颜色数不超过 2 的着色，所以 $\chi(G) \leqslant 2$. ■

例 7.5.4 对如图 7.5.3 所示的图应用 2 次广度优先搜索算法，分别从左边连通分量中的顶点 V 和右边连通分量中的顶点 X 开始，所得到的标记如图所示. 根据顶点数值标记的奇偶性，用红色或蓝色给顶点着色，得到 2 个颜色的着色. 请读者自行验证这个图中没有长度为奇数的回路. ■

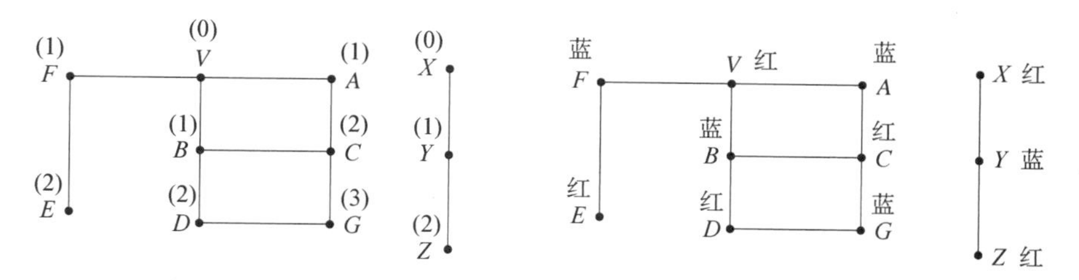

图 7.5.3　广度优先搜索和着色

例 7.5.5 求如图 7.5.4 所示的彼得森图的色数.

解: 因为 $\Delta = 3$，所以，由 Brooks 定理，$\chi \leqslant 3$. 又因为图中有长度为奇数的回路，所以，由定理 7.5.3，$\chi \geqslant 3$. 于是，$\chi = 3$. ■

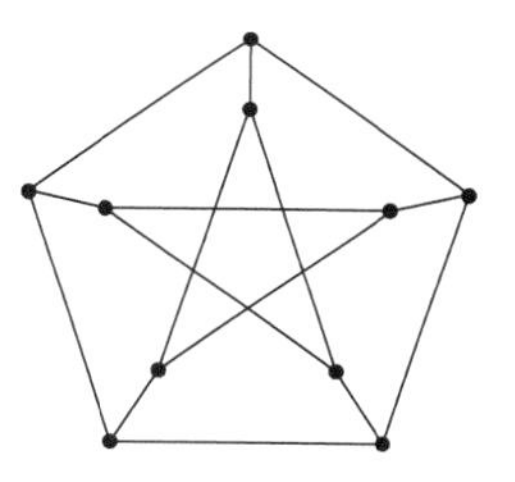

图 7.5.4　彼得森图

在给地图着色时，有公共边界（公共边界不是一个点）的国家应着以不同的颜色. 给任意一张地图着色用多少种颜色就一定够了呢？为这个问题建立图模型的方法是：国家用顶点表示，两个顶点之间有边当且仅当相应的国家有公共边界. 于是，给地图着色就相当于给这个图（模型）的顶点着色，使相邻的顶点没有相同的颜色 . 1852 年就有人猜测：用四种颜色就可以给任何地图着色. 这就是著名的四色猜想. 直到 1976 年，两位美国数学家阿贝尔和黑肯才证明了这个猜测，四色猜想从此转变成四色定理. 他们的证明借助计算机对 1900 多种情况进行了穷举分析，这个过程在当时的一台高速计算机上耗费了 1200 多个小时. 第八章将对这个问题作进一步的讨论.

例 7.5.6 如图 7.5.5(a) 所示的是美国州地图的一部分，按上述方法得到的图模型如图 7.5.5(b) 所示. 这个图可用 3 种颜色着色，如图 7.5.5(c) 所示. ■

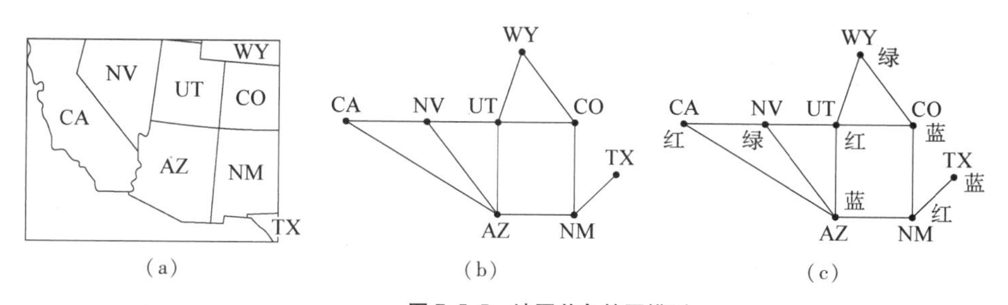

图 7.5.5　地图着色的图模型

7.6 图同构

图论中的图是对象及其相互之间联系的数学抽象,同一个图可表示成不同形状的图形,图形中顶点的位置、边的长短和曲直都无关紧要,只要它们都是对同一事物的抽象,那么它们本质上就是相同的. 更进一步地,如果不同事物的各对象之间具有相似的关系,则除了顶点和边的命名不同以外,它们的图模型也具有相似的图形和性质. 由于图论关心的是抽象的图的性质,而不是图所表示的具体事物的属性,于是就有图的同构的概念,同构的图从图论的角度来看是相同的.

定义 7.6.1

(1) 设简单无向图 $G_1=(V_1,\ E_1)$, $G_2=(V_2,\ E_2)$. 若存在一一对应 f: $V_1\to V_2$,使得对于任意 $u,\ v\in V_1$, $\{u,\ v\}\in E_1$ 当且仅当 $\{f(u),\ f(v)\}\in E_2$,则称 G_1 与 G_2 **同构**.

(2) 设简单有向图 $G_1=(V_1,\ E_1)$, $G_2=(V_2,\ E_2)$. 若存在一一对应 f: $V_1\to V_2$,使得对于任意 $u,\ v\in V_1$, $(u,\ v)\in E_1$ 当且仅当 $(f(u),\ f(v))\in E_2$,则称 G_1 与 G_2 **同构**.

简而言之,两个图同构是指在它们的顶点集之间存在保持相邻关系的一一对应.

例 7.6.1 在图 7.6.1 中,G_1 与 G_2 同构,顶点的对应关系是: $1\leftrightarrow v_1$, $2\leftrightarrow v_2$, $3\leftrightarrow v_3$, $4\leftrightarrow v_4$; G_3 与 G_4 同构,顶点的对应关系是: $p_1\leftrightarrow v_1$, $p_3\leftrightarrow v_2$, $p_5\leftrightarrow v_3$, $p_2\leftrightarrow v_4$, $p_4\leftrightarrow v_5$, $p_6\leftrightarrow v_6$. 容易验证,这两个对应关系都保持顶点的相邻关系. 注意,图 7.6.1 给出的图 G_3 和 G_4 的图形差异较大,但它们实际上是同构的,具有完全相同的图论性质. ■

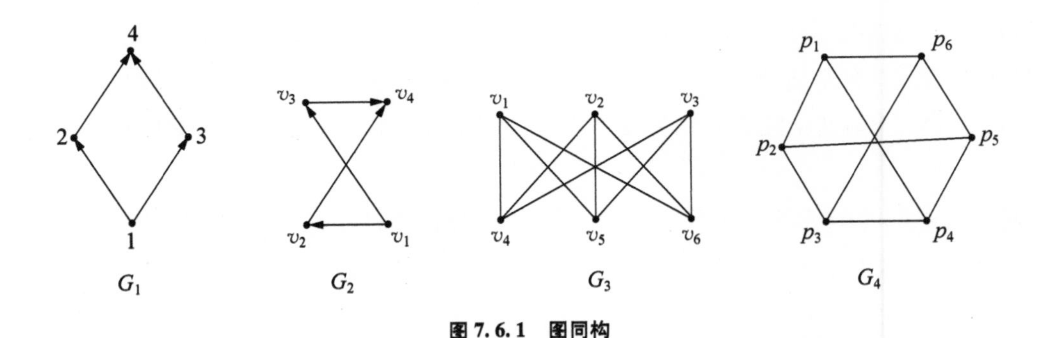

图 7.6.1 图同构

若简单图 $G_1=(V_1,\ E_1)$ 与 $G_2=(V_2,\ E_2)$ 同构,则显然有:

(1) $|V_1|=|V_2|$;

(2) $|E_1|=|E_2|$;

(3) G_1 是连通的(强连通的)当且仅当 G_2 是连通的(强连通的);

(4) 对任意 $v_1\in V_1$,必定存在 $v_2\in V_2$,使 $\mathrm{d}(v_1)=\mathrm{d}(v_2)$.

这些性质是两个图同构的必要条件，只要其中之一不满足，就可断定两个图不同构；但它们不是两个图同构的充分条件，不能用来断定两个图是同构的.

例 7.6.2　在图 7.6.2 中，G_1 与 G_2 不同构，因为在 G_2 中，$\mathrm{d}(a)=4$，$\mathrm{d}(e)=1$，但在 G_1 中，不存在度为 1 或 4 的顶点. ■

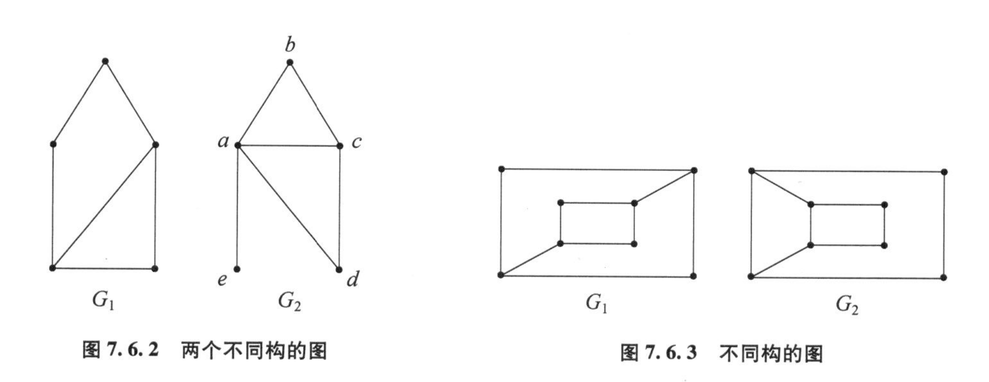

图 7.6.2　两个不同构的图　　　图 7.6.3　不同构的图

例 7.6.3　在图 7.6.3 中，G_1 与 G_2 满足上述图同构的四个必要条件，但它们不同构. 如果它们同构，则在它们的顶点集之间存在一个一一对应，其中，G_1 的度为 3 的顶点只能与 G_2 的度为 3 的顶点相对应，且这个一一对应在这些度为 3 的顶点之间应保持相邻关系. 但是，在 G_2 中，度为 3 的顶点之间有 4 条边，即有 4 对相邻的顶点，而在 G_1 中，度为 3 的顶点之间仅有 2 条边，即仅有 2 对相邻的顶点. 所以，这两个图不同构. ■

7.7　小结

图论中的图是对离散对象及其联系的抽象，与日常的地理图完全不同，所以同一个图可以表示成多种不同的图形，无需考虑精确的位置、形状和大小等等. 有向图和无向图分别用于表示不同类型的联系，但是，本质上，无向图就是一种特殊的有向图.

图具有直观形象的特点，可以帮助我们分析和解决问题，所以图论的应用性很强，读者不仅要掌握有关的基础知识，更需仔细体会利用图模型解决实际问题的基本思想和方法. 尤其是，实际应用问题千变万化，没有固定的模式，所以解决问题的方法也千差万别，没有万能的方法或工具，必须能灵活地运用基本知识和方法，这对学好图论非常重要.

图的基本概念、术语和记号是学习图论的基础，需彻底掌握. 有些概念和术语对有向图和无向图都适用，而另一些则只适用于有向图或无向图，须注意分辨.

矩阵是简单有效的表示图的方法，尤其是矩阵可以简单地在计算机中存储和处理. 邻接矩阵和关联矩阵是图的两种常用的矩阵表示方法. 通过对矩阵进行一些简单的代数运算可以得到图的许多属性,如图的边数、顶点的度数、通路的数目和连通性等等.

握手定理指出了图的边数和顶点的度数之间的关系,这是一个简单而有用的定理,许多图论问题的解决需要借助于它.

连通性问题是图论的基本问题. 在 n 阶图中,基本通路的长度不大于 $n-1$,基本回路的长度不大于 n,任何两个不同的顶点之间只要有通路就一定有长度不大于 $n-1$ 的基本通路. 根据这个性质,通过对邻接矩阵进行一系列乘幂和求和运算可得到表示连通性的可达矩阵. 有向图的强连通性还可通过验证图中是否存在包含所有顶点的回路来判定.

最短通路问题在日常生活和工作中普遍存在,广度优先搜索算法和 Dijkstra 算法可分别用来在不带权和带权的图中求出从某个始点到其余各顶点的最短通路.

源于地图着色问题的图着色问题出乎人们意料地还具有许多其他应用,比如,在有冲突的情况下分配资源.

不同的事物可以具有相似的内在结构,它们在图论中被抽象成类似的图. 同一个图也可以画成多种几何图形. 这些表面上看起来不同的图和图形具有相同的顶点相邻关系,是同构的,在图论中被当作同一个图进行研究.

7.8 习题

1. 如图 7.8.1 所示的图哪些是简单图? 哪些是多重图?

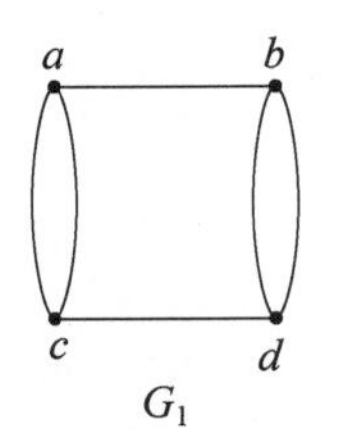

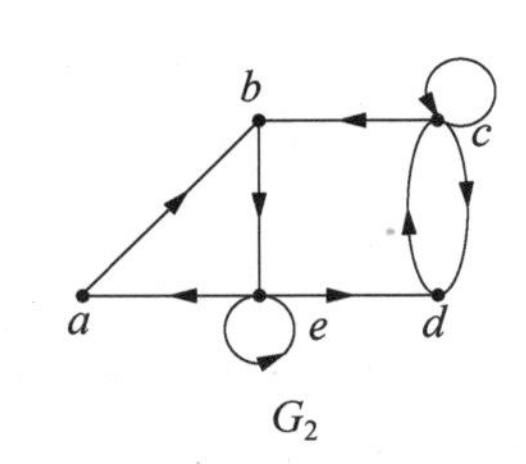

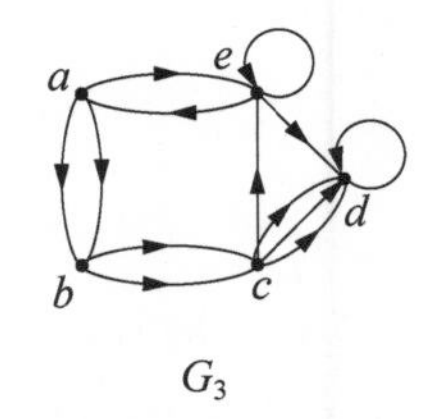

图 7.8.1 三个图

2. 6 个学生: Alice、Bob、Carol、Dean、Santos 和 Tom,其中,Alice 和 Carol 不和,Dean 和 Carol 不和,Santos、Tom 和 Alice 两两不和. 请给出表示这种情形的图模型.

3. 请证明 n 阶有向完全图有 $n(n-1)$ 条边.

4. 设简单无向图 G 有 n 个顶点, $n+1$ 条边. 请证明 G 中至少有一个顶点的度大于或等于 3.

5. 下列矩阵可能是某个无向图的邻接矩阵吗? 可能是某个有向图的邻接矩阵吗?

$$\begin{bmatrix} 0 & 1 & 0 & 1 & 0 \\ 1 & 0 & 0 & 1 & 1 \\ 0 & 0 & 0 & 0 & 1 \\ 1 & 1 & 0 & 0 & 0 \\ 0 & 0 & 0 & 0 & 0 \end{bmatrix}$$

6. 不同的 C_3 的子图有多少个?

7. 请证明:在顶点个数不小于 2 的简单无向图中,必有度数相同的顶点.

***8.** 设 $G=(V,E)$ 是偶图. 请证明:$|E| \leqslant \frac{|V|^2}{4}$.

***9.** 请证明:$Q_n(n \geqslant 1)$ 是偶图.

10. 在一个有 10 条边的图中,若每个顶点的度都为 2,则其中有多少个顶点?

11. 设图 G 有 n 个顶点,其中没有孤立点. 问 G 至少有多少条边? 请证明你的答案.

***12.** 一天晚上张先生夫妇参加了一个聚会,参加聚会的人中还有另外三对夫妇,他们相互握了手. 假设没有人自己与自己握手,没有夫妻之间的握手,且同两个人握手不超过一次. 当其他人告诉张先生,他或她握了多少次手时,答案都不相同. 问张先生和太太分别握了几次手?

13. 请证明:若无向图 G 的每个顶点的度均不小于 2,则 G 中必有长度大于 0 的基本回路.

14. 设简单无向图 $G=(V,E)$,$\delta(G) \geqslant k(k \geqslant 1)$. 请证明:$G$ 有长度为 k 的基本通路.

15. 请证明:若无向图 G 没有长度为奇数的基本回路,则 G 必没有长度为奇数的任何回路.

16. 请分别求出如图 7.8.2 所示的三个无向图的连通分量.

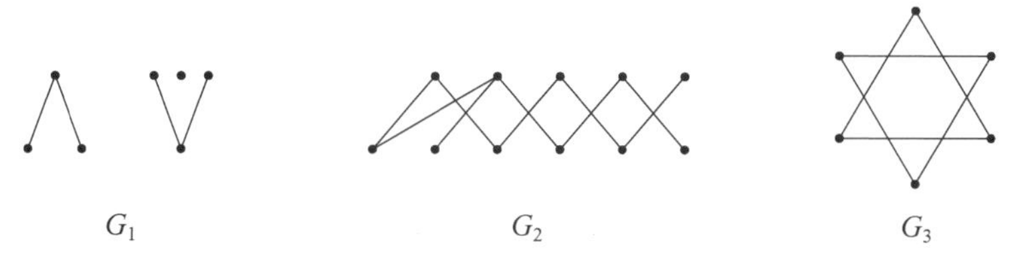

图 7.8.2　三个无向图

17. 请证明:在任何无向图中,每一个奇数度的顶点都有通路连通到另一个奇数度的顶点.

18. 设 G 是 n 阶简单无向图. 请证明:若 G 中任意两个不同的顶点的度数之和均不小于 $n-1$,则 G 是连通图.

19. 请给出如图 7.8.3 所示的有向图的邻接矩阵和可达矩阵.

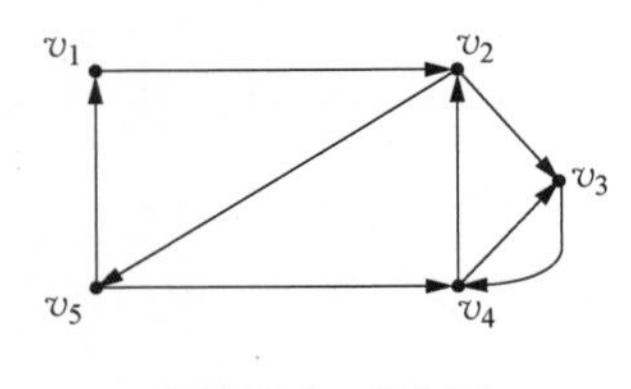

图 7.8.3　有向图

20. 请在如图 7.8.4 所示的带权有向图中求出 a 到 z 的最短通路及其长度.

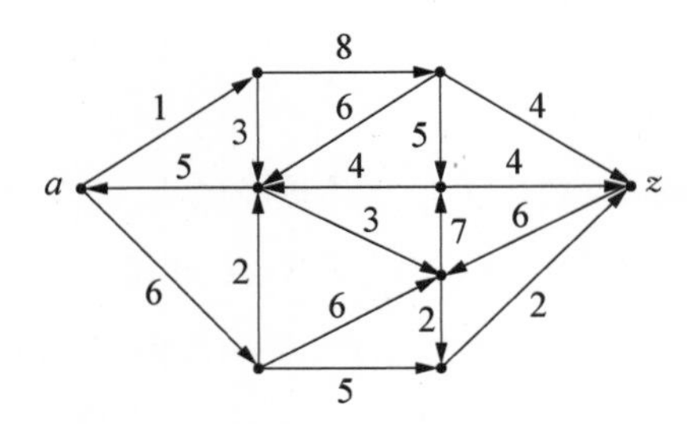

图 7.8.4　带权有向图

21. 无向图的色数为 1 意味着什么?

22. 请用最少的颜色为下面的地图着色.

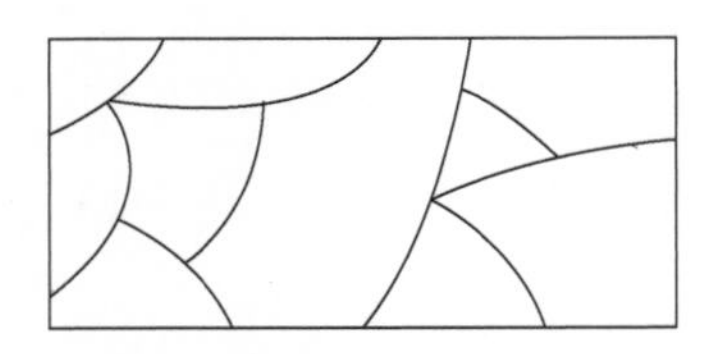

图 7.8.5　地图

23. 只要两家电视台发射塔之间的距离不超过 150 公里,它们就不能使用相同的频道. 现在有 6 家电视台,其发射塔相互之间的距离如表 7.8.1 所示. 问最少需要多少个不同的频道?

表 7.8.1

电视台	1	2	3	4	5	6
1	—	85	175	200	50	100
2	85	—	125	175	100	160
3	175	125	—	100	200	250
4	200	175	100	—	210	220
5	50	100	200	210	—	100
6	100	160	250	220	100	—

24. 一大学有 5 个专业委员会：物理、化学、数学、生物、计算机，6 位院士：B、C、D、G、S、W. 专业委员会由院士组成，物理委员会有院士：C、S 和 W，化学委员会有院士：C、D 和 W，数学委员会有院士：B、C、G 和 S，生物委员会有院士：B 和 G，计算机委员会有院士：D 和 G. 每个专业委员会每周开一小时例会，所有成员都不能缺席. 如果某院士同时是两个专业委员会的成员，那么这两个专业委员会的例会就不能安排在同一个时间. 现要为这些例会安排时间，希望它们的时间尽可能集中. 问最少需要几个开会时间？请给出一种安排.

25. 证明图 7.8.6 中的图 G_1 和图 G_2 同构.

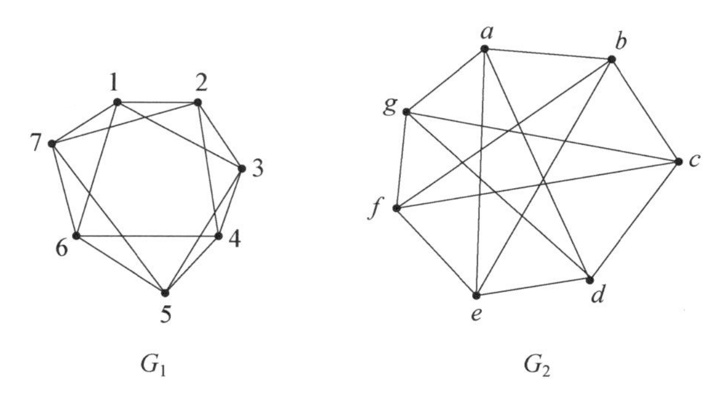

图 7.8.6　同构的图

26. 有 3 个顶点的不同构的简单无向图有多少个？

27. 请证明：若两个简单图同构，则它们的补图也同构.

28. 与其补图同构的简单无向图称为自补图.

(1) 请给出一个五阶的自补图.

(2) 是否存在三阶或六阶的自补图？

(3) 请证明：与自补图对应的完全图必有偶数条边.

29. 请证明：若无向图 G 不是连通图，则其补图必为连通图.

第八章　具有特殊性质的图

图论中有许多应用背景深厚的问题,它们历史悠久,大多具有非常简洁的形式. 但是,解决这些问题通常却并不简单,对其中的有些问题人们已经找到了比较完美的解法,而对另一些问题,寻求较好的解法至今仍然是人们的努力目标.

本章讨论的欧拉图、哈密顿图、平面图和树都是这类问题的例子. 对欧拉图和哈密顿图的研究起源于游戏,平面图的研究始于地图着色,树的研究源于分析有机化合物的结构和电路. 近代计算机科学的发展更进一步促进了对这些古老问题的深入研究,并开拓了更广阔的应用.

8.1　欧拉图

8.1.1　欧拉图的概念

欧拉图的概念是瑞士数学家欧拉于1736年引入的,他用一条非常简单的准则解决了哥尼斯堡七桥问题.

哥尼斯堡位于普雷格尔河的两岸,并包括河中的两个岛屿,其陆地区域由七座桥相互连接,如图8.1.1左边的图所示. 当时,城中的市民热衷于这样一个问题: 游客从四块陆地中的某一块出发,怎样才能走过每座桥一次且仅一次最终回到出发地?

图8.1.1　哥尼斯堡七桥问题及其图模型

问题的叙述很简单,但当时没有人能回答这个问题. 欧拉为哥尼斯堡七桥问题建立了图模型: 用顶点表示陆地,用边表示连接两两块陆地的桥,连接相应的顶点,如图8.1.1右边的图所示的多重图. 于是,哥尼斯堡七桥问题就转化为图论问题: 在这个图中寻找一条包含所有边的简单回路. 欧拉证明了下面的定理 8.1.1,从而说明哥尼斯堡七桥问题是无解的,即哥尼斯堡的七座桥是不可能按上述要求被走遍的.

定义 8.1.1　包含图 G 的所有边的简单通路称为 G 的**欧拉通路**. 包含图 G 的所有的边的简单回路称为 G 的**欧拉回路**. 具有欧拉回路且不含孤立点的图称为**欧拉图**.

换而言之,欧拉图就是这样的图:能在其中找到一条经过图的每一条边一次且仅一次的回路.

在如图 8.1.2 所示的图中,G_1、G_2 和 G_3 都是欧拉图,而 G_4 则不是欧拉图.

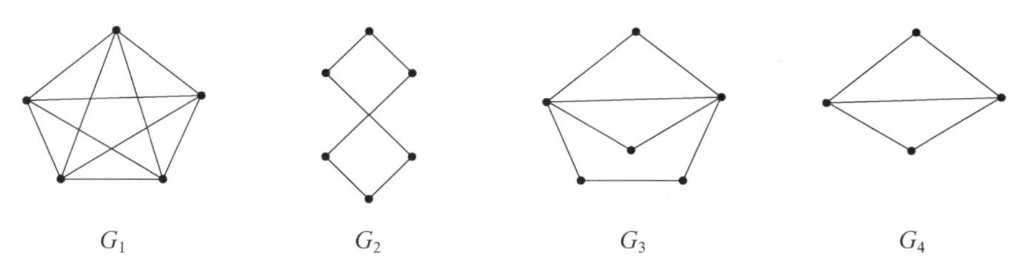

图 8.1.2　欧拉图和非欧拉图

8.1.2　无向欧拉图的性质

定理 8.1.1　连通无向图是欧拉图当且仅当其每个顶点的度均为偶数.

证明:　设连通无向图 $G=(V, E)$.

(1) 设 G 是欧拉图,α 是 G 的一条欧拉回路,v 是 G 的任意一个顶点.

由于 α 包含 G 的所有边,且每条边在 α 中都不重复出现,所以 v 的度数可通过 v 在 α 中的出现次数来计算:v 在 α 中每出现一次,v 的度数就增加 2. 由此,v 的度是偶数.

(2) 设 G 的每个顶点的度均为偶数.

显然,如果一个图有欧拉回路,则此欧拉回路一定是该图所有简单回路中长度最大的. 所以,要证明 G 是欧拉图只需考虑其最长的简单回路,证明它包含所有的边. 当然,首先要证明图中存在简单回路.

① 证明 G 中有简单回路. 我们采用构造性的证明方法,构造出一条简单回路:

从 G 的任意顶点 v_0 开始,取与 v_0 关联的边 $e_1=\{v_0, v_1\}$(由于 G 的连通性,与 v_0 关联的边一定存在),因为 $d(v_1)$ 是偶数,所以可继续不重复地取与 v_1 关联的边 $e_2=\{v_1, v_2\}$, …,直到取到一条边 $e_{k+1}=\{v_k, v_0\}$,从而得到一条简单回路 $v_0e_1v_1e_2\cdots e_{k+1}v_0$.

② 用反证法证明 G 的最长的简单回路是欧拉回路.

假设 G 的某条最长的简单回路 C 不是欧拉回路.

设 C 上所有的边构成的集合是 E_C,令 $G_1=G(E-E_C)$. 由假设,$E-E_C\neq\varnothing$,因而 G_1 不是零图. 又因为 G 是连通图,所以 G_1 必含 C 上的顶点,不妨设 u 是这样的一个顶点. 由 G_1 的定义,其所有顶点的度均为正偶数. 于是,可以按照 ① 的方法,在 G_1 中从 u 出发得到 G_1 中的简单回路 C_1. C 和 C_1 有公共顶点 u,所以可以将 C 和 C_1 在 u 处连接起来,得到一条 G 的简单回路,其长度显然大于 C 的长度,这与假设 C 是 G 的最长的简单回路矛盾.

综上,C 是 G 的欧拉回路,从而 G 是欧拉图. ■

在哥尼斯堡七桥问题的图模型(图 8.1.1 右边的图)中,四个顶点的度均为奇数,由定理 8.1.1,它不是欧拉图,所以哥尼斯堡七桥问题无解.

在实际应用中,往往需要具体构造出欧拉图回路. 比如,在测试一个通信网络时,常常需要检查系统中的每个链接(边). 为了使这种测试的代价最小,最理想的是设计一条每条边恰好经过一次的线路. 类似地,在设计清扫垃圾的线路时,希望每条街恰好经过一次. 定理 8.1.1 的证明过程实际上给出了一种构造欧拉回路的方法,请读者自行进一步思考.

推论 连通无向图中两个不同的顶点之间有欧拉通路当且仅当它们的度为奇数,且其他顶点的度均为偶数.

证明: 假设 u 和 v 是连通无向图 G 中两个不同的顶点. 在 G 中附加一条边 $e=\{u, v\}$,得到图 G_1. 显然,在 G 中 u 和 v 之间有欧拉通路当且仅当 G_1 有欧拉回路. 由定理 8.1.1, G_1 有欧拉回路当且仅当其每个顶点的度均为偶数,即当且仅当 G 中 u 和 v 的度为奇数,而其他顶点的度均为偶数. ■

从图论的观点来看,大家所熟知的一笔画游戏就是寻找欧拉通路的问题. 例如,在图 8.1.3 中,(a)和(b)可以一笔画,因为其中有欧拉通路;而(c)和(d)则不能,因为其中没有欧拉通路.

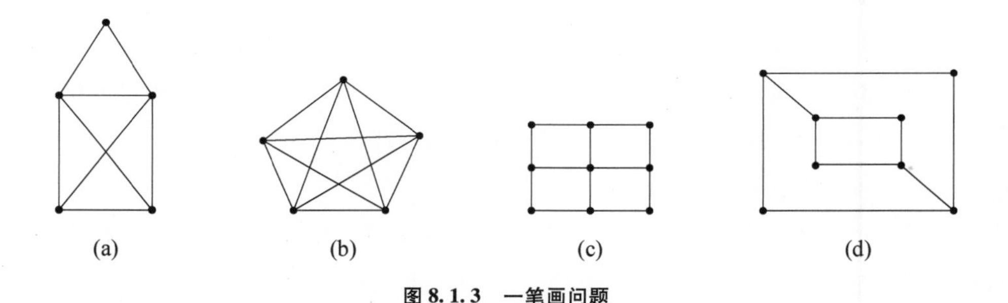

图 8.1.3 一笔画问题

8.1.3 有向欧拉图的性质

有向欧拉图具有与无向欧拉图相似的性质,这里仅给出结论,请读者自行考虑它们的详细证明.

定理 8.1.2 弱连通的有向图是欧拉图当且仅当其每个顶点的入度和出度都相等.

推论 弱连通的有向图中两个不同的顶点之间有欧拉通路当且仅当其中一个顶点的入度与出度之差为 1,另一个顶点的出度与入度之差为 1,且其他顶点的入度和出度都相等.

例 8.1.1　有向欧拉回路在磁鼓扇区编码中的应用. 假设有一个含 8 个扇区的旋转磁鼓,每个扇区都被赋予了 0 或 1,磁鼓上安置了 3 个探测器,它们能一次读出三个相邻扇区的赋值,如图 8.1.4 所示. 现要求对扇区进行 0－1 赋值,使得探测器的读数能描述旋转磁鼓的确切位置.

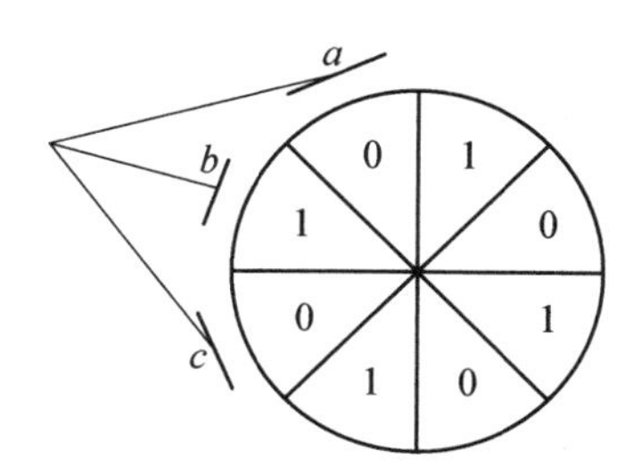

图 8.1.4　旋转磁鼓以及一种 0－1 赋值

假设扇区的 0－1 赋值如图 8.1.4 所示,探测器的当前读数是 010. 如果磁鼓沿顺时针方向转动 1 个扇区,那么读数变为 101. 若沿顺时针方向再转动一个扇区,那么读数又变为 010. 所以,磁鼓两个不同的位置给出了相同的读数. 我们希望为扇区指定一个 1 和 0 的赋值,使得这种情况不会发生.

为这个问题建立有向图模型: 以 00、01、11 和 10 为顶点,每个顶点都有以它为始点的两条有向边,从顶点 ab 到顶点 bc(a、b 和 c 是 0 或 1)存在有向边,且给这条有向边指定标记 abc,如图 4.60 所示. 例如,从 01 到 10 有一条标记为 010 的有向边,从 01 到 11 有一条标记为 011 的有向边.

这个有向图的底图是连通图,且每个顶点的入度和出度都相等,所以它是有向欧拉图,存在有向欧拉回路. 从顶点 01 开始,沿着边的序列(011, 111, 110, 101, 010, 100, 000, 001)就得到一条有向欧拉回路. 在这个图的任意有向欧拉回路上,每条有向边上的标记的后两位恰是其后继有向边上的标记的前两位. 所以,如果依次选取有向欧拉回路中每条有向边上的标记的第一位,就得到一个 8 位的 0－1 序列,其中每个 3 位的子序列都互不相同(因为每条边上的标记都不同). 本例给出的 0－1 序列是 01110100. 若按此序列为磁鼓的扇区赋值,则磁鼓的 8 个位置将给出 8 组不同的读数. ■

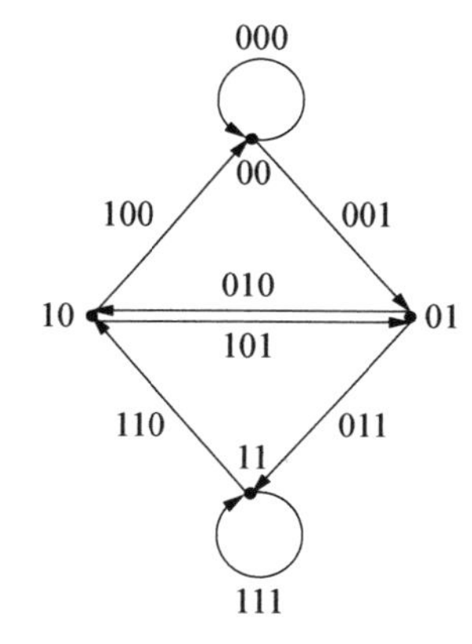

图 8.1.5　旋转磁鼓扇区 0－1 赋值的有向图模型

8.2　哈密顿图

8.2.1　哈密顿图的概念

哈密顿图的概念是爱尔兰数学家哈密顿在 1859 年引入的,他提出了一个周游世界的问题: 一个正十二面体(如图 8.2.1(a)所示)的 20 个顶点分别表示 20 个世界名城,棱表示城市之间的交通线路,要求寻找一条从某一城市出发,经过各城市一次且仅一次,最后回到原地的旅行线路.

与哥尼斯堡七桥问题不同,这个问题是有解的. 将正十二面体投影到平面上,得到如图 8.2.1

(b)所示的图形,其中标出了一种走法.

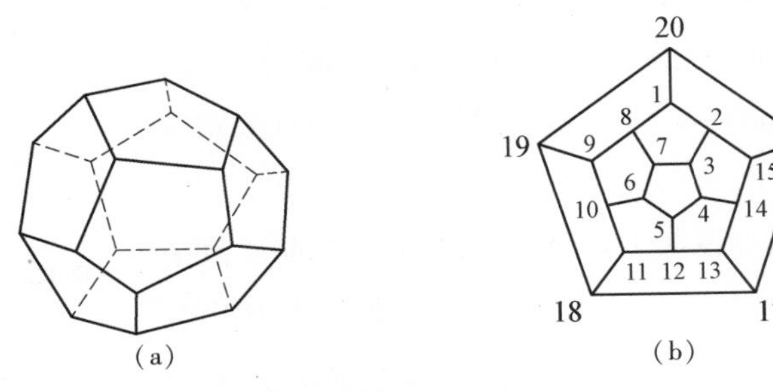

图 8.2.1　周游世界问题及其图模型

定义 8.2.1　包含图 G 的所有顶点的基本通路称为 G 的**哈密顿通路**. 包含 G 的所有顶点的基本回路称为 G 的**哈密顿回路**. 具有哈密顿回路的图称为**哈密顿图**.

换而言之,哈密顿图就是这样的图:能在其中找到一条经过图的每个顶点一次且仅一次的回路.

在如图 8.2.2 所示的图中,G_1 有哈密顿通路,但没有哈密顿回路;G_2 没有哈密顿通路,也没有哈密顿回路. 所以,G_1 和 G_2 都不是哈密顿图. 显然,对于任意不小于 3 的自然数 n, K_n 都是哈密顿图.

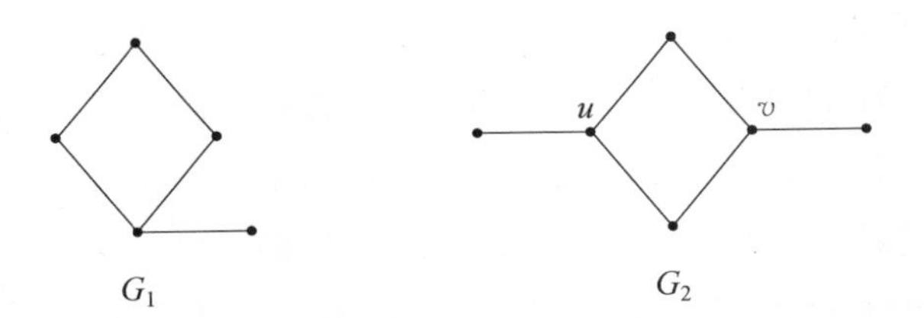

图 8.2.2　非哈密顿图

欧拉图和哈密顿图虽然有些相似,但它们是两种不同的图,差别在于:前者是关于边遍历的,而后者是关于顶点遍历的.

8.2.2　无向哈密顿图的性质

确定一个图是否是哈密顿图的问题与确定一个图是否是欧拉图的问题同样地有意义,但目前尚未找到判定一个图是哈密顿图的简洁的充分必要条件,寻找这种条件是图论中尚未解决的重要问题之一. 下面分别给出哈密顿图的充分条件和必要条件.

定理 8.2.1　若连通无向图 $G=(V, E)$ 是哈密顿图,则对 V 的任意非空子集 S,有 $\omega(G-S) \leqslant |S|$.

证明： 设无向图 $G=(V,E)$ 是哈密顿图，S 是 V 的任意非空子集，C 是 G 的哈密顿回路.

假设 C 上所有的边所组成的集合是 E_C，则 $E_C \subseteq E$. 定义 G 的生成子图 $G_C=(V,E_C)$.

显然，$\omega(G-S) \leqslant \omega(G_C-S)$，因为 G 和 G_C 的顶点集相同，而 $E_C \subseteq E$. 若 $\omega(G_C-S) \leqslant |S|$，则定理显然成立. 下面对 $|S|$ 用归纳法证明不等式 $\omega(G_C-S) \leqslant |S|$.

(1) 当 $|S|=1$ 时，不妨设 $S=\{s_1\}$. G_C-S 就是在回路 C 中去掉 s_1 及与其关联的两条边而得到的图，回路 C 断开成通路，G_C-S 仍然是连通图，其中只有一个连通分量，即 $\omega(G_C-S)=1=|S|$，所以不等式 $\omega(G_C-S) \leqslant |S|$ 成立.

(2) 假设当 $|S|=n$ 时，不等式 $\omega(G_C-S) \leqslant |S|$ 成立.

当 $|S|=n+1$ 时，不妨设 $S=\{s_1,s_2,\cdots,s_{n+1}\}$，并令 $S_1=\{s_1,s_2,\cdots,s_n\}$.

在 G_C 中，若 s_{n+1} 与 S_1 中的某个顶点相邻，则 $\omega(G_C-S)=\omega(G_C-S_1)$；若 s_{n+1} 不与 S_1 中的任何顶点相邻，则 $\omega(G_C-S)=\omega(C-S_1)+1$. 总之，$\omega(G_C-S) \leqslant \omega(G_C-S_1)+1$.

由归纳假设，$\omega(G_C-S_1)+1 \leqslant |S_1|+1=|S|$，从而不等式 $\omega(G_C-S) \leqslant |S|$ 成立.

综合(1)和(2)，对 V 的任意非空子集 S，不等式 $\omega(G_C-S) \leqslant |S|$ 都成立. ■

利用定理 8.2.1 可以简单地判定某些图不是哈密顿图. 在如图 8.2.2 所示的图 G_2 中，$\omega(G-\{u\})=\omega(G-\{v\})=2>|\{u\}|=|\{v\}|=1$，所以它不是哈密顿图.

注意： 定理 8.2.1 的逆不成立，定理中给出的条件只是必要条件而不是充分条件，即存在满足定理中给出的条件的非哈密顿图. 如图 8.2.3 所示的图是著名的彼得森图，它就是一个这样的图. 显然，在其中去掉任意一个或两个顶点及与其关联的边，剩下的图仍然是连通图. 进而，去掉任意三个顶点及与其关联的边，剩下的图最多只有两个连通分量. 类似地，去掉任意四个顶点及与其关联的边，剩下的图最多只有三个连通分量. 而去掉任意五个或五个以上顶点及与其关联的边后，剩下的图的顶点将不超过五个，因而其连通分量的数目也不超过 5. 所以，彼得森图满足定理 8.2.1 中给出的条件，但它却不是哈密顿图(请读者自行验证).

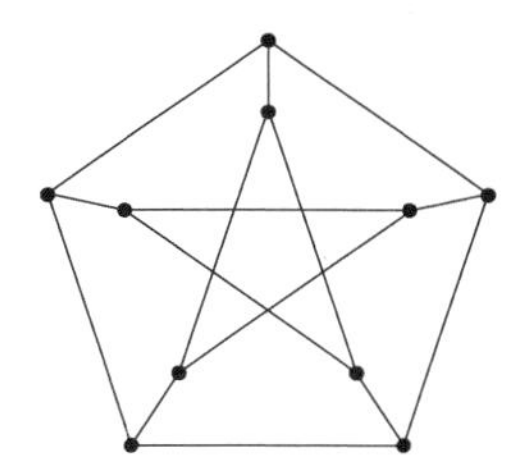

图 8.2.3　彼得森图

定理 8.2.2 给出了哈密顿图的一个充分条件. 下面首先证明一个引理.

引理　设 n 阶无向简单图 $G=(V,E)$，u 和 v 是 G 的两个不相邻的顶点，且 $\mathrm{d}(u)+\mathrm{d}(v) \geqslant n$. 定义无向图 $G_1=G+\{u,v\}$. 若 G_1 是哈密顿图，则 G 也是哈密顿图.

证明： 设 n 阶无向简单图 $G=(V,E)$，u 和 v 是 G 的两个不相邻的顶点，且 $\mathrm{d}(u)+\mathrm{d}(v) \geqslant n$. 又设 $G_1=G+\{u,v\}$，且 G_1 是哈密顿图，α 是 G_1 的一条哈密顿回路.

(1) 若 $\{u,v\}$ 不在 α 上，则 α 也是 G 的一条哈密顿回路.

(2) 若 $\{u,v\}$ 在 α 上，则不妨设 $V=\{v_1,v_2,\cdots,v_n\}$，$u=v_1$，$v=v_n$，$\alpha=v_1v_2\cdots v_nv_1$.

考虑图 G. 显然，$v_1v_2\cdots v_n$ 是 G 的一条哈密顿通路. 不妨设 $\mathrm{d}(u)=k$，u 与 $v_{i_1},v_{i_2},\cdots,v_{i_k}$($2=i_1<i_2<\cdots<i_k<n$) 相邻. v 必与 $v_{i_1-1},v_{i_2-1},\cdots,v_{i_k-1}$ 这 k 个顶点中的某一个或几个相邻，否则 $\mathrm{d}(v) \leqslant n-1-k<n-k$，从而 $\mathrm{d}(u)+\mathrm{d}(v)<n$，与假设条件矛盾. 若 v 与 $v_{p-1}=v_{i_l-1}$($3 \leqslant p \leqslant n-$

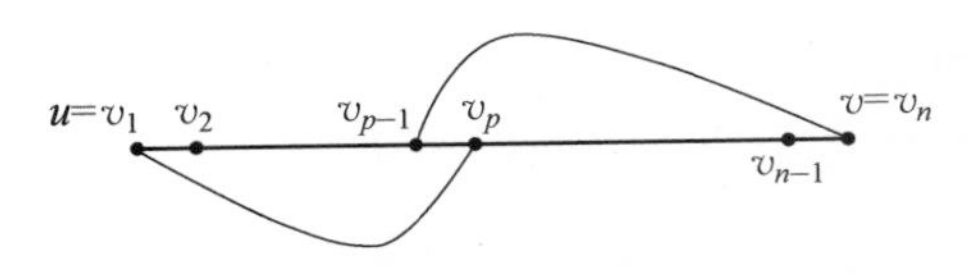

图 8.2.4 哈密顿回路示意图

$1, 2 \leqslant l \leqslant k$) 相邻，$u$ 与 $v_p = v_{i_l}$ 相邻，则回路 $v_1v_2\cdots v_{p-1}v_nv_{n-1}\cdots v_pv_1$ 是 G 的一条哈密顿回路(参见示意图 8.2.4).

综合(1)和(2)，G 含哈密顿回路，是哈密顿图. ■

定理 8.2.2 若 $n(n \geqslant 3)$ 阶无向简单图 G 的每对不相邻的顶点的度之和都不小于 n，则 G 是哈密顿图.

证明： 在 G 的每对不相邻的顶点之间添加一条边，将 G 补足为 n 阶完全图 K_n. 由于 K_n 是哈密顿图，重复引用上述引理若干次即可证明 G 是哈密顿图. ■

利用定理 8.2.2 可以判定某些图是哈密顿图. 但要注意，定理中给出的是充分条件而不是必要条件，即定理中的条件不成立，并不意味着相应的图就一定不是哈密顿图. 例如，在如图 8.2.5 所示的 6 阶圈图中，任意两个顶点的度之和都为 4，不满足定理中的条件，但它是哈密顿图.

图 8.2.5 6 阶哈密顿图

*8.2.3 格雷码

在有些情况下，需要把所有长度为 n 的二进制串(以下简称其为 n-位串)排成一个序列，使其中相邻的串恰好相差一位，而且最后一个串和第一个串也恰好相差一位. 这种排列称为**格雷码**. (00, 01, 11, 10)是长度为 2 的格雷码，但(00, 01, 10, 11)不是，因为其中第二个 2-位串与第三个 2-位串、第一个 2-位串与第四个 2-位串都相差两位.

格雷码的一种应用是为圆盘的旋转位置编码. 把一个圆盘等分成 2^n 个扇区，为每个扇区分配一个 n-位串. 图 8.2.6 展示了将 3-位串赋予 $2^3=8$ 个扇区的一种方法. 注意，这个编码并不是格雷码，因为有些相邻扇区的编码相差多位.

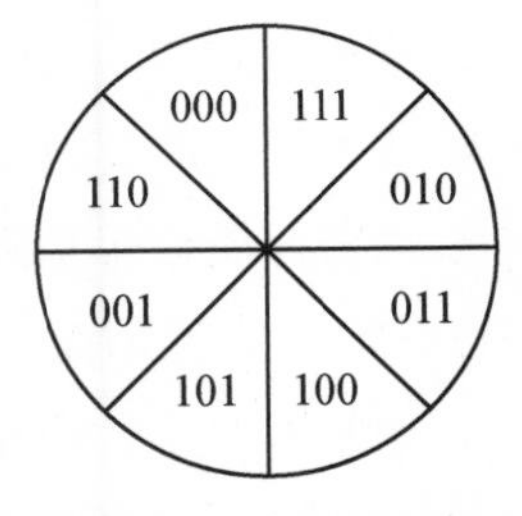

图 8.2.6 一种扇区编码

把圆盘又分成 n 个圆环，于是每个扇区就被分成 n 块. 扇区的每块可以处理成透明或不透明的，分别表示 0 或 1，与扇区的编码相对应. 在转盘下放置 n 个光电管(在图 8.2.7 中表示为黑色小圆点)，感应扇区各块是否透明. 图 8.2.7(a)所显示的块的处理方式对应于图 8.2.6 中的编码，扇区的编码按照从外围到

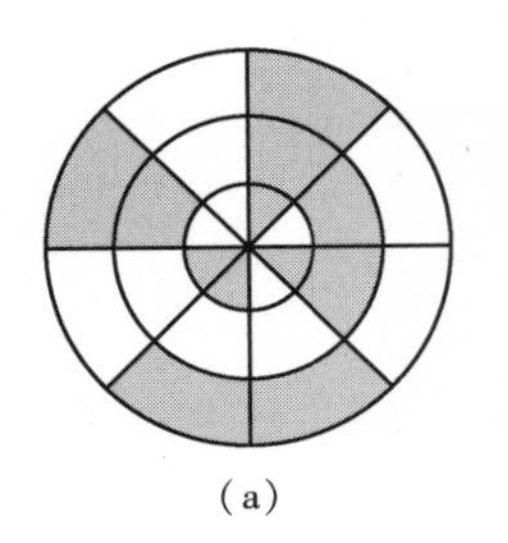
(a)

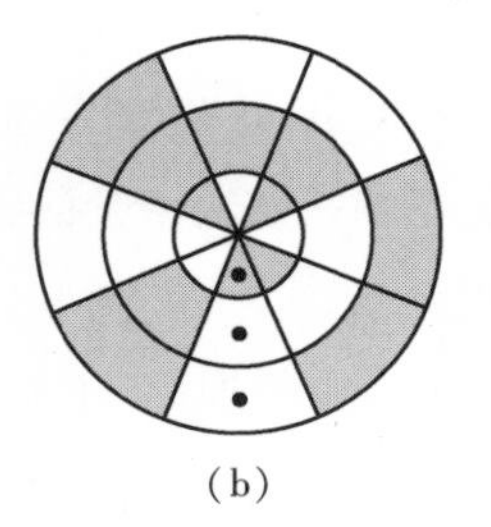
(b)

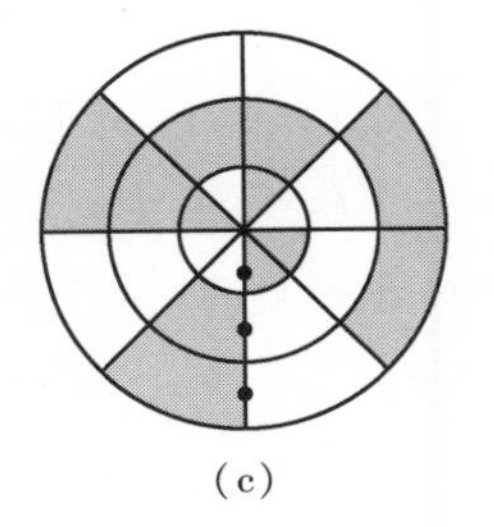
(c)

图 8.2.7 扇区编码的实现

中心的顺序读取. 光电管的位置固定不变,而圆盘则可以自由转动. 图 8.2.7(b)和 8.2.7(c)展示的是同一个圆盘,只是圆盘的旋转位置不同.

在图 8.2.7(b)中,三个光电管处于扇区的中央,光电管读出编码 001,从而指明圆盘停在那个扇区. 如果圆盘位置如图 8.2.7(c)所示,则可能产生不正确的读数,因为每个光电管的读数都既可能是 0 也可能是 1,通过光电管读出的编码可能是 8 个 3-位串中的任何一个. 格雷码可以将这个问题的影响降低到最小的程度,因为在格雷码之下,相邻扇区的编码恰好相差一位,对于如图 8.2.7(c)所示的“尴尬”位置,通过光电管读出的编码只有两种可能性,且都是合理的、可接受的.

长度为 n 的格雷码可以用超立方体 Q_n(参见 7.1.1 小节)来建立图模型,格雷码就是 Q_n 的哈密顿回路. $n=3$ 的情况如图 8.2.8 所示,其中的粗边指出了一条哈密顿回路,所对应的格雷码是(000, 001, 011, 010, 110, 111, 101, 100).

可以证明(参见习题 10):对任意 $n \geqslant 2$, Q_n 是哈密顿图,因而总可以构造出长度为 n 的格雷码.

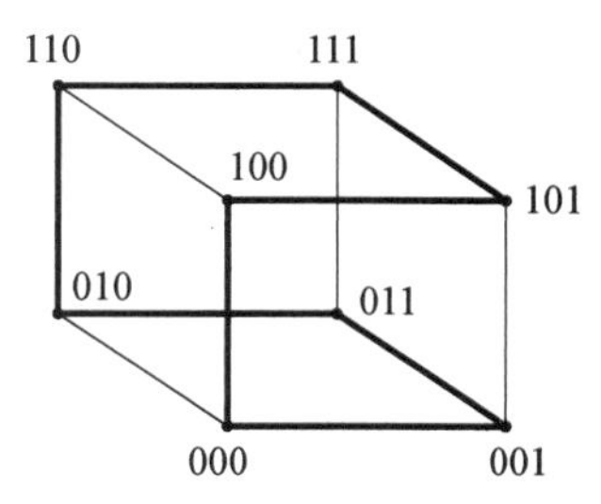

图 8.2.8 Q_3 及其哈密顿回路

*8.2.4 竞赛图

在一般情况下,确定有向图是否是哈密顿图、在有向哈密顿图中找到一条有向哈密顿回路等等都是非常困难的,但是,竞赛图有一些特殊的性质.

体育比赛中的循环赛可以用有向哈密顿回路和有向哈密顿通路来建模. 在循环赛中,每个队和其他各队恰好比赛一次,而且两个队之间不允许平局. 这种比赛可用有向图来建立模型:用顶点表示队,从第一个顶点到第二个顶点有一条有向边当且仅当第一个队打败了第二个队. 这种有向图称为**竞赛图**,即底图是无向完全图的有向图.

例 8.2.1 假设有三个队 A、B 和 C, A 队打败了 B 队和 C 队,并且 B 队打败了 C 队. 图 8.2.9(a)的竞赛图描述了这种情况. 如果 C 队打败了 A 队,则相应的竞赛图如图 8.2.9(b)所示. ■

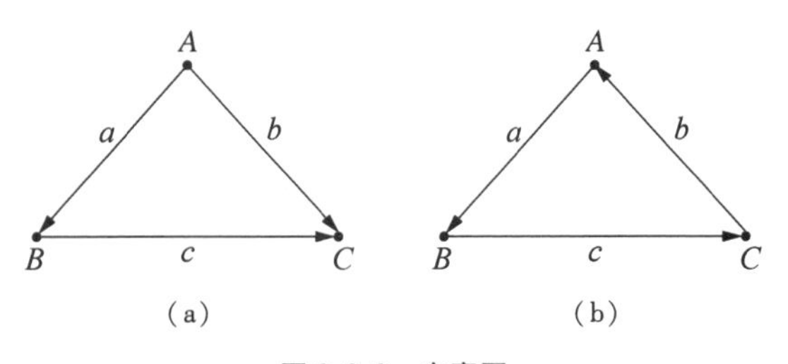

图 8.2.9 竞赛图

我们常常需要寻找参赛队的一种排名,其中,第一名打败了第二名,第二名打败了第三名,…….寻找这样的排名等同于在相应的竞赛图中寻找一条有向哈密顿通路.可以证明:任意竞赛图都有有向哈密顿通路(参见习题13).在如图8.2.9(a)所示的竞赛图中,有向通路ABC是哈密顿通路,因而提供了参赛队的一个排名.但是,竞赛图可能会有多条不同的有向哈密顿通路.在如图8.2.9(b)所示的竞赛图中,有三条有向哈密顿通路:ABC、BCA和CAB,这意味着可以给出三种不同的排名,原因在于图中存在有向回路,也即循环赛存在循环的胜负情况.一般地,如果竞赛图没有有向回路,那么其中就只有一条哈密顿通路,可提供唯一的排名,这与我们的直观相吻合.

8.3 平面图

图的平面化问题在图论的理论研究和实际应用中具有重要意义.例如,在设计印刷电路板的布线时如何避免线的交叉.下面是另一个具体的例子.

例 8.3.1 假设有三家工厂A、B和C,三座矿山P、Q和R,要求在每家工厂和每座矿山之间修建专用铁路,问这些铁路能否无交叉地全部都建在地面上?

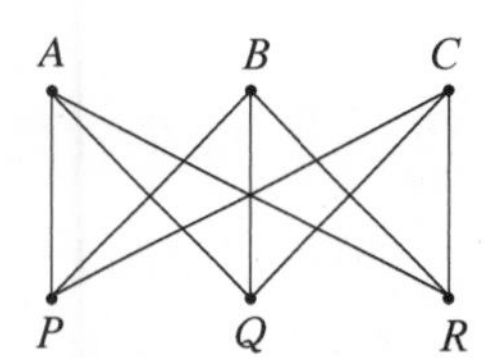

图 8.3.1 工厂和矿山的图模型

解: 为问题建立图模型,得到完全偶图$K_{3,3}$,如图8.3.1所示.显然,要解决这个问题,需要为$K_{3,3}$找到一种画法,使其中的边仅在顶点处相交,而在其他地方没有交叉.很遗憾,本小节将证明这是不可能的. ■

8.3.1 平面图的概念

定义 8.3.1 若无向图G有一种在平面上的画法,其中,边仅相交于表示顶点的点,则称G是**平面图**,否则称G是**非平面图**.平面图的边仅相交于顶点的几何图形表示称为它的**平面表示**,简称**平图**.

如图8.3.2所示,(a)和(b)都是K_4的几何图形表示,其中(b)是它的平面表示,所以K_4是平面图;(c)和(d)是K_5的两种图形表示,(e)和(f)是$K_{3,3}$的两种图形表示,它们都不是平图,因为其中都存在非顶点处的边交叉.事实上,K_5和$K_{3,3}$都不是平面图,在平面上无论怎么画都不能避免非顶点处的边交叉,我们将在下面给出证明.

注意图和图的几何图形表示的区别,同一个图可以表示成多种不同的几何图形,某个图有一种有边交叉的图形表示,并不意味着它就一定是非平面图(比如K_4,参见图8.3.2).要确定一个图是非平面图,必须考虑其所有可能的图形.所以,要从直观上确定一个图是非平面图并不是一件十分容易的事情.证明非平面图一般需要借助下面给出的定理,其中K_5和$K_{3,3}$这两个特定的

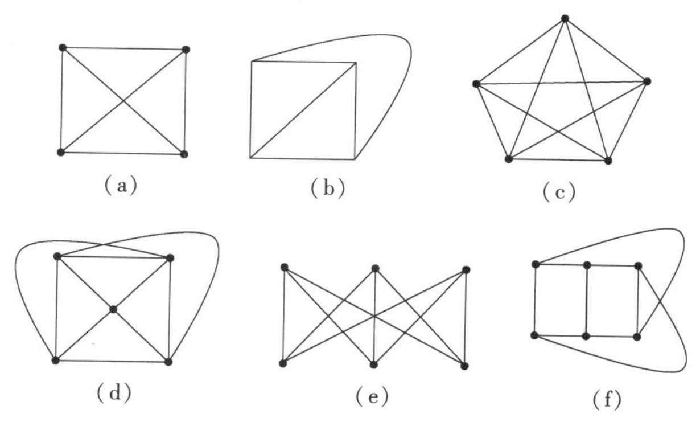

图 8.3.2　K_4、K_5 和 $K_{3,3}$ 的图形表示

非平面图起着非常关键的作用.

虽然在许多场合下,我们对平面图和平图不加区别,但它们本质上是两个不同的概念. 同一个平面图可以有多种不同形状的平图,可将它们看作为与原平面图同构的图,具有相同的特性.

定义 8.3.2　在平面图 G 的一个平图中,G 的边把平面划分成若干区域. 若一个区域的内部不含 G 的边,则称该区域为平面图 G 的一个**面**;包围一个面的各个最短的回路称为该面的**边界**;面的边界的长度称为面的**次数**,面 R 的次数记作 $\mathbf{deg}(\boldsymbol{R})$;面积有限的面称为**有限面**,面积无限的面称为**无限面**.

在图 8.3.3 所示的平面图中,有三个面: R_1、R_2 和 R_3, R_1 和 R_2 是有限面, R_3 是无限面, 它们的边界分别是 $v_1v_2v_3v_1$、$v_2v_3v_4v_2$ 和 $v_1v_2v_4v_5v_4v_3v_1$, $\deg(R_1)=3$, $\deg(R_2)=3$, $\deg(R_3)=6$. 注意,R_3 的边界不是 $v_1v_2v_4v_3v_1$,因为 $v_1v_2v_4v_3v_1$ 包围的无限区域含有边 $\{v_4, v_5\}$,不构成面;R_2 的边界不是 $v_2v_3v_4v_5v_4v_2$,因为 $v_2v_3v_4v_5v_4v_2$ 不是包围 R_2 的最短的回路.

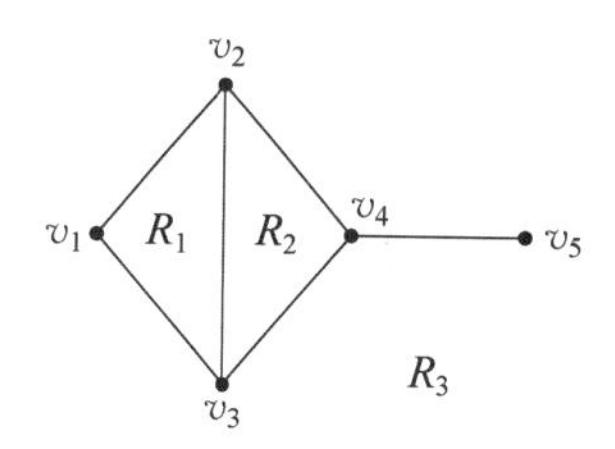

图 8.3.3　一个平面图及其面

一个面的边界也可能由多个不包含公共顶点和边的回路构成,这种面的次数是所有这些回路的长度之和. 请读者自行举出这样的例子.

关于平面图的更严格的论述涉及平面拓扑学,这已超出了本书的范围,本书仅限于朴素的拓扑观点. 在本书的体系中,平图是一个直观的概念,因而在研究平面图的某些问题时,转而研究抽象的对偶图将更为方便.

定义 8.3.3　设平面图 $G=(V, E)$ 有 r 个面: $R_1, R_2, \cdots, R_r$, n 个顶点,m 条边: $e_1, e_2, \cdots, e_m$,如下构造出来的图 $G^*=(V^*, E^*)$ 称为 G 的**对偶图**:

(1) 在 G 的每个面中取一个点作为 G^* 的一个顶点. 设 G^* 在面 R_i 中的顶点是 v_i^*,则 $V^*=\{v_1^*, v_2^*, \cdots, v_r^*\}$.

(2) 对于 G 的任意一条边 e_k,若 e_k 同属于两个不同面 R_i 和 $R_j(i\neq j)$ 的边界,则构作 G^*

的边 $e_k^* = \{v_i^*, v_j^*\}$;若 e_k 仅属于某一个面 R_i 的边界,则构作 G^* 的环 $e_k^* = \{v_i^*, v_i^*\}$. 于是,$E^* = \{e_1^*, e_2^*, \cdots, e_m^*\}$.

在图 8.3.4 中,实线表示平面图 G,虚线表示其对偶图 G^*. 注意 G 的无限面,相应的 G^* 的顶点是 v_4^*, v_4^* 上有 G^* 的一个环,对应于仅属于此无限面的边界的 G 的边 $\{v_4, v_6\}$.

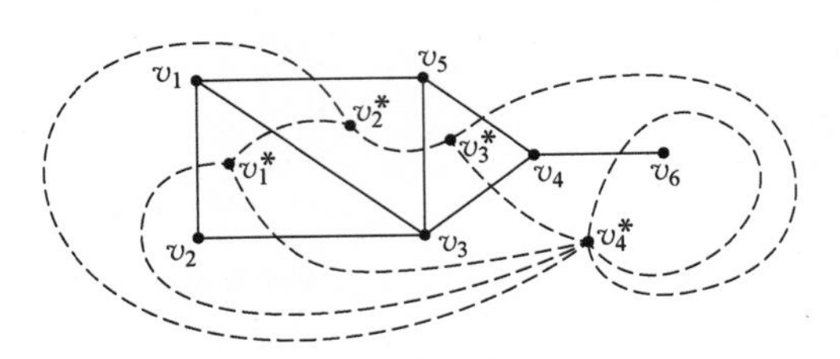

图 8.3.4 一个平面图及其对偶图

显然,若 G^* 是平面图 G 的对偶图,则 G^* 和 G 所含的边的数目相同, G^* 的顶点数等于 G 的面数;G^* 的每个顶点的度数等于 G 的对应面的次数.

在 G^* 的构造过程中,可同时给出 G^* 的一种图形表示,其中 G^* 的边 e_k^* 与 G 的相应边 e_k 相交一次且仅一次(如图 8.3.4 所示),由此得到 G^* 的一种平面表示,所以 G^* 是平面图. 另外,由于平面图 G 的各个面是相互连通的,所以 G^* 是连通图. 平面图的对偶图必定是连通的平面图,这个结论的严格证明已超出了本书的范围.

8.3.2 平面图的性质

定理 8.3.1 平面图各面的次数之和等于其边数的两倍.

证明: 设平面图 $G = (V, E)$,其对偶图 $G^* = (V^*, E^*)$. 显然,

$$\sum_{R\text{是}G\text{的面}} \deg(R) = \sum_{v^* \in V^*} d(v^*)$$

$$= 2|E^*| \quad \text{(由握手定理)}$$

$$= 2|E|. \blacksquare$$

读者不妨在图 8.3.4 中验证一下定理 8.3.1.

在连通的平面图中,顶点数、边数和面数之间还有一个确定的关系,这就是著名的欧拉公式,见定理 8.3.2.

定理 8.3.2 若连通平面图有 n 个顶点、m 条边和 r 个面,则 $n - m + r = 2$.

证明: 设 G 是连通平面图,G 有 n 个顶点、m 条边和 r 个面. 下面对 r 用归纳法证明 $n - m + r = 2$.

(1) 当 $r = 1$ 时,G 中无长度大于0的基本回路(否则,G 将至少有两个面). 又因为 G 是连通图,所以 $m = n - 1$(8.4小节将证明: 在连通且无长度大于0的基本回路的无向图中,$m = n - 1$),从而

$n - m + r = n - (n - 1) + 1 = 2.$

(2) 假设当 $r = k(k \geqslant 1)$ 时,等式成立.

当 $r = k + 1$ 时,由于 $r \geqslant 2$, G 中必有长度不为 0 的基本回路. 从 G 中删去在某个基本回路上的一条边,这条边必是某两个面的公共边界,从而得到一个具有 n 个顶点、$m - 1$ 条边和 k 个面的连通平面图 G'. 由归纳假设,$n - (m - 1) + k = 2$,亦即 $n - m + (k + 1) = 2$. 所以,当 $r = k + 1$ 时,等式也成立.

综合(1)和(2),定理得证. ■

欧拉公式是连通平面图的必要条件,可用于判定某些图是非平面图. 需要注意的是,在计算面的数目时,不应遗漏无限面.

例 8.3.2 证明 $K_{3,3}$ 是非平面图.

证明: 设 $K_{3,3}$ 的顶点数和边数分别是 n 和 m,则 $n = 6$, $m = 9$. 若 $K_{3,3}$ 是平面图,设其面数为 r,则由欧拉公式 $r = 2 + m - n = 5$. 因为 $K_{3,3}$ 是偶图,又是简单图,不含平行边,所以其基本回路的长度均不小于4,从而 $K_{3,3}$ 每个面的次数至少为4. 由此, $K_{3,3}$ 所有面的次数之和不小于 $4r$. 又由定理 8.3.1,我们有 $2m \geqslant 4r$,这与 $m = 9$, $r = 5$ 矛盾. 故 $K_{3,3}$ 不是平面图. ■

由例 8.3.2 可知,例 8.3.1 的答案是否定的.

推论 若连通平面图每个面的次数均不小于 $k(k \geqslant 3)$,则 $m \leqslant \frac{k}{k-2}(n-2)$.

证明: 设连通平面图 G 有 n 个顶点、m 条边和 r 个面,每个面的次数均不小于 $k(k \geqslant 3)$.

显然,G 所有面的次数之和不小于 kr. 由定理 8.3.1,有 $2m \geqslant kr$,即 $r \leqslant \frac{2m}{k}$. 又由欧拉公式,我们有 $2 + m - n = r \leqslant \frac{2m}{k}$,即 $m \leqslant \frac{k}{k-2}(n-2)$. ■

例 8.3.3 证明 K_5 是非平面图.

证明: 假设 K_5 是平面图. 因为 K_5 是简单图,所以其面的次数都不小于 3. 在 K_5 中, $m = 10$, $n = 5$,所以 $m > \frac{3}{3-2} \times (n-2)$,与欧拉公式的推论矛盾. 故 K_5 是非平面图. ■

欧拉公式的推论也可以简单地用来证明 $K_{3,3}$ 是非平面图.

$K_{3,3}$ 和 K_5 是两个基本的非平面图,它们在图的平面性研究中起着非常重要的作用,可利用它们给出平面图的充分必要条件. 直观、粗略地来说,一个图是平面图当且仅当其中不"含" $K_{3,3}$ 和 K_5. "含"的精确意义指收缩和同胚.

定义 8.3.4 设 G 是无向图. 若在 G 的一些边上插入一些度为 2 的顶点,将一条边分成几条边,则称所得到的图与 G **同胚**;若在 G 中删除一些边,并将每对与被删之边关联的顶点合并为一个顶点,则称所得到的图是 G 的**收缩**.

如图 8.3.5 所示,G_2 与 G_1 同胚,G_3 是 G_1 的收缩.

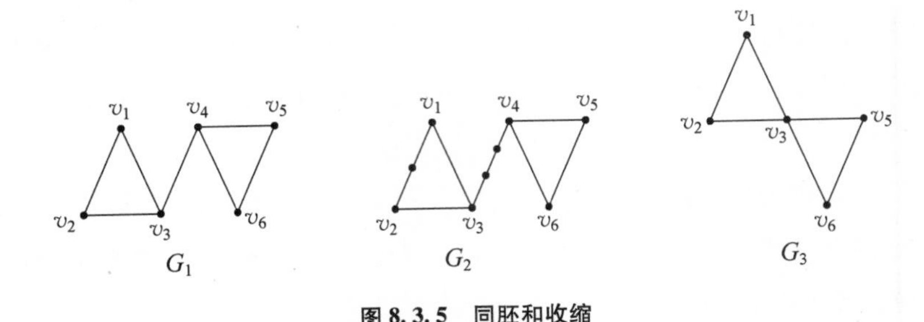

图 8.3.5 同胚和收缩

定理 8.3.3(库拉托夫斯基)

(1) 无向图 G 是平面图当且仅当 G 中不存在与 $K_{3,3}$ 或 K_5 同胚的子图.

(2) 无向图 G 是平面图当且仅当 G 中不存在可收缩到 $K_{3,3}$ 或 K_5 的子图.

库拉托夫斯基定理的证明比较复杂,这里从略.

如图 8.3.6 所示的彼得森图 G 不是平面图,因为它可收缩成 K_5.

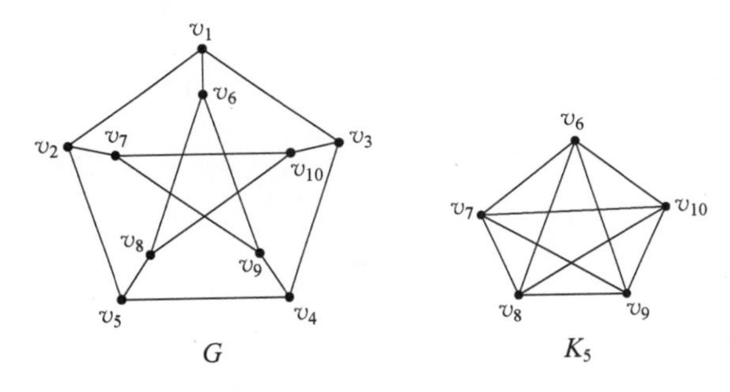

图 8.3.6 彼得森图与 K_5

与平面图有关的另一个重要问题是它的着色问题.

1840 年,墨比乌斯提出了著名的四色猜想:给地图着色,使相邻的国家涂有不同的颜色,用四种颜色就足够了.这个问题的无向图模型可以这样来建立:用顶点表示国家,两个顶点之间有边当且仅当相应的国家之间有公共边界.类似于平面图的对偶图,这个图模型也是连通的平面图,地图着色问题等价于这个图模型的顶点着色问题.下面的定理告诉我们四色猜想是正确的.

定理 8.3.4(四色定理) 对于任意平面图 G,$\chi(G) \leq 4$.

自从四色猜想提出以后,曾经出现过许多不正确的证明,其中的错误常常难以发现.许多人还试图给出反例,即画出需要超过四种颜色的地图,当然,这些尝试都是失败的.1890 年,希倍德证明了任何平面图的色数都不大于5,但未能解决四色问题. 直到1976年,美国数学家阿贝尔和黑肯才借助于计算机证明了四色定理. 1996年,有人给出了四色定理的简化证明,尽管这个证明所需要的计算量大大减少了,但是仍然需要依赖于计算机. 不用计算机的证明方法至今仍未找到.

8.4　无向树

图论有两个重要的起源,一个是基尔霍夫对电路网络的研究,另一个是凯莱对有机化学中各种同分异构体个数的计算. 这些工作都涉及一类常见的图——树. 树也是计算机科学的重要工具,计算机科学所涉及的主要是根树,一种特殊的有向树,它们的基础是无向树.

8.4.1　无向树的概念

定义 8.4.1　连通且没有长度大于0的基本回路的无向图称为**无向树**,简称**树**. 树中度为1的顶点称为**叶子**或**叶结点**,度数大于1的顶点称为**分支顶点**或**分支结点**.

只有一个顶点的树称为**平凡树**;顶点个数不小于2的树称为**非平凡树**.

定义 8.4.2　没有长度大于0的基本回路的无向图称为**无向森林**,简称**森林**.

显然,树和森林都是简单图(否则,图中必有长度为1或2的基本回路),森林的每个连通分量都是树,树是特殊的森林(即只有一个连通分量的森林).

在图8.4.1中,G_1、G_2、G_3和G_4均为森林,其中G_1、G_2和G_3也是树,但G_4不是树,因为G_4不是连通图.

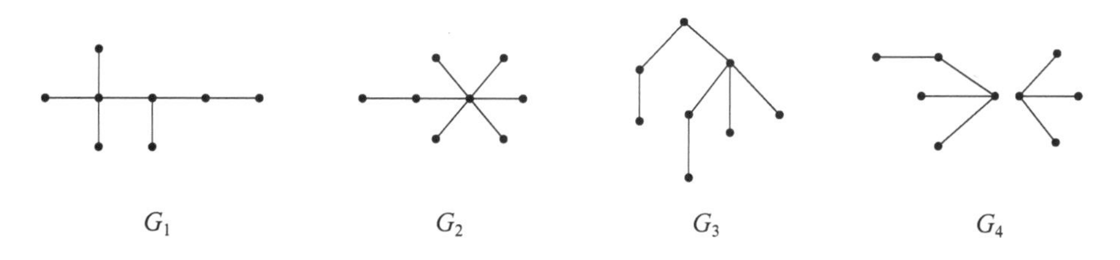

图 8.4.1　树和森林

8.4.2　无向树的基本性质

树有许多特殊的性质,其中有些性质反映了树的本质特性,可用来判定一个图是否是树.

定理 8.4.1　设无向图 $G=(V, E)$,则下列命题等价:

(1) G 是树;

(2) G 中没有长度大于 0 的基本回路且 $|E| = |V| - 1$;

(3) G 是连通图,且 $|E| = |V| - 1$;

(4) G 中没有长度大于 0 的基本回路,且在 G 中任意两个不相邻的顶点之间添加一条边以后,所得到的图中有且仅有一条不同的长度大于 0 的基本回路;

(5) G 是连通图,且在 G 中删去任意一条边以后,所得到的图不是连通图;

(6) G 是简单图,且 G 中任意一对不同的顶点之间有且仅有一条不同的基本通路.

证明: 设 $G=(V, E)$. 下面按照(1)⇒(2)、(2)⇒(3)、(3)⇒(4)、(4)⇒(5)、(5)⇒(6)和(6)⇒(1) 的顺序给出证明.

(1) 设 G 是树. 只需证明 $|E| = |V| - 1$.

对 G 的顶点个数 $|V|$ 使用数学归纳法.

① 当 $|V| = 1$ 时,因为 G 是树,所以 G 是简单图,G 中没有环,从而 G 中没有边,$|E| = 0 = |V| - 1$.

② 假设当 $|V| = k$ 时,$|E| = |V| - 1$. 当 $|V| = k + 1$ 时,因为 G 是连通图且顶点数不小于 2,所以 G 中没有孤立点. 又因为 G 中没有长度大于 0 的基本回路,所以 G 中必有度为 1 的顶点. 不妨设 u 是度数为 1 的顶点. 在 G 中删去 u 及与其关联的唯一的一条边,得到图 G'. 显然,G' 也是连通图,且没有长度大于 0 的基本回路,因而 G' 也是树. 另外,G' 有 k 个顶点和 $|E| - 1$ 条边,由归纳假设 $|E| - 1 = k - 1$, 所以 $|E| = k + 1 - 1 = |V| - 1$.

由①和②, $|E| = |V| - 1$ 成立.

(2) 设 G 中没有长度大于 0 的基本回路,且 $|E| = |V| - 1$. 只需证明 G 是连通图.

设 G 有 k 个连通分量 $G_1, G_2, \cdots, G_k$. 由于 G 中没有长度大于 0 的基本回路,所以 $G_i(1 \leqslant i \leqslant k)$ 中也没有长度大于 0 的基本回路,从而 G_i 是树. 设 $G_i = (V_i, E_i)$. 由上面第一步的证明结果,我们有 $|E_i| = |V_i| - 1$,从而

$$|E| = \sum_{i=1}^{k} |E_i| = \sum_{i=1}^{k} (|V_i| - 1) = \sum_{i=1}^{k} |V_i| - k = |V| - k.$$

由于 $|E| = |V| - 1$,故 $k = 1$,即 G 只有一个连通分量,从而 G 是连通图.

(3) 设 G 是连通图,且 $|E| = |V| - 1$.

① 用反证法证明 G 中没有长度大于 0 的基本回路.

假设 G 有长度大于 0 的基本回路. 设 e 是某基本回路上的任意一条边,令 $G_1 = G - e$. 显然 G_1 是连通图. 若 G_1 有长度大于 0 的基本回路,则令 $G_2 = G - e_1$,其中 e_1 是 G_1 某基本回路上的任意一条边,G_2 也是连通图. ……. 重复上述过程,直到得到没有长度大于 0 的基本回路的连通图 $G_k(k \geqslant 1)$. 显然,G_k 是树,有 $|E| - k$ 条边和 $|V|$ 个顶点. 由上面第一步的证明结果,有 $|E| - k = |V| - 1$,从而 $|E| = |V| - 1 + k > |V| - 1$,与条件 $|E| = |V| - 1$ 矛盾. 所以 G 中没有长度大于 0 的基本回路.

② 证明:如果在 G 中任意两个不相邻的顶点之间添加一条边得到图 G',则 G' 中有且仅有一

条不同的长度大于 0 的基本回路.

设 $u, v \in V, u \neq v, \{u, v\} \notin E$. 令图 $G' = G + \{u, v\}$. 由于 G 是连通图,在 G 中存在从 u 到 v 的基本通路,所以在 G' 中存在经过 u 和 v 的长度大于 0 的基本回路.

假设 G' 中存在两条不同的长度大于 0 的基本回路 α_1 和 α_2. 因为 G 中没有长度大于 0 的基本回路,而 G' 仅比 G 多一条边 $\{u, v\}$,故 α_1 和 α_2 中都包含边 $\{u, v\}$. 在 α_1 和 α_2 中去掉边 $\{u, v\}$ 后得到 G 的两条不同的从 u 到 v 的基本通路 β_1 和 β_2,将它们在 u 和 v 处连接起来便得到 G 中的回路,不妨设此回路为 α. α 中必含有长度大于 0 的基本回路 α',参见图 8.4.2①,且显然 α' 也在 G 中. 这与①中已证明的结论矛盾. 所以 G' 中不存在两条不同的长度大于 0 的基本回路.

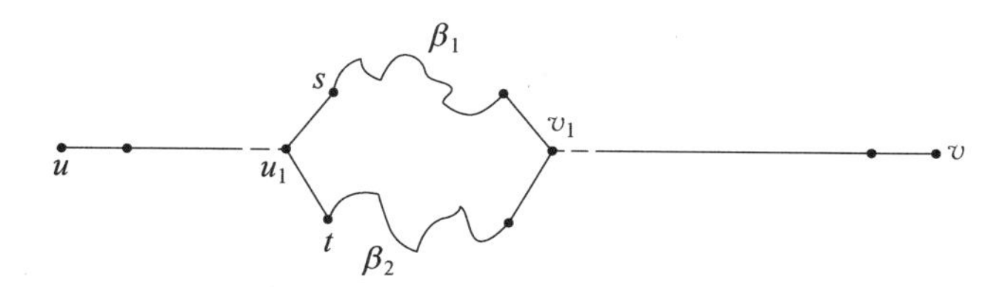

图 8.4.2 α 中含有长度大于 0 的基本回路 α'

(4) 设 G 中没有长度大于 0 的基本回路,且在 G 中任意两个不相邻的顶点之间添加一条边以后,所得到的图中有且仅有一条不同的长度大于 0 的基本回路.

若 G 不是连通图,则其中有多个连通分量. 在某两个不同的连通分量中分别任意各取一个顶点 u 和 v,显然它们不相邻,$\{u, v\} \notin E$. 若在 G 中添加一条边 $\{u, v\}$ 得到图 G',则 G' 中存在回路,且此回路必经过边 $\{u, v\}$,因为 G 中没有回路. 于是,从 G' 中删去边 $\{u, v\}$ 后,在所得到的图 G 中,u 和 v 之间有通路,从而 u 和 v 是连通的. 这与 u 和 v 的选取矛盾,所以 G 是连通图.

设在 G 中删去某条边 $e = \{u, v\}$ 后得到图 G'. 若 G' 是连通图,则其中存在 u 到 v 的基本通路,从而在 G 中必有包含 e 的长度大于 0 的基本回路. 这与假设条件矛盾,所以 G' 不是连通图.

(5) 设 G 是连通图,且在 G 中删去任意一条边以后,所得到的图不是连通图. 只需证明: G 是简单图,且 G 中任意一对不同的顶点之间至多只有一条不同的基本通路.

若 G 不是简单图,则存在 $e \in E$, e 是环或平行边. 若在 G 中删去 e 得到图 G',则显然 G' 还是连通图. 这与假设条件矛盾,所以 G 是简单图.

若 G 的某两个不同的顶点 u 和 v 之间有两条不同的基本通路 β_1 和 β_2,则可将 β_1 和 β_2 在 u 和 v 处连接起来得到回路 α. 由于 β_1 和 β_2 是两条不同的通路,所以 α 中必有长度大于 0 的基本回路 α'(参见图 8.4.2). 在 G 中删去 α' 上的某条边以后,所得到的图显然还是连通图. 这与假设条件矛

① 因为 β_1 和 β_2 不完全相同,其上不同的顶点必定存在. 从公共起点 u 出发,分别沿着 β_1 和 β_2 找到其上第一对不同的顶点,设为 s 和 t. 在从 s 出发沿着 β_1 到公共终点 v 的基本通路上,必定存在也在 β_2 上的顶点(比如 v). 设 v_1 是第一个这样的公共顶点. 于是,可以这样构造出 G 的回路: 沿着 β_1 从 u_1 到 s,再到 v_1,然后反向沿着 β_2 从 v_1 到 t,最后回到 u_1,回路 $u_1 s \cdots v_1 \cdots t u_1$ 是 G 的长度大于 0 的基本回路.

盾,所以 G 中任意一对不同的顶点之间至多只有一条不同的基本通路.

(6) 设 G 是简单图,且 G 中任意一对不同的顶点之间有且仅有一条不同的基本通路.

显然,G 是连通图.

若 α 是 G 的一条长度大于 0 的基本回路,则 α 上不同的顶点的个数大于 2,因为 G 是简单图,其中没有环. 显然,α 上任意两个不同的顶点之间都有两条不同的基本通路. 这与假设条件矛盾,所以 G 中没有长度大于 0 的基本回路.

综上,G 是树. ■

定理 8.4.1 所罗列的无向图的性质相互等价,所以树具有所有这些性质,它们都反映了树的本质特征,可以作为树的等价定义.

例 8.4.1 非平凡的树至少有 2 个叶子.

证明: 设图 $G=(V, E)$ 是非平凡的树,其中有 k 个叶子.

由于 G 是非平凡的连通图,所以 G 中没有度数为 0 的顶点,从而

$$\sum_{v \in V} \mathrm{d}(v) = \sum_{v \in V 且 \mathrm{d}(v)=1} \mathrm{d}(v) + \sum_{v \in V 且 \mathrm{d}(v)>1} \mathrm{d}(v) \geqslant k + 2(|V| - k) = 2|V| - k.$$

由定理 8.4.1,$|E| = |V| - 1$. 又由握手定理,$\sum_{v \in V} \mathrm{d}(v) = 2|E| = 2|V| - 2$.

所以,$2|V| - 2 \geqslant 2|V| - k$,从而 $k \geqslant 2$,即 G 至少有 2 个叶子. ■

例 8.4.2 在 n 阶连通图中,若边的数目大于 $n-1$,则其中必有长度大于 0 的基本回路.

证明: 设 G 是 n 阶连通图,其中边的数目大于 $n-1$,则由定理 8.4.1, G 不是树. 又因为 G 是连通图,所以 G 中有长度大于 0 的基本回路. ■

对于任何连通图,若它不是树,则其中存在长度大于 0 的基本回路,删除此回路上任意的一条边以后,所得到的图仍然是连通图. 重复这个过程终将得到原图的一个连通的生成子图,且其中没有长度大于 0 的基本回路,也就是说,这个生成子图是树.

定义 8.4.3 若无向图 G 的某个生成子图 T 是树,则称 T 为 G 的**生成树**.

当无向图本身就是树时,它只有唯一的一棵生成树,即它自己. 但是,在一般情况下,无向图可能没有生成树,在有生成树的情况下,其生成树也可能不是唯一的.

如图 8.4.3 所示,G 的子图 T_1 和 T_2 都是 G 的生成树,而图 G' 则没有生成树.

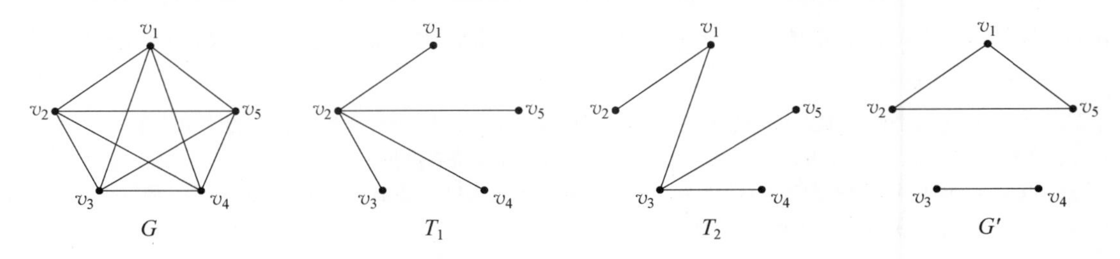

图 8.4.3 生成树

定理 8.4.2　无向图有生成树当且仅当其为连通图.

前面实际上已经给出了一个从连通图求其生成树的方法,这个方法称为破圈法. 定理 8.4.2 的证明也可由此得到. 从破圈法中也可以看出连通图的生成树一般不是唯一的,因为在“破圈”时,可选择删掉回路上不同的边.

例 8.4.3　n 阶连通图至少有 $n-1$ 条边.

证明: 设 G 是 n 阶连通图. 由定理 8.4.2, G 必有生成树. 由定理 8.4.1,该生成树有 $n-1$ 条边. 而生成树中的边都是 G 的边,所以 G 中至少有 $n-1$ 条边. ■

容易看出,树是含边最少的连通图.

*8.4.3　求最小生成树的 Kruskal 算法

生成树是一类重要的生成子图,具有广泛的应用. 另一个有着更广泛实际意义的概念是带权图的最小生成树.

定义 8.4.4　若无向带权图是树,则其各边上的权值之和称为该**树的权**. 无向带权图的权最小的生成树称为该图的**最小生成树**.

例 8.4.4　假设要为 6 个山村铺设光纤,使它们相互之间能够以较高的速度传输数据,希望所需要的费用最低. 为这个问题建立带权图模型 G,如图 8.4.4 所示,6 个顶点分别表示 6 个村庄,边上的权表示在相应的村庄之间铺设光纤所需要的费用. 显然,只要这个图模型是连通的,那么它们之间就能够通过光纤实现高速数据传输. 所以,费用最低的方案对应于 G 的生成树,因为任何多余的边(不影响连通性的边)都应删除以降低费用. G 有多棵生成树,这个问题就是寻求带权图的最小生成树的问题.

生成树 T 和 T' 给出了两种铺设光纤的方案,它们的权,也即铺设光纤的费用都是 14. 这两个方案是最优的吗? 下面描述的求带权图的最小生成树的 Kruskal 算法将给出答案. ■

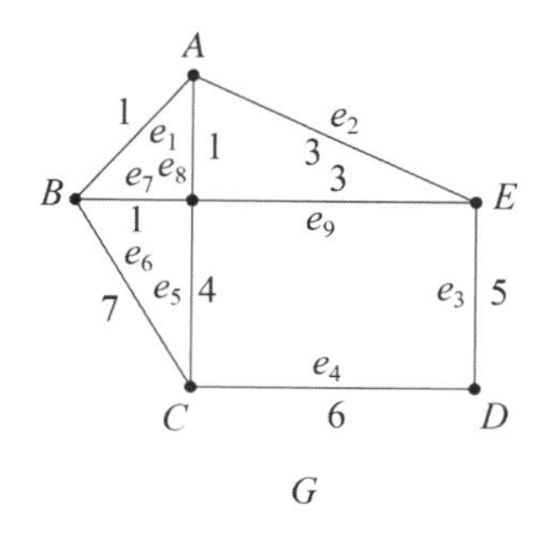

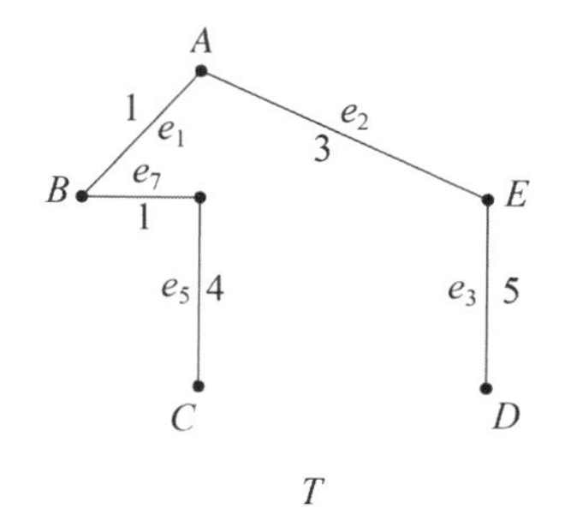

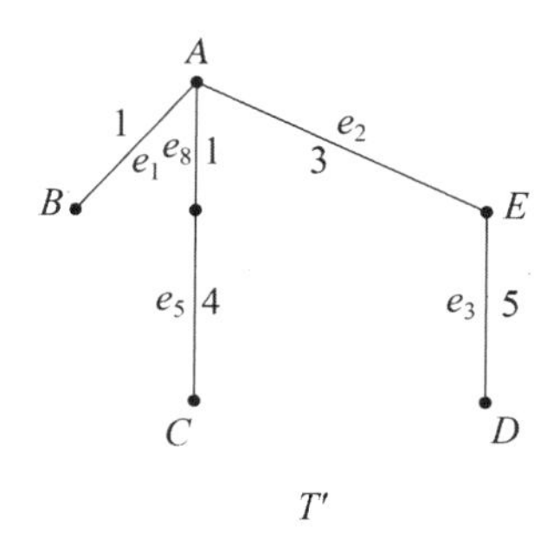

图 8.4.4　山村铺设光纤的图模型

Kruskal 算法是求带权图的最小生成树的一种简单而有效的算法. 与"破圈法"不同,Kruskal 算法采用的是"避圈法",即从零图出发,逐条加入边,同时保证不产生回路.

假设带权连通图 $G=(V, E)$ 有 n 个顶点,m 条边. 将 E 中的边按权值从小到大排成一个序列,不妨将此序列记为 $e_1, e_2, \cdots, e_m$,令 $E_T=\varnothing$. 从 e_1 开始,依次考查序列中的每条边. 若当前被考虑的边与 E_T 中的边合在一起不产生长度大于0的基本回路,则将它加入到 E_T 中去;否则,舍去这条边. 重复这个过程直到 E_T 中包含 $n-1$ 条边为止. 定理8.4.3表明 G 的生成子图 $T=(V, E_T)$ 就是 G 的最小生成树.

定理 8.4.3 Kruskal 算法应用于带权连通图所产生的生成子图是原图的最小生成树.

证明: 设带权连通图 $G=(V, E)$. 对任意 $e \in E$, e 上的权记为 $w(e)$. 对 G 应用 Kruskal 算法,所得到的生成子图记为 $T=(V, E_T)$.

下面首先证明 T 是树,从而 T 是 G 的生成树,然后证明 T 是 G 的最小生成树.

(1) 用反证法证明 T 是树.

假设 T 不是树. 由 T 的构造过程可知其中没有长度大于0的基本回路,所以 T 不是连通图,其中有多个连通分量,且每个连通分量都是树. 于是,由定理8.4.1, $|E_T|<|V|-1$. 因为 G 是连通图,所以必定存在边 $e \in E-E_T$,且与 e 关联的两个顶点分别在 T 的两个不同的连通分量中. 显然,$E_T \cup \{e\}$ 中的边不能构成长度大于0的基本回路. 但是,由 E_T 的构造过程可知,$E-E_T$ 中的任意一条边与 E_T 中的边一起必能构成一条长度大于0的基本回路. 这是矛盾的,所以 T 是树.

(2) 证明 T 是 G 的最小生成树.

设 T_0 是 G 的最小生成树. 下面将说明通过一系列步骤可将 T_0 改造成 T,而且每一步得到的生成树都是 G 的最小生成树,从而 T 也是 G 的最小生成树.

若 T_0 与 T 相同,则 T 是 G 的最小生成树.

若 T_0 与 T 不同,由于 T_0 和 T 都有 $n-1$ 条边,所以 T 中有不在 T_0 中的边. 不妨设 T 中的边是按 e_1、e_2、$\cdots$、e_{n-1} 的顺序加入的,且 e_i 是其中第一条不在 T_0 中的边. 因为 T_0 是树,在 T_0 中加入边 e_i 必产生长度大于0的基本回路,记此回路为 α. 又因为 T 是树,α 中必存在不包含在 T 中的边,不妨设 e' 是这样一条边. 在树 T_0 中以 e_i 置换 e' 得到树 T_0'. 记 T_0 和 T_0' 的权分别为 $w(T_0)$ 和 $w(T_0')$. 显然,$w(T_0')=w(T_0)+w(e_i)-w(e')$. 由于 T_0 是 G 的最小生成树,故 $w(T_0') \geqslant w(T_0)$,从而 $w(e_i) \geqslant w(e')$. 由于边 $e_1, e_2, \cdots, e_{i-1}$ 和 e' 都在树 T_0 中,故边集 $\{e_1, e_2, \cdots, e_{i-1}, e'\}$ 不产生长度大于0的基本回路,由 T 的边的产生过程可知,$w(e') \geqslant w(e_i)$. 所以 $w(e_i)=w(e')$,从而 $w(T_0')=w(T_0)$,即 T_0' 也是 G 的最小生成树. 最小生成树 T_0' 与 T 的公共边比 T_0 与 T 的公共边多一条. 上述过程可重复,直至得到一棵与 T 完全相同的最小生成树,亦即 T 是 G 的最小生成树. ■

在图8.4.4中,T 是由 Kruskal 算法对带权连通图 G 产生的最小生成树,T' 是 G 的另一棵最小生成树.

8.5　有向树

8.5.1　有向树和根树及其简单性质

定义 8.5.1　底图是无向树的有向图称为**有向树**.

在图 8.5.1 中，G_1 和 G_2 均为有向树，G_3 不是有向树.

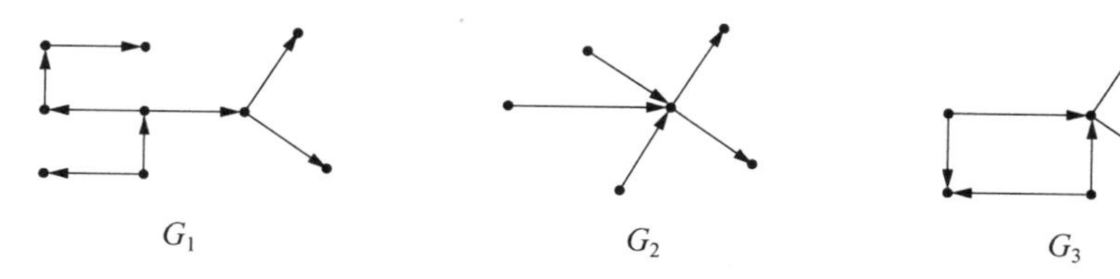

图 8.5.1　有向树和非有向树

在计算机科学中具有特别重要意义的有向树是根树.

定义 8.5.2　若有向树 T 有且仅有一个顶点的入度为 0，其他顶点的入度均为 1，则称 T 为**根树**.

根树中入度为 0 的顶点称为**根**或**根结点**，出度为 0 的顶点称为**叶**、**叶子**或**叶结点**，出度大于 0 的顶点称为**分支结点**或**内结点**，由根到某一顶点的基本通路的长度称为该顶点的**层次**，顶点的最大层次称为根树的**高度**.

在图 8.5.2 中，G_1 是根树，G_2 是有向树但不是根树. 在根树 G_1 中，v_0 是根结点，v_2、v_5、v_6 和 v_7 是叶结点，v_0、v_1、v_3 和 v_4 是分支结点，v_0、v_1、v_2、v_3、v_4、v_5、v_6 和 v_7 的层次分别为 0、1、1、1、2、2、2 和 3.

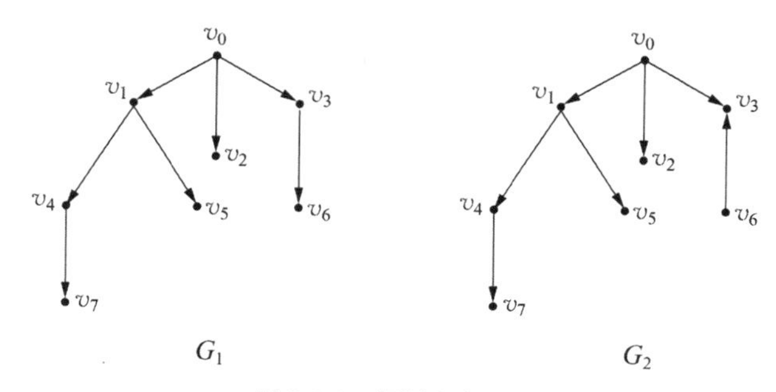

图 8.5.2　根树和有向树

设根树 $T=(V, E)$，$v_1, v_2 \in V$，且 $v_1 \neq v_2$. 若 $(v_1, v_2) \in E$，则称 v_2 为 v_1 的**儿子**，v_1 为 v_2 的**父亲**；同一个（分支）顶点的各个儿子互为**兄弟**；若存在 v_1 到 v_2 的通路，则称 v_2 为 v_1 的**后代**，v_1 为 v_2 的

祖先.

在如图 8.5.2 所示的根树 G_1 中,v_1、v_2 和 v_3 是 v_0 的儿子,也是 v_0 的后代,v_0 是 v_1、v_2 和 v_3 的父亲,也是 v_1、v_2 和 v_3 的祖先,v_1、v_2 和 v_3 互为兄弟,v_4 和 v_6 都是 v_0 的后代,但 v_4 和 v_6 不是兄弟.

定理 8.5.1 在根树中,根到其他任意顶点的通路存在且唯一.

证明: 设根树 $T=(V,E)$, $u, v\in V$, $u\neq v$, u 是根, T 的底图记为 T'.

因为根树是有向树,所以 T' 是无向树,故在 T' 中存在 u 到 v 的唯一的一条基本通路(参见定理 8.4.1),不妨设此通路上的顶点序列为 $v_0v_1\cdots v_n$,其中, $v_0=u$, $v_n=v$. 下面考虑根树 T. 显然,对任意 $i(1\leqslant i\leqslant n)$, $(v_{i-1},v_i)\in E$ 或 $(v_i,v_{i-1})\in E$. 显然,$(v_1,v_0)\in E$ 不成立,因为树根 v_0 的入度为 0,所以 $(v_0,v_1)\in E$. 由此, $(v_2,v_1)\in E$ 也不成立,因为 v_1 的入度为 1,所以 $(v_1,v_2)\in E$. 同理, $(v_2,v_3)\in E$, $(v_3,v_4)\in E$, ……, $(v_{n-1},v_n)\in E$. 于是, $v_0v_1\cdots v_n$ 在 T 中构成 u(即 v_0)到 v(即 v_n)的有向通路.

由 T' 中 u 到 v 的基本通路的唯一性,T 中 u 到 v 的有向通路的唯一性是显然的. ■

由定理 8.5.1,根树中除根以外的其他顶点都是根的后代,根是它们共同的祖先.

在根树的图形表示中,通常将根画在最上面,分支向下伸展. 由于有向边的方向均为向下,所以常省略边上的箭头.

图 8.5.3 中的三个图形是同一棵根树的三种图形表示.

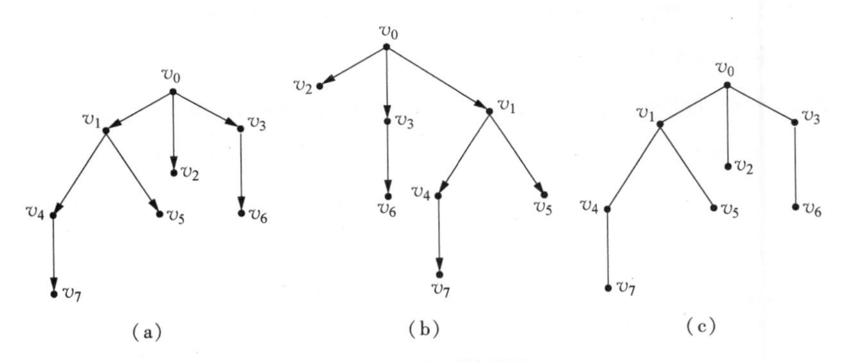

图 8.5.3 根树的图形

到目前为止,我们没有考虑根树中同一层次上的顶点的排列次序,如在图 8.5.3 中,图形(a)和(b)表示的是同一棵树. 但是,在许多实际问题中,往往需要考虑根树中同一层次上的顶点的排列次序.

定义 8.5.3 如果在一棵根树中规定了兄弟之间的某种排列次序,则称该根树为**有序树**.

在图 8.5.3 中,若图形(a)和(b)表示的是有序树,则它们分别表示了两棵不同的有序树.

例 8.5.1　如图 8.5.4 所示是某大学行政机构从属关系的图模型，这是一棵根树，且兄弟之间没有必要区分前后次序，所以它不是有序树. ■

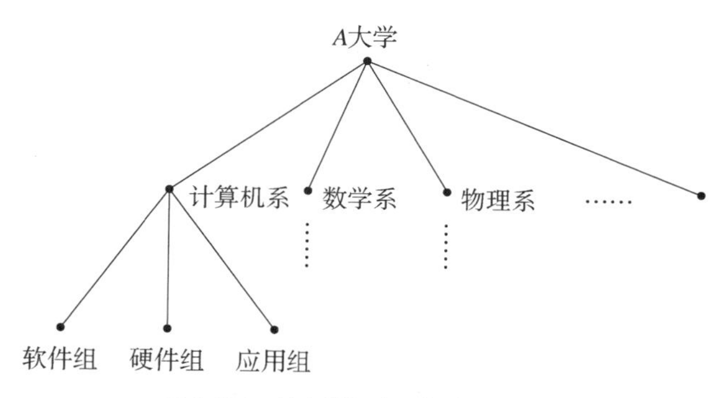

图 8.5.4　某大学行政机构的从属关系

例 8.5.2　为家族关系建立图模型，如图 8.5.5 所示. 张一有三个儿子，张二、张三和张四，张二排列在最左边，表示张二是张一的大儿子，排在中间的张三是张一的第二个儿子，排在最右面的张四是张一的小儿子；张三有二个儿子，大儿子张五和小儿子张六. 显然，用一般的根树不足以表达兄弟之间的关系，而必须使用有序树. ■

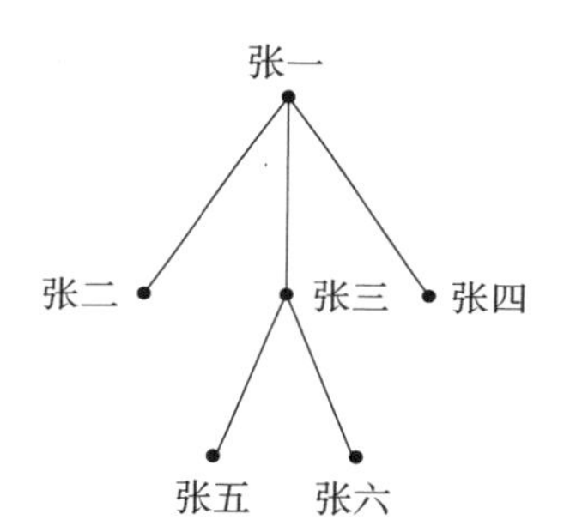

图 8.5.5　家族关系的有序树模型

定义 8.5.4　如果根树中所有顶点的出度均不大于 m(m 是正整数)，且至少有一个顶点的出度是 m，则称该根树为 **m 叉树**；如果根树中所有顶点的出度均为 m 或 0，则称该根树为**完全 m 叉树**.

在图 8.5.6 中，G_1 是三叉树，但不是完全三叉树；G_2 是二叉树，也是完全二叉树.

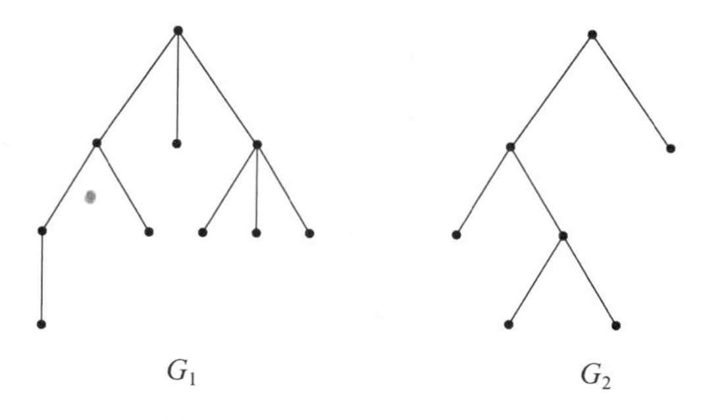

图 8.5.6　三叉树和完全二叉树

在计算机科学中，二叉树是最基本的根树.

定理 8.5.2　若在二叉树 T 中，有 n_0 个叶子，n_2 个出度为 2 的顶点，则 $n_0 = n_2 + 1$.

证明: 设二叉树 $T=(V,E)$, $|V|=n$, $|E|=e$,出度为 i 的顶点的个数为 n_i, i 为0、1或2.

显然, $n=n_0+n_1+n_2$. 因为 T 的底图是无向树,所以 $e=n-1$. 由定理7.2.2,

$$e=\sum_{v\in V}\mathrm{od}(v)=n_1+2n_2,$$

从而

$$n_1+2n_2=e=n-1=n_0+n_1+n_2-1,$$

所以 $n_0=n_2+1$. ■

8.5.2 决策树和排序算法的时间复杂度下限

在日常生活和工作中,人们经常会遇到许多困难的抉择,例如,出国留学选择哪个国家和学校、是否要辞职创业、是否要去见某个相亲对象等等. 最初面对这些难题时我们很可能不知所措,但很多时候,经过深入分析可以发现,许多问题都可以化解为一串简单的选择而得到解决,这类选择问题可大致概括为:"如果这样,就选择 A;如果那样,就选择 B;等等". 这个抉择过程的全貌可以直观地表示为根树,这就是**决策树**(Decision Tree)的基本思想.

决策树描述了一种**分而治之**(Divideand Conquer)的决策过程. 树根表示原始问题,即决策过程的起点,其他结点分别表示不同的子问题. 每个分支结点对应一次决策,通常是对某个特征属性的测试,每次决策将问题分成两个或多个更简单(或更小)的子问题,由该分支结点的儿子表示. 如此自上而下,随着结点层次的增加,结点所对应的子问题越来越简单(小),当问题足够简单(小)以致可以直接解决时,结点就不再劈分,成为叶子结点.

近十年来,经过广大科研工作者持续不断的研究和改进,决策树如今已演变为一种重要和有效的机器学习方法,主要用于解决分类问题、回归问题等,如医疗诊断、欺诈检测、目标营销等等. 本小节仅介绍最基本的决策树,它们的组成结构是人们已知知识的体现,其构造过程完全不涉及机器学习,对机器学习有兴趣的读者可进一步参阅相关文献.

用于解决分类问题的决策树也称为分类树,其中,树根表示所有可能的数据构成的集合,其他结点分别表示不同的数据子集;每个分支结点都对应一个测试,分支结点的数据集根据测试结果划分为若干子集,分别分配给它的各个儿子;每个结点的数据集中的数据均满足从根到该结点的路径上的所有测试条件;每个叶结点都被赋予一个类别,其数据集中的数据属于该类别. 利用决策树进行决策的过程就是从根结点开始,测试待分类项的各个特征属性,按照测试结果值选择分支,直到到达叶子结点,叶子结点的类别即为分类(决策)结果.

例 8.5.3 相亲问题. 一母亲要给女儿介绍男朋友,于是就有了下面的对话:

女儿:多大年纪了? 母亲:26.

女儿：长得帅不帅？母亲：挺帅的.

女儿：收入高不？母亲：不算很高，中等.

女儿：是公务员不？母亲：是，在税务局上班呢.

女儿：那好，我去见见.

女孩的决策过程实际就是一个分类过程，可以用一棵决策树（分类树）来描述，如图 8.5.7 所示. 女孩根据一系列测试条件将所有男性分为 3 个类别：见、不见、两可. 她对男孩的要求是：长得又帅又高，或者长相中等但收入高，又或者长相和收入中等的公务员. 图 8.5.7 中的粗边揭示了上述对话隐含的决策（分类）过程. ■

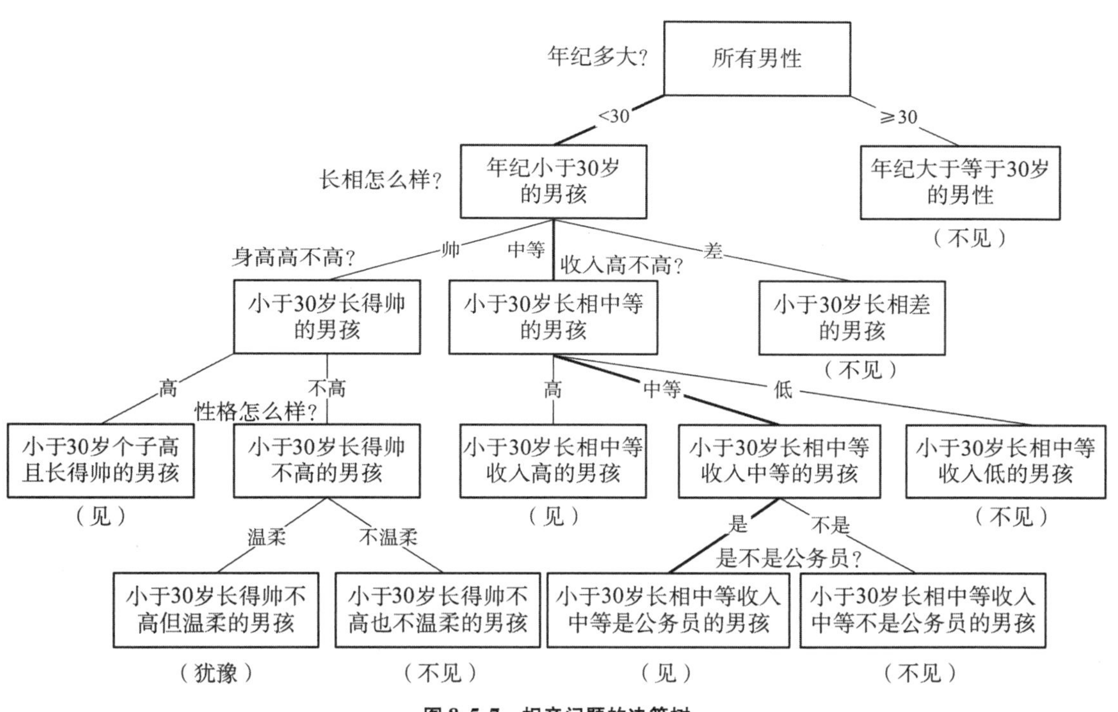

图 8.5.7 相亲问题的决策树

例 8.5.4 假币鉴别问题. 假设有 79 个外表完全一样的硬币，分别被编号为 1、2、…、79，其中有一个是假的，这个假币比真币轻. 假定只能使用一架天平，要求设计出一个最优的辨别假币（即给出假币的编号）的方法，所谓“最优”是指：使用尽可能少的称量次数.

解： 每个硬币都有可能是假币，总共有 79 种情况：第一种情况是 1 号硬币是假币、第二种情况是 2 号硬币是假币、…等等，每一种情况就是 79 个硬币的一个类别，这个问题就是要用天平为给定的 79 个硬币确定其类别. 每种称量方法都可以表示为一棵决策树，图 8.5.8 给出了两种称量方法的决策树，第一种方法（如图 8.5.8(a)）最多可能需要称量 77 次，第二种方法（如图 8.5.8(b)）最多需要称量 4 次. 因为每次称量至多只有 3 种可能的结果，所以这些决策树都是 3 叉树，其中至少有 79 个叶子,对应 79 种可能性(类别),而一种方法所需要的最多的称量次数就是相应的决策树的高度. 容易证明,至少含 79 个叶子的 3 叉树的高度至少为 4,所以图 8.5.8(b)所示的称量方法是最优的. ■

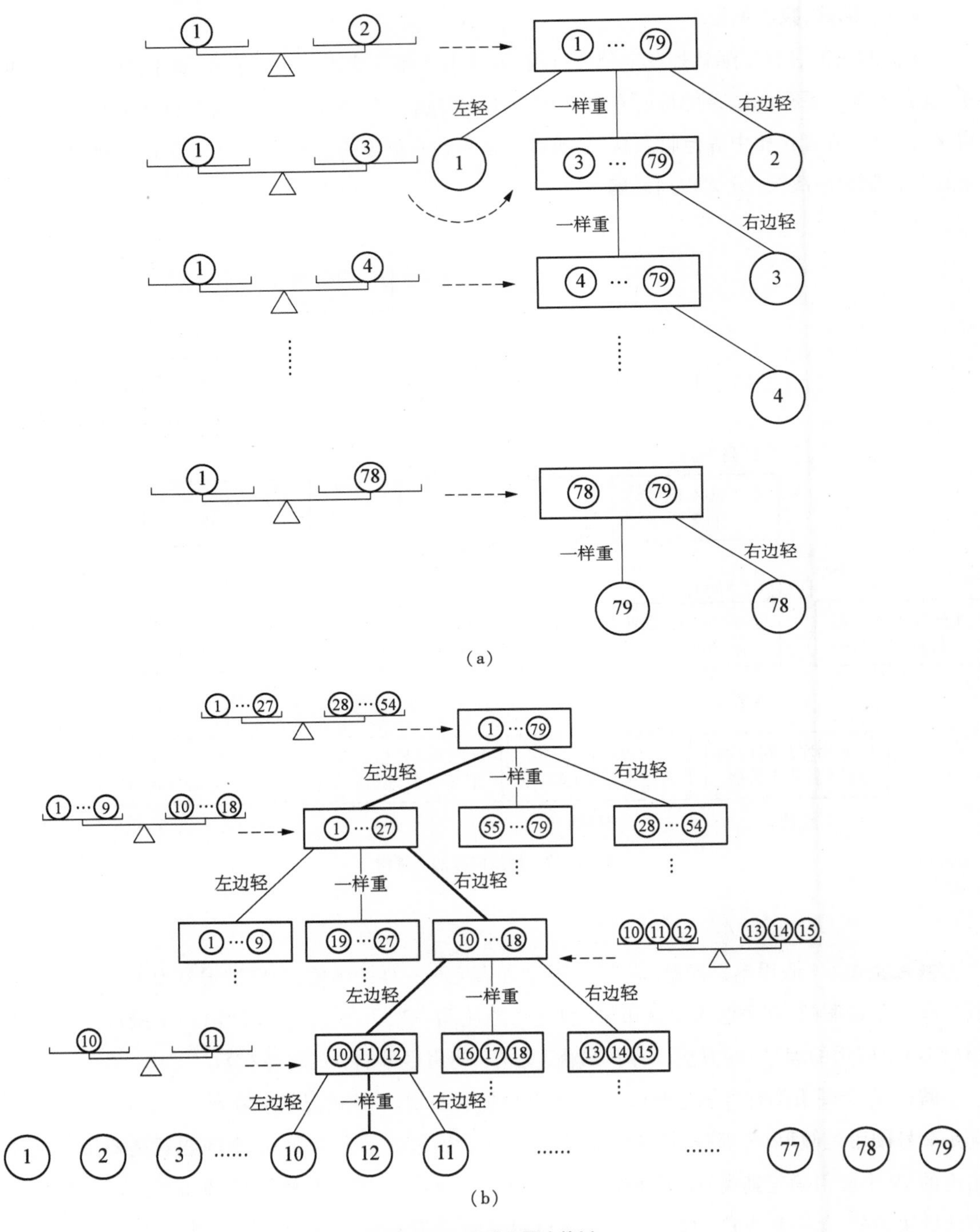

图 8.5.8 硬币称量决策树

下面我们来分析基于比较的排序算法. 假设我们要将长度为 n(n 是正整数)的初始关键字序列按升序排序,其中的关键字两两互不相同. 这类算法有很多,如插入排序、选择排序、堆排序、归并排序、快速排序等等,它们在最坏情况下的时间复杂度均不低于 $O(n\log_2 n)$,那么时间复杂度低于 $O(n\log_2 n)$ 的算法是否存在? 结论是否定的. 以下给出利用决策树的一种证明方法.

我们把排序问题视为分类问题,n 个不同的对象有 $n!$ 种可能的不同排列,它们对应于 $n!$ 个不同的“类”,排序就是要识别出初始序列属于哪一类. 基于比较的排序算法的执行过程可以视为一个决策过程,对于所有长度为 n 的可能的关键字序列,一个排序算法的所有可能的执行过程(比较操作的执行过程)可以用一棵决策树来描述. 树根包含所有 $n!$ 种可能的排列,每一次比较就是一次决策测试,它将可能的排列的集合缩小,叶子仅含一个排列(即“类”). 算法在最坏情况下所需要执行的比较次数即为此决策树的高度. 图 8.5.9 展示了插入排序算法对 3 个关键字 A、B 和 C 进行排序的决策树,其高度为 3,因此算法在最坏情况下需要 3 次比较.

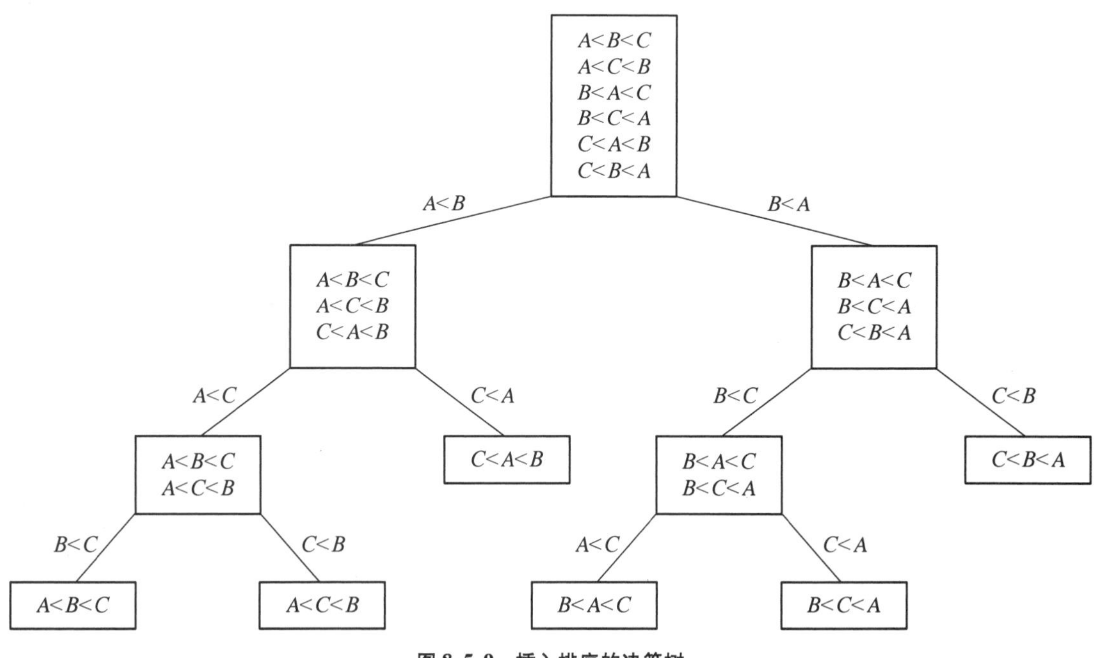

图 8.5.9　插入排序的决策树

显然,无论哪种基于比较的排序算法,相应的决策树都是完全二叉树,且至少含 $n!$ 个叶子. 容易证明,这些树的高度不小于 $\log_2(n!)$,所以算法在最坏情况下所需执行的比较次数不少于 $\log_2(n!)$. 对于足够大的 n, $\log_2(n!) > Cn\log_2 n$,其中 C 是某个大于零的常数,所以算法在最坏情况下的时间复杂度不可能低于 $O(n\log_2 n)$.

*8.5.3　最优树和 Huffman 算法

与二叉树有关的一个重要应用是最优树,许多看似无关的问题都可以归结为求最优树的问题.

定义 8.5.5 如果一棵完全二叉树的每个叶子都带有一个权值,则称该完全二叉树为**带权二叉树**;对带权二叉树 T 的任意叶子 v,若其所带的权值记为 $w(v)$,根到 v 的基本通路的长度为记 $l(v)$,则 $\sum\limits_{v是T的叶子} w(v)l(v)$ 称为 T 的**长度**,记为 $l(T)$;给定一组(t 个,$t \geqslant 2$)权值:w_1、w_2、…、w_t,在所有含 t 个叶子,且叶子上分别带这些权值的带权二叉树中,长度最小的那棵带权二叉树称为**最优树**.

显然,有 $t(t \geqslant 2)$ 个叶子,分别带权值 w_1、w_2、…、w_t 的最优树必定存在,因为这样的带权完全二叉树存在,且只有有限棵.

1952 年,Huffman 首先给出了一个很好的求最优树的算法,所以最优树也被称为 Huffman 树. Huffman 算法的基本思想是:对于给定的 $t(t \geqslant 2)$ 个权值 w_1、w_2、…、w_t,若 w_1 和 w_2 是其中最小的两个权值,则有 t 个叶子,且叶子上分别带权值 w_1、w_2、…、w_t 的最优树可以从有 $t-1$ 个叶子,且叶子上分别带权值 w_1+w_2、w_3、…、w_t 的最优树得到,即将求有 t 个叶子的最优树归结为求有 $t-1$ 个叶子的最优树. 类似地,求有 $t-1$ 个叶子的最优树又可以归结为求有 $t-2$ 个叶子的最优树,……,依次类推,最后可归结为求有 2 个叶子的最优树,此时,若不考虑根的两个儿子的次序,具有两个叶子的完全二叉树是唯一的,它一定就是具有两个叶子的最优树.

例 8.5.5 求有 5 个叶子,且叶子上分别带权值 1、2、3、4 和 5 的最优树.

解: 首先组合最小的两个权值,$1+2=3$(图 8.5.10(b));然后,在所得到的 4 个权值中组合最小的两个权值,$3+3=6$(图 8.5.10(c));再组合所得到的 3 个权值中最小的两个权值,$4+5=9$(图 8.5.10(d));最后,将剩下的两个权值组合起来(图 8.5.10(e))得到最优树. ■

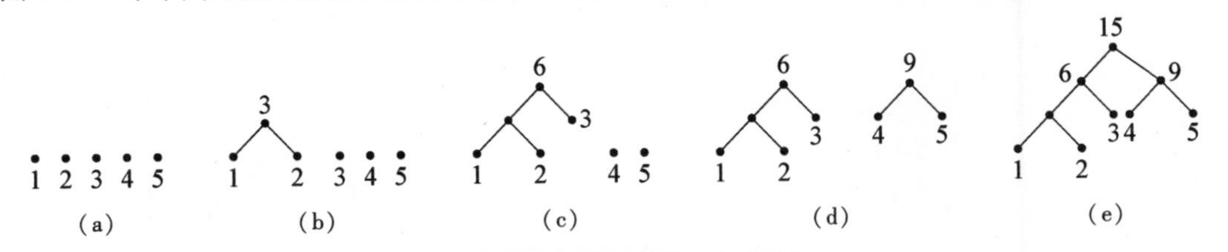

图 8.5.10 Huffman 算法的求解过程

以下两个定理说明 Huffman 算法求出的二叉树确实是最优树.

定理 8.5.3 给定 $t(t \geqslant 2)$ 个权值 w_1、w_2、…、w_t,若 w_1 和 w_2 是其中最小的两个权值,则必定存在一棵有 t 个叶子,叶子上分别带权值 w_1、w_2、…、w_t 的最优树,其中带权值 w_1 和 w_2 的两个叶子互为兄弟.

证明: 设 T 是一棵有 t 个叶子,且叶子上分别带权值 w_1、w_2、…、w_t 的最优树. 若分支结点 v 的层次是所有分支结点中最大的,则 v 的两个儿子 x 和 y 必为叶子,设它们的权分别为 w_x 和 w_y,

不妨假定 $w_x \leqslant w_y$.

若 w_x 和 w_y 分别等于 w_1 和 w_2，则 T 是满足定理的最优树；否则，将带权 w_1 的叶子与带权 w_x 的叶子交换，带权 w_2 的叶子与带权 w_y 的叶子交换，得到完全二叉树 T'. 由于 v 的层次是所有分支结点中最大的，且 $w_x \geqslant w_1$, $w_y \geqslant w_2$，故 $l(T') \leqslant l(T)$. 又因为 T 是最优树，故 $l(T') \geqslant l(T)$，从而，$l(T') = l(T)$，所以 T' 也是最优树，且在 T' 中，带权值分别为 w_1 和 w_2 的两个叶子互为兄弟，即 T' 是满足定理要求的最优树. ■

定理 8.5.4 给定 $t(t \geqslant 2)$ 个权值 w_1、w_2、…、w_t，且 w_1 和 w_2 是其中最小的两个权值. 若 T_{t-1} 是一棵有 $t-1$ 个叶子，且叶子上分别带权值 w_1+w_2、w_3、…、w_t 的最优树，将 T_{t-1} 中带权值 w_1+w_2 的叶子改造为带两个叶子的分支结点，且那两个叶子的权值分别为 w_1 和 w_2，所得到的带权二叉树记为 T_t，则 T_t 是一棵有 t 个叶子，且叶子上分别带权值 w_1、w_2、…、w_t 的最优树.

证明： 采用反证法.

假设 T_t 不是最优树. 由定理 8.5.3，存在一棵有 t 个叶子，且叶子上分别带权值 w_1、w_2、…、w_t 的最优树 T'_t，其中带权值分别为 w_1 和 w_2 的两个叶子互为兄弟. 改造 T'_t，将带权值 w_1 和 w_2 的那两个叶子的父结点改造为带权值 w_1+w_2 的叶子，得到一棵有 $t-1$ 个叶子，且叶子上分别带权值 w_1+w_2、w_3、…、w_t 的带权二叉树 T'_{t-1}. 显然，

$$l(T_t) = l(T_{t-1}) + w_1 + w_2,$$
$$l(T'_t) = l(T'_{t-1}) + w_1 + w_2.$$

由于 T_t 不是最优树，故 $l(T_t) > l(T'_t)$，从而 $l(T_{t-1}) > l(T'_{t-1})$. 这与 T_{t-1} 是最优树的条件矛盾，所以 T_t 是最优树. ■

* 8.6　偶图及其匹配

许多实际应用问题可以用偶图来建立图模型. 第七章已初步讨论过偶图，这里我们首先重复一下其定义和基本性质，然后着重讨论其上的匹配问题.

定义 8.6.1 若简单无向图 $G=(V, E)$ 的顶点集可以分成两个不相交的子集 V_1 和 V_2，即 $V=V_1 \cup V_2$, $V_1 \cap V_2 = \varnothing$，且每条边的两个端点都不在同一个子集中，则称 G 为**偶图**、**二分图**或**二部图**.

定理 8.6.1 若简单无向图 G 不是零图，则

(1) G 是偶图当且仅当 $\chi(G)=2$；

(2) G 是偶图当且仅当 G 不包含长度为奇数的回路.

定理 8.6.1 可由定理 7.5.3 和例 7.5.3 简单地获得.

例 8.6.1 某大学计算机系的暑期短学期需要开设 6 门课程,分别简记为 1、2、……、6,每门课程都需要一位教授讲授,但每门课程实际都有多位教授可以讲授,如表 8.6.1 所示. 为了尽可能公平地分配教学工作,规定每个教授最多只能讲授一门课程. 在这些限制下,是否所有这 6 门课程都可以安排教授去教? 如果不是,则最多能开设几门课程?

表 8.6.1

课程	能讲授的教授
1	A、C、F
2	B、C、D、E、G
3	A、C
4	A、F
5	B、E、G
6	C、F

我们为这个问题建立无向图模型,课程和教授分别表示为图的顶点,若某个教授能讲授某门课程,则在该课程与该教授之间画一条边,结果如图 8.6.1 所示,原问题转化为在图模型中选出一个边子集,其中的边没有公共端点,且边尽可能的多. 这就是偶图的匹配问题. ■

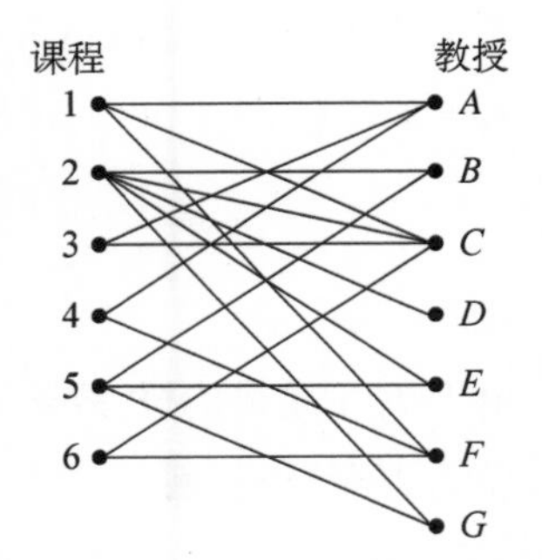

图 8.6.1 课程讲授的无向图模型

定义 8.6.2 设简单无向图 $G=(V, E)$, M 是 E 的非空子集. 若 M 中没有相邻的边,则称 M 为 G 的**匹配**或**边独立集**. 若匹配 M 不是任何其他匹配的真子集,则称 M 为 G 的**极大匹配**;G 的基数最大的匹配称为 G 的**最大匹配**. G 的与匹配 M 中的边相关联的顶点称为 **M 饱和顶点**,G 的其他顶点称为**非 M 饱和顶点**;若 V 的子集 S 中的所有顶点都是 M 饱和顶点,则称 **M 饱和 S**. 若 G 的所有顶点都是 M 饱和顶点,则称 M 为**完美匹配**.

例 8.6.1 的问题就是要在图模型中找到一个饱和课程顶点集的匹配.

显然,完美匹配必定是最大匹配,最大匹配必定是极大匹配,但反之都不一定成立. 下面的例子说明极大匹配不一定是最大匹配,且完美匹配和最大匹配都可能不是唯一的.

例 8.6.2 对于如图 8.6.2 所示的偶图,(a)、(b)和(c)中的粗边分别展示了其 3 个不同的匹配. 显然,(a)中的 3 条边的匹配不是最大匹配,因为(b)和(c)中的匹配含更多的边;(b)和(c)中的匹配既是完美匹配,也是最大匹配. 虽然(a)中的匹配不是最大匹配,但我们无法在其中

增加边并使之仍然是一个匹配,所以它是极大匹配. ■

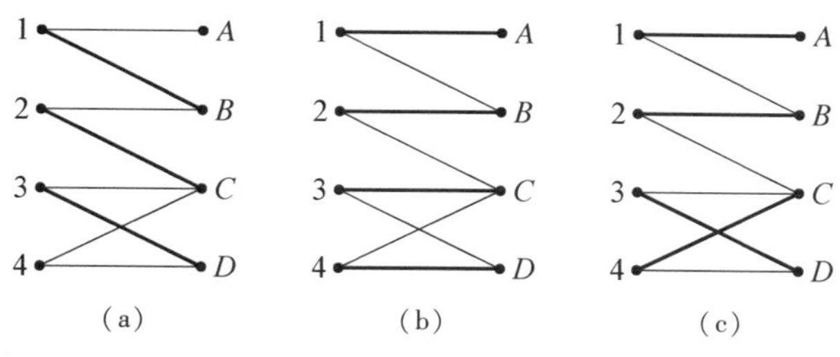

图 8.6.2　一个偶图及其 3 个匹配

注意: 图的匹配并不仅限于偶图. 下面的例子涉及求解非偶图的最大匹配.

例 8.6.3　某计算机软件科创培训班共有 7 名学生,现要组队分配项目,并希望组成尽可能多的队,要求每队 2 人,且同队的 2 人至少有一种共同擅长的编程语言. 表 8.6.2 列出了这些学生各自擅长的语言.

表 8.6.2

学生	擅长的语言
1	Java、Python、ASP
2	R、Java
3	Python、C
4	JSP、Python、PHP、VB
5	R、PHP
6	C++、C、C#
7	JSP、C++

我们为这个问题建立无向图模型,用顶点表示学生,只要 2 个学生共同擅长某种语言,就在相应的顶点之间画一条边,结果如图 8.6.3 所示,原问题的解对应于这个图模型的最大匹配.

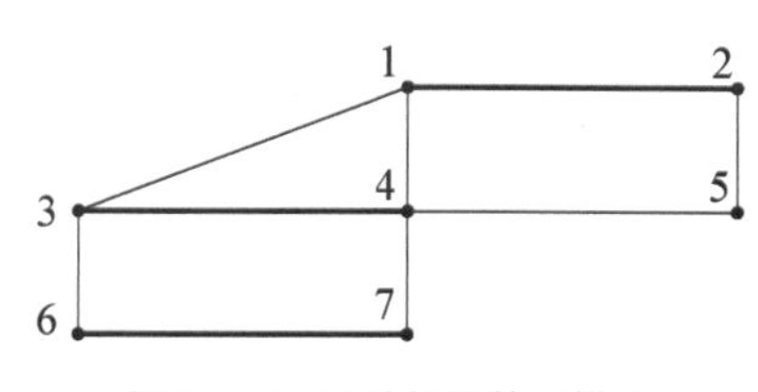

图 8.6.3　组队问题的图模型

显然,这个图不是偶图. 图 8.6.3 中的粗边表示了一个最大匹配,因为其中仅有一名学生未被匹配,但这个匹配并不是完美匹配. ■

与匹配有关的另一个有用的概念是覆盖.

定义 8.6.3　设简单无向图 $G=(V, E)$, C 是 V 的非空子集. 若 G 的每条边都至少与 C 中的一个顶点相关联,则称 C 为 G 的***点覆盖集***或***点覆盖***. 若点覆盖 C 的任何真子集均不是点覆盖,则称 C 为 G 的**极小点覆盖**;G 的基数最小的点覆盖称为 G 的**最小点覆盖**.

例如,对于如图 8.6.3 所示的无向图,顶点集$\{2, 3, 4, 5, 6\}$是它的点覆盖,但不是最小点覆盖,因为顶点集$\{1, 3, 5, 7\}$也是它的点覆盖且基数更小;事实上$\{1, 3, 5, 7\}$是最小点覆盖.

定理 8.6.2 给出了图的匹配与点覆盖之间的关系.

定理 8.6.2 设 M 和 C 分别是简单无向图 G 的匹配和点覆盖,则$|M| \leqslant |C|$;若$|M| = |C|$,则 M 是最大匹配,C 是最小点覆盖.

证明: 由点覆盖的定义,G 的每条边,尤其是 M 中的每条边至少与 C 中的一个顶点关联. 又由匹配的定义,M 中不同的边之间没有相同的端点,所以 M 中不同的边所关联的 C 中的顶点互不相同. 于是,C 中的顶点至少与 M 中的边一样多,即$|M| \leqslant |C|$.

下面假设$|M| = |C|$. 如果 M 不是最大匹配,那么存在一个匹配 M',使$|M'| > |M| = |C|$,这与定理的第一部分矛盾. 同样,如果 C 不是最小点覆盖,那么存在一个顶点少于$|C|$个的覆盖,这将导致同样的矛盾. 所以,M 是最大匹配, C 是最小点覆盖. ■

例 8.6.4 某大都市高峰时段的道路非常拥堵,为了更好地疏导交通,现计划在一些关键道路的十字路口配备交警,人工指挥关键道路的交通. 尽管每位交警只能管理与其所在路口直接相通的道路,但是为每个路口配备交警显然没有必要. 如何合理地选择一些路口配置交警,以尽可能地降低人力成本?

我们为该城市的关键道路建立图模型,如图 8.6.4 所示,其中边表示关键道路,顶点表示十字路口. 这个问题就是寻找最小点覆盖的问题. 显然,顶点集$\{1, 3, 6, 8, 9, 11\}$是一个点覆盖,图 8.6.4 中的粗边是一个匹配,二者的基数相同,所以定理 8.6.2 告诉我们这个点覆盖是最小的,是问题的一个解. ■

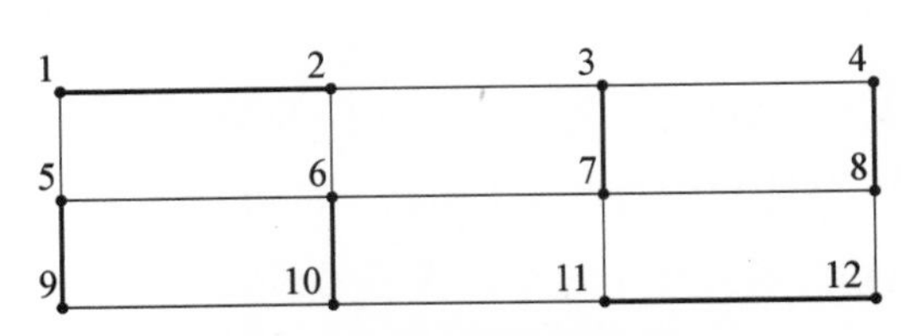

图 8.6.4 城市关键道路的图模型

定义 8.6.4 设简单无向图 $G = (V, E)$,M 是 G 的匹配. 若 G 的通路 P 由 $E - M$ 和 M 中的边交替构成,则称 P 是 G 的 **M 交错通路**;若 M 交错通路 P 的起点和终点都是非 M 饱和顶点,则称 P 为 **M 可增广通路**;若 M 交错通路 P 是回路,则称 P 为 **M 交错回路**.

对于如图 8.6.2(a)所示的无向图和匹配,$A1B2C3D4$ 就是一条可增广通路,且此通路上不在匹配中的边所组成的边集是一个基数更大的匹配. 这种情况并非特例,一般的可增广通路都具有类似的性质,这就是“可增广”名称的来源. 这个事实提示我们,通过逐次寻求可增广通路就可能将一个初始匹配改造为最大匹配.

定理 8.6.3 设 M 是简单无向图 G 的匹配. M 是 G 的最大匹配当且仅当 G 没有 M 可增广通路.

证明: (1) 设 M 是 G 的最大匹配.

假设 G 有 M 可增广通路,不妨设 P 为这样的一条通路. 如下改造 M 为 M': 从 M 中删除 P 所含的边,同时加入 P 的不在 M 中的边. 由于 P 是可增广通路,所以 P 中不在 M 中的边比在 M 中的边多一条,从而 $|M'| = |M| + 1$,且 M' 也是 G 的匹配,这与 M 是 G 的最大匹矛盾. 所以,G 没有 M 可增广通路.

(2) 设 G 没有 M 可增广通路.

假设 M' 是 G 的最大匹配. 若 $M = M'$,则 M 是 G 的最大匹配. 若 $M \neq M'$,则考察边导出子图 $G' = G(M \oplus M')$①. 由于 M 和 M' 都是 G 的匹配,所以 G' 中每个顶点的度至多为 2,且任意两条相邻的边必分属于 M 和 M',故 G' 的连通分量要么是由 M 和 M' 中的边构成的交错回路(圈图),要么是由 M 和 M' 中的边构成的交错通路(非回路). 显然,在上述圈图(回路)中,M 和 M' 中的边数相同. 由于 M' 是 G 的最大匹配,根据(1)中已证明的结论,G 没有 M' 可增广通路,又由已知条件 G 也没有 M 可增广通路,所以上述交错通路中 M 和 M' 中的边数也相同. 综上,当 $M \neq M'$ 时,$|M| = |M'|$,从而 M 是 G 的最大匹配. ■

再次考虑例 8.6.1,满足要求的解,即饱和课程顶点集的匹配是否存在? 下面的 Hall 定理给出了一个充分必要的判定条件,它是组合数学中最基本的定理之一,有多种不同的表达形式,这里给出的是图论的表达形式.

定理 8.6.4 (Hall 定理)设偶图 $G = (V, E)$,其顶点集分为两个不相交的子集 V_1 和 V_2,每条边的两个端点都不在同一个子集中,且 $|V_1| \leqslant |V_2|$. G 中存在饱和 V_1 的匹配当且仅当中对于 V_1 的任意子集 S,$|N(S)| \geqslant |S|$,其中 $N(S)$ 表示与 S 中的顶点相邻的顶点的集合.

证明: 定理的必要性显然,下面证明充分性.

设 M 为 G 的最大匹配. 若 M 不饱和 V_1,则 V_1 中存在非 M 饱和顶点,不妨设 v 为这样的一个顶点. 令

$$Z = \{u \mid u \in V, \text{且存在从 } v \text{ 到 } u \text{ 的 } M \text{ 交错通路}\}, S = Z \cap V_1, T = Z \cap V_2.$$

由 M 的最大性和定理 8.6.3 可知,v 是 Z 中唯一的非 M 饱和顶点. 显然,$N(S) \supseteq T$,且 $S - \{v\}$ 中的顶点与 T 中的顶点在 M 下匹配,$|T| = |S| - 1$. 由于存在从 v 到 $N(S)$ 中的顶点的 M 交错通路,

① $\oplus$ 表示集合的对称差运算,$M \oplus M' = (M - M') \cup (M' - M)$,参见第一章习题 13.

事实上 $N(S)=T$. 于是,$|N(S)|=|S|-1<|S|$,与给定条件矛盾. 所以,M 饱和 V_1,从而 G 中存在饱和 V_1 的匹配. ■

根据 Hall 定理,例 8.6.1 的图模型中不存在饱和课程集的匹配,因为 $N(\{1, 3, 4, 6\})=\{A, C, F\}$, $|N(\{1, 3, 4, 6\})|<|\{1, 3, 4, 6\}|$. 所以,在例 8.6.1 的限定条件下,其中的 6 门课程无法都开设.

上述 Hall 定理的证明实际上给出了一种判断偶图是否存在饱和 V_1 的匹配的方法,并在存在饱和 V_1 的匹配的情况下求出一个这样的匹配. 下面给出的匈牙利算法就是这样的算法,它的出发点是偶图的任意一个匹配.

匈牙利算法

设偶图 $G=(V, E)$, V 分为两个不相交的子集 V_1 和 V_2,每条边的两个端点都不在同一个子集中,且 $|V_1|\leqslant|V_2|$. M 是 G 的一个匹配. 若 G 没有饱和 V_1 的匹配,则算法给出该结论;若 G 有饱和 V_1 的匹配,则算法将求出一个这样的匹配.

(1) 判断当前匹配 M 是否饱和 V_1

若匹配 M 饱和 V_1,则算法输出 M,然后终止.

(2) 初始化 S 和 T

在 V_1 中任取一个非 M 饱和顶点 v,令 $S=\{v\}$, $T=\varnothing$.

(3) 判断 G 中是否存在饱和 V_1 的匹配

若 $N(S)=T$, 因为 $|T|=|S|-1$,从而 $|N(S)|<|S|$,所以 G 中不存在饱和 V_1 的匹配,算法输出否定的结论,然后终止;若 $N(S)\neq T$,则在 $N(S)-T$ 中任取一个顶点 y;若 y 是 M 饱和顶点,则 M 中存在以 y 为端点的边 $\{x, y\}$,将 x 和 y 分别加入 S 和 T,然后重复(3).

(4) 扩展 M

找出以 v 为起点、y 为终点的 M 增广通路 P,然后改造 M,从 M 中删除 P 所含的边,同时加入 P 的不在 M 中的边,再转(1).

8.7 小结

本章讨论的欧拉图、哈密顿图、平面图和树都具有广泛的应用背景,读者不仅需要掌握这些内容本身,更需要关注如何运用这些知识为实际问题建立数学模型.

欧拉图和哈密顿图有相似之处,都要求能以某种方式遍历图,但前者是遍历边,后者是遍历顶点. 欧拉图的判定比较容易,只需判断连通图各个顶点的度是否都为偶数. 对哈密顿图,简洁的充分必要条件至今还未找到,本章分别给出了哈密顿图的一个必要条件和一个充分条件,利用它们已能解决许多哈密顿图的判定问题.

平面图是可以画在平面上,使边仅相交于顶点的图,请注意平面图与其平面表示的区别. $K_{3,3}$

和 K_5 是最基本的非平面图，本质上，一个图是否是平面图就取决于其中是否“包含”$K_{3,3}$ 或 K_5. 欧拉公式刻画了连通平面图的顶点数、边数和面数之间的数量关系. 对偶图的概念在平面图的研究中起着重要的作用，许多关于平面图的问题的研究都是通过研究对偶图来进行的，比如平面图的着色问题.

树是最小的连通图，因为在同阶的连通图中，树所含的边的数目最小. 定理 8.4.1 刻画了无向树的本质特征，实际上给出了无向树的另五种等价定义. 根树是一种特殊的有向树，其中存在根到其他顶点的唯一通路. 根树所特具的层次结构比图单纯，比较容易在计算机中进行存储和高效地处理，同时又有很强的表达能力，因而在计算机科学中广为使用. 二叉树是最简单的根树.

生成树和最小生成树具有广泛的实际应用意义，采用“破圈法”可以求出连通图的生成树，Kruskal 算法采用“避圈法”求出带权连通图的最小生成树. 最优树问题是另一个具有重要应用价值的问题，许多实际问题都可以归结为求最优树的问题，Huffman 算法很好地解决了这个问题.

也有许多应用问题可以归结为偶图的匹配问题，本章对此作了简略的介绍，包括匈牙利算法，但本书仅涉及该问题最基础的知识，在解决实际问题时，可能还需要查阅更深入的专门文献.

8.8　习题

1. 图 8.8.1 中的图 G_1、G_2 和 G_3 是否有欧拉通路和欧拉回路?

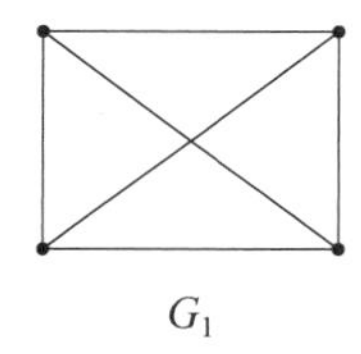

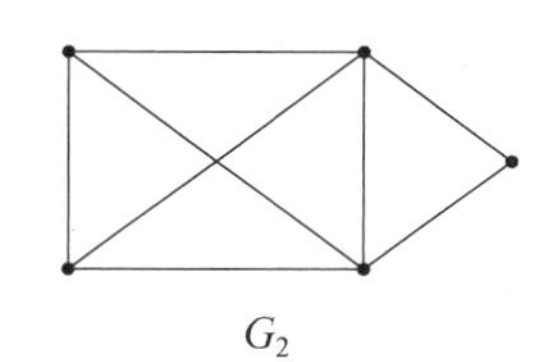

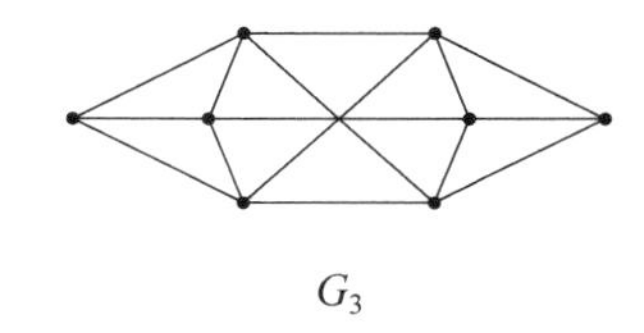

图 8.8.1　无向图

2. 如图 8.8.2 是一套房子的平面图. 问能否从前门进去，最后从后门出去，走过所有的门且每扇门只经过一次?

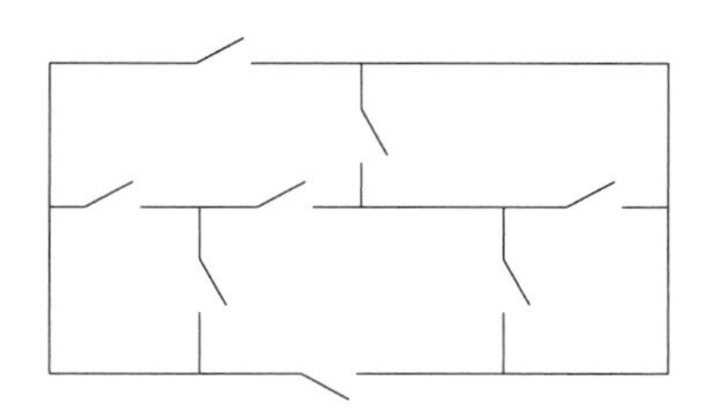

图 8.8.2　一房子的平面图

3. 对于仅有 4 个扇区和 2 个探测器的旋转磁鼓，请给出一种合理的 0－1 赋值（参见例

8.1.1).

4. 请证明含奇数个顶点的偶图必定不是哈密顿图.

5. 请说明如图 8.8.3 所示的无向图不是哈密顿图.

图 8.8.3 无向图

6. 请回答:

(1) 完全图一定是欧拉图吗? 是哈密顿图吗?

(2) 完全偶图一定是欧拉图吗? 是哈密顿图吗?

7. 请给出一个:

(1) 既是欧拉图,又是哈密顿图的简单图;

(2) 是欧拉图,但不是哈密顿图的简单图;

(3) 既不是欧拉图,又不是哈密顿图的简单图.

8. 请证明: 在 $K_n(n>5)$ 中任意删去 $n-3$ 条边后所得到的图仍然是哈密顿图.

9. 设 n 阶简单无向图 G 有 m 条边,且 $m \geqslant \frac{1}{2}(n-1)(n-2)+2$. 请证明: G 是哈密顿图.

10. 请证明: 对于任意不小于 2 的正整数 n, Q_n 是哈密顿图.

11. 请证明有向哈密顿图必定是强连通图.

12. 在某大学 2018 年的篮球循环赛中,有 4 个队参赛: D、S、B 和 H, D 打败了其他各队,S 败于其他各队,H 打败了除 D 外的其他各队. 问是否存在一个球队的排名? 这个排名是唯一的吗?

***13.** 请证明: 任意竞赛图都有有向哈密顿通路.

14. 设简单连通平面图 G 有 $n(n>2)$ 个顶点、e 条边. 请证明: $e \leqslant 3n-6$.

15. 设 G 是平面图,有 n 个顶点、e 条边、r 个面、k 个连通分量. 请证明: $n-e+r=k+1$.

16. 请证明: 在有 6 个顶点 12 条边的简单连通平面图中,每个面的边界均由 3 条边组成.

17. 请证明: 若简单连通图 G 有 $n(n>2)$ 个顶点、e 条边,则 G 的厚度至少为 $\lceil e/(3n-6) \rceil$. 简单图 G 的**厚度**是指 G 的平面子图的最小个数,这些子图的并是 G.

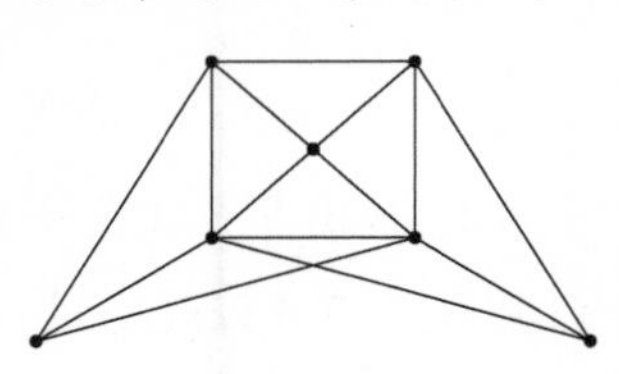

图 8.8.4 无向图

18. 请证明: 如图 8.8.4 所示的无向图是非平面图.

19. 下列哪些无向图是树?

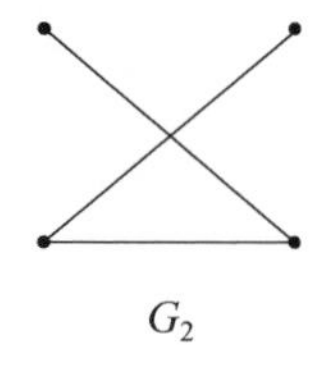

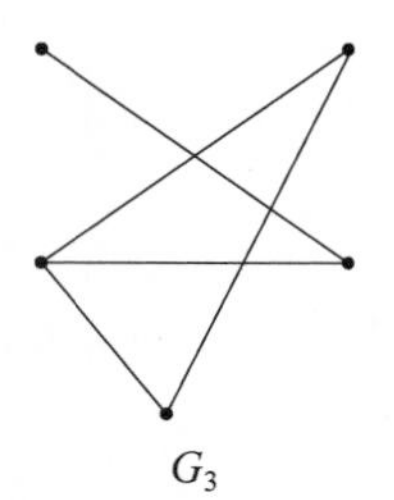

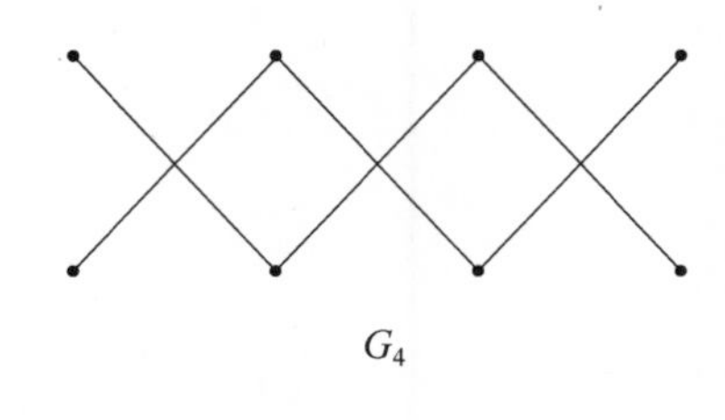

图 8.8.5 无向图

20. 有 $n-1$ 条边的 n 阶无向图是否一定是树？为什么？

21. 请证明：有 m 条边的连通图至多有 $m+1$ 个顶点.

22. 一棵有 13 个顶点的树可能含 4 个度为 3 的顶点、3 个度为 4 的顶点和 6 个度为 1 的顶点吗？

23. 请证明：若一个无向图有 n 个顶点、e 条边、p 个连通分量，则 $n-p \leqslant e$.

24. (1) 若一棵树有 2 个度为 2 的顶点，一个度为 3 的顶点，3 个度为 4 的顶点，没有度大于 4 的顶点，则它有几个叶子？

(2) 若一棵树有 n_i 个度为 i 的顶点，$2 \leqslant i \leqslant k$，没有度大于 k 的顶点，则它有几个叶子？

25. 在有 n 个顶点的树中，长度大于零的不同的简单通路有多少条？

26. 设 T_1 和 T_2 是连通图 G 的两棵生成树，a 是在 T_1 中但不在 T_2 中的一条边. 请证明：G 中存在一条在 T_2 中但不在 T_1 中的边 b，且 $(T_1-\{a\})\cup\{b\}$ 和 $(T_2-\{b\})\cup\{a\}$ 都是 G 的生成树.

27. 一炼油厂有 7 幢大楼，它们通过地道相互连接，如下图所示. 由于存在爆炸的可能性，为了保障人员的安全，需要加固一些地道，以在地面发生大火的情况下能够在各幢大楼之间走动，希望加固最少的地道，以使费用最低. 问该怎么做？

28. 连通图的任意两棵生成树都含有公共边吗？为什么？

29. 请证明：连通图的割边一定是每棵生成树的边.

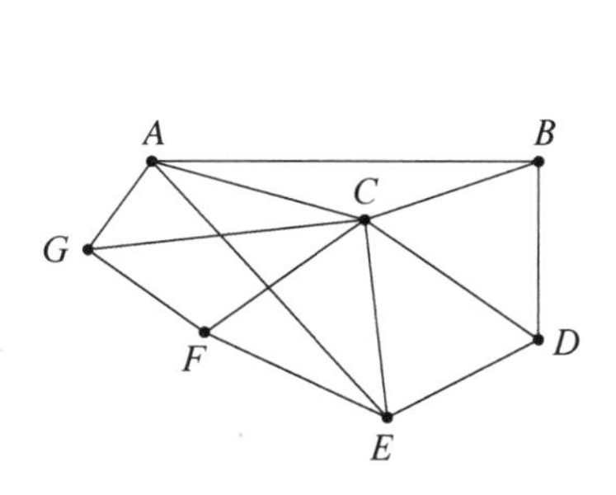

图 8.8.6　大楼间的地道

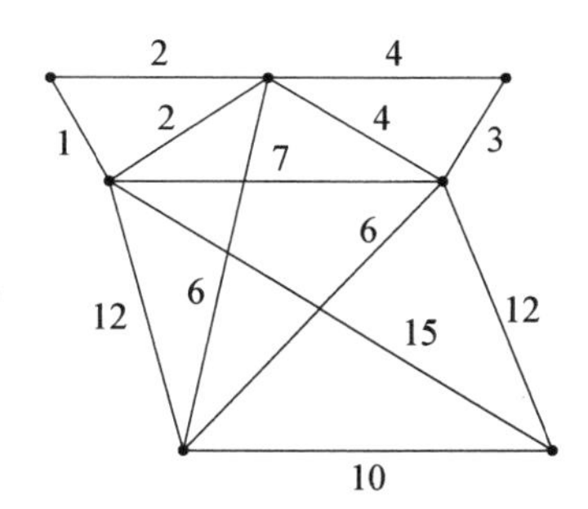

图 8.8.7　无向带权图

30. 对于如图 8.8.7 所示的无向带权图，请求出一棵最小生成树.

31. 请给出无向带权图的最大生成树的定义. 能否改造 Kruskal 算法使之能用来求最大生成树？

32. 下列哪些有向图是根树？

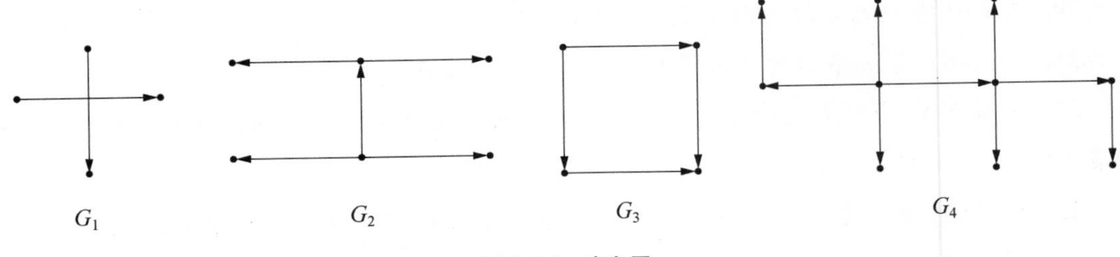

图 8.8.8 有向图

33. 有且仅有一个顶点的入度为0,而其他顶点的入度均为1的有向图是否一定是根树?为什么?

34. LISP是一种重要的人工智能编程语言,COMMON LISP是LISP的一种变体. COMMON LISP处理的基本数据类型和子类型有8种:S-表达式、原子、列表、数、符号、整数、比率和浮点数,一个S-表达式可以是一个原子或一个列表,一个原子可以是一个数或一个符号,一个数可以是一个整数、一个比率或一个浮点数. 请用一棵根树来描述这些关系.

35. 请证明:若完全二叉树T有n_0个叶子,则T有$2(n_0-1)$条边.

36. 有2个顶点的不同构的根树有多少棵?有3个顶点的呢?

37. 请证明:若完全m叉树T有n_0个叶子,n'个分支结点,则$n_0=(m-1)n'+1$.

38. 请证明:对于任何不小于2的正整数n,存在具有n个叶子的完全二叉树.

39. 请画出一棵有8个叶子,且叶子上分别带权值1、3、5、5、8、12、14和19的最优树.

***40.** 请说明基于比较的排序算法在最好情况下的时间复杂度,并证明你的结论.

41. K_{20}的最大匹配中有多少条边?最小覆盖中有多少个顶点?

42. 请构造一个简单无向图,其最大匹配所包含的边比最小覆盖所包含的顶点少.

43. 设偶图$G=(V, E)$,其顶点集分为两个不相交的子集V_1和V_2,每条边的两个端点都不在同一个子集中,且$|V_1|\leqslant|V_2|$. 请证明:如果存在正整数t,使得V_1中的每个顶点至少关联t条边,而V_2中的每个顶点至多关联t条边,则G中存在饱和V_1的匹配.

第九章　基本计数方法

组合分析是数学的一个分支,它关注于解决那些可能性的数量有限的问题(虽然可能性的数量可能相当大).组合数学主要包括解的存在性问题、计数问题和优化问题,它与人们的工作和生活息息相关,在计算机科学、物理学、生物信息学、社会科学、经济学和统计学等等许多领域中有着广泛的应用.在计算机科学中,组合数学在大数据处理、机器学习、网络技术、信息安全和算法分析等方面起着关键的作用.

组合数学具有悠久的历史,其起源可以追溯到数千年以前,但它又是一门青春勃发的学科,在现代科学中得到了发扬光大.早在公元前的古书中就有相关的记载,如公元前1650年古埃及的《莱因德纸草书》、十一世纪中国的《九章算经细草》、十二世纪印度的《美丽》等等.十七世纪中期,术语"组合学"首次出现在德国数学家莱布尼茨(G. W. Leibniz)所著的《组合的艺术》中,随后组合数学的理论和应用得到了快速发展,尤其是二十世纪四十年代以来,计算机的广泛应用进一步推动了组合数学的发展.

本书主要涉及存在性问题和计数问题.本章介绍解决存在性问题的基本工具和基本的计数方法,主要包括计数的基本原理、排列与组合、二项式定理、可重复的排列与组合、容斥原理等,第十章将介绍稍复杂一些的计数方法.

9.1　鸽笼原理

存在性问题是指判别问题的解是否存在的问题.鸽笼原理是解决存在性问题的基本工具之一.鸽笼原理也称为抽屉原理.

定理 9.1.1(鸽笼原理)　$n+1$ 只鸽子放入 n 个鸽笼,那么一定存在某个鸽笼有不少于 2 只鸽子.

鸽笼原理可用集合论的术语来描述:若 A_1, A_2, $\cdots$, A_n 是 n 个有限集,且 $|A_1 \cup A_2 \cup \cdots \cup A_n| = n+1$,则一定存在一个集合 $A_i(1 \leqslant i \leqslant n)$,其中 $|A_i| \geqslant 2$.

许多存在性问题都可以利用这个简单的原理来解决,解题的关键是确定"鸽笼"和"鸽子".

例 9.1.1　13 个人参加一个聚会,则其中至少有两个人在同一个阳历月份出生.

解: 把阳历月份看成鸽笼,共12个,人看作鸽子,共13个,由鸽笼原理可知,必有一个阳历月份至少容纳两个人. ■

例9.1.2 抽屉里有6双袜子,从中随机取出7只,则至少有两只是配对的.

解: 每双袜子为一个鸽笼,共有6个,单只袜子看作鸽子,将7只袜子分别置于它所属的鸽笼,由鸽笼原理可知,至少有一个鸽笼中有2只袜子,它们必是配对的. ■

例9.1.3 在1到200中任取101个数,其中一定有两个数,它们的差为100.

解: 这里鸽笼是任意数除以100的余数:0、1、2、…、99,共100个,任取的数看作鸽子,共101个.由鸽笼原理可知,必有两个数关于100同余,即它们的差是100的倍数.由于这两个数均在1到200之间,因此它们的差小于200,一定是100. ■

例9.1.4 在不大于$2n$的正整数中任取$n+1$个数,则其中必存在两个数,第一个能被第二个整除.

解: 本题稍难,鸽笼和鸽子不能立即看出.任意正整数可写成奇数与2的幂次的乘积$b2^a$,其中b是奇数.把任取的$n+1$个数记为$k_1, k_2, \cdots, k_{n+1}$, $k_i=b_i2^{a_i}$.因为不大于$2n$的正奇数只有n个,所以由鸽笼原理可知,$n+1$个奇数b_i中必有两个相同,不妨设$b_s=b_t$, $a_s>a_t$.于是$k_s/k_t=2^{a_s-a_t}$,即k_s是k_t的倍数. ■

定理9.1.2(推广的鸽笼原理) n只鸽子放入k个鸽笼,那么一定存在某个鸽笼有不少于$\lceil n/k\rceil$只鸽子.

推广的鸽笼原理也可用集合论的术语来描述:设$A_1, A_2, \cdots, A_k$是k个有限集,且$|A_1\cup A_2\cup\cdots\cup A_k|=n$,则一定存在一个集合$A_i(1\leqslant i\leqslant k)$,其中$|A_i|\geqslant\lceil n/k\rceil$.

证明: 假设$|A_i|<\lceil n/k\rceil$, $1\leqslant i\leqslant k$.由于$|A_i|$是整数,所以$|A_i|<n/k$,从而$|A_1|+|A_2|+\cdots+|A_k|<k\times n/k=n$.这与$|A_1\cup A_2\cup\cdots\cup A_k|=n$矛盾,所以一定存在一个集合$A_i(1\leqslant i\leqslant k)$,其中$|A_i|\geqslant\lceil n/k\rceil$. ■

例9.1.5 离散数学采用五级计分制,那么一个班上最少应有多少学生,才可以保证至少有5个学生的成绩是一样的?

解: 这里的鸽笼是五级计分制,共5个,鸽子是学生.设最少应有n个学生.由定理9.1.2可知,n应满足$\lceil n/5\rceil=5$,所以$n=21$. ■

例9.1.6 两个大小不同的同心圆盘,每个均分成200个扇形区域,小圆盘的100个扇区涂成红色,剩下的100个涂成蓝色,大圆盘的各个扇区随意涂成红色或蓝色.证明:通过旋转小盘可以找到一个位置,使得小盘上至少有 100 个扇区与大盘上对应扇区的颜色相同.

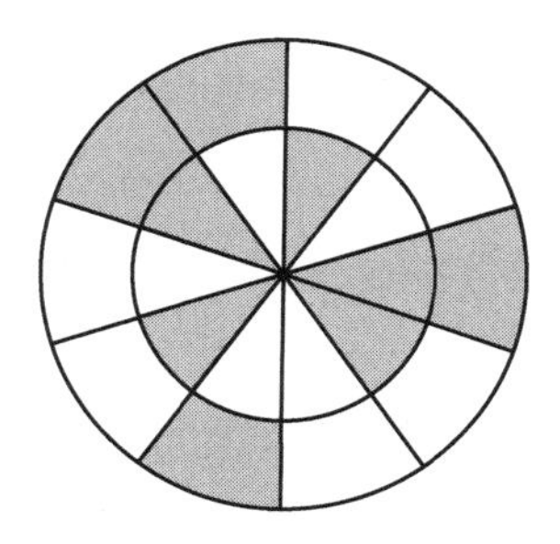
图 9.1.1　同心圆盘及其扇区

证明: 记 b_i^k 为大圆盘上的第 i 个扇区在小圆盘转到第 k 个位置时与小圆盘上对应扇区的配色情况:若两个扇区同色,则 $b_i^k=1$;否则,$b_i^k=0$. 当小圆盘转到某个位置 j 时,对应的扇区同色的个数为 $m_j=\sum_{i=1}^{200} b_i^j$. 如果能找到某个 j,使得 $m_j \geqslant 100$,则结论即得证.

由于小圆盘的一半扇区涂成红色,另一半为蓝色,因此当小圆盘转过一周时,大圆盘上的每个扇区与小圆盘上的扇区配色次数为 100. 所以,

$$\sum_{k=1}^{200} b_i^k = 100,\ i=1,\ 2,\ \cdots,\ 200,\ \sum_{i=1}^{200}\sum_{k=1}^{200} b_i^k = 20\,000.$$

改变求和顺序得到 $\sum_{k=1}^{200} m_k = 20\,000$,从而由推广的鸽笼原理,存在 j 使得 $m_j \geqslant \lceil 20\,000/200 \rceil = 100$. ■

9.2　加法原理与乘法原理

加法原理是一个基本的计数原理:如果完成一项工作有 k 类方法,第 i 类方法又有 n_i 种方法 $(1\leqslant i\leqslant k)$,那么完成这项工作总共有 $n_1+n_2+\cdots+n_k$ 种方法.

定理 9.2.1(加法原理)　设 $A_1,\ A_2,\ \cdots,\ A_k$ 是 k 个有限集,且 $A_i\cap A_j=\varnothing,\ 1\leqslant i<j\leqslant k$, 则 $|A_1\cup A_2\cup\cdots\cup A_k| = |A_1|+|A_2|+\cdots+|A_k|$.

例 9.2.1　计算机系要求学生从 3 门数学课和 5 门计算机课程中选一门课学习,每个学生的选课方式有 8 种. ■

例 9.2.2　有多少个 6 位二进制串是以 1011 或 01 开头的?

解: 记集合 $A=\{$以 1011 开头的 6 位二进制串$\}$,$B=\{$以 01 开头的 6 位二进制串$\}$,$C=\{$以 1011 或 01 开头的 6 位二进制串$\}$. 由于 A 和 B 中的串没有相同的,因此由加法原理可知,$|C| = |A|+|B| = 2^2+2^4=20$. ■

事实上,例 9.2.2 的求解过程还用到了乘法原理.

乘法原理是另一个基本的计数原理:完成一项工作要经过 k 个步骤,第 i 个步骤有 n_i 种方法 $(1\leqslant i\leqslant k)$,那么完成这项工作总共有 $n_1\cdot n_2\cdot\cdots\cdot n_k$ 种方法.

定理 9.2.2(乘法原理) 设 $A_1, A_2, \cdots, A_k$ 是 k 个有限集,则 $|A_1 \times A_2 \times \cdots \times A_k| = |A_1| \times |A_2| \times \cdots \times |A_k|$.

两个有限集的笛卡儿乘积的计数方法已在定理 1.4.1(2)中给出,对应于有 2 个步骤的工作.

例 9.2.3 计算机系要求学生从 3 门数学课和 5 门计算机课程中各选一门课学习,每个学生可以有 3×5 种选课方法. ■

例 9.2.4 8 位二进制串的个数为 $2 \times 2 \times 2 \times 2 \times 2 \times 2 \times 2 \times 2 = 256$. 更一般地,$n$ 位二进制串的总数是 2^n. ■

加法原理和乘法原理是最基本的两个计数工具,通常需要联合起来使用.

例 9.2.5 求小于 10 000 的含有数字 1 的正整数的个数.

解: 除 0 以外,小于 10 000 的正整数与十进制 4 位串一一对应,十进制 4 位串分为两种:含有数字 1 的和不含数字 1 的.

先求不含数字 1 的 4 位串个数,由乘法原理得到 $9 \times 9 \times 9 \times 9 = 6561$,其中 0000 不是正整数,因此不含数字 1 的 4 位正整数有 $6561 - 1 = 6560$ 个. 于是,小于 10 000 的含有数字 1 的正整数有 $9999 - 6560 = 3439$ 个. ■

例 9.2.6 Ipv4 网络协议规定因特网上计算机的 IP 地址是一个 32 位的二进制串,分成 A、B 和 C 三类,每类地址的定义规则见表 9.2.1. 此外,在 3 类地址中全 0 和全 1 都不能作为主机标识,A 类地址的网络标识不能由全 1 组成. 问 Ipv4 协议中的有效地址数是多少?

表 9.2.1 IPv4 网络地址规则

位序号 / 地址类	0 位	1 位	2 位	3~7 位	8~15 位	16~23 位	24~31 位
A 类	0	网络标识				主机标识	
B 类	1	0	网络标识			主机标识	
C 类	1	1	0	网络标识			主机标识

解: 令 N_a、N_b 和 N_c 分别表示 A、B 和 C 三类的有效地址数. 由于三类地址互不相同,因此可用加法原理计算有效网络地址数 $N = N_a + N_b + N_c$. 下面分别求 N_a、N_b 和 N_c.

由于 1111111 不能成为 A 类地址的网络标识,全 0 和全 1 是无效的主机标识,因此 $N_a = (2^7 - 1) \times (2^{24} - 2) = 2130706178$. B 类地址的网络标识有 2^{14} 个,主机标识有 $2^{16} - 2$ 个,所以 $N_b = 2^{14} \times (2^{16} - 2) = 1073709056$;同理,$C$ 类地址数 $N_c = 2^{21} \times (2^8 - 2) = 532676608$.

综上,$N = N_a + N_b + N_c = 3737091842$.

随着计算机和手机等移动设备数量的快速增长，IPv4 的有效地址即将耗尽，采用 128 位地址格式的 IPv6 应运而生，将提供更多的有效地址. ■

9.3 排列与组合

许多计数问题都可归结为这样的两类问题：一是计算不同物体的排列的方法数，例如，5 个人排成一列的不同排法；另一类是从不同的物体中无序地选取物体的方式数，例如，在水果篮中随机选取水果的不同选法. 前者称为排列问题，后者称为组合问题.

9.3.1 排列

定义 9.3.1 从 n 元集 A 中选取 r 个元素排成一列，称这个排列为 A 的一个 **r 排列**，不同排列的数目记为 $\mathrm{P}(n, r)$. $r=n$ 时的排列称为**全排列**.

从集合 A 中选第一个元素有 n 种方法，选第二个有 $n-1$ 种方法，……，选第 r 个元素有 $(n-r+1)$ 种方法，根据乘法原理，排列数 $\mathrm{P}(n, r)=n(n-1)\cdots(n-r+1)$，即

$$\mathrm{P}(n, r)=\frac{n!}{(n-r)!}. \tag{9.3.1}$$

显然，对于 $r>n$ 的情况，r 排列不存在，所以规定：对于 $r>n$，$\mathrm{P}(n, r)=0$.

例如，从 1、2、3 三个数字中取出二个，所组成的二位数有 $\mathrm{P}(3, 2)=3!/(3-2)!=6$ 个，它们是 12、13、21、23、31、32.

例 9.3.1 字母 a、b、c 和 d 可构成多少个无重复字母的四位字符串?

解： 一个四位字符串就是这些字母的一个排列，共有 $\mathrm{P}(4, 4)=4!=24$. ■

例 9.3.2 一行 5 人逐个通过公园入口，问进入公园的不同顺序有几种?

解： 每一种进入公园的顺序与五人的一个排列对应，共有 $\mathrm{P}(5, 5)=5!=120$ 种. ■

例 9.3.3 10 位男士和 11 位女士，把他们男女相间地排成一排，有多少种方式?

解： 先把 11 位女士排成一排，有 $\mathrm{P}(11, 11)$ 种排法，女士之间共有 10 个空位，每个位置只能排入一位男士才能使男女相间 . 10 个位置排 10 位男士，有 $\mathrm{P}(10, 10)$ 种排法. 由乘法原理得到总排列方式有 $\mathrm{P}(10, 10)\mathrm{P}(11, 11)$ 种. ■

9.3.2 组合

定义 9.3.2 从 n 元集 A 中无序地选取 r 个元素所组成的 A 的子集称为 A 的 **r 组合**，不

同组合的数目记为 $C(n, r)$.

由于不存在 $r > n$ 的组合,所以规定:对于 $r > n$, $C(n, r) = 0$.

n 元集 A 的 r 排列可以通过以下两步得到:选取 A 的 r 组合,然后对该 r 组合的元素进行全排列. 根据乘法原理,

$$P(n, r) = P(r, r)C(n, r),$$

由此得到组合数 $C(n, r)$ 的计算公式:

$$C(n, r) = \frac{n!}{r!(n-r)!}. \tag{9.3.2}$$

例 9.3.4 从 10 个候选人中选出 7 个组成委员会,问有多少种不同的选法?

解: 这是一个组合问题,总的选择方法有 $C(10, 7)$ 种,由(9.3.2)可算得

$$C(10, 7) = \frac{10!}{7!3!} = \frac{10 \cdot 9 \cdot 8 \cdot 7!}{7! \cdot 3 \cdot 2 \cdot 1} = \frac{10 \cdot 9 \cdot 8}{3 \cdot 2 \cdot 1} = 120. \blacksquare$$

例 9.3.5

(1) 有多少种不同的方式从英语字母表中选择 6 个字母?

(2) 从英语字母表中选择 6 个字母组成一个字符串,有多少个不同的 6 位字符串?

解:

(1) 这个问题与字母的选取顺序无关,是组合问题,有 $C(26, 6)$ 种不同的选择方式.

(2) 这个问题与字母的顺序有关,是排列问题,6 位字符串的总数为 $P(26, 6)$. ■

例 9.3.6 在 100 件产品中,有次品 5 件,问:

(1) 任取 5 件产品的方式有几种?

(2) 任取 5 件产品,其中恰有 2 件次品的方式数有多少?

(3) 任取 5 件产品,其中至少有 2 件次品的方式数有多少?

解:

(1) 与什么产品有关,而与选产品的顺序无关,所以选 5 件产品的方式数有 $C(100, 5)$ 种.

(2) 2 件次品在 5 件次品中选取,剩下 3 件正品取自 95 件正品,因此有 $C(95, 3)C(5, 2)$ 种取法.

(3) 记集合 $U = \{5$ 件产品 | 产品取自 100 件产品$\}$, $A_i = \{5$ 件产品 | 恰有 i 件次品$\}$, $i = 0, 1, \cdots, 5$,集合 $S = \{5$ 件产品 | 至少有 2 件次品$\}$. 显然, $|U| = |A_0| + |A_1| + |A_2| + |A_3| + |A_4| + |A_5|$, $|S| = |A_2| + |A_3| + |A_4| + |A_5|$,从而 $|S| = |U| - |A_0| - |A_1| = C(100, 5) - C(95, 5) -$

$C(95, 4)C(5, 1)$. ■

例 9.3.7　从 1、2、3、…、300 之中任取 3 个数,要求它们的和能被 3 整除,问有多少种选取方法?

解:　一个整数除以 3 的余数为 0、1 或 2,因此三个数的和要被 3 整除,它们关于 3 的余数组合只有以下四种情形: $\{0, 0, 0\}$、$\{1, 1, 1\}$、$\{2, 2, 2\}$ 和 $\{0, 1, 2\}$,由加法原理可知选取方式总数是四种情形之和.

1~300 的整数按关于 3 的余数分成 3 类: $A = \{x \mid x \equiv 0 (\mathrm{mod}\ 3)\}$, $B = \{x \mid x \equiv 1 (\mathrm{mod}\ 3)\}$, $C = \{x \mid x \equiv 2 (\mathrm{mod}\ 3)\}$. 容易知道 $|A| = |B| = |C| = 100$.

前三种情形的三个数均取自同类,因此这三种情形的取法共有 $3C(100, 3)$;最后一种情形的三个数分别取自不同类中,由乘法原理得到选取方法有 $(C(100, 1))^3$.

所以三个数的和能被 3 整除的取法总数为 $3C(100, 3) + (C(100, 1))^3$. ■

9.4　二项式系数

在二项式 $x+y$ 的 n 次幂展开式中, $x^r y^{n-r}$ 项的系数称为**二项式系数**,通常记为 $\binom{n}{r}$. $\binom{n}{r}$ 就是从 n 个和式 $x+y$ 中选取 r 个 x 和 $n-r$ 个 y 的方法数,所以 $\binom{n}{r} = C(n, r)$.

定理 9.4.1 (二项式定理)　设 x 和 y 是变量, n 是正整数,则

$$(x+y)^n = \sum_{i=0}^{n} C(n, i) x^i y^{n-i}. \tag{9.4.1}$$

二项式定理可用数学归纳法证明,可在中学教科书上找到.

例 9.4.1　在二项式定理中,如果取 $x = 1$, $y = 1$,则得到组合恒等式

$$C(n, 0) + C(n, 1) + \cdots + C(n, n) = 2^n;$$

如果取 $x = -1$, $y = 1$,则得到组合恒等式

$$C(n, 0) - C(n, 1) + \cdots + (-1)^n C(n, n) = 0.$$ ■

例 9.4.2　含 n 个元素的集合的幂集,由含 0 个元素的子集(空集)、含 1 个元素的子集、含 2 个元素的子集、…、含 n 个元素的子集组成,由加法原理可知,所有子集的个数是 $C(n, 0) +$

$C(n, 1) + C(n, 2) + \cdots + C(n, n) = 2^n$(参见定理1.4.1(3)). ■

例9.4.3 设n、m和r是正整数,下面的恒等式成立:

(1) $C(n, r) = C(n, n-r)$;

(2) $C(n, r) = C(n-1, r) + C(n-1, r-1)$(杨辉公式,也称Pascal公式);

(3) $C(m+n, r) = C(m, 0)C(n, r) + C(m, 1)C(n, r-1) + \cdots + C(m, r)C(n, 0)$, $r \leqslant \min\{m, n\}$(范德蒙恒等式).

证明: 这三个恒等式可以利用组合数的计算公式来证明,也可以用组合(计数)的论述方法来证明.这里给出组合证明.

(1) $C(n, r)$是n元集的r组合数.每当取出r个元素后,就剩下$n-r$个元素.所以,选取r个元素与选取$n-r$个元素是等价的,因此$C(n, r) = C(n, n-r)$.

(2) n元集的r组合由含有某个指定元素的r组合和不含该指定元素的r组合组成.第一种情况有$C(n-1, r-1)$种取法,第二种情况有$C(n-1, r)$种取法,所以$C(n, r) = C(n-1, r) + C(n-1, r-1)$.

(3) $C(n+m, r)$是从n个不同的红球和m个不同的蓝球中无序选取r个球的组合数,由以下组合构成:r个都是红球,有$C(m, 0)C(n, r)$种取法;$r-1$个是红球,1个是蓝球,有$C(m, 1)C(n, r-1)$种取法;…r个全部是蓝球,有$C(m, r)C(n, 0)$种取法.由加法原理,

$$C(m+n, r) = C(m, 0)C(n, r) + C(m, 1)C(n, r-1) + \cdots + C(m, r)C(n, 0). \blacksquare$$

9.5 可重复的排列和组合

实际应用中有许多含相同元素的排列问题和组合问题,如电话号码、英文单词等等.本小节讨论这类问题的计数方法.为叙述方便,先引入一些术语.

含重复对象的整体称为**多重集**,有k个不同元素的多重集称为***k*元多重集**.如果k元多重集的k个不同元素分别为$a_1, a_2, a_3, \cdots, a_k$,且各有$n_i$个$(1 \leqslant i \leqslant k)$,则该$k$元多重集记为$\{n_1 \cdot a_1, n_2 \cdot a_2, n_3 \cdot a_3, \cdots, n_k \cdot a_k\}$.如$\{3 \cdot a_1, \infty \cdot a_2, 10 \cdot a_3\}$表示3元多重集,其中,$a_1$有3个、$a_2$有无穷多个、$a_3$有10个.

9.5.1 可重复的排列

定理9.5.1 设多重集$A = \{\infty \cdot a_1, \infty \cdot a_2, \infty \cdot a_3, \cdots, \infty \cdot a_n\}$,那么$A$的$r$排列数是$n^r$.

证明： 由于每个元素有无穷多个，因此 r 排列中的每个位置都有 n 种选择，由乘法原理可知，其排列数是 n^r. ■

例 9.5.1　6 个小写英文字母构成的高级语言的变量有多少个？

解： 英文字母共 26 个，在变量中可以重复出现，因此变量总数为 26^6. ■

例 9.5.2　求 10 位 8 进制串的个数.

解： 串的每位有 8 种选择，数字允许重复选取，因此 10 位 8 进制串的总数为 8^{10}. ■

有限多重集的全排列也是常见的计数问题. 考虑四个字母 g、o、o、d 的全排列，通过列出所有排列，容易算出其排列数为 12，而不是 P(4, 4). 两个一样的 o 之间的顺序改变并不产生新的排列，重复度是 P(2, 2) = 2，即两个 o 的排列数，因此有 2 个相同元素的 3 元多重集的全排列数是 P(4, 4)/P(2, 2) = 12.

上述问题的另一种解决方法是：首先为两个 o 选位置，有 C(4, 2) 种方法，然后再为字母 g 和 d 选位置，g 的位置有 C(2, 1) 种选择，而剩下的位置给 d，有 C(1, 1) 种选择，因此排列数是 C(4, 2)C(2, 1)C(1, 1) = 12. 一般地，有限多重集的全排列有如下结论.

定理 9.5.2　设多重集 $S=\{n_1\cdot a_1, n_2\cdot a_2, n_3\cdot a_3, \cdots, n_k\cdot a_k\}$，且 $n_1+n_2+\cdots+n_k=n$. S 的全排列数是

$$\mathrm{C}(n, n_1)\mathrm{C}(n-n_1, n_2)\mathrm{C}(n-n_1-n_2, n_3)\cdots\mathrm{C}(n-n_1-n_2-\cdots-n_{k-1}, n_k)=\frac{n!}{n_1!n_2!\cdots n_k!}.$$

例 9.5.3　用 2 个红球、3 个绿球和 6 个蓝球排成一列，可以组成多少种不同的标志？

解： 全排列数为 $\frac{11!}{2!3!6!}$. ■

例 9.5.4　把 n 个不同的物体分配到 k 个不同的盒子中去，盒子 $i(i=1, 2, \cdots, k)$ 中放 n_i 个物体，问有多少种不同的方法？

解： 第 1 个盒子装 n_1 个物体有 $\mathrm{C}(n, n_1)$ 种方法，第 2 个盒子装 n_2 个物体有 $\mathrm{C}(n-n_1, n_2)$ 种方法，第 i 个盒子装 n_i 个物体有 $\mathrm{C}(n-n_1-n_2-\cdots-n_{i-1}, n_i)$ 种方法，……. 由此，分配方式总数为

$$\mathrm{C}(n, n_1)\mathrm{C}(n-n_1, n_2)\mathrm{C}(n-n_1-n_2, n_3)\cdots\mathrm{C}(n-n_1-n_2-\cdots-n_{k-1}, n_k)=\frac{n!}{n_1!n_2!\cdots n_k!}.$$ ■

9.5.2 可重复的组合

例 9.5.5 从装有苹果、橙子和香蕉的篮子里选 5 个水果,篮中每种水果至少有 5 个,如果只关心水果的种类而不管是该种类的哪一个水果和选择顺序,问有多少种选法?

解: 用五个星号 * * * * * 表示所选取的 5 个水果,用两条竖线把五个星号分成 3 组,从左到右,第一组的星号数代表苹果数,第二组的星号数代表橙子数,第三组的星号数代表香蕉数. 例如,* * / * / * * 代表 2 个苹果,1 个橙子和 2 支香蕉;// * * * * * 表示 0 个苹果,0 个橙子和 5 支香蕉. 由此可见,水果的取法与 2 条竖线和 5 个星号构成的全排列相对应,即从篮子里选 5 个水果的方法数与 2 条竖线和 5 个星号的全排列数相等,为$\frac{7!}{2!5!}$. ■

定理 9.5.3 设多重集 $A=\{\infty\cdot a_1,\ \infty\cdot a_2,\ \infty\cdot a_3,\ \cdots,\ \infty\cdot a_n\}$,那么 A 的 r 组合有 $C(n+r-1,\ r)$ 个.

证明: 用 r 个星号表示所取出的 r 个对象,用 $n-1$ 条竖线分割 r 个星号,把 r 个星号分成 n 组,从左到右,分别代表 n 种元素. 由此,A 的 r 组合与 r 个星号和 $n-1$ 条竖线的全排列一一对应,从而 A 的 r 组合数是$\frac{(n+r-1)!}{(n-1)!r!}=C(n+r-1,\ r)$. ■

例 9.5.6 一家点心店有 6 种不同的点心,从中选 9 个点心有多少种不同的选法?

解: 这是 6 元多重集的 9 组合问题,共有 $C(14,\ 9)$种不同的选法. ■

例 9.5.7 一钱袋中有许多 1 分、2 分、5 分、1 角和 5 角的硬币,要取出 5 个硬币,问有多少种可能的结果?

解: 5 元多重集的 5 组合问题,共有 $C(9,\ 5)$种可能的结果. ■

例 9.5.8 把 9 个红色气球和 6 个蓝色气球分给 4 个孩子. 如果对每种颜色的气球,每个孩子至少要分到一个,那么有多少种可能的分配方案?

解: 每个孩子至少要分到一个红色气球,所以只有 5 个红色气球可以随意分给 4 个孩子. 5 个气球分给 4 个孩子,可归结为孩子名字组成的 4 元多重集的 5 组合问题,有 $C(5+4-1,\ 5)=C(8,\ 5)$ 种分配方案. 同理,蓝气球的分配方案数是 $C(2+4-1,\ 2)=C(5,\ 2)$. 由乘法原理,总的分配方案数是 $C(8,\ 5)C(5,\ 2)=56\times 10=560$. ■

例 9.5.9 方程 $x_1+x_2+x_3+x_4=12$ 有多少个非负整数解? 满足条件 $x_1>1$ 和 $x_2\geqslant 3$ 的

解又有多少个?

解: 方程的解与4元多重集的12组合相对应:第一种元素有 x_1 个、第二种元素有 x_2 个、第三种元素有 x_3 个、第四种元素有 x_4 个. 因此,方程的解有 $C(12+4-1, 12)=455$ 个.

当加上条件 $x_1>1$ 和 $x_2\geqslant 3$ 时,满足条件的解与下面的组合一一对应:第一种元素至少有2个、第二种元素至少有3个的12组合,这种组合相当于4元多重集的7组合,因此有 $C(7+4-1, 7)=120$ 个. ■

9.6 容斥原理

定理 9.6.1(容斥原理) 设 A_1、A_2、…、A_n 是 n 个有限集合,则

$$|A_1\cup A_2\cup\cdots\cup A_n|=\sum_{i=1}^{n}|A_i|-\sum_{i=1}^{n}\sum_{j=i+1}^{n}|A_i\cap A_j|+\cdots+(-1)^{n-1}|A_1\cap A_2\cap\cdots\cap A_n| \tag{9.6.1}$$

证明: 定理1.4.1(1)给出了关于两个集合的容斥原理,用数学归纳法可以简单地证明关于 n 个集合的容斥原理,请读者自行考虑. 下面给出容斥原理的组合证明.

只需说明:对于任意 $a\in A_1\cup A_2\cup\cdots\cup A_n$, a 在(9.6.1)的右边恰好被计数了一次.

不妨设 a 是 A_1、A_2、…、A_n 中 r 个集合的元素,其中 $1\leqslant r\leqslant n$. 考虑和式 $\sum_{i=1}^{n}|A_1|$, a 是 r 个集合的元素,因此 a 在其中被计数了 $C(r, 1)$ 次;考虑和式 $\sum_{i=1}^{n}\sum_{j=i+1}^{n}|A_i\cap A_j|$,当且仅当两个集合都含 a 时它才被计数,而包含 a 的两个集合的组合共 $C(r, 2)$ 个,因此 a 在其中被计数了 $C(r, 2)$ 次;……. 所以,a 在(9.6.1)的右边恰好被计数了

$$C(r, 1)-C(r, 2)+\cdots+(-1)^{k-1}C(r, k)+\cdots+(-1)^{r-1}C(r, r)=\sum_{k=1}^{r}(-1)^{k-1}C(r, k)$$

次. 由例9.4.1可知,上式恰好等于1. ■

例 9.6.1 计算1到300之间能被3、5或7整除的整数的个数.

解: 设集合 $A=\{1$ 到300之间能被3整除的整数$\}$, $B=\{1$ 到300之间能被5整除的整数$\}$, $C=\{1$ 到300之间能被7整除的整数$\}$,则集合 $A\cup B\cup C$ 就是1到300之间能被3、5或7整除的整数的集合. 由容斥原理,

$$|A\cup B\cup C|=|A|+|B|+|C|-|A\cap B|-|A\cap C|-|B\cap C|+|A\cap B\cap C|,$$

其中, $|A|=\lfloor\frac{300}{3}\rfloor=100$, $|B|=\lfloor\frac{300}{5}\rfloor=60$, $|C|=\lfloor\frac{300}{7}\rfloor=42$, $|A\cap B|=\lfloor\frac{300}{15}\rfloor=20$, $|A\cap C|=$

$\lfloor \frac{300}{21} \rfloor = 14$, $|B \cap C| = \lfloor \frac{300}{35} \rfloor = 8$, $|A \cap B \cap C| = \lfloor \frac{300}{105} \rfloor = 2$. 最终, $|A \cup B \cup C| = 100 + 60 + 42 - 20 - 14 - 8 + 2 = 162$. ■

例 9.6.2 在 r 位的 8 进制串中,至少包含一个 0、一个 1 和一个 7 的串有多少个?

解: 令所有 r 位 8 进制串的集合为全集,用 U 表示,集合 $A = \{$至少包含一个0的串$\}$, $B = \{$至少包含一个 1 的串$\}$, $C = \{$至少包含一个 7 的串$\}$. 集合 $A \cap B \cap C$ 表示至少包含一个 0、一个 1 和一个 7 的串.

先计算 $|\overline{A \cap B \cap C}|$,而后通过 $|A \cap B \cap C| = |U| - |\overline{A \cap B \cap C}|$ 求得解.

由于 $|U| = 8^r$, $|\overline{A}| = |\overline{B}| = |\overline{C}| = 7^r$, $|\overline{A} \cap \overline{B}| = |\overline{B} \cap \overline{C}| = |\overline{A} \cap \overline{C}| = 6^r$, $|\overline{A} \cap \overline{B} \cap \overline{C}| = 5^r$,所以 $|\overline{A} \cup \overline{B} \cup \overline{C}| = 3 \times 7^r - 3 \times 6^r + 5^r$. 满足题意的串的个数为 $8^r - 3 \times 7^r + 3 \times 6^r - 5^r$. ■

例 9.6.3 求方程 $x_1 + x_2 + x_3 = 15$ 的整数解的个数,其中, $0 \leqslant x_1 \leqslant 5$, $1 \leqslant x_2 \leqslant 9$, $2 \leqslant x_3 \leqslant 12$.

解: 令 S 为满足题中条件的解的集合, U 为满足条件 $0 \leqslant x_1$、$1 \leqslant x_2$ 和 $2 \leqslant x_3$ 的解的集合. 显然, S 是 U 的子集. 把 U 作为全集, S 的补集 $\bar{S}$ 是方程满足条件: $5 < x_1$ 或者 $9 < x_2$ 或者 $12 < x_3$ 的整数解的集合.

记 A_1 为满足条件 $5 < x_1$ 的整数解的集合, A_2 为满足条件 $9 < x_2$ 的整数解的集合, A_3 为满足条件 $12 < x_3$ 的整数解的集合,则 $\bar{S} = A_1 \cup A_2 \cup A_3$, 从而 $|S| = |U| - |A_1 \cup A_2 \cup A_3|$.

根据例 9.5.9,可计算出各项的值:

$$|U| = C(3 + 12 - 1, 12) = C(14, 12),$$
$$|A_1| = C(3 + 6 - 1, 6) = C(8, 6),$$
$$|A_2| = C(3 + 3 - 1, 3) = C(5, 3),$$
$$|A_3| = C(3 + 1 - 1, 1) = C(3, 1),$$
$$|A_1 \cap A_2| = |A_1 \cap A_3| = |A_2 \cap A_3| = |A_1 \cap A_2 \cap A_3| = 0.$$

从而, $|A_1 \cup A_2 \cup A_3| = C(8, 6) + C(5, 3) + C(3, 1)$,

$$|S| = |U| - |A_1 \cup A_2 \cup A_3| = C(14, 12) - C(8, 6) - C(5, 3) - C(3, 1) = 91 - 28 - 10 - 3 = 50. ■$$

例 9.6.4 (错排列问题) $\{1, 2, \cdots, n\}$ 的全排列称为**错排列**,如果每个数都不在它的自然位置上. 例如, 41532 是 $\{1, 2, 3, 4, 5\}$ 的一个错排列,因为 1 不是第一个数字, 2 不是第二个数字, ……,等等.

解: 令全集 U 表示 $\{1, 2, \cdots, n\}$ 的全排列的集合, $A_i = \{$数字 i 在第 i 个位置上的排列$\}$, $i =$

1, 2, …, n. 集合 $A_1 \cup A_2 \cup \cdots \cup A_n$ 表示至少有一个数字在其自然位置上的排列,它的补集就是所有错排列的集合.

(1) A_i 是 i 在第 i 个位置,其余 $n-1$ 个数随意排列的集合, $|A_i| = (n-1)!$, $i = 1, 2, \cdots, n$;

(2) $A_i \cap A_j$ 是 i 和 j 分别在第 i 个位置和第 j 个位置上,其余 $n-2$ 个数随意排列的集合, $|A_i \cap A_j| = (n-2)!$, $1 \leqslant i < j \leqslant n$;

……

(n) $A_1 \cap A_2 \cap \cdots \cap A_n$ 是 n 个数都在各自的自然位置上的排列的集合, $|A_1 \cap A_2 \cap \cdots \cap A_n| = (n-n)! = 1$.

将以上各项的值代入公式(9.6.1),得到 $\{1, 2, \cdots, n\}$ 的错排列数为

$$\begin{aligned} |\overline{A_1 \cup A_2 \cup \cdots \cup A_n}| &= \mathrm{P}(n, n) - |A_1 \cup A_2 \cup \cdots \cup A_n| \\ &= n! - \mathrm{C}(n, 1)(n-1)! + \mathrm{C}(n, 2)(n-2)! + \cdots + (-1)^n 0! \\ &= n!\left(1 - \frac{1}{1!} + \frac{1}{2!} + \cdots + (-1)^n \frac{1}{n!}\right). \blacksquare \end{aligned}$$

9.7 生成排列和组合

实际应用中还存在很大一类问题,人们至今尚未找到解决它们的高效的解法,目前唯一可能的解法就是进行穷举搜索,即系统地罗列并检查所有可能的解. 对于许多问题,这等同于逐一枚举某个集合的所有排列或者组合. 下面以集合 $\{1, 2, \cdots, n\}$ 为例描述两个算法,分别用来枚举 n 元集合的全排列和 r-组合.

9.7.1 生成排列

设 $a_1 a_2 \cdots a_n$ 和 $b_1 b_2 \cdots b_n$ 分别是集合 $\{1, 2, 3, \cdots, n\}$ 的两个全排列,如果 $a_1 = b_1$, $a_2 = b_2$, …, $a_{k-1} = b_{k-1}$, $a_k < b_k$, $1 \leqslant k \leqslant n$,则称排列 $a_1 a_2 \cdots a_n$ 按字典序小于排列 $b_1 b_2 \cdots b_n$.

按字典序生成所有全排列的关键是:如何从给定的全排列生成比它大的最小的全排列.

设 $T = t_1 t_2 \cdots t_n$ 和 $S = s_1 s_2 \cdots s_n$ 是两个给定的全排列,且 S 是比 T 大的最小的全排列. 若 T 和 S 中,从左往右,第一个不相等元素的下标为 k,则 $t_1 = s_1$, $t_2 = s_2$, …, $t_{k-1} = s_{k-1}$,且 $t_k < s_k$. 根据字典序的定义,排列 S 具有如下性质:

(1) 对于任意比 T 大的全排列 $R = r_1 r_2 \cdots r_n$,若 T 和 R 中从左往右第一个不相等元素的下标是 m,则 $m \leqslant k$;

(2) $s_k = \min\{t_j \mid t_j > t_k, j = k+1, k+2, \cdots, n\}$;

(3) S 中, s_k 右面的元素按递增顺序排列.

例 9.7.1 在字典序下,求比排列 156432 大的最小的全排列.

解: 从右到左搜索排列 156432 中第一对递减的相邻元素,是 56;然后,在原排列中,从右到左寻找第一个比 5 大的元素,为 6;在原排列中互换元素 5 和 6,形成排列 165432;把这个新排列中 6 后面的元素按递增顺序重新排列,最终得到的排列 162345 就是比排列 156432 大的最小的全排列. ■

给定$\{1, 2, 3, \cdots, n\}$的全排列 $a_1a_2\cdots a_n$,求比其大的最小的全排列的方法总结如下:

(1) 从右往左,寻找第一对递减的相邻元素对,即寻找相邻的元素对 (a_j, a_{j+1}),使得 $a_j < a_{j+1}$,且 $a_{j+1} > a_{j+2} > \cdots > a_n$. 如果不存在这样的元素对,则 $a_1a_2\cdots a_n$ 是最大的全排列,没有比它更大的全排列;否则,进行下一步,构造比 $a_1a_2\cdots a_n$ 大的最小的全排列.

(2) 改造全排列 $a_1a_2\cdots a_n$,在 $a_{j+1}, a_{j+2}, \cdots, a_n$ 中找出大于 a_j 的最小元素 a_k(大于 a_j 的元素一定存在,因为 a_{j+1} 就是一个这样的元素),互换 a_j 和 a_k,然后,按递增的顺序重新排列从位置$j+1$开始到位置 n 的元素,最终所得到的全排列即为所欲求的全排列.

显然,从最小的全排列 $123\cdots n$ 开始,反复应用上述方法即可得到$\{1, 2, 3, \cdots, n\}$的所有全排列.

9.7.2 生成组合

n 元集 $A=\{p_1, p, \cdots, p_n\}$ 的一个组合是它的一个子集,而任一子集 S 可以用 n 位二进制串来表示:如果 $p_i \in S(1 \leqslant i \leqslant n)$,则对应的二进制串的第 i 位取 1,否则取 0. 因此,生成 n 元集所有组合的一种方法是:从 0 到 2^n-1 逐一产生整数,输出所对应的子集.

下面讨论按字典序从小到大生成集合$\{1, 2, 3, \cdots, n\}$的 r 组合的方法. 与排列的生成方法类似,其中的关键也是如何从给定的 r 组合生成比它大的最小的 r 组合.

给定$\{1, 2, 3, \cdots, n\}$的 r 组合 $a_1a_2\cdots a_r$,不妨假设 $a_1 < a_2 < \cdots < a_r$. 与生成排列的方法相似,通过改变尽可能靠右边的元素来生成比原组合 $a_1a_2\cdots a_r$ 大的最小的 r 组合:

(1) 从右往左,寻找第一个可以增大的元素,即寻找最右边的、满足 $a_i \neq n-r+i$ 的元素 a_i. 如果不存在这样元素,则 $a_1a_2\cdots a_r$ 是最大的 r 组合,没有比它更大的组合;否则,进行下一步,构造比 $a_1a_2\cdots a_r$ 大的最小的 r 组合.

(2) 改造 r 组合 $a_1a_2\cdots a_r$,将 $a_i, a_{i+1}, a_{i+2}, \cdots, a_r$ 分别替换为 $a_i+1, a_i+2, a_i+3, \cdots, a_i+r-i+1$,最终所得到的 r 组合即为所欲求的 r 组合.

例 9.7.2 对于$\{1, 2, 3, 4, 5, 6\}$的 5 组合 13456,求比它大的最小的 5 组合.

解: 从右往左,寻找第一个满足 $a_i \neq 6-5+i$ 的元素 a_i,找到 $a_1=1$;然后,从 a_1 开始,依次用 a_1+1、a_1+2、a_1+3、a_1+4、a_1+5 替代 1、3、4、5、6,得到下一个 5 组合 23456. ■

9.8 小结

本章讲述了计数的基本问题和方法,主要包括:加法和乘法原理、排列和组合(可重复和不可重复)、鸽笼原理和容斥原理.这些方法和问题都是最基本的,是解决计数问题的基础,应当深刻理解,熟练掌握.此外,实际应用中的计数问题多种多样,往往需要我们灵活地、创造性地应用这些基本方法才能得以解决.

排列和组合的生成也是实际应用中经常会遇到的问题,本章分别给出了两个常用的解决方法.

9.9 习题

1. 证明下面的结论:

(1) 在任意 367 个人中,一定有生日相同的人;

(2) 在任意 27 个英文单词中,一定有首字母相同的单词.

2. 任意 100 人中,至少有多少人的生日在同一个月?

3. 在边长为 1 的等边三角形内部任意取 5 个点.证明:在这些点中,必有某些点,它们之间的距离不超过$\frac{1}{2}$.

4. 设 $a_1, a_2, \cdots, a_n$ 是 n 个整数.证明:存在 k 和 $l(n \geqslant l > k \geqslant 0)$,使得 $a_{k+1} + a_{k+2} + \cdots + a_l$ 被 n 整除.

***5.** 某学生准备在连续的 20 天里进行复习,总的复习时间不超过 30 个小时,每天至少复习 1 小时.证明:不管怎样安排,一定有连续若干天,期间该学生恰好复习 9 小时.

6. 从 A 到 B 有 5 条路,从 B 到 C 有 6 条路,则从 A 经 B 到 C 有多少条路?

7. 求比 1000 小的正整数中含有数字 9 的数的个数.

8. 计算下列排列数和组合数:

(1) $\mathrm{P}(4, 2)$、$\mathrm{P}(6, 3)$、$\mathrm{P}(9, 5)$、$\mathrm{P}(12, 3)$;

(2) $\mathrm{C}(6, 3)$、$\mathrm{C}(7, 4)$、$\mathrm{C}(5, 2)$、$\mathrm{C}(8, 4)$.

9. 字母 a、b、c、d、e、f 有多少种以 a 为结尾的不同的排列?

10. 不重复地用数字 1、2、3、4、5 和 6 可以组成多少个 4 位数?

11. 集合$\{1, 2, 3, \cdots, 10\}$有多少个恰好包含 6 个元素的子集?

12. 一位投资者想要购买3家公司的股票,这3家公司选自她的经纪人提供的12家公司. 问在下列各种条件下,分别有多少种不同的投资方式?

(1) 对每家公司的投资金额都相等;

(2) 分别对所选中的公司投资5000元、3000元和1000元.

13. 在一舞会上,10位女士和15位男士排成一行,要求任何两位女士不相邻. 问有多少种不同的排法?.

14. 从一个有限集中选取 r 个元素排成一个圆形,叫做环排列. 计算 n 个不同元素的环排列数.

15. 9位男士和9位女士沿圆桌就座,要求男女交替,问有多少种不同的安排方法?

16. 求 $(2x-3y)^{100}$ 的展开式中 $x^{20}y^{80}$ 的系数.

17. 证明二项式系数恒等式:

(1) $C(n, r)=\frac{n}{r}C(n-1, r-1)$;

(2) $C(n, 1)-2C(n, 2)+3C(n, 3)+\cdots+(-1)^{n-1}nC(n, n)=0$.

18. 用组合的方法证明:对任意正整数 n, $C(r, r)+C(r+1, r)+\cdots+C(n, r)=C(n+1, r+1)$.

19. 从3元多重集 $\{10\cdot a_1, \infty\cdot a_2, 10\cdot a_3\}$ 中允许重复地有序选取6个元素,有多少种不同的方式?

20. 用9 663 565中的数字可以组成多少个不同的7位数?

21. 设 n 和 m 是正整数,满足 $n\leqslant m$. 问:在2元多重集 $\{n\cdot 1, m\cdot 0\}$ 所有不同的全排列中,有多少个没有相邻1的排列?

22. 用苹果、橙子、香蕉和梨组成一盒有10个水果的礼盒,问能组成多少种不同的礼盒?

23. 一个盒子中有16支蜡笔,它们的颜色互不相同,4个孩子每人分到4支蜡笔. 问有多少种不同的分配方式?

24. 求方程 $x_1+x_2+x_3=16$ 满足下列条件的非负整数解的个数:

(1) $x_1\geqslant 1$; (2) $x_i\geqslant 2$, $i=1, 2, 3$; (3) $2\leqslant x_3\leqslant 10$.

25. 把 $2n+1$ 个相同的元素分成3组,使得每组的元素个数均不超过 n 个,问有多少种不同的分法?

***26.** 图9.9.1是一个5×7的网格,某人欲从左下角(0, 0)开始沿着网格线走到右上角(7, 5),每次只走一格,且只能往上或者往右走. 问有多少种可能的走法?(提示:每种走法都与7个右和5个上的全排列相对应)

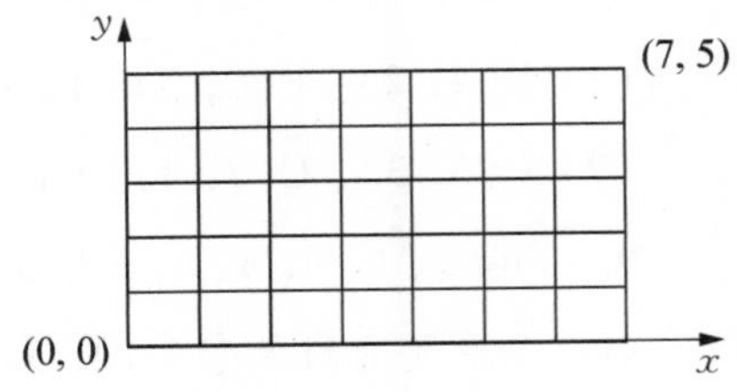

图9.9.1 网格

27. 某学校有2504个计算机科学专业的学生,其中

1876人选修了C++语言,999人选修了Python语言,345人选修了JAVA语言,876人选修了C++语言和Python语言,231人选修了Python和JAVA, 290人选修了C++和JAVA, 189个学生同时选了C++、Python和JAVA. 问没有选这3门程序设计语言课中的任何一门的学生有多少个?

28. 水果篮中有4个苹果、3个橘子、4根香蕉和5个芒果,从中选取12个水果. 如果只关心水果的种类,那么不同的选法有多少种?

29. 设集合 $S=\{1, 2, 3, \cdots, n\}$,求偶数都不在其自然位置上的 S 的全排列的个数.

* **30.** 小于1 000 000,且各位数字之和等于19的正整数有多少个?

第十章　递推关系和生成函数

人们使用递推关系至少在古希腊时代就已经开始,但其发展则是18世纪以后的事情了.公元前200多年,阿基米德(Archimedes)通过递推关系得到了π的近似值.13世纪初,斐波那契(Fibonacci)在其所著的《算盘书》中提出了著名的关于兔子繁殖问题的递推关系,直到18世纪初,棣莫弗(A. DeMoivre)才用生成函数的方法得到了斐波那契数的显式公式.以后,欧拉(L. Euler)和拉普拉斯(P. deLaplace)等人发表了大量关于生成函数及其应用的成果,生成函数成为解决计数问题的有力工具.

本章介绍递推关系和常系数线性递推关系的特征根解法、幂级数型和指数型生成函数以及它们在计数问题中的应用.

10.1　递推关系

为了便于叙述,下面把序列 $a_0, a_1, a_2, \cdots, a_n \cdots$ 简记为 $\{a_n\}$. 如果序列 $\{a_n\}$ 的通项 a_n 可以由前面的几项来表示,则把它们联系起来的等式称为**递推关系**. 若一个序列的各项满足递推关系,则称其为**递推关系的解**. 要确定一个序列,除了递推关系以外,还需要给定开始几项的值,称为**初始条件**.

例 10.1.1　验证序列 $\{n3^n\}$ 是递推关系 $a_n = 9a_{n-1} - 27a_{n-2} + 27a_{n-3}$ 的一个解.

证明: 将 $(n-1)3^{n-1}$、$(n-2)3^{n-2}$ 和 $(n-3)3^{n-3}$ 代入递推关系的右边得到

$$9(n-1)3^{n-1} - 27(n-2)3^{n-2} + 27(n-3)3^{n-3} = [3(n-1) - 3(n-2) + n - 3]3^n = n3^n,$$

所以序列 $\{n3^n\}$ 是递推关系的一个解. ■

为一般的实际问题建立递推关系没有一种普遍适用的方法,必须具体问题具体分析.

例 10.1.2　1961年世界人口为30.6亿,如果人口年增长率为 $e^{0.02}-1$,那么 n 年后世界人口是多少?

解: 记 n 年后的人口为 p_n, p_n 由两部分构成: 上年的人口和当年新增人口,所以,

$$p_n = p_{n-1} + (e^{0.02} - 1)p_{n-1},\ p_0 = 3.06 \times 10^9.$$

由此得到：$p_1 = p_0\mathrm{e}^{0.02},\ p_2 = p_1\mathrm{e}^{0.02},\ \cdots,\ p_n = p_{n-1}\mathrm{e}^{0.02}$，从而 $p_n = 3.06 \times 10^9\mathrm{e}^{0.02n}$. ■

例 10.1.3　**汉诺塔问题**. 游戏板上有 A、B 和 C 三根一样的柱子，A 柱上自下而上套了 n 个大小不同的盘子，大盘子在小盘子的下面，如图 10.1.1 所示. 现要把所有的盘子从 A 柱移到 C 柱，一次只能移动一个盘子，盘子必须套在柱子上，小盘子只能放在大盘子的上面. 问至少需要移动多少次盘子？

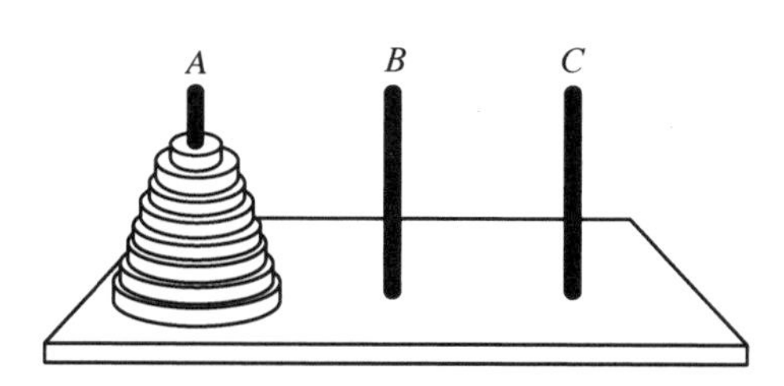

图 10.1.1　汉诺塔问题

解： 设把 n 个盘子从 A 柱移动到 C 柱最少需要移动盘子 H_n 次. 容易看出，当盘子数 $n \geqslant 2$ 时，移动盘子的步骤如下：把 A 柱最上面的 $n-1$ 个盘子移到 B 柱，这是盘子数为 $n-1$ 的汉诺塔问题，最小移动次数是 H_{n-1}；然后把最大的盘子从 A 柱移到 C 柱，需移动 1 次；最后把 B 柱上的 $n-1$ 个盘子移到 C 柱，同样是 $n-1$ 个盘子的汉诺塔问题，需 H_{n-1} 次. 于是得到递推关系

$$H_n = H_{n-1} + 1 + H_{n-1}，即\ H_n = 2H_{n-1} + 1\ (n \geqslant 2).$$

显然，$H_1 = 1$，这就是初始条件. 由递推关系和初始条件，可以计算 $H_2 = 3$、$H_3 = 7$、…….

由迭代法可得出该递推关系的解：

$$H_n = 2H_{n-1} + 1 = 2(2H_{n-2} + 1) + 1 = 2^2H_{n-2} + 2 + 1 = 2^2(2H_{n-3} + 1) + 2 + 1 = 2^3H_{n-3} + 2^2 + 2 + 1$$
$$= \cdots = 2^{n-1}H_1 + 2^{n-2} + \cdots + 2 + 1 = 2^{n-1}H_1 + 2^{n-2} + \cdots + 2 + 1 = 2^n - 1.$$ ■

例 10.1.4　**斐波那契数**. 13 世纪初，斐波那契（Fibonacci）提出了著名的兔子繁殖问题：把一对刚出生的兔子（一公一母）放到一座孤岛上，假定兔子出生两个月后成熟，开始繁殖后代，每对成熟的兔子每月繁殖一对兔子，且所有兔子都永远不会死去. 问第 n 个月时岛上有多少对兔子？

解：设第 n 个月时岛上有 f_n 对兔子. 第 1 个月时，岛上的兔子对数 $f_1 = 1$；第 2 个月时，这对兔子没有繁殖，因此 $f_2 = 1$；但第 3 个月时，它们生了一对小兔子，所以 $f_3 = f_2 + 1 = 2$. 一般地，第 n 个月时的兔子对数是前一个月的对数 f_{n-1} 加上新生兔子对数 f_{n-2}，因为每对两个月以上的兔子都繁

殖了一对新兔子,即

$$f_n = f_{n-1} + f_{n-2},\ n \geqslant 3,\ f_1 = f_2 = 1.$$

序列$\{f_n\}$称为**斐波那契序列**,其中的项称为**斐波那契数**. ■

例 10.1.5 一个人爬楼梯,每次上1阶或2阶. 爬n阶楼梯的不同的方式的数目满足什么样的递推关系?

解: 记爬n阶楼梯的不同的方式的数目为a_n. 可分两种情况:首次上1阶,剩下的$n-1$阶有a_{n-1}种爬法;首次上2阶,剩下的$n-2$阶有a_{n-2}种爬法. 由加法原理得到递推关系:$a_n = a_{n-1} + a_{n-2}$,初始条件:$a_0 = 1$, $a_1 = 1$. ■

例 10.1.6 设3元多重集$S = \{\infty \cdot a,\ \infty \cdot b,\ \infty \cdot c\}$, S的不含相邻a的n排列数是多少?

解: 设S的不含相邻a的n排列数为a_n. 根据排列首位的不同有两种情况:首位取b或c时,剩下的$n-1$位是一个不含相邻a的$(n-1)$排列,有a_{n-1}个;首位取a时,相邻的第二位只能取b或c,剩下的$n-2$位是一个不含相邻a的$(n-2)$排列,有a_{n-2}个. 由加法原理得出递推关系:

$$a_n = 2a_{n-1} + 2a_{n-2},\ a_1 = 3,\ a_2 = 8.$$ ■

例 10.1.7 用k种颜色给n边形的n个顶点着色,使得任意两个相邻的顶点的颜色不同,问有多少种不同的着色方法?

解: 设满足题意的不同的着色方法有p_n种,n个顶点为$v_1, v_2, \cdots, v_n$,如图10.1.2所示. 分析以下两种情况.

(1) v_1和v_{n-1}的颜色不同:这类着色可以通过给多边形$v_1v_2\cdots v_{n-1}$着色和给v_n着色两步来完成,共有$(k-2)p_{n-1}$种方法.

(2) v_1和v_{n-1}的颜色相同:相当于把v_1和v_{n-1}看作一个顶点,通过给多边形$v_1v_2\cdots v_{n-2}$着色和给v_n着色两步来完成,共有$(k-1)p_{n-2}$种方法.

因此,$p_n = (k-2)p_{n-1} + (k-1)p_{n-2}$,初始条件:$p_2 = k(k-1)$, $p_3 = k(k-1)(k-2)$. ■

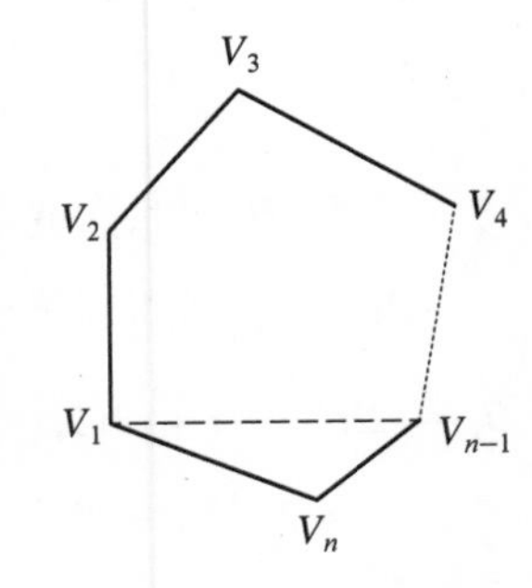

图 10.1.2 n边形

10.2 常系数线性递推关系

目前,对于一般的递推关系还没有通用的求解方法,只对某些特殊的递推关系有一般的解法.

定义 10.2.1 具有如下形式的递推关系称为***k* 阶常系数线性递推关系**：

$$a_n = c_1 a_{n-1} + c_2 a_{n-2} + \cdots + c_k a_{n-k} + F(n), \tag{10.2.1}$$

其中 $c_1, c_2, \cdots, c_k$ 是实常数，且 $c_k \neq 0$，$F(n)$ 是关于 n 的函数. 如果 $F(n) = 0$，则称(10.2.1)为**齐次**的；否则称(10.2.1)为**非齐次**的，并称 $a_n = c_1 a_{n-1} + c_2 a_{n-2} + \cdots + c_k a_{n-k}$ 为其**伴随齐次递推关系**.

(1) $f_n = f_{n-1} + f_{n-2} + n^2$ 是 2 阶常系数线性非齐次递推关系；

(2) $a_n = a_{n-1} + a_{n-2} - n a_{n-3}$ 不是常系数线性递推关系，因为 a_{n-3} 前面的系数不是常数；

(3) $a_n = a_{n-1} + a_{n-3} - 9a_{n-5}$ 是 5 阶常系数线性齐次递推关系；

(4) $a_n = 1.06a_{n-1} + 3d$（d 是常数）是 1 阶常系数线性非齐次递推关系；

(5) $f_n = f_{n-1} f_{n-2} + f_{n-3}$ 不是线性递推关系，因为 $f_{n-1} f_{n-2}$ 不是线性的. ■

10.2.1 求解常系数线性齐次递推关系

首先给出一个常系数线性齐次递推关系的解的性质. 若序列 $\{s_n\}$ 和 $\{t_n\}$ 都是常系数线性齐次递推关系 $a_n = c_1 a_{n-1} + c_2 a_{n-2} + \cdots + c_k a_{n-k}$ 的解，α 和 β 是任意实数，则

$$s_n = c_1 s_{n-1} + c_2 s_{n-2} + \cdots + c_k s_{n-k}, \quad t_n = c_1 t_{n-1} + c_2 t_{n-2} + \cdots + c_k t_{n-k},$$

两边分别同乘以 α 和 β 得到

$$\alpha s_n = c_1 \alpha s_{n-1} + c_2 \alpha s_{n-2} + \cdots + c_k \alpha s_{n-k}, \quad \beta t_n = c_1 \beta t_{n-1} + c_2 \beta t_{n-2} + \cdots + c_k \beta t_{n-k},$$

两边分别相加得到

$$\alpha s_n + \beta t_n = c_1(\alpha s_{n-1} + \beta t_{n-1}) + c_2(\alpha s_{n-2} + \beta t_{n-2}) + \cdots + c_k(\alpha s_{n-k} + \beta t_{n-k}).$$

因此，常系数线性齐次递推关系的任意两个解的线性组合都还是它的解. 一般地，如下的结论显然成立.

引理 有限个常系数线性齐次递推关系的解的线性组合仍是该递推关系的解.

仔细观察例 10.1.1、10.1.2 和 10.1.3 的解，发现它们的形式类似于 $a_n = a_0 r^n$. 由此，对于一般的常系数线性齐次递推关系可尝试寻求形如 $a_n = r^n$ 的解.

如果序列 $\{r^n\}$ 是齐次递推关系(10.2.1)的解，把它代入递推关系，经整理可得到关于 r 的方程：

$$x^k = c_1 x^{k-1} + c_2 x^{k-2} + \cdots + c_k. \tag{10.2.2}$$

反过来，容易看出，如果 r 是方程(10.2.2)的根，则序列 $\{r^n\}$ 一定是齐次递推关系(10.2.1)的解. 方程(10.2.2)在求解常系数线性齐次递推关系的过程中起着重要作用，称为**特征方程**.

定理 10.2.1 对于 k 阶常系数线性齐次递推关系(10.2.1)，

(1) 如果特征方程(10.2.2)有 k 个互不相同的根 r_1、r_2、r_3、…、r_k,则其通解是

$$a_n=\beta_1 r_1^n+\beta_2 r_2^n+\cdots+\beta_k r_k^n,\ n=0,\ 1,\ 2,\ \cdots,$$

其中 $\beta_1,\ \beta_2,\ \cdots,\ \beta_k$ 是常数.

(2) 如果特征方程(10.2.2)有 $t(t<k)$ 个互不相同的根 r_1、r_2、$r_3\cdots r_t$,每个根的重数分别是 m_1、m_2、$m_3\cdots m_t$, $m_i\geqslant 1(1\leqslant i\leqslant t)$, $m_1+m_2+m_3+\cdots+m_t=k$,则其通解是

$$a_n=(\beta_{1,0}+\beta_{1,1}n+\cdots+\beta_{1,m_1-1}n^{m_1-1})r_1^n+(\beta_{2,0}+\beta_{2,1}n+\cdots+\beta_{2,m_2-1}n^{m_2-1})r_2^n+\cdots+ (\beta_{t,0}+\beta_{t,1}n+\cdots+\beta_{t,m_t-1}n^{m_t-1})r_t^n, \tag{10.2.3}$$

其中 $\beta_{i,j}(1\leqslant i\leqslant t,\ 0\leqslant j\leqslant m_i-1)$ 是常数.

证明:

(1) 由前面的分析可知,$r_i^n(1\leqslant i\leqslant k)$ 是递推关系(10.2.1)的解. 又由引理可知,序列 $a_n=\beta_1 r_1^n+\beta_2 r_2^n+\cdots+\beta_k r_k^n,\ n=0,\ 1,\ 2,\ \cdots$,是齐次递推关系(10.2.1)的解.

其次证明齐次递推关系(10.2.1)的解一定具有形式 $\beta_1 r_1^n+\beta_2 r_2^n+\cdots+\beta_k r_k^n$,其中 $\beta_1,\ \beta_2,\ \cdots,\ \beta_k$ 是常数.

递推关系(10.2.1)的任意解由其初始的 k 项完全确定,若两个解初始的 k 项完全相同,那么这两个解实质上是同一个解. 设 s_n 是(10.2.1)的任一解. 如果存在 k 个常数 $\beta_1,\ \beta_2,\ \cdots,\ \beta_k$,使得 $\beta_1 r_1^0+\beta_2 r_2^0+\cdots+\beta_k r_k^{\ 0}=s_0$, $\beta_1 r_1+\beta_2 r_2+\cdots+\beta_k r_k=s_1,\ \cdots,\ \beta_1 r_1^{\ k-1}+\beta_2 r_2^{k-1}+\cdots+\beta_k r_k^{\ k-1}=s_{k-1}$,则 s_n 就具有 $\beta_1 r_1^n+\beta_2 r_2^n+\cdots+\beta_k r_k^n$ 的形式. 显然,若下述关于 β_1、β_2、…、β_k 的线性方程组(10.2.4)有解,则其解即为满足上述要求的常数.

$$\begin{cases}\beta_1 r_1^0+\beta_2 r_2^0+\cdots+\beta_k r_k^0=s_0,\\ \beta_1 r_1^1+\beta_2 r_2^1+\cdots+\beta_k r_k^1=s_1,\\ \cdots\cdots\\ \beta_1 r_1^{k-1}+\beta_2 r_2^{k-1}+\cdots+\beta_k r_k^{k-1}=s_{k-1},\end{cases} \tag{10.2.4}$$

因为 $r_1,\ r_2,\ \cdots,\ r_k$ 互不相同,所以(10.2.4)的系数矩阵的行列式(是 k 阶范德蒙行列式)

$$\begin{vmatrix}1 & 1 & \cdots & 1\\ r_1 & r_2 & \cdots & r_k\\ \vdots & \vdots & & \vdots\\ r_1^{k-1} & r_2^{k-1} & \cdots & r_k^{k-1}\end{vmatrix}=\prod_{1\leqslant i<j\leqslant k}(r_j-r_i)\neq 0,$$

从而(10.2.4)有唯一解. ■

(2) 证明方法与(1)类似,同样分两步,但比(1)更复杂些.

首先证明序列(10.2.3)是(10.2.1)的解. 根据引理,若 $n^j r_i^n(1\leqslant i\leqslant t,\ 0\leqslant j\leqslant m_i-1)$ 都是

(10.2.1) 的解,那么它们的线性组合(10.2.3) 也是(10.2.1) 的解.

令

$$p_{n,0}(x) = x^n - c_1x^{n-1} - c_2x^{n-2} - \cdots - c_kx^{n-k}. \tag{10.2.5}$$

由于 r_i 是特征方程(10.2.2)的根,因此 $p_{n,0}(r_i) = 0$. 于是 r_i^n 是(10.2.1) 的解.

对等式(10.2.5)的两边求导得到 $p'_{n,0}(x) = nx^{n-1} - c_1(n-1)x^{n-2} - c_2(n-2)x^{n-3} - \cdots - c_k(n-k)x^{n-k-1}$,等式两边同乘以 x 得到 $xp'_{n,0}(x) = nx^n - c_1(n-1)x^{n-1} - c_2(n-2)x^{n-2} - \cdots - c_k(n-k)x^{n-k}$. 由于 r_i 是特征方程(10.2.2) 的 m_i 重根,因而它是 $p'_{n,0}(x)=0$ 的 $m_i - 1$ 重根,从而 $r_ip'_{n,0}(r_i) = nr_i^n - c_1(n-1)r_i^{n-1} - c_2(n-2)r_i^{n-2} - \cdots - c_k(n-k)r_i^{n-k} = 0$. 于是,$nr_i^n$ 是(10.2.1) 的解.

通过归纳不难证明 $n^jr_i^n(0 \leqslant j \leqslant m_i - 1)$ 都是(10.2.1) 的解.

其次证明(10.2.1)的任一解一定具有(10.2.3)的形式. 设 s_n 是(10.2.1)的任一解. 如果存在 k 个常数 $\beta_{i,j}(1 \leqslant i \leqslant t,\ 0 \leqslant j \leqslant m_i - 1)$,使得(10.2.3) 的前 k 项恰为 s_n 的初始 k 项,则 s_n 就具有(10.2.3) 的形式. 令

$$\boldsymbol{A}_i = \begin{bmatrix} 1 & 0 & \cdots & 0 \\ r_i & r_i & \cdots & r_i \\ r_i^2 & 2r_i^2 & \cdots & 2^{m_i-1}r_i^2 \\ \vdots & \vdots & & \vdots \\ r_i^{k-1} & (k-1)r_i^{k-1} & \cdots & (k-1)^{m_i-1}r_i^{k-1} \end{bmatrix}.$$

将 $s_0, s_1, \cdots, s_{k-1}$ 代入(10.2.3),整理后得到 k 个等式,由它们组成的关于 $\beta_{i,j}$ 的线性方程组的系数矩阵是 $\boldsymbol{A} = (\boldsymbol{A}_1\boldsymbol{A}_2\cdots\boldsymbol{A}_t)$,其行列式是一个推广的范德蒙行列式. 因为 $r_1, r_2, \cdots, r_t$ 互不相同且均不为零,所以

$$|\boldsymbol{A}| = \prod_{1\leqslant i\leqslant t} C(m_i, 2)(-r_i) \prod_{1\leqslant i<j\leqslant k} (r_j - r_i)^{m_jm_i} \neq 0,$$

从而上述关于 β_{ij} 的线性方程组有唯一解,其解使得(10.2.3)的前 k 项恰为 S_n 的初始 k 项. ■

例 10.2.1　求递推关系 $a_n = 5a_{n-1} + 36a_{n-2}$ 的通解.

解: 特征方程 $x^2 = 5x + 36$ 有两个不同的根:$r_1 = 9$ 和 $r_2 = -4$,因此通解是:

$$a_n = a(-4)^n + b9^n. ■$$

例 10.2.2　求解递推关系 $a_n = 2a_{n-1} + a_{n-2} - 2a_{n-3}$, $n = 3, 4, 5, \cdots$,初始条件为 $a_0 = 3$、$a_1 = 6$ 和 $a_2 = 0$.

解: 特征方程 $x^3 = 2x^2 + x - 2$ 有三个不同的根 $r_1 = 1$、$r_2 = 2$ 和 $r_3 = -1$,因此通解是:$a_n = \beta_1 1^n + \beta_2 2^n + \beta_3(-1)^n$.

把初始条件代入通解,得到关于β_1、β_2和β_3的三元方程组:

$$\begin{cases}\beta_1+\beta_2+\beta_3=3,\\ \beta_1+2\beta_2-\beta_3=6,\\ \beta_1+4\beta_2+\beta_3=0,\end{cases}$$

求得解:$\beta_1=6$、$\beta_2=-1$、$\beta_3=-2$,代入通解后得到递推关系的解:

$$a_n=6-2^n-2(-1)^n,\ n=0,1,2,\cdots. ■$$

例 10.2.3 求解递推关系$a_n=6a_{n-1}-12a_{n-2}+8a_{n-3}$, $n=3,4,5,\cdots$,初始条件为:$a_0=0$、$a_1=1$和$a_2=2$.

解: 特征方程$x^3=6x^2-12x+8$有一个三重根$r_1=r_2=r_3=2$,因此通解是:

$$a_n=(\beta_0+\beta_1 n+\beta_2 n^2)2^n.$$

把初始条件代入通解,得到关于β_0、β_1和β_2的三元方程组:

$$\begin{cases}\beta_0=0,\\ 2\beta_0+2\beta_1+2\beta_2=1,\\ 4\beta_0+8\beta_1+16\beta_2=2,\end{cases}$$

求得解:$\beta_0=0$、$\beta_1=\dfrac{3}{4}$、$\beta_2=-\dfrac{1}{4}$,代入通解后得到解

$$a_n=(3/4n-1/4n^2)2^n,\ n=0,1,2,\cdots. ■$$

例 10.2.4 平衡二叉树是这样的二叉树:要么它是空树(即含0个结点的二叉树),要么其根的左右两棵子树均为平衡二叉树,且左右两棵子树的高度至多相差1. 问高度为h的平衡二叉树至少有多少个结点? 注意,这里所指的二叉树与第八章所定义的“有序二叉树”略有差异,这里,我们允许“空(含0个结点)”的二叉树,且子树(兄弟)之间有“绝对的”左右之分.

解: 记高度为h的平衡二叉树的最少结点数为N_h. 对于高度较小的平衡二叉树,如h为1、2或3,容易算得$N_1=1$, $N_2=2$, $N_3=4$. 对于较大的h,因为平衡二叉树的左右子树均为平衡二叉树,所以可以考虑利用递推关系来求解. 对于高度为h含最少结点的平衡二叉树,根的左右子树也是平衡二叉树,且其中一颗子树的高度必为$h-1$,另一棵子树的高度必为$h-2$,而且两颗子树都是含结点最少的平衡二叉树. 所以,$N_h=N_{h-1}+N_{h-2}+1$,其中1是根结点. 在这个递推关系两边加上1,得到$N_h+1=N_{h-1}+1+N_{h-2}+1$. 若记$N'_h=N_h+1$,则有$N'_h=N'_{h-1}+N'_{h-2}$,初始条件$N'_0=1$, $N'_1=2$.

递推关系对应的特征方程 $x^2-x-1=0$ 有两个实根：$\frac{1+\sqrt{5}}{2}$ 和 $\frac{1-\sqrt{5}}{2}$，由定理 10.2.1 和初始条件得到 $N'_h=\frac{1}{\sqrt{5}}\left[\left(\frac{1+\sqrt{5}}{2}\right)^{h+2}-\left(\frac{1-\sqrt{5}}{2}\right)^{h+2}\right]$，从而 $N_h=\frac{1}{\sqrt{5}}\left[\left(\frac{1+\sqrt{5}}{2}\right)^{h+2}-\left(\frac{1-\sqrt{5}}{2}\right)^{h+2}\right]-1$，其中 $h\geqslant 0$.

由上述结果不难证明：平衡二叉查找树（平衡二叉排序树）上的查找算法的时间复杂度为 $O(\log_2 n)$，其中 n 是二叉树的结点数. 请参见本章的习题 12. ■

例 10.2.5　求解递推关系 $a_n=a_{n-1}-a_{n-2}$，$n=2,3,4,5,\cdots$，初始条件为：$a_0=2$ 和 $a_1=1$.

解： 特征方程 $x^2-x+1=0$ 有一对共轭复根：$r_1=\frac{1}{2}+\frac{\sqrt{3}}{2}\mathrm{i}$ 和 $r_2=\frac{1}{2}-\frac{\sqrt{3}}{2}\mathrm{i}$.

$r_1^n=\left(\cos\frac{\pi}{3}+\sin\frac{\pi}{3}\mathrm{i}\right)^n=\cos\frac{n\pi}{3}+\sin\frac{n\pi}{3}\mathrm{i}$ 和 $r_2^n=\left(\cos\frac{\pi}{3}-\sin\frac{\pi}{3}\mathrm{i}\right)^n=\cos\frac{n\pi}{3}-\sin\frac{n\pi}{3}\mathrm{i}$

以及它们的线性组合

$$\frac{r_1^n+r_2^n}{2}=\cos\frac{n\pi}{3}\text{ 和 }\frac{r_1^n-r_2^n}{2\mathrm{i}}=\sin\frac{n\pi}{3}$$

都是递推关系的解. 这两个实数解的线性组合 $\alpha\cos\frac{n\pi}{3}+\beta\sin\frac{n\pi}{3}$（$\alpha$ 和 β 是常数）也是递推关系的解. 把初始条件 $a_0=2$ 和 $a_1=1$ 代入后解得 $\alpha=2$ 和 $\beta=0$，最终得到满足初始条件的解：

$$a_n=2\cos\frac{n\pi}{3},\ n=0,1,2,\cdots. ■$$

例 10.2.5 的方法具有普遍性，可用来处理特征方程有复数根的一般情况：对于一对共轭复根，首先求其 n 次幂，然后通过线性组合得到该递推关系的两个实数解，即实部和虚部，并用它们替代原来的那对共轭复根.

*10.2.2　求解常系数线性非齐次递推关系

定理 10.2.2　如果序列 $\{s_n\}$ 是常系数线性非齐次递推关系(10.2.1)的一个特解，$\{h_n\}$ 是伴随齐次递推关系的通解，那么(10.2.1)的通解是 $\{h_n+s_n\}$.

证明： 首先验证 $\{h_n+s_n\}$ 是(10.2.1)的解. 由于 s_n 是(10.2.1)的解，所以 $s_n=c_1s_{n-1}+c_2s_{n-2}+\cdots+c_ks_{n-k}+F(n)$. 由于 h_n 是(10.2.1)的伴随齐次递推关系的通解，所以 $h_n=c_1h_{n-1}+c_2h_{n-2}+\cdots+c_kh_{n-k}$. 将上述两个等式两边分别相加得到

$$h_n + s_n = c_1h_{n-1} + c_2h_{n-2} + \cdots + c_kh_{n-k} + c_1s_{n-1} + c_2s_{n-2} + \cdots + c_ks_{n-k} + F(n)$$
$$= c_1(h_{n-1} + s_{n-1}) + c_2(h_{n-2} + s_{n-2}) + \cdots + c_k(h_{n-k} + s_{n-k}) + F(n),$$

从而 $\{h_n + s_n\}$ 是(10.2.1)的解.

其次证明(10.2.1)的解都能表示成 $\{h_n + s_n\}$ 的形式. 设 $\{b_n\}$ 是(10.2.1)的任一个解. 于是 $b_n = c_1b_{n-1} + c_2b_{n-2} + \cdots + c_kb_{n-k} + F(n)$,从而

$$b_n - s_n = c_1b_{n-1} + c_2b_{n-2} + \cdots + c_kb_{n-k} + F(n) - (c_1s_{n-1} + c_2s_{n-2} + \cdots + c_ks_{n-k} + F(n))$$
$$= c_1(b_{n-1} - s_{n-1}) + c_2(b_{n-2} - s_{n-2}) + \cdots + c_k(b_{n-k} - s_{n-k}).$$

所以,$\{b_n - s_n\}$ 是伴随齐次递推关系的解,记 $h_n = b_n - s_n$,于是 $b_n = h_n + s_n$. ■

例 10.2.6 求解递推关系 $a_n = 2a_{n-1} + 3n$, $n = 1, 2, 3, \cdots$,初始条件为: $a_0 = 1$.

解: 伴随齐次递推关系是 $a_n = 2a_{n-1}$,求得其通解为: $a_n = \beta 2^n$.

下面求一个特解. 因为 $F(n) = 3n$ 是一次多项式,尝试递推关系有个一次多项式的特解 $s_n = cn + d$,代入递推关系得到 $cn + d = 2(c(n-1) + d) + 3n$,即 $(c+3)n + d - 2c = 0$,该等式对所有的 n 都成立,所以,必须 $c + 3 = 0$, $d - 2c = 0$,从而得到一个特解 $s_n = -3n - 6$.

于是递推关系的通解为:

$$a_n = \beta 2^n - 3n - 6,\ n = 0, 1, 2, 3, \cdots.$$

把 $a_0 = 1$ 代入通解,$\beta - 3 \times 0 - 6 = 1$,求得 $\beta = 7$,于是满足初始条件的解是:

$$a_n = 7 \times 2^n - 3n - 6,\ n = 0, 1, 2, 3, \cdots. ■$$

例 10.2.7 求解递推关系 $a_n = 3a_{n-1} + 2^n$, $n = 1, 2, 3, \cdots$,初始条件是: $a_0 = 2$.

解: 伴随齐次递推关系的通解是: $a_n = \beta 3^n$. 再求 $a_n = 3a_{n-1} + 2^n$ 的一个特解. $F(n) = 2^n$ 是指数形式的函数,尝试指数形式的特解 $s_n = c2^n$,代入递推关系得到 $c2^n = 3c2^{n-1} + 2^n$,解得 $c = -2$,由此求得一个特解: $s_n = -2 \times 2^n$,从而通解为: $a_n = \beta 3^n - 2 \times 2^n$. 把 $a_0 = 2$ 代入通解,$\beta - 2 \times 2^0 = 2$,求得 $\beta = 4$,于是满足初始条件的解是: $a_n = 4 \times 3^n - 2 \times 2^n$, $n = 0, 1, 2, 3, \cdots$. ■

求解常系数线性非齐次递推关系的关键是求特解,但是,对于一般的 $F(n)$,目前没有普遍适用的求特解的一般方法,仅对某些特殊形式的 $F(n)$ 才有一般的求解方法.

定理 10.2.3 在常系数线性非齐次递推关系(10.2.1)中,若 $F(n) = (b_0 + b_1n + \cdots + b_tn^t)s^n$,其中 $b_1, b_2, \cdots, b_t$ 和 s 是实常数,则(10.2.1)有下述形式的特解: $n^m(p_0 + p_1n + \cdots + p_tn^t)s^n$,其中,

(1) 若 s 不是伴随线性齐次递推关系的特征方程的根,则 $m = 0$;

(2) 若 s 是伴随线性齐次递推关系的特征方程的根,则 m 为 s 的重数.

这个定理的证明比较繁琐,这里从略.

例 10.2.8　求递推关系 $a_n = 2a_{n-1} - a_{n-2} + n^2$, $n = 2, 3, \cdots$ 的一个特解.

解: 特征方程 $x^2 = 2x - 1$ 有一个重根: $r_1 = r_2 = 1$. 这里 $F(n) = n^2$, $s = 1$, s 是特征方程的 2 重根,因此 $m = 2$. 按照定理 10.2.3,有一个特解: $T_n = n^2(a + bn + cn^2)$,其中 a、b 和 c 待定. 代入递推关系后得到

$$n^2(a + bn + cn^2) = 2(n-1)^2(a + b(n-1) + c(n-1)^2) - (n-2)^2(a + b(n-2) + c(n-2)^2) + n^2,$$

化简并整理得到

$$(1 - 12c)n^2 + (24c - 6b)n - 2a + 6b - 14c = 0.$$

上式对于任意的非负整数 n 恒成立,从而得到以下的方程组

$$\begin{cases} 1 - 12c = 0, \\ 24c - 6b = 0, \\ -2a + 6b - 14c = 0. \end{cases}$$

解此方程组,求得: $a = \dfrac{5}{12}$、$b = \dfrac{1}{3}$、$c = \dfrac{1}{12}$,最终得到一个特解: $n^2\left(\dfrac{5}{12} + \dfrac{1}{3}n + \dfrac{1}{12}n^2\right)$. ■

10.3　生成函数

例 10.3.1　假设一水果蓝里有 3 个苹果、3 个橘子和 2 个梨. 如果水果只以种类区分,那么从篮中无序选取 4 个水果的方法有多少? 这里无法直接用可重复的组合(参见 9.5 小节)来解决,因为每种水果的重复数小于要取的个数. 显然,穷举所有可能的取法是一种可行的解法(尽管工作量比较大):

用变量 x_1、x_2、x_3 分别表示苹果、橘子、梨,x_1^0 表示 0 个苹果,x_1^1 表示 1 个苹果,x_1^2 表示 2 个苹果,x_2^0 表示 0 个橘子,……. 考察下列乘式:

$$(x_1^0 + x_1^1 + x_1^2 + x_1^3)(x_2^0 + x_2^1 + x_2^2 + x_2^3)(x_3^0 + x_3^1 + x_3^2) = x_1^0x_2^0x_3^0 + x_1^0x_2^0x_3^1 + x_1^0x_2^0x_3^2 + x_1^0x_2^1x_3^0 + x_1^0x_2^1x_3^1 + x_1^0x_2^1x_3^2 + x_1^0x_2^2x_3^0 + x_1^0x_2^2x_3^1 + x_1^0x_2^2x_3^2 + x_1^0x_2^3x_3^0 + x_1^0x_2^3x_3^1 + x_1^0x_2^3x_3^2x_1^1x_2^0x_3^0 + x_1^1x_2^0x_3^1 + x_1^1x_2^1x_3^2 + x_1^1x_2^1x_3^0 + x_1^1x_2^1x_3^1 + x_1^1x_2^1x_3^2 + x_1^1x_2^2x_3^0 + x_1^1x_2^2x_3^1 + x_1^1x_2^2x_3^2 + x_1^1x_2^3x_3^1 + x_1^1x_2^3x_3^1 + x_1^1x_2^3x_3^2x_1^2x_2^0x_3^0 + x_1^2x_2^0x_3^1 + x_1^2x_2^1x_3^2 + x_1^2x_2^1x_3^0 + x_1^2x_2^1x_3^1 + x_1^2x_2^1x_3^2 + x_1^2x_2^2x_3^0 + x_1^2x_2^2x_3^1 + x_1^2x_2^2x_3^2 + x_1^2x_2^3x_3^1 + x_1^2x_2^3x_3^1 + x_1^2x_2^3x_3^2x_1^3x_2^0x_3^0 + x_1^3x_2^0x_3^1 + x_1^3x_2^1x_3^2 + x_1^3x_2^1x_3^0 + x_1^3x_2^1x_3^1 + x_1^3x_2^1x_3^2 + x_1^3x_2^2x_3^0 + x_1^3x_2^2x_3^1 + x_1^3x_2^2x_3^2 + x_1^3x_2^3x_3^1 + x_1^3x_2^3x_3^1 + x_1^3x_2^3x_3^2.$$

在其展开式中,每一项都对应了一种可能的不同的取水果的方法,每一项各变量上的次数之和恰为在这种取法下所取到的水果的总数;反过来,每一种可能的取水果的方法也都对应于展开式中某一项. 例如,$x_1^2x_2^2x_3^1$,对应于取2个苹果、2个橘子、1个梨,共5个水果;$x_1^0x_2^3x_3^0$对应于取0个苹果、3个橘子、0个梨,共3个水果.

由于我们只关心取4个水果有多少种不同的取法,并不关心具体的取法,所以可以进一步简化上述表达式,用同一个变量来表示苹果、橘子和梨:

$$(1+x+x^2+x^3)(1+x+x^2+x^3)(1+x+x^2)=1+3x+6x^2+9x^3+10x^4+9x^5+6x^6+3x^7+x^8.$$

合并同类项后,x^4的系数10即为所求. 类似地,取6个水果的方法数就是x^6的系数6. ■

例 10.3.2 n元集的r组合数也可用这种方法来求,每个元素只有两种情况:被取到或未被选取,因此n元集的r组合数是二项式$(1+x)^n$中r次项的系数$\binom{n}{r}$. ■

在上面解决计数问题的过程中,我们构造了一个代数表达式,其系数恰为所欲求的计数,这样的表达式称为**生成函数**,也叫做**母函数**. 在上面第一个例子中,生成函数并没有为解决计数问题带来便利,因为展开乘积的工作量与穷举罗列所有可能性的工作量完全相同. 但是,在许多情况下,通过各种途径,生成函数中的系数可以比较简洁地求得,从而使之成为求解计数问题的一个强有力的工具.

下面将介绍两种常用的生成函数:幂级数型生成函数和指数型生成函数.

10.3.1 幂级数型生成函数

定义 10.3.1 给定序列$\{a_n\}$,构造形式级数

$$a_0+a_1x+a_2x^2+a_3x^3+\cdots+a_nx^n+\cdots=\sum_{i=0}^{\infty}a_ix^i.$$

这个形式级数称为序列$\{a_n\}$的**幂级数型生成函数**,简称**生成函数**.

例 10.3.3 (1) 有限序列$\{1,1,1,1,1,1\}$的生成函数是:$1+x+x^2+x^3+x^4+x^5$.

(2) 无限序列$\{1,1,1,1,\cdots\}$的生成函数是:$1+x+x^2+x^3+\cdots+x^n+\cdots=\sum_{i=0}^{\infty}x^i=\frac{1}{1-x}$.

(3) 序列$\{2^n\}$的生成函数是:$1+2x+4x^2+8x^3+\cdots+2^nx^n+\cdots=\sum_{i=0}^{\infty}2^ix^i$. ■

注意: 生成函数是一种形式幂级数,没有收敛性,但微积分中有关级数的性质都可用于生成函数,如级数的加法、乘法和求导等等,对其原因的讨论已超出了本书的范围.

例 10.3.4　已知序列$\{a_n\}$的生成函数是$f(x)=\dfrac{1}{(1-x)^2}$,求$\{a_n\}$的通项.

解: 下面给出两种求解方法.

(1) 由例 10.3.3(2)可知,$f(x)=(1+x+x^2+x^3+x^4+\cdots)^2$. 由级数的乘法运算,得到

$$f(x)=\left(\frac{1}{1-x}\right)^2=\left(\sum_{n=0}^{\infty}x^n\right)^2=\sum_{n=0}^{\infty}\left(\sum_{i=0}^{n}x^ix^{n-i}\right)=\sum_{n=0}^{\infty}(n+1)x^n.$$

因此$a_n=n+1,\ n\geqslant 0$.

(2) 对例 10.3.3(2)的两边关于x求导,得到

$$f(x)=\left(\frac{1}{1-x}\right)'=\left(\sum_{n=0}^{\infty}x^n\right)'=\sum_{n=1}^{\infty}nx^{n-1}=\sum_{n=0}^{\infty}(n+1)x^n.$$

因此$a_n=n+1,\ n\geqslant 0$. ■

许多生成函数可以借助于牛顿二项式定理来展开. 下面首先给出广义二项式系数的定义.

定义 10.3.2　设u是实数,k为非负整数. **广义二项式系数**$\dbinom{u}{k}$定义为:

$$\binom{u}{k}=\begin{cases}\dfrac{u(u-1)\cdots(u-k+1)}{k!}, & k>0,\\ 1, & k=0.\end{cases}$$

例如$\dbinom{-5}{6}=\dfrac{-5(-5-1)(-5-2)\cdots(-5-6+1)}{6!}=210$. 一般地,当$u=-n,\ n$是正整数时,$\dbinom{-n}{k}=(-1)^k\dbinom{n+k-1}{k}$.

容易证明广义二项式系数$\dbinom{u}{k}$具有如下性质:

(1) $\dbinom{u}{k}=\dbinom{u-1}{k}+\dbinom{u-1}{k-1}$, k为非负整数;

(2) $\dbinom{u}{m}\dbinom{m}{k}=\dbinom{u}{k}\dbinom{u-k}{m-k}$, $m\geqslant k$为非负整数.

定理 10.3.1(牛顿二项式定理)　设$|x|<|y|$, u是实数,则

$$(x+y)^u=\sum_{k=0}^{\infty}\binom{u}{k}x^ky^{u-k}.$$

微积分中有对牛顿二项式定理的简单证明,这里不再赘述.

二项式定理是牛顿二项式定理的特殊情形,因为当 u 是正整数时,对任意 $k > u$, $\binom{u}{k} = 0$.

例 10.3.5 求 $\sqrt{1+x}$ 的幂级数展开.

解: 由牛顿二项式定理, $\sqrt{1+x} = \sum_{k=0}^{\infty} \binom{\frac{1}{2}}{k} x^k$. 当 $k > 0$ 时,

$$\binom{\frac{1}{2}}{k} = \frac{\frac{1}{2}\left(\frac{1}{2}-1\right)\cdots\left(\frac{1}{2}-k+1\right)}{k!} = \frac{(-1)^{k-1}}{2^k}\ \frac{1\cdot 3\cdot 5\cdot\cdots\cdot(2k-3)}{k!} = \frac{(-1)^{k-1}}{2^k}$$

$$\frac{1\cdot 2\cdot 3\cdot 4\cdots(2k-2)}{2\cdot 4\cdot 6\cdots(2k-2)k!} = \frac{(-1)^{k-1}}{2^k}\ \frac{(2k-2)!}{2^{k-1}(k-1)!k!} = \frac{(-1)^{k-1}}{2^{2k-1}}\ \frac{(2k-2)!}{(k-1)!(k-1)!k} =$$

$\frac{(-1)^{k-1}}{k2^{2k-1}}\binom{2k-2}{k-1}$. 因此, $\sqrt{1+x} = 1 + \sum_{k=1}^{\infty} \frac{(-1)^{k-1}}{k2^{2k-1}}\binom{2k-2}{k-1} x^k$. ■

下面是求解计数问题时常用的一些生成函数:

(1) $\frac{1-x^{n+1}}{1-x} = \sum_{k=0}^{n} x^k = 1 + x + x^2 + \cdots + x^n$;

(2) $\frac{1}{1-ax} = \sum_{k=0}^{\infty} a^k x^k = 1 + ax + a^2x^2 + \cdots$;

(3) $\frac{1}{1-x^r} = \sum_{k=0}^{\infty} x^{kr} = 1 + x^r + x^{2r} + x^{3r} + \cdots$;

(4) $\frac{1}{(1-x)^n} = \sum_{k=0}^{\infty} \mathrm{C}(n+k-1,\ k)x^k$;

(5) $\mathrm{e}^x = \sum_{i=0}^{\infty} \frac{x^k}{k!} = 1 + x + \frac{x^2}{2!} + \frac{x^3}{3!}\cdots$;

(6) $\ln(1+x) = \sum_{k=1}^{\infty} \frac{(-1)^{k+1}x^k}{k} = x - \frac{x^2}{2} + \frac{x^3}{3} - \frac{x^4}{4} + \cdots$.

10.3.2 指数型生成函数

例 10.3.6 对于例 10.3.1 中的水果选取问题,如果考虑选取顺序,那么同样选取 4 个水果,不同的方法有多少种呢?无序选取时,有 10 种取法,分别是: $x_1x_2x_3^2$、$x_1x_2^2x_3$、$x_1^2x_2x_3$、$x_1^2x_2^2$、$x_1^2x_3^2$、$x_2^2x_3^2$、$x_1{}^3x_3$、$x_1{}^3x_2$、$x_1x_2^3$、$x_2^3x_3$,对每种无序选取法再做全排列,所有全排列的总数即为有序选取 4 个水果的取法总数. 第 1、2 和 3 项的全排列数都是 $\frac{4!}{1!1!2!}$;第 4、5 和 6 项都是 $\frac{4!}{2!2!}$;第 7、

8、9 和 10 项都是$\frac{4!}{1!3!}$. 因此全排列总数是 $3\times\frac{4!}{1!1!2!}+3\times\frac{4!}{2!2!}+4\times\frac{4!}{1!3!}=70.$

由此,可以使用如下的生成函数来求解:

$$\left(1+\frac{x}{1!}+\frac{x^2}{2!}+\frac{x^3}{3!}\right)\left(1+\frac{x}{1!}+\frac{x^2}{2!}+\frac{x^3}{3!}\right)\left(1+\frac{x}{1!}+\frac{x^2}{2!}\right)$$
$$=1+3x+\frac{9}{2}x^2+\frac{13}{3}x^3+\frac{35}{12}x^4+\frac{17}{12}x^5+\frac{35}{72}x^6+\frac{8}{72}x^7+\frac{1}{72}x^8,$$

其展开式中 x^k 前面的系数乘以 $k!$就是有序取 k 个水果的总数. 为了从系数中直接得到结果,把 x^k 前面的系数乘以 $k!/k!$,整理后得到

$$\left(1+\frac{x}{1!}+\frac{x^2}{2!}+\frac{x^3}{3!}\right)\left(1+\frac{x}{1!}+\frac{x^2}{2!}+\frac{x^3}{3!}\right)\left(1+\frac{x}{1!}+\frac{x^2}{2!}\right)$$
$$=1+3\cdot\frac{x}{1!}+9\cdot\frac{x^2}{2!}+26\cdot\frac{x^3}{3!}+70\cdot\frac{x^4}{4!}+170\cdot\frac{x^5}{5!}+350\cdot\frac{x^6}{6!}+560\cdot\frac{x^7}{7!}+560\cdot\frac{x^8}{8!}.$$

这是一个指数型生成函数. ■

定义 10.3.3　给定序列 $\{a_n\}$,构造形式级数

$$a_0+a_1\cdot\frac{x}{1!}+a_2\cdot\frac{x^2}{2!}+a_3\cdot\frac{x^3}{3!}+\cdots+a_n\cdot\frac{x^n}{n!}+\cdots=\sum_{i=0}^{\infty}a_i\cdot\frac{x^i}{i!},$$

这个形式级数称为序列 $\{a_n\}$ 的**指数型生成函数**.

例 10.3.7　设 k 元多重集 $S=\{n_1\cdot a_1,\ n_2\cdot a_2,\ \cdots,\ n_k\cdot a_k\}$, S 的 r 排列数为 p_r,求序列 $\{p_r\}$ 的指数型生成函数.

解:　设序列 $\{p_r\}$ 的指数型生成函数为 $G(x)$,则有

$$G(x)=\left(1+\frac{x}{1!}+\frac{x^2}{2!}+\cdots+\frac{x^{n_1}}{n_1!}\right)\left(1+\frac{x}{1!}+\frac{x^2}{2!}+\cdots+\frac{x^{n_2}}{n_2!}\right)\cdots\left(1+\frac{x}{1!}+\frac{x^2}{2!}+\cdots+\frac{x^{n_k}}{n_k!}\right)$$
$$=\sum_{r=0}^{n_1+n_2+\cdots+n_k}\left(\sum_{i_1+i_2+\cdots+i_k=r}\frac{r!}{i_1!i_2!\cdots i_k!}\right)\frac{x^r}{r!}. ■$$

例 10.3.8　由 1、2、3 和 4 四个数字组成的五位数中,要求 1 至少出现 1 次,但不超过 2 次;2 至多出现 1 次;3 出现不超过 3 次;4 出现偶数次. 求这种五位数的个数.

解:　设满足条件的 r 位数的个数为 a_r,序列 $\{a_r\}$ 的指数型函数为 $G(x)$.

$$G(x)=\left(x+\frac{x^2}{2!}\right)(1+x)\left(1+\frac{x}{1!}+\frac{x^2}{2!}+\frac{x^3}{3!}\right)\left(1+\frac{x^2}{2!}+\frac{x^4}{4!}\right)$$

$$=x+\frac{5}{2}x^2+3x^3+\frac{8}{3}x^4+\frac{43}{24}x^5+\frac{43}{48}x^6+\frac{17}{48}x^7+\frac{29}{288}x^8+\frac{1}{48}x^9+\frac{1}{288}x^{10}$$

$$=\frac{x}{1!}+5\cdot\frac{x^2}{2!}+18\cdot\frac{x^3}{3!}+64\cdot\frac{x^4}{4!}+215\cdot\frac{x^5}{5!}+645\cdot\frac{x^6}{6!}+1785\cdot\frac{x^7}{7!}$$

$$+4060\cdot\frac{x^8}{8!}+7560\cdot\frac{x^9}{9!}+12\,600\cdot\frac{x^{10}}{10!}.$$

所以,满足题意的五位数的个数就是$\frac{x^5}{5!}$的系数 215. ■

10.4 生成函数应用举例

例 10.4.1 用天平时,只考虑砝码放在一侧的称重方法,那么

(1) 用质量分别是 1 克、2 克、4 克、8 克、16 克的 5 个砝码,能称出几种质量的物体? 每种质量有多少种称法?

(2) 如果有 3 个 1 克、3 个 2 克和 2 个 5 克的砝码,则可称出几种质量的物体? 每种质量有多少种称法?

解:

(1) 设 i 克物体有 a_i 种称法. 生成函数是:

$$f(x)=(1+x)(1+x^2)(1+x^4)(1+x^8)(1+x^{16}).$$

因为 $(1-x)f(x)=(1-x)(1+x)(1+x^2)(1+x^4)(1+x^8)(1+x^{16})=1-x^{32}$

$$=(1-x)(1+x+x^2+x^3+x^4+x^5+x^6+\cdots+x^{31}),$$

所以 $f(x)=1+x+x^2+x^3+x^4+x^5+x^6+\cdots+x^{31}$,从而 $a_i=1$, $i=1, 2, 3\cdots31$,即不超过 31 克的物体均能称,每种物体有 1 种称法.

(2) 设 i 克物体有 a_i 种称法. 生成函数是:

$$g(x)=(1+x+x^2+x^3)[1+x^2+(x^2)^2+(x^2)^3][1+x^5+(x^5)^2]$$

$$=1+x+2x^2+2x^3+2x^4+3x^5+3x^6+4x^7+3x^8+3x^9+3x^{10}+3x^{11}+4x^{12}+3x^{13}+3x^{14}+2x^{15}+2x^{16}+2x^{17}+x^{18}+x^{19}.$$

所以,能称出不超过 19 克的物体,每种质量的称法各有 1, 2, 2, 2, 3, 3, 4, 3, 3, 3, 3, 4, 3, 3, 2, 2, 2, 1, 1 种. ■

例 10.4.2 某系有男老师 8 位,女老师 5 位,现要成立一个由 9 人组成的教学委员会,要求男女老师均不少于 2 位,且男老师有偶数位.问组成该委员会有多少种不同的方法?

解: 选取 i 个男老师有 $C(8, i)$ 种方法, $i \geqslant 2$ 且为偶数,生成函数是:

$$C(8, 2)x^2 + C(8, 4)x^4 + C(8, 6)x^6 + C(8, 8)x^8 = 28x^2 + 70x^4 + 28x^6 + x^8;$$

同理,选取女老师的方法数的生成函数是:

$$C(5, 2)x^2 + C(5, 3)x^3 + C(5, 4)x^4 + C(5, 5)x^5 = 10x^2 + 10x^3 + 5x^4 + x^5.$$

9 人教学委员会的组成方式数是下列生成函数中 x^9 的系数 350:

$$(28x^2 + 70x^4 + 28x^6 + x^8)(10x^2 + 10x^3 + 5x^4 + x^5).$$ ■

例 10.4.3 某人有大量 1 角、2 角和 3 角的邮票(面值相同的邮票看成是相同的),现要在信封上贴邮票,邮票排成一行且邮票的总值为 r 角.

(1) 不考虑贴邮票的次序,a_r 表示贴邮票的方法数,求$\{a_r\}$的生成函数;

(2) 考虑贴邮票的次序,a_r 表示贴邮票的方法数,求$\{a_r\}$的生成函数.

解:

(1) 不考虑贴邮票的次序,要贴出面值为 r 角的邮票,关心的是邮票的组成方式,即 1 角、2 角和 3 角的各有多少张.所以$\{a_r\}$的生成函数为

$$(1 + x + x^2 + x^3 + \cdots)(1 + x^2 + (x^2)^2 + (x^2)^3 + \cdots)(1 + x^3 + (x^3)^2 + (x^3)^3 + \cdots).$$

(2) 考虑贴邮票的次序时,不仅关心邮票的组成方式,还要区分同种组成方式下的不同排列.

首先考虑用 n 张邮票贴出总值为 r 角的邮票,由于每一张都可以是 1 角、2 角或 3 角的邮票,所以这种贴邮票的方法数的生成函数是 $(x + x^2 + x^3)^n$.

现在考虑$\{a_r\}$的生成函数.总值为 r 角的邮票可以使用 0 张、1 张、2 张、…邮票贴成,使用加法原理,考虑贴邮票次序的生成函数是

$$\begin{aligned}
&1 + (x + x^2 + x^3) + (x + x^2 + x^3)^2 + (x + x^2 + x^3)^3 + \cdots \\
&= 1 + x + x^2 + x^3 + \\
&\quad x^2 + 2x^3 + 3x^4 + 2x^5 + x^6 + \\
&\quad x^3 + 3x^4 + 6x^5 + 7x^6 + 6x^7 + 3x^8 + x^9 \\
&\quad \cdots\cdots \\
&= 1 + x + 2x^2 + 4x^3 + 7x^4 + \cdots.
\end{aligned}$$ ■

例 10.4.4 用生成函数求解常系数线性齐次递推关系 $f_n = f_{n-1} + f_{n-2}(n \geqslant 2)$,初始条件:$f_0 = 1$、$f_1 = 1$.

解： 设 $F(x)$ 是这个序列的生成函数，那么

$$F(x)=f_0+f_1x+f_2x^2+f_3x^3+\cdots.$$

代入递推关系和初始条件，

$$\begin{aligned}F(x)&=f_0+f_1x+(f_1+f_0)x^2+(f_2+f_1)x^3+\cdots\\&=1+x+x(f_1x+f_2x^2+\cdots)+x^2(f_0+f_1x+\cdots)\\&=1+xF(x)+x^2F(x).\end{aligned}$$

整理后得到 $F(x)-xF(x)-x^2F(x)=1$，解得 $F(x)=\dfrac{1}{1-x-x^2}$.

$$F(x)=\frac{1}{1-x-x^2}=\frac{1}{\frac{5}{4}-\left(x+\frac{1}{2}\right)^2}=\frac{1}{\sqrt{5}}\left(\frac{1}{\frac{\sqrt{5}}{2}-x-\frac{1}{2}}+\frac{1}{\frac{\sqrt{5}}{2}+x+\frac{1}{2}}\right)=\frac{1}{\sqrt{5}}\left(\frac{\frac{1+\sqrt{5}}{2}}{1-\frac{1+\sqrt{5}}{2}x}-\frac{\frac{1-\sqrt{5}}{2}}{1-\frac{1-\sqrt{5}}{2}x}\right)$$

$$=\frac{1}{\sqrt{5}}\left[\sum_{i=0}^{\infty}\left(\frac{1+\sqrt{5}}{2}\right)^{i+1}x^i-\sum_{i=0}^{\infty}\left(\frac{1-\sqrt{5}}{2}\right)^{i+1}x^i\right]=\sum_{i=0}^{\infty}\frac{1}{\sqrt{5}}\left[\left(\frac{1+\sqrt{5}}{2}\right)^{i+1}-\left(\frac{1-\sqrt{5}}{2}\right)^{i+1}\right]x^i.$$

所以，$f_n=\dfrac{1}{\sqrt{5}}\left[\left(\dfrac{1+\sqrt{5}}{2}\right)^{n+1}-\left(\dfrac{1-\sqrt{5}}{2}\right)^{n+1}\right]$，$n\geqslant 0$. ■

例 10.4.5 用生成函数求解常系数线性非齐次递推关系 $a_n=6a_{n-1}-9a_{n-2}+n(n\geqslant 2)$，初始条件：$a_0=1$、$a_1=7$.

解： 设序列 $\{a_n\}$ 的生成函数为 $G(x)$. 在递推关系的两边同乘以 x^n，并关于 n 求和：

$$\sum_{n=2}^{\infty}a_nx^n=6\sum_{n=2}^{\infty}a_{n-1}x^n-9\sum_{n=2}^{\infty}a_{n-2}x^n+\sum_{n=2}^{\infty}nx^n,$$

左边补上 a_0+a_1x，右边的第一项和式补上 a_0x，整理后得到

$$\sum_{n=0}^{\infty}a_nx^n=6x\sum_{n=1}^{\infty}a_{n-1}x^{n-1}-9x^2\sum_{n=2}^{\infty}a_{n-2}x^{n-2}+\sum_{n=1}^{\infty}nx^n+1,$$

对等式两边的求和下标重新标记后得到

$$\sum_{n=0}^{\infty}a_nx^n=6x\sum_{n=0}^{\infty}a_nx^n-9x^2\sum_{n=0}^{\infty}a_nx^n+\sum_{n=1}^{\infty}nx^n+1.$$

因为 $G(x)=\sum\limits_{n=0}^{\infty}a_nx^n$，所以

$$G(x)=6xG(x)-9x^2G(x)+\sum_{n=1}^{\infty}nx^n+1.$$

移项合并后得到

$$G(x)=(\sum_{n=1}^{\infty}nx^n+1)/(1-3x)^2.$$

将例 10.3.4 的生成函数的两边同乘以 x 得到 $\sum_{n=1}^{\infty}nx^n=\frac{x}{(1-x)^2}$,代入上式化简得到 $G(x)=\frac{1-x+x^2}{(1-x)^2(1-3x)^2}$. 用部分分式的因式分解理论把它分解成如下形式

$$\begin{aligned}G(x)&=\frac{\frac{1}{4}}{(1-x)^2}+\frac{\frac{7}{4}}{(1-3x)^2}+\frac{\frac{1}{2}}{1-x}-\frac{\frac{3}{2}}{1-3x}\\&=\frac{1}{4}\sum_{n=0}^{\infty}(n+1)x^n+\frac{7}{4}\sum_{n=0}^{\infty}(n+1)3^nx^n+\frac{1}{2}\sum_{n=0}^{\infty}x^n-\frac{3}{2}\sum_{n=0}^{\infty}3^nx^n\\&=\sum_{n=0}^{\infty}\left[\frac{1}{4}(1+7n)3^n+\frac{3}{4}+\frac{n}{4}\right]x^n.\end{aligned}$$

因此,$a_n=\frac{1}{4}(1+7n)3^n+\frac{3}{4}+\frac{n}{4}$, $n\geqslant 0$. ■

例 10.4.6 设有 n(n 为自然数)个完全相同的结点,由它们可构造出多少棵不同的二叉树?

解: 设由 n 个完全相同的结点可构造出的不同的二叉树的总数为 C_n.

我们尝试对较小的 n 构造二叉树,从中观察规律以建立 C_n 的递推关系.

当 $n=0$ 时,只有一棵二叉树,即空树,因此 $C_0=1$;

当 $n=1$ 时,也只有一棵二叉树,因此 $C_1=1$;

当 $n=2$ 时,有两棵二叉树,$C_2=2$;

当 $n=3$ 时,我们用 x 表示每个结点,带括号的 x 表示根结点,根左右两边的 x 分别表示左右子树. 于是,不同的二叉树有:左边为根结点的二叉树 $(x)xx$ 共 2 棵、中间为根结点的二叉树 $x(x)x$ 共一棵和右边为根结点的二叉树 $xx(x)$ 共两棵. 所以,$C_3=5$;

当 $n=4$ 时,不同的二叉树形态及其数量分别为:$(x)xxx$ 共 $C_0\times C_3$ 棵、$x(x)xx$ 共 $C_1\times C_2$ 棵;$xx(x)x$ 共 $C_2\times C_1$ 棵;$xxx(x)$ 共 $C_3\times C_0$ 棵. 所以,$C_4=2(C_2+C_3)=14$.

一般地,n 个结点的不同的二叉树形态及其数量可展示如表 10.1.1:

表 10.1.1

二叉树形态	$(x)x\cdots x$	$x(x)\cdots x$	…	$\underbrace{x\cdots x}_{k}(x)\underbrace{x\cdots x}_{n-1-k}$	…	$x\cdots(x)x$	$x\cdots x(x)$
数量	$C_0\times C_{n-1}$	$C_1\times C_{n-2}$	…	$C_k\times C_{n-1-k}$	…	$C_{n-2}\times C_1$	$C_{n-1}\times C_0$

由此得到 C_n 的递推关系：$C_n=\sum_{k=0}^{n-1}C_kC_{n-1-k}$. C_n 称为**卡特兰数**(Catalan).

我们用生成函数求解这个递推关系，设 $G(x)$ 是 Catalan 序列的生成函数. 在递推关系的两边同乘以 x^n，并关于 n 求和，得到

$$\sum_{n=2}^{\infty}C_nx^n=\sum_{n=2}^{\infty}\Big(\sum_{k=0}^{n-1}C_kC_{n-1-k}\Big)x^n.$$

上式两边同时加上初始的两项 $C_0+C_1x=1+x$，得到

$$\sum_{n=0}^{\infty}C_nx^n=\sum_{n=2}^{\infty}\Big(\sum_{k=1}^{n-1}C_kC_{n-k}\Big)x^n+x+1=x\sum_{n=1}^{\infty}\Big(\sum_{k=0}^{n}C_kC_{n-k}\Big)x^n+x+1=x\sum_{n=0}^{\infty}\Big(\sum_{k=0}^{n}C_kC_{n-k}\Big)x^n+1.$$

上式中的双重和式刚好是 $G^2(x)$，从而有

$$G(x)=xG^2(x)+1.$$

求解关于 $G(x)$ 的二次方程，结合初始条件 $G(0)=1$，得到 $G(x)=\dfrac{1-\sqrt{1-4x}}{2x}$.

由例 10.3.5，得到 $G(x)=\sum_{n=0}^{\infty}\dfrac{1}{n+1}\dbinom{2n}{n}x^n$，从而 $C_n=\dfrac{1}{n+1}\dbinom{2n}{n}$.

卡特兰数是一类经典的组合数，在许多应用问题中都可以发现它们的踪迹，本章的习题 23 和 24 给出了另两个例子. ■

例 10.4.7 用生成函数证明二项式系数恒等式：

$$\binom{n}{n}+\binom{n+1}{n}+\binom{n+2}{n}+\cdots+\binom{n+m}{n}=\binom{n+m+1}{n+1}.$$

证明： 在牛顿二项式定理中，令 $y=1$, $u=-n-1$，得到

$$(1+x)^{-n-1}=\sum_{m=0}^{\infty}(-1)^m\binom{n+m}{n}x^m.$$

令 $n=0$，得到

$$(1+x)^{-1}=\sum_{m=0}^{\infty}(-1)^m\binom{m}{0}x^m=\sum_{m=0}^{\infty}(-1)^mx^m.$$

将上面的两式左右分别相乘，得到

$$(1+x)^{-n-2}=\sum_{m=0}^{\infty}(-1)^m\binom{n+m}{n}x^m\sum_{m=0}^{\infty}(-1)^mx^m=\sum_{m=0}^{\infty}\Big[\sum_{k=0}^{m}\binom{n+k}{n}\Big](-1)^mx^m.$$

利用牛顿二项式定理将上式左边展开，得到

$$\sum_{m=0}^{\infty}\binom{n+m+1}{n+1}(-1)^m x^m$$

$$=\sum_{m=0}^{\infty}\left[\sum_{k=0}^{m}\binom{n+k}{n}\right](-1)^m x^m.$$

比较两边的系数,即得 $\binom{n}{n}+\binom{n+1}{n}+\binom{n+2}{n}+\cdots+\binom{n+m}{n}=\binom{n+m+1}{n+1}$. ■

10.5　小结

在上一章的基础之上,本章介绍了求解计数问题的两种更强大的工具:递推关系和生成函数. 这两种方法也是基本的,与上一章的基本方法相结合,可以解决许多计数问题,需熟练掌握,并能灵活应用.

对于一般的递推关系,目前尚没有通用的解法. 对于常系数线性递推关系,本章介绍了特征根解法,并通过例题演示了利用生成函数求解的方法.

生成函数是以计数序列为系数的形式级数. 对于许多计数问题,通过适当的运算能比较快捷地得到生成函数及其展开,从而简单地得到解决. 幂级数型生成函数是最常用的生成函数,指数型生成函数常用来求解排列问题. 正如本章的例题所展示的那样,尽管生成函数是解决计数问题的强有力的工具,对于某些特殊类型的计数问题,可以按照一定的方法来进行求解,但是,在使用生成函数求解一般计数问题时,通常需要具体问题具体分析,灵活应用,没有普遍适用的一般方法.

10.6　习题

1. 给出下列序列的一个递推关系:

(1) $\{n!\}$;　(2) $\{(-4)^n\}$;　(3) $\{2n\}$;

(4) $\{n^2+3n\}$;　(5) $\{5\times 2^n\}$;　(6) $\{1+(-1)^n\}$.

2. 对于下列各递推关系和初始条件,求 s_5:

(1) $s_n=2s_{n-1}+3n,\ n\geqslant 1,\ s_0=2$;　(2) $s_n=-s_{n-1}+ns_{n-2}-1,\ n\geqslant 2,\ s_0=1,\ s_1=2$;

(3) $s_n=2s_{n-1}+s_{n-2}-s_{n-3},\ n\geqslant 3,\ s_0=2,\ s_1=-1,\ s_2=4$.

3. 某大学毕业生获得一份工作,第一年年薪为 2400 元,以后每年加薪 120 元,再增加 5%的货币贬值补贴. 设受聘 n 年后,该毕业生的年薪是 s_n. 请写出 $\{s_n\}$ 的递推关系和初始条件.

4. 设含连续三个0的n位二进制串的数目是s_n,请给出$\{s_n\}$的递推关系和初始条件.

5. 设相邻符号都不相同的n位三进制串的个数是s_n,请给出$\{s_n\}$的递推关系和初始条件.

6. 设$\{1, 2, \cdots, n\}$的错排列数是a_n,请给出$\{a_n\}$的递推关系和初始条件.

7. 学校食堂供应3元、4元和5元三种快餐.某学生每天在食堂吃一顿饭,购买了n元菜票,求该学生用完这些菜票的方式数的递推关系.

8. 设n条直线把平面划分成r_n个区域,其中没有平行的直线,也没有3条直线交于一点.请给出$\{r_n\}$满足的递推关系.

9. 下列哪些递推关系是常系数线性递推关系?对于常系数线性递推关系,请给出其阶:

(1) $a_n = 3a_{n-1}$;　　(2) $a_n = 3a_{n-1} + n^2$;

(3) $a_n = 3a_{n-1}a_{n-3}$;　　(4) $a_n = 2na_{n-1} - a_{n-2}$;

(5) $a_n = a_{n-3} + 9a_{n-5} - 6a_{n-7}$;　　(6) $a_n = a_{n-5}$.

10. 设序列$\{a_n\}$满足下列递推关系和初始条件,请求出a_n的通项公式:

(1) $a_n = a_{n-1} + 2a_{n-2}$, $a_0 = 9$, $a_1 = 0$;　　(2) $a_n = 10a_{n-1} - 25a_{n-2}$, $a_0 = -7$, $a_1 = 15$;

(3) $a_n = 10a_{n-1} - 24a_{n-2}$, $a_0 = 1$, $a_1 = 0$;　　(4) $a_n = -9a_{n-2}$, $a_0 = 1$, $a_1 = -1$;

(5) $a_n = 3a_{n-1} - 4a_{n-3}$, $a_0 = 1$, $a_1 = 2$, $a_2 = 3$;

(6) $a_n = -3a_{n-1} - 3a_{n-2} - a_{n-3}$, $a_0 = 5$, $a_1 = -9$, $a_2 = 15$.

11. 使用1×2和2×2的块铺满一块$2 \times n$的长方形板有多少种方式?

***12.** 二叉查找树(二叉排序树)是指满足以下条件的二叉树:对于树中的任意结点,其中存储的关键字不小于其左子树中存储的所有关键字,且不大于其右子树中存储的所有关键字.请利用例10.2.4的结论证明:平衡二叉查找树上的查找算法的时间复杂度为$O(\log_2 n)$,其中n是二叉树的结点数.

13. 求下列常系数非齐次递推关系的一个特解:

(1) $a_n = 2a_{n-1} + n^2$;　　(2) $a_n = 8a_{n-2} - 16a_{n-4} + n^2 4^n$.

14. 分别写出下列序列的生成函数:

(1) $\{1, 0, 1, 0, 1, 0\}$;　　(2) $\{1, 0, 1, 0, 1, 0, \cdots\}$;

(3) $\{n^2\}$;　　(4) $\{3^n/n!\}$.

15. 计算广义二项式系数$\binom{-3}{5}$和$\binom{1.2}{3}$的值.

16. 用牛顿二项式定理证明$\binom{u}{0} + \binom{u+1}{1} + \binom{u+2}{2} + \cdots + \binom{u+n}{n} = \binom{u+n+1}{n}$,其中$u$是实数,$n$是非负整数.

17. 把 15 个一样的玩具分给 6 个孩子,使得每个孩子至少得到 1 个但不超过 3 个. 使用生成函数确定不同的分法数.

18. 一钱罐里有大量 1 角、2 角、3 角和 5 角的硬币,从中任取 r 个. 请给出不同取法数的生成函数,并求取 5 个硬币的方法数.

19. 一家租车公司有充足的别克、奇瑞、本田和大众,a_r 表示从该公司选择 r 辆车的方法数. 请给出序列 $\{a_r\}$ 的生成函数.

20. 设多重集 $A=\{\infty\cdot e_1, \infty\cdot e_2, \infty\cdot e_3, \cdots, \infty\cdot e_k\}$,求以下序列的生成函数:

(1) A 的 n 组合数 a_n;　　(2) 每一 e_i 出现偶数次的组合数 b_n;

(3) e_1 不出现, e_2 恰好出现 2 次的组合数 c_n.

21. 用生成函数法求方程 $x_1+x_2+x_3=9$ 满足条件 $x_1>2$ 和 $1<x_2<6$ 的正整数解的个数.

22. 用生成函数求解下面的递推关系:

(1) $s_0=2,\ s_1=1,\ s_n=2s_{n-1}+3s_{n-2},\ n\geqslant 2$;

(2) $s_0=2,\ s_1=5,\ s_n=4s_{n-1}-4s_{n-2}+n^2,\ n\geqslant 2$.

23. 设有 n(n 是正整数)个实数矩阵 $A_1, A_2, \cdots, A_n$,要计算它们的连乘 $A_1A_2\cdots A_n$,其中 A_i 的行数和列数分别为 N_{i-1} 和 N_i, $i=1, 2, \cdots, n$. 因为矩阵乘法满足结合律,所以可以按不同的次序相乘,所得到的计算结果唯一. 但是,乘法次序不同,所需要的计算量却不一样. 对于 $n=3$,若按 $(A_1A_2)A_3$ 计算,则所需的实数乘法次数是 $N_0N_1N_2+N_0N_2N_3$;若按 $A_1(A_2A_3)$ 计算,则所需的实数乘法次数是 $N_0N_1N_3+N_1N_2N_3$. 实数矩阵相乘的开销主要取决于所需的实数乘法次数. 寻找计算效率最高的相乘方式的一种方法是考察所有可能的乘法次序. 问可能的不同乘法次序有多少种?

***24.** 设 n 个正整数 1、2、3、…、n 按从小到大的顺序依次通过一个栈输出,即每个数都必须先入栈,然后在随后的某个时刻出栈,其中规定栈中的数可以在任何时刻出栈. 假设栈的容量足够容纳所有这 n 个数. 问可能的不同的输出序列有多少种? 对于 $n=3$,不难验证,并非全部 3!种序列都可以成为输出序列,比如,序列 312(首先输出 3,然后是 1,最后输出 2)不可能成为输出序列.

25. 设有 6 个数字:3 个 2、2 个 6 和 1 个 8,问用它们能组成多少个不同的 4 位数?

26. 求由 1、3、5、7 和 9 五个数字组成的 n 位数的个数,要求其中 3 和 7 出现偶数次.

***27.** 用红、绿和蓝三种颜色为一个 $1\times n$ 的围棋盘的方格着色,要求着红色的方格有偶数个,问有多少种不同的着色方案?(提示:着色方案数序列的生成函数是 $G(x)=\frac{1}{2}(\mathrm{e}^x+\mathrm{e}^{-x})\mathrm{e}^{2x}$)

第十一章　代数结构基础

抽象代数是数学的一个分支,它用代数的方法从不同的研究对象中概括出一般的数学模型并研究其规律、性质和结构.

代数学的起源可以追溯几千年,但是抽象代数创立于19世纪30年代,以范德瓦尔登的《近世代数学》一书为标志.早期的代数学主要研究代数方程根的计算与分布.在三千年前,我们的祖先就在《九章算术》中记载了一元二次方程的解法;后来,人们相继发现了三次方程和四次方程的根式求解方法.1831年,伽罗瓦基于前人的研究成果,解决了五次以上方程是否可用根式求解的问题.伽罗瓦的群的思想是现代数学中最重要的概念之一,对数学的许多分支产生了深刻的影响,并促成了抽象代数学的兴起.抽象代数形成后,代数学的研究对象从代数方程拓展到各种代数系统和代数运算规律.

在计算机科学中,代数系统可用于研究抽象数据类型;代数系统也是程序设计语言的理论基础.本章主要介绍代数系统、二元运算、单位元、逆元和同态映射等基本概念和性质.群、环和域都是特殊的代数系统,群将在第十二章中介绍,环和域将在第十三章中介绍.

11.1　代数系统

集合和运算是代数系统的两个基本要素.

定义 11.1.1　设 A 是非空集合,从 A^n 到 A 的函数(映射)称为 A 上的 ***n* 元代数运算**,简称为 ***n* 元运算**,其中 n 为正整数.

若 ϕ 是 A 上的二元运算,通常将 $\phi(a, b)$ 简记为 $a \circ b$. 当 A 是有限集时,可以用一张二维表格表示 A 上的一元或二元运算,例如,表 11.1.1 中的(a), (b) 和(c) 分别给出了集合 $\{0, 1\}$ 上的三种逻辑运算 $\vee$、$\wedge$ 和 $\neg$.

表 11.1.1

(a)

$\vee$	0 1
0	0 1
1	1 1

(b)

$\wedge$	0 1
0	0 0
1	0 1

(c)

$\neg$	
0	1
1	0

定义 11.1.2 设 P 是非空集合 A 上有限个运算组成的集合，二元组 (A, P) 称为**代数系统**.

例如，$(Z, \{+\})$ 和 $(Z, \{*\})$ 表示两个不同的代数系统. $(\{0, 1\}, \{\vee, \wedge, \neg\})$ 表示另一个代数系统. 为了简单起见，将它们依次简记为 $(Z, +)$, $(Z, *)$ 和 $(\{0, 1\}, \vee, \wedge, \neg)$.

定义 11.1.3 若 $S \subseteq A$，且在代数系统 $(A, \circ)$ 中，当 a、$b \in S$ 时总有 $a \circ b \in S$，则称 **S 关于运算"$\circ$"封闭**. 如果 S 关于运算 $\circ$ 封闭，那么称 $(S, \circ)$ 是 $(A, \circ)$ 的**子代数**.

例 11.1.1 设 $\mathbf{N}$ 是自然数集合，$\mathbf{N}$ 关于 $\mathbf{Z}$ 上的"+"运算封闭，故 $(\mathbf{N}, +)$ 是 $(\mathbf{Z}, +)$ 的子代数. ■

例 11.1.2 假设 Σ 是有限字母集，Σ 上所有字符串构成的集合记为 Σ^*，在 Σ^* 上引入连接运算"$\circ$"：当 α、$\beta \in \Sigma^*$ 时，$\alpha \circ \beta$ 是将 β 接在 α 后面得到的字符串. 特别地，空字符串记为 Λ，$\Lambda \circ \beta = \beta \circ \Lambda = \beta$, $\Lambda \circ \Lambda = \Lambda$. 设 Σ^+ 是 Σ 上非空字符串构成的集合，则 Σ^+ 关于 Σ^* 上的连接运算封闭，从而 $(\Sigma^+, \circ)$ 是 $(\Sigma^*, \circ)$ 的子代数. ■

通常，代数系统中的运算都是二元运算. 为了简单起见，下面以二元运算为例进行讨论，所获结果很容易推广到 $n(n > 2)$ 元运算的情形.

11.2　二元运算的性质

在代数系统中，我们感兴趣的运算常常是满足某种规律的运算. 例如，只涉及一种运算的结合律和交换律、涉及两种运算的分配律等，它们都是数集中的运算规律的推广.

定义 11.2.1 设"$\circ$"是集合 A 上的二元运算，如果任意的 a、b、$c \in A$，满足

$$(a \circ b) \circ c = a \circ (b \circ c),$$

则称该运算满足**结合律**.

对于满足结合律的二元运算，$n(n \in \mathbf{N})$ 个元素连续运算的表达式可以简记为 $a_1 \circ a_2 \circ \cdots \circ a_n$，因为无论怎样对其加括号，运算结果都是一样的. 特别地，n 个 a 连续运算的表达式称为

a 的 n 次幂,记为 a^n,即 $a^n = \underbrace{a \circ a \circ \cdots \circ a}_{n个a}$. 对于有单位元 e(参见定义 11.2.4) 的二元运算,一般规定 $a^0 = e$. 由数学归纳法不难证明,对于任意 $m, n \in \mathbf{N}$, $a^n \circ a^m = a^{m+n}$, $(a^n)^m = a^{nm}$.

定义 11.2.2 设"∘"是集合 A 上的二元运算,如果任意的 a、$b \in A$,满足

$$a \circ b = b \circ a,$$

则称该运算满足**交换律**.

对于满足结合律和交换律的二元运算,有 $(ab)^n = a^n b^n (n \in \mathbf{N})$.

定义 11.2.3 设"∘"和"+"是集合 A 上的两种二元运算,如果任意的 a、b、$c \in A$,满足

$$a \circ (b + c) = a \circ b + a \circ c,$$

则称运算"∘"**对(关于)"+"满足左分配律**. 如果任意的 a、b、$c \in A$,满足

$$(b + c) \circ a = b \circ a + c \circ a,$$

则称运算"∘"**对(关于)"+"满足右分配律**. 若左、右分配律都满足,则称运算"∘"**对(关于)"+"满足分配律**.

例 11.2.1 设 $\mathbf{Z}$ 是全体整数集合,整数的减法运算既不满足结合律,也不满足交换律. ■

例 11.2.2 设 $\mathbf{C}^{n \times n}$ 是复数域上全体 $n(n \geqslant 2)$ 阶方阵的集合,考虑 $\mathbf{C}^{n \times n}$ 中的矩阵加法和矩阵乘法. 加法运算既满足结合律,又满足交换律;乘法运算满足结合律,不满足交换律;乘法对加法满足分配律,加法对乘法不满足分配律. ■

结合律、交换律和分配律是很多代数系统都具有的基本性质,可利用它们简化运算和表示.

基于二元运算还可以定义单位元、零元和逆元.

定义 11.2.4 假设$(A, \circ)$是一个代数系统,若存在 $a \in A$,使得对任意的 $x \in A$,均有 $a \circ x = x$,则称 a 是$(A, \circ)$的**左单位元**. 若存在 $b \in A$,对任意的 $x \in A$,均有 $x \circ b = x$,则称 b 是$(A, \circ)$的**右单位元**. 若元素 e 既是$(A, \circ)$的左单位元又是其右单位元,则称 e 是$(A, \circ)$的**单位元**(或幺元).

例 11.2.3 在代数系统$(\mathbf{Z}, +)$中,对任意 $a \in \mathbf{Z}$, $0 + a = a + 0 = a$,故 0 是$(\mathbf{Z}, +)$的单位元. 代数系统$(\mathbf{Z}, \cdot)$中有单位元 1. ■

定理 11.2.1 若代数系统$(A, \circ)$既有左单位元又有右单位元,则左、右单位元相等.

证明: 若 e_l 和 e_r 分别是$(A, \circ)$的左、右单位元,则 $e_l \circ e_r = e_r$, $e_l \circ e_r = e_l$,所以 $e_l = e_r$. ■

推论 代数系统$(A, \circ)$中至多有一个单位元.

定义 11.2.5 设$(A, \circ)$是一个代数系统. 若存在元素$\theta_l \in A$,对任意的$x \in A$都有$\theta_l \circ x = \theta_l$,则称$\theta_l$为关于运算$\circ$的左零元;若存在元素$\theta_r \in A$,对任意的$x \in A$都有$x \circ \theta_r = \theta_r$,则称$\theta_r$为关于运算$\circ$的右零元;若存在元素$\theta \in A$,对任意的$x \in A$都有$\theta \circ x = x \circ \theta = \theta$,则称$\theta$为关于运算$\circ$的零元.

例 11.2.4 在代数系统$(\mathbf{Z}, \cdot)$中,其中$\cdot$为整数乘法运算,对任意的$z \in \mathbf{Z}$, $z \cdot 0 = 0 \cdot z = 0$,故0是$(\mathbf{Z}, \cdot)$中的零元. ■

定理 11.2.2 设$(A, \circ)$是一个代数系统. 若A中有关于运算$\circ$的左零元θ_l与右零元θ_r,则$\theta_l = \theta_r$,且A中零元唯一.

证明: $\theta_l = \theta_l \circ \theta_r = \theta_r$. 假设$A$中有两个零元$\theta$和$\theta'$,则$\theta' = \theta' \circ \theta = \theta$. ■

定理 11.2.3 设$(A, \circ)$是一个代数系统,且A中元素的个数不少于2,若该代数系统中存在单位元e和零元θ,则$e \neq \theta$.

证明: 假设$e = \theta$,则对任意的$a \in A$,有$a = a \circ e = a \circ \theta = \theta = e$,于是,集合$A$中所有元素都相同,这与$A$中的元素个数不小于2相矛盾. ■

定义 11.2.6 设e是代数系统$(A, \circ)$的单位元. 若$a \circ b = e$,则称a是b的**左逆元**, b是a的**右逆元**. 若$a \circ b = b \circ a = e$,则称$a$和$b$互为**逆元**.

定理 11.2.4 若代数系统$(A, \circ)$中的元素a既有左逆元又有右逆元,那么a的左、右逆元相等.

证明: 若$b, c \in A$, b、c分别是a的左、右逆元,那么

$$b = b \circ e = b \circ (a \circ c) = (b \circ a) \circ c = e \circ c = c. \blacksquare$$

推论 代数系统$(A, \circ)$中的每个元素至多有一个逆元.

代数系统$(A, \circ)$中元素a的逆元表示为a^{-1}.

在逆元的基础上,可以给出元素负幂次的定义. 对于任意$n \in \mathbf{N}$,定义$a^{-n} = (a^{-1})^n$. 不难验证,对于任意的$m, n \in \mathbf{Z}$, $a^n \circ a^m = a^{m+n}$, $(a^n)^m = a^{nm}$.

定理 11.2.5 若代数系统$(A, \circ)$的单位元为e,元素a和b均有逆元,则$a \circ b$也有逆元,且$(a \circ b)^{-1} = b^{-1} \circ a^{-1}$.

证明: $(a \circ b) \circ (b^{-1} \circ a^{-1}) = ((a \circ b) \circ b^{-1}) \circ a^{-1} = (a \circ (b \circ b^{-1})) \circ a^{-1} = (a \circ e) \circ a^{-1} = a \circ a^{-1} = e$.

同理, $(b^{-1} \circ a^{-1}) \circ (a \circ b) = e$. 所以$a \circ b$与$b^{-1} \circ a^{-1}$互为逆元. ■

11.3　同态和同构

例 11.3.1　设有两个代数系统$(\{0, 1\}, +)$和$(\{a, b\}, *)$,其中运算"+"和"$*$"分别由表 11.3.1 和表 11.3.2 给出.

表 11.3.1

+	0　1
0	0　1
1	1　1

表 11.3.2

$*$	a　b
a	a　b
b	b　b

如果把表 11.3.1 中的"+"看作表 11.3.2 中的"$*$",把 0 和 1 分别看作 a 和 b,则表 11.3.1 与表 11.3.2 完全相同. 因此,这两个代数系统除了元素和运算符的名称不同外,其运算性质完全相同,从代数的角度讲,它们是相同的代数系统. ■

定义 11.3.1　设$(A, *)$和$(B, \circ)$是两个代数系统,φ 是 A 到 B 的映射. 若对任意的 a_1, $a_2 \in A$,有

$$\varphi(a_1 * a_2) = \varphi(a_1) \circ \varphi(a_2), \tag{11.4.1}$$

则称 φ 是$(A, *)$到$(B, \circ)$的**同态映射**,并称$(A, *)$与$(B, \circ)$**同态**.

定义 11.3.2　假设 φ 是$(A, *)$到$(B, \circ)$的同态映射,若 φ 是满射,则称 φ 是$(A, *)$到$(B, \circ)$的**满同态映射**;若 φ 是单射,则称 φ 是$(A, *)$到$(B, \circ)$的**单同态映射**.

例 11.3.2　对代数系统$(\mathbf{Z}, +)$和$(\{-1, 1\}, \cdot)$,设 φ 是 $\mathbf{Z}$ 到$\{-1, 1\}$的映射,对任意 $x \in \mathbf{Z}$, $\varphi(x) = 1$. 当 $x_1, x_2 \in \mathbf{Z}$ 时,$\varphi(x_1 + x_2) = 1 = 1 \cdot 1 = \varphi(x_1) \cdot \varphi(x_2)$. 故 φ 是$(\mathbf{Z}, +)$到$(\{-1, 1\}, \cdot)$的同态映射,从而$(\mathbf{Z}, +)$与$(\{-1, 1\}, \cdot)$同态. ■

例 11.3.3　考虑例 11.1.2 中的代数系统$(\Sigma^+, \circ)$. 对任意的 $\alpha \in \Sigma^+$,令 $\varphi(\alpha) = |\alpha|$,这里$|\alpha|$表示字符串 α 的长度. 当 $\alpha, \beta \in \Sigma^+$ 时,

$$\varphi(\alpha \circ \beta) = |\alpha \circ \beta| = |\alpha| + |\beta| = \varphi(\alpha) + \varphi(\beta).$$

令集合 $G = \{n \mid n \in \mathbf{N}, n \geqslant 1\}$, G 关于整数的加法运算构成代数系统$(G, +)$. 很容易验证 φ 是 Σ^+ 到 G 的满射,所以 φ 是$(\Sigma^+, \circ)$到$(G, +)$的满同态映射,从而$(\Sigma^+, \circ)$与$(G, +)$满同态. ■

定义 11.3.3　若 φ 是$(A, *)$到$(B, \circ)$的同态映射,且 φ 是双射,则称 φ 是$(A, *)$到

$(B, \circ)$的**同构映射**，并称$(A, *)$**与**$(B, \circ)$**同构**，记作$A \cong B$.

如果两个代数系统同构，则从代数的角度讲，它们是相同的代数系统.

例 11.3.4　设$\mathbf{R}_+$表示正实数集，$\mathbf{R}$表示实数集，对任意的$x \in \mathbf{R}_+$，令$\varphi(x) = \ln(x)$. 很容易验证φ是$\mathbf{R}_+$到$\mathbf{R}$的双射，且当$x_1, x_2 \in \mathbf{R}_+$时，

$$\varphi(x_1 \cdot x_2) = \ln(x_1 \cdot x_2) = \ln(x_1) + \ln(x_2) = \varphi(x_1) + \varphi(x_2),$$

所以φ是$(\mathbf{R}_+, \cdot)$到$(\mathbf{R}, +)$的同构映射，从而$(\mathbf{R}_+, \cdot)$与$(\mathbf{R}, +)$同构. ■

定义 11.3.4　设$(A, \circ)$是一个代数系统，如果f是$(A, \circ)$到$(A, \circ)$的同态映射，则称f为**自同态**；如果g是$(A, \circ)$到$(A, \circ)$的同构映射，则称g为**自同构**.

定理 11.3.1　若代数系统$(A, *)$与$(B, \circ)$满同态，且A上的运算$*$满足交换律，则B上的运算$\circ$也满足交换律.

证明：　设φ是$(A, *)$到$(B, \circ)$的满同态映射，由于φ是满射，故对任意的$y_1, y_2 \in B$，必存在$x_1, x_2 \in A$，使$\varphi(x_1) = y_1$，$\varphi(x_2) = y_2$，而且

$$y_1 \circ y_2 = \varphi(x_1) \circ \varphi(x_2) = \varphi(x_1 * x_2),\quad y_2 \circ y_1 = \varphi(x_2) \circ \varphi(x_1) = \varphi(x_2 * x_1).$$

由假设，$x_1 * x_2 = x_2 * x_1$，所以$y_1 \circ y_2 = \varphi(x_1 * x_2) = \varphi(x_2 * x_1) = y_2 \circ y_1$. 故$B$上的运算$\circ$满足交换律. ■

下面定理 11.3.2 的证明思路与定理 11.3.1 的证明思路类似，留作练习，请读者自行完成.

定理 11.3.2　若代数系统$(A, *)$与$(B, \circ)$满同态，且A上的运算$*$满足结合律，则B上的运算$\circ$也满足结合律.

定义 11.3.5　设f是代数系统$(A, \circ)$到$(B, *)$的同态映射，称$(f(A), *)$为$(A, \circ)$的一个**同态像**，其中$f(A) = \{x \mid x = f(a),\ a \in A\} \subseteq B$.

以上两个代数系统之间的同态和同构的概念和性质可推广到更一般的代数系统上去.

定义 11.3.6　设$(A, \circ_1, \circ_2, \cdots, \circ_k)$和$(B, *_1, *_2, \cdots, *_k)$都是具有$k(k \geq 2)$个二元运算的代数系统，$\varphi$是$A$到$B$的映射，如果任意的$a, b \in A$，满足

$$\begin{gathered}\varphi(a \circ_1 b) = \varphi(a) *_1 \varphi(b),\\ \varphi(a \circ_2 b) = \varphi(a) *_2 \varphi(b),\\ \vdots\\ \varphi(a \circ_k b) = \varphi(a) *_k \varphi(b),\end{gathered}$$

则称φ是A到B的**同态映射**.

满同态映射及同构映射可类似地定义，且满同态和同构保持运算的结合律、交换律和分

配律.

定理 11.3.3 若代数系统$(A, \times, +)$与$(B, \otimes, \oplus)$满同态,且A上的运算$\times$对$+$满足分配律,则B上的运算$\otimes$对$\oplus$也满足分配律.

11.4 小结

本章讲述二元运算和代数系统的基本概念和性质,主要包括n元运算和代数系统的概念、二元运算的性质(结合律、交换律、分配律)、单位元和逆元的概念和性质、同态和同构的概念和性质等,这些基本概念和性质是进一步讨论代数结构的基础,需熟练掌握.

同态和同构是两个非常重要的基本概念,许多代数系统的性质和内部结构可以通过这两个概念来研究. 同构的代数系统本质上是相同的代数系统.

11.5 习题

1. 数的加、减、乘、除运算是否是下述集合上的二元运算?

(1) 实数集$\mathbf{R}$;

(2) 非零实数集$\mathbf{R}^* = \mathbf{R} - \{0\}$;

(3) 正整数集$\mathbf{N}_+$;

(4) $A = \{2n+1 \mid n \in \mathbf{Z}\}$,其中$\mathbf{Z}$是整数集;

(5) $B = \{2^k \mid k \in \mathbf{Z}\}$.

2. 数的加法和乘法在下述集合上是否封闭:

(1) $A = \{0, 1\}$;

(2) $B = \{-1, 1\}$;

(3) $C = \{x \mid x$ 为素数$\}$;

(4) $D = \{x \mid x$ 为复数且$|x| = 1\}$.

3. 下列二元运算"$\circ$"在实数集$\mathbf{R}$上是否是可结合、可交换的?

(1) $a \circ b = a + 2b$;

(2) $a \circ b = b$;

(3) $a \circ b = |a+b|$.

4. 在下述代数系统$(A, *)$中,是否存在左单位元、右单位元、单位元?如果存在,请给出:

(1) A为实数集,对于任意a、$b \in A$,运算$*$定义为:$a * b = a + b - ab$;

(2) A为实数集,对于任意a、$b \in A$,运算$*$定义为:$a * b = b$;

(3) A为正整数集,对于任意a、$b \in A$,运算$*$定义为:$a * b = ab$;

(4) A为正整数集,对于任意a、$b \in A$,运算$*$定义为:$a * b = (a, b)$,(a, b)是a和b的最大公因数;

（5）A 为正整数集，对于任意 a、$b \in A$，运算 $*$ 定义为：$a * b = [a, b]$，$[a, b]$ 是 a 和 b 的最小公倍数.

5. 设 $A = \{o, a, b, c\}$ 上的两个代数运算 $\oplus$ 与 $\otimes$ 由运算表 11.5.1 与 11.5.2 给出：

表 11.5.1

$\oplus$	o	a	b	c
o	o	a	b	b
a	a	o	c	b
b	b	c	o	a
c	c	b	a	o

表 11.5.2

$\otimes$	o	a	b	c
o	o	o	o	o
a	o	o	o	o
b	o	a	b	c
c	o	a	b	c

请证明：$\otimes$对$\oplus$适合左右分配律.

第十二章　群

群论是由法国数学家伽罗瓦创立的．19世纪初，他用置换群解决了五次以上方程是否可用根式求解的问题．随后，拉格朗日和高斯在代数数论的研究中引入了有限群．19世纪70年代，克莱因、庞加莱和索甫斯·李在函数及微分方程的研究中引入了无限变换群．20世纪初数学家们把以上三种群(置换群、有限群和无限变换群)进行了统一，提出了群的抽象公理系统．群论的研究在20世纪蓬勃发展．

群论在计算机科学中得到了广泛的应用．例如，在计算机网络的规划和设计中、在数据库系统的设计中、在编码、密码学等领域中都广泛地用到群．

本章介绍群的基本概念和性质．

12.1　群

定义 12.1.1　若$(G,\ *)$是代数系统，如果运算$*$满足结合律，则称代数系统$(G,\ *)$是**半群**．

半群的研究始于二十世纪早期．有限半群的研究在理论计算机科学中很重要，因为在有限半群和有限自动机之间有自然的联系．

定义 12.1.2　若半群$(G,\ *)$中存在单位元，且G中每个元素都有逆元，则称$(G,\ *)$是**群**．

通常把群的定义概括为四点：封闭性、结合律、单位元和逆元，以便于记忆．

若群G中的运算满足交换律，则称之为**可换群**(**交换群**或 **Abel 群**)．

例 12.1.1　整数集合$\mathbf{Z}$对数的加法构成的代数系统$(\mathbf{Z},\ +)$，满足结合律，有单位元0，任意一个元素x的逆元是$-x$，故$(\mathbf{Z},\ +)$是群．类似地，$(\mathbf{Q},\ +)$，$(\mathbf{R},\ +)$和$(\mathbf{C},\ +)$也都是群，且这些群都是Abel群．但对数的乘法来说，$(\mathbf{Z},\ \cdot)$不是群，因为除1和-1外，其他元素均无逆元．$(\mathbf{Q},\ \cdot)$，$(\mathbf{R},\ \cdot)$，$(\mathbf{C},\ \cdot)$也不是群，因为元素0无逆元．如果把0去掉，令$\mathbf{Q}^* = \mathbf{Q} - \{0\}$，$\mathbf{R}^* = \mathbf{R} - \{0\}$，$\mathbf{C}^* = \mathbf{C} - \{0\}$，则$(\mathbf{Q}^*,\ \cdot)$，$(\mathbf{R}^*,\ \cdot)$，$(\mathbf{C}^*,\ \cdot)$都是群．■

例 12.1.2 设 $K_4=\{e, a, b, c\}$, K_4 中的二元运算 · 由乘法表 12.1.1 给出.

表 12.1.1

·	e	a	b	c
e	e	a	b	c
a	a	e	c	b
b	b	c	e	a
c	c	b	a	e

仔细观察这个乘法表可以发现,其关于从左上角到右下角的对角线是对称的,所以运算 · 满足交换律,以此为基础不难进一步验证它也满足结合律. 显然,e 是单位元,各个元素的逆元分别为:$e^{-1}=e$, $a^{-1}=a$, $b^{-1}=b$, $c^{-1}=c$. 所以$(K_4, \cdot)$ 是群,此群称为 **Klein 四元群**,它是一个 Abel 群. ■

如果群 G 中的元素个数有限,则称 G 为**有限群**,否则称 G 为**无限群**. G 中的元素个数称为**群 G 的阶数**,表示为$|G|$.

例 12.1.3 $\mathbf{Z}_n=\{[0], [1], \cdots, [n-1]\}$ 是整数模 n 的同余类集合,在 $\mathbf{Z}_n$ 中定义加法(称为**模 n 的加法**)为:$[a]+[b]=[a+b]$,证明$(\mathbf{Z}_n, +)$ 构成群.

证明: 首先说明上面定义的"+"是否是二元运算. 假设 $[a_1]=[a_2]$, $[b_1]=[b_2]$,根据定理 2.1.3(1), $[a_1+b_1]=[a_2+b_2]$,这表明,运算结果与代表元的选取无关. 所以模 n 的加法是 $\mathbf{Z}_n$ 中的一个二元运算. $[0]$ 是单位元. 任意的$[k]\in\mathbf{Z}_n$, $[k]$ 的逆元是$[n-k]$. 所以,$(\mathbf{Z}_n, +)$ 是群,称为**同余加法群**. ■

例 12.1.4 设 $\mathbf{Z}_n^*=\{[k] \mid [k]\in\mathbf{Z}_n, (k, n)=1\}$,在 $\mathbf{Z}_n^*$ 中定义乘法(称为**模 n 的乘法**)为 $[a]\cdot[b]=[ab]$, 证明$(\mathbf{Z}_n^*, \cdot)$构成群.

证明: 根据定理 2.1.3(2)可知模 n 的乘法是 $\mathbf{Z}_n^*$ 中的一个二元运算. 结合律显然满足,单位元是$[1]$. 对任何 $[a]\in\mathbf{Z}_n^*$,由$(a, n)=1$ 可知存在 $p, q\in\mathbf{Z}$ 使 $pa+qn=1$,因而有 $pa\equiv 1 \pmod n$,即$[p]\cdot[a]=[1]$,故$[a]^{-1}=[p]$,即 $\mathbf{Z}_n^*$ 中每个元素均有逆元. 综上可知,$\mathbf{Z}_n^*$ 对模 n 的乘法构成群. 该群被称为**同余乘法群**. $\mathbf{Z}_n^*$ 的阶数为 $\varphi(n)$— 欧拉函数. ■

以上几个例子中的数群、同余加法群、同余乘法群及 Klein 四元群都是十分重要的群,今后会经常遇到它们,因此必须熟记它们的定义.

定理 12.1.1 假设群$(G, \cdot)$,则 G 具有以下性质:

(1) G 中的单位元唯一;

(2) 任意的 $a\in G$, a 的逆元唯一;

(3) 任意的 $a \in G$, $(a^{-1})^{-1} = a$;

(4) 任意的 a、$b \in G$,方程 $ax = b$ 及 $ya = b$ 在 G 中都有唯一解;

(5) 群中的左、右消去律都成立. 即若 $au = bu$,则 $a = b$;又若 $va = vb$,则 $a = b$.

证明: (1) 设 e 和 e' 都是群 G 的单位元,则 $ee' = e$, $ee' = e'$,故 $e = e'$.

(2) 设 a_1, a_2 都是 a 的逆元,则 $a_1 = a_1e = a_1(aa_2) = (a_1a)a_2 = ea_2 = a_2$.

(3) $a \cdot a^{-1} = a^{-1} \cdot a = e$,这表明 $(a^{-1})^{-1} = a$.

(4) $ax = b$ 的解为 $x = a^{-1}b$, $ya = b$ 的解为 $y = ba^{-1}$.

(5) 在等式 $au = bu$ 两边右乘 u^{-1} 得 $(au)u^{-1} = (bu)u^{-1}$,则得到 $a = b$. 同理可证左消去律成立. ■

12.2 子群

代数系统的子代数非常重要,通过子代数,可以研究代数系统的性质、剖析原代数系统的内部结构等. 在群论中,子群起着十分重要的作用.

12.2.1 子群

设 G 是一个群,A, B 是 G 的非空子集,g 是 G 的一个元素,我们规定群的子集的运算如下:

$$AB = \{ab \mid a \in A,\ b \in B\},$$

$$A^{-1} = \{a^{-1} \mid a \in A\},$$

$$gA = \{ga \mid a \in A\}.$$

需要注意的是 AA^{-1} 并不等于 $\{e\}$, $AA^{-1} = \{a_1a_2^{-1} \mid a_1,\ a_2 \in A\}$.

群的子集也可满足群的条件而成为一个群,这就是子群的概念.

定义 12.2.1 设 S 是群 G 的一个非空子集,若 S 对 G 的运算也构成群,则称 S 是 G 的一个**子群**,记作 $S \leqslant G$.

当 $S \leqslant G$ 且 $S \neq G$,称 S 是 G 的**真子群**,记作 $S < G$.

例 12.2.1 在群 $(\mathbf{Z}, +)$ 中,子集 $H_2 = \{2k \mid k \in \mathbf{Z}\}$ 是所有偶数的集合,H_2 对加法也构成群,所以 $H_2 \leqslant \mathbf{Z}$.

一般来说,对任何取定的正整数 m,子集 $H_m = \{mk \mid k \in \mathbf{Z}\}$ 对数的加法都构成群,所以 $H_m \leqslant \mathbf{Z}$. 反之,读者可利用整数的性质证明 $\mathbf{Z}$ 的任何一个子群只能是某个 H_m. ■

任何一个群 G 都有两个**平凡子群**,一个是仅有一个单位元的子集 $\{e\}$ 构成的群,另一个是群

G 自身. 除此之外的子群都称为 G 的**非平凡子群**. 对于一个群的子集 S 来说,如何判断它是否是子群呢? 是否还要按群的定义逐条检验呢? 我们逐条来分析,首先看 G 中的二元运算是否是 S 中的二元运算,这需要检验封闭性: 对任何 $a, b \in S$ 有 $ab \in S$. 但唯一性就不必检验了,结合律也不必检验. 除此之外,还需检验 S 中是否有单位元,以及判断对任何 $a \in S$, a^{-1} 是否仍在 S 中. 可把这些条件总结成以下定理.

定理 12.2.1 设 S 是群 G 的一个非空子集,则以下三个命题相互等价:

(1) S 是 G 的子群.

(2) 对任何 $a, b \in S$ 有 $ab \in S$ 和 $a^{-1} \in S$.

(3) 对任何 $a, b \in S$ 有 $ab^{-1} \in S$.

证明: 在下面的证明中,符号⇒表示"推出".

(1) ⇒(2): 由子群定义是显然的.

(2) ⇒(3): 任意的 $a, b \in S$,由(2) 得 $b^{-1} \in S$ 和 $ab^{-1} \in S$.

(3) ⇒(1): 由(3)得 $aa^{-1} = e \in S$,其次 $ea^{-1} = a^{-1} \in S$. 最后由 $b^{-1} \in S$ 可得 $ab = a(b^{-1})^{-1} \in S$,即 S 中的运算封闭. 结合律显然满足. 所以,$S \leqslant G$. ■

条件(2)和(3)都是常用的检验一个子集是否为子群的判定准则.

对有限子集 H 来说,H 是子群的条件还可简化为: 对任何 $a, b \in H$ 有 $ab \in H$. 证明留作练习,请读者自行完成.

子群具有下列性质.

定理 12.2.2 设$(G, \circ)$是群.

(1) 若 $H \leqslant G$,则 H 的单位元就是 G 的单位元.

(2) 若 $H_1 \leqslant G$, $H_2 \leqslant G$,则 $H_1 \cap H_2 \leqslant G$.

(3) 若 $H_1 \leqslant G$, $H_2 \leqslant G$,则 $H_1 \cup H_2 \leqslant G \Leftrightarrow H_1 \subseteq H_2$ 或 $H_2 \subseteq H_1$.

(4) 若 $H_1 \leqslant G$, $H_2 \leqslant G$,则 $H_1H_2 \leqslant G \Leftrightarrow H_1H_2 = H_2H_1$.

证明: 我们只给出(4)的证明,其余的证明留给读者自己去完成.

假设 $H_1H_2 \leqslant G$. 对任意的 $ab \in H_1H_2$, $(ab)^{-1} \in H_1H_2$,令 $(ab)^{-1} = a_1b_1$,我们有 $ab = (a_1b_1)^{-1} = b_1^{-1}a_1^{-1} \in H_2H_1$,故 $H_1H_2 \subseteq H_2H_1$. 对任意的 $ba \in H_2H_1$, $(ba)^{-1} = a^{-1}b^{-1} \in H_1H_2$,由于 H_1H_2 是子群,故 $ba \in H_1H_2$,于是 $H_2H_1 \subseteq H_1H_2$,所以 $H_1H_2 = H_2H_1$.

反之,假设 $H_1H_2 = H_2H_1$. 对任意的 a_1b_1, $a_2b_2 \in H_1H_2$, $(a_1b_1)(a_2b_2)^{-1} = a_1b_1b_2^{-1}a_2^{-1} = a_1b'a_2^{-1} = a_1a'b'' = a''b'' \in H_1H_2$,则由定理 12.2.1(3) 可知,$H_1H_2 \leqslant G$. ■

12.2.2 元素的阶

定义 12.2.2 设 G 是群, $a \in G$,使

$$a^n = e \tag{12.2.1}$$

成立的最小正整数 n 称为 a 的**阶**,记作 $o(a)$. 若不存在有限的正整数 n,则称 a 的阶是无限的. 在加法群中,(12.2.1)式记为

$$na = 0.$$

例如,在$(\mathbf{Z}, +)$中,除0以外的元素都是无限阶的. 但是,在$(\mathbf{Z}_n, +)$中,元素的阶都是有限的,在$\mathbf{Z}_6 = \{[0], [1], [2], [3], [4], [5]\}$中,$o([1]) = 6$, $o([2]) = 3$.

定理 12.2.3 设 G 是群, $a \in G$,则 $a^m = e$ 当且仅当 $o(a) \mid m$.

证明: (1) 设 $o(a) = n$. 由带余除法可得 $m = pn + r$, $0 \leqslant r < n$,于是有 $a^m = a^{pn+r} = a^r = e$. 但因 n 是使 $a^m = e$ 的最小正整数,故 $r = 0$,即 $m = pn$,所以 $n \mid m$.

(2) $n = o(a) \mid m$,即存在 $k \in \mathbf{Z}$, $m = kn$. 则有 $a^m = (a^n)^k = e$. ■

例 12.2.2 设 G 是群,若除单位元外其他元素都是二阶元素,则 G 是 Abel 群.

证明: 首先由 $a^2 = 1$ 可得 $a = a^{-1}$. 对任何的 a, $b \in G$ 有 $ab \in G$ 及$(ab)^2 = 1$,因而 $ab = (ab)^{-1} = b^{-1}a^{-1} = ba$,所以 G 是 Abel 群. ■

定理 12.2.4 假设 a 是群 G 中的一个元素, $H = \{a^i \mid i \in \mathbf{Z}\}$. 如果存在不同的整数 i 和 j 满足 $a^i = a^j$,则 a 的阶数为有限的 n. 在这种情况下,H 仅有 n 个不同的元素,即 $H = \{a^0, a^1, \cdots, a^{n-1}\}$,且 $a^m = e$ 当且仅当 $n \mid m$.

证明: 假设$j < i$及$a^i = a^j$. 则$a^{i-j} = e$,故存在一个最小的正整数n满足$a^n = e$. 这表明集合$\{a^0, a^1, \cdots, a^{n-1}\}$中的元素都是不同的,我们需证明这个集合即为$H$. 如果$m \in \mathbf{Z}$,由带余除法,存在整数 q 和 r 满足 $0 \leqslant r < n$,使得 $m = nq + r$. 因此 $a^m = a^{nq} \cdot a^r = a^r$,故 $H = \{a^0, a^1, \cdots, a^{n-1}\}$. 根据定理 12.2.3 可知,$a^m = e$ 当且仅当 $n \mid m$. ■

12.3 循环群

定义 12.3.1 一个群$(G, \cdot)$,如果存在 $g \in G$,使 $G = \{g^n \mid n \in \mathbf{Z}\}$,则称 G 为**循环群**,记为 $G = (g)$. 元素 g 称为 G 的**生成元**.

例 12.3.1 集合 $\mathbf{Z}$ 关于数的加法构成一个生成元为 1 的无限循环群. ■

例 12.3.2 假设 n 是大于 1 的正整数,则 $\mathbf{Z}_n$ 关于同余加法构成一个生成元为$[1]$的有限循环群. ■

定理 12.3.1　设 g 是群$(G,\ \cdot)$中的任意元素，g 的阶为 k，则 $H=\{g^r \mid r\in\mathbf{Z}\}$ 是 G 的 k 阶子群.

证明： 对任何 $g^r,\ g^s\in H$，$g^r\cdot g^s=g^{r+s}\in H$，$(g^r)^{-1}=g^{-r}\in H$，于是$(H,\ \cdot)$是$(G,\ \cdot)$的子群. 由定理 12.2.4，$H$ 是 k 阶的. ■

定理 12.3.2　设 G 是 n 阶有限群，并且有一个 n 阶的元素 g，则 G 是由 g 生成的循环群.

证明： 由定理 12.3.1 可知，g 生成的群 $H=(g)$ 的阶数为 n，且 H 是 G 的子群. 但$|H|=|G|$，所以 $H=G=(g)$. ■

例 12.3.3　设 $G=\{1,\ -1,\ i,\ -i\}$，运算 · 表示数的乘法. 很容易证明$(G,\ \cdot)$构成一个群，且 i 的阶为 4，$-i$ 的阶也为 4. 于是 i 和 $-i$ 都是 G 的生成元. ■

由此可知，一个循环群的生成元不一定是唯一的.

定理 12.3.3　如果 G 是循环群，H 是 G 的子群，则 H 一定是循环群.

证明： 假设 $G=\{a^i \mid i\in\mathbf{Z}\}$ 是一个循环群，H 是 G 的子群. 如果 $H=\{e\}$，则 H 是循环群. 假定 $H\neq\{e\}$，则一定存在最小的正整数 m 使得 $a^m\in H$. 如果 t 是一个整数满足 $a^t\in H$，则由带余除法得 $m\mid t$，因此 a^m 生成 H. 注意，在 G 的阶数 n 有限的情况下，也即 $G=\{a^0,\ a^1,\ \cdots,\ a^{n-1}\}$，则 $a^n=e\in H$，因此正整数 m 整除 n. ■

12.4　陪集和正规子群

定义 12.4.1　若 H 是群 G 的一个子群，x 是 G 中的一个元素，则称 xH 是包含 x 的 H 在 G 中的**左陪集**. 同样，Hx 是包含 x 的 H 在 G 中的**右陪集**.

当 G 是可换群时，子群 H 的左、右陪集相等.

例 12.4.1　设 $G=(\mathbf{Z},\ +)$，$H=\{km \mid k\in\mathbf{Z}\}$，$H$ 是 G 的子群，因为 G 是可换群，H 的左、右陪集相等，它们是

$$0+H=H=\{km \mid k\in\mathbf{Z}\},$$

$$1+H=\{1+km \mid k\in\mathbf{Z}\},$$

$$\cdots$$

$$m-1+H=\{m-1+km \mid k\in\mathbf{Z}\}.$$

每一个陪集正好与一个同余类对应. ■

定理 12.4.1 假设 H 是群$(G,\ \cdot)$的一个子群,则

(1) 任何两个右陪集具有相同数目的元素. 如果 $a,\ b\in G$, $f\colon Ha\to Hb$ 定义为 $f(h\cdot a)=h\cdot b$,则显然它是一个双射. 同样,任何两个左陪集也具有相同数目的元素. 因为 H 既是左陪集又是右陪集,因此任何两个陪集都有相同数目的元素.

(2) G 有相同数目的左陪集和右陪集. 函数 F 定义为 $F(Ha)=a^{-1}H$,这是一个从右陪集集合到左陪集集合的双射.

定理 12.4.2 (**拉格朗日定理**)假设 G 是一个有限群,H 是 G 的子群. 则 H 的阶整除 G 的阶.

证明: 首先证明 G 中的每个元素属于且仅属于 H 在 G 中的一个左陪集. 对任意 $g\in G$,假设存在 $b_1,\ b_2\in G$,使得 $g\in b_1H$,且 $g\in b_2H$,则存在 $h_1,\ h_2\in H$, $g=b_1h_1=b_2h_2$,故 $h_1=b_1^{-1}b_2h_2$,于是 $b_1^{-1}b_2\in H$,即存在 $h\in H$,使得 $b_1^{-1}b_2=h$,则 $b_2=b_1h$,故 $b_2H=b_1H$. 定义映射 $f\colon H\to bH$,任意的 $h\in H$, $f(h)=bh$,显然 f 是 H 到 bH 的双射. 故 H 在 G 中的每个左陪集恰有 $|H|$ 个元素,因此 $|G|=n|H|$,其中 n 是 H 在 G 中的左陪集的个数. 故 $|H|$ 整除 $|G|$. ■

定义 12.4.2 假设 H 是群 G 的一个子群. 如果 H 在 G 中的左陪集的个数是一个有限数,则称这个数为 ***H* 在 *G* 中的指数**,记为$[G:H]$. 根据拉格朗日定理,有 $[G:H]=|G|/|H|$.

推论 假设 x 是有限群 G 中的一个元素. 则 x 的阶数整除 G 的阶数.

证明: 假设 H 是 G 中所有形如 x^n 的元素组成的集合. 根据定理 12.3.1 可知,H 是 G 的一个子群,且 H 的阶数就是 x 的阶数. 由拉格朗日定理,$o(x)\mid |G|$. ■

定义 12.4.3 假设 N 是群 G 的子群,若对任意的 $n\in N$ 及 $x\in G$ 都有 $xnx^{-1}\in N$,则说 N 是 G 的**正规子群**,表示为 $N\lhd G$.

定理 12.4.3 一个群 G 的子群 N 是正规子群当且仅当对任意的 $x\in G$ 都有 $xN=Nx$.

证明: (1) 假设 N 是群 G 的子群,对 $x\in G$. 若 $xNx^{-1}=N$ 则 $xN=(xNx^{-1})x=Nx$. 相反如果 $xN=Nx$ 则 $xNx^{-1}=Nxx^{-1}=Ne=N$,其中 e 是 G 中的单位元. 因此 $xN=Nx$ 当且仅当 $xNx^{-1}=N$. 这就表明子群 N 是群 G 的正规子群当且仅当对任意的 $x\in G$ 有 $xN=Nx$.

(2) 假设 N 是群 G 的正规子群. 则 G 的一个子集是 N 在 G 中的左陪集当且仅当它也是 N 在 G 中的右陪集. 因此,称正规子群 N 的左(右)陪集为 N 在 G 中的陪集. ■

定理 12.4.4 假设 N 是群 G 的一个正规子群,x 和 y 是 G 中的元素. 则 $(xN)(yN)=(xy)N$.

证明: 假设 N 是群 G 的一个正规子群,则 $Ny=yN$,因此,$(xN)(yN)=x(Ny)N=x(yN)N=(xy)(NN)$. 因为 N 是 G 的子群,故 $NN=N$.

故 $(xN)(yN)=(xy)N$. ■

定理 12.4.5　假设 G 是一个群，N 是 G 的一个正规子群. 则 N 在 G 中的所有陪集构成的集合关于子集的乘法构成一个群. 其单位元即为 N 自身，对任意的 $x \in G$，陪集 xN 的逆元为 $x^{-1}N$.

证明： 假设 x、y、$z \in G$. 陪集 xN 和 yN 的乘积为陪集 $(xy)N$.

又 $(xN \cdot yN) \cdot zN = xyN \cdot zN = xyzN = x(yz)N = xN \cdot (yz)N = xN \cdot (yN \cdot zN)$，故结合律满足.

因为 $N = eN$，故 N 也是 N 在 G 中的陪集. 对任意的 $x \in G$，有

$$(xN)N = (xN)(eN) = (xe)N = xN,$$
$$N(xN) = (eN)(xN) = (ex)N = xN,$$
$$(xN)(x^{-1}N) = (xx^{-1})N = N,$$
$$(x^{-1}N)(xN) = (x^{-1}x)N = N. \blacksquare$$

定义 12.4.4　假设 N 是群 G 的一个正规子群. 则 N 在 G 中的所有陪集构成的集合关于子集乘法所构成的群称为 G 关于 N 的**商群**，记为 G/N.

例 12.4.2　$(n\mathbf{Z}, +)$ 是 $(\mathbf{Z}, +)$ 的正规子群，证明 $\mathbf{Z}$ 关于 $n\mathbf{Z}$ 的商群 $\mathbf{Z}/n\mathbf{Z}$ 是 $\mathbf{Z}_n$.

证明： 当 $n = 0$ 时，$\mathbf{Z}/n\mathbf{Z} = \mathbf{Z}$；当 $n \neq 0$ 时，由于 $\{k(-n) \mid k \in \mathbf{Z}\} = \{kn \mid k \in \mathbf{Z}\}$. 不妨设 n 为正整数. 于是 $\mathbf{Z}/n\mathbf{Z} = \{a + n\mathbf{Z} \mid a = 0, 1, \cdots, n-1\}$，其中 $a + n\mathbf{Z} = \{a + kn \mid k \in \mathbf{Z}\}$. 因此，

$$\mathbf{Z}/n\mathbf{Z} = \{a + kn \mid a = 0, 1, \cdots, n-1; k \in \mathbf{Z}\} = \{[0], [1], \cdots, [n-1]\} = \mathbf{Z}_n. \blacksquare$$

* 12.5　群同态

例 12.5.1　假设 x 是群 G 中的一个元素. 函数 f 把每个整数 n 映照到 x^n，不难验证 f 是从群 $(\mathbf{Z}, +)$ 到群 $(G, \cdot)$ 的同态映射，因为对任意的 m，$n \in \mathbf{Z}$，有 $x^{m+n} = x^m \cdot x^n$. $\blacksquare$

定理 12.5.1　假设 $\theta: G \to K$ 是群 G 到群 K 的一个同态映射. 则 $\theta(e_G) = e_K$，其中 e_G 和 e_K 分别表示群 G 和群 K 的单位元. 且对任意的 $x \in G$ 有 $\theta(x^{-1}) = \theta(x)^{-1}$.

证明： 假设 $z = \theta(e_G)$，则 $z^2 = \theta(e_G)\theta(e_G) = \theta(e_Ge_G) = \theta(e_G) = z$. 即 $z^2 = z$，因为 K 是群，群中消去律成立，所以 $z = e_K$，从而 $\theta(e_G) = e_K$.

假设 x 是群 G 中的元素，$\theta(x)\theta(x^{-1}) = \theta(xx^{-1}) = \theta(e_G) = e_K$，类似地，$\theta(x^{-1})\theta(x) = e_K$，所以 $\theta(x^{-1}) = \theta(x)^{-1}$. $\blacksquare$

例 12.5.2 $\mathbf{R}$ 关于实数的加法构成群，$\mathbf{R}_+$ 表示正实数的集合，$\mathbf{R}_+$ 关于正实数的乘法构成群. 函数 $\exp: \mathbf{R} \to \mathbf{R}_+$ 把每个实数 x 映照到正实数 e^x，该函数是一个同构映射：因为它既是同态映射又是双射. 其逆函数 $\log: \mathbf{R}_+ \to \mathbf{R}$ 把每个正实数映照到其自然对数，该映射也是一个同构映射. ■

定义 12.5.1 群 G 到群 K 的同态映射 $\theta: G \to K$，θ 的**同态核** $\mathbf{ker}\ \theta$ 是 G 中所有映照到 K 的单位元的元素构成的集合. $\mathbf{Im}\ \theta = \theta(G)$ 称为 G 在 θ 作用下的**同态像**.

例 12.5.3 集合 $\{1, -1\}$ 关于数的乘法构成群，函数 $\theta: \mathbf{Z} \to \{1, -1\}$ 把每个整数 n 映照到 $(-1)^n$ 是一个同态映射. 该同态映射的同态核为所有偶数构成的集合. 其同态像为 $\{1, -1\}$. 故 $\mathbf{Z}$ 与 $\{1, -1\}$ 满同态. ■

定理 12.5.2 假设 G 和 K 都是群，$\theta: G \to K$ 是从 G 到 K 的同态映射. 则

(1) 同态核 $\ker\theta$ 是 G 的一个正规子群；

(2) 同态像 $\mathrm{Im}\,\theta$ 是 K 的子群.

证明： (1) 假设 x 和 y 是 $\ker\theta$ 中的任意元素. 则 $\theta(x) = e_K$，$\theta(y) = e_K$，其中 e_K 表示 K 中的单位元. 因为 θ 是同态映射，则 $\theta(xy) = \theta(x)\theta(y) = e_K e_K = e_K$，所以 $xy \in \ker\theta$. 而且 $\theta(x^{-1}) = \theta(x)^{-1} = e_K^{-1} = e_K$，所以 $x^{-1} \in \ker\theta$. 因此 $\ker\theta$ 是 G 的子群. 再者，对任意的 $g \in G$ 和 $x \in \ker\theta$，有 $\theta(gxg^{-1}) = \theta(g)\theta(x)\theta(g)^{-1} = \theta(g)\theta(g^{-1}) = e_K$. 故 $\ker\theta$ 是群 G 的一个正规子群.

(2) 对于任何的 $\theta(g_1)$，$\theta(g_2) \in \mathrm{Im}\,\theta$，$\theta(g_1)\theta(g_2) = \theta(g_1 g_2) \in \mathrm{Im}\,\theta$，并且 $\theta(g_1)^{-1} = \theta(g_1^{-1}) \in \mathrm{Im}\,\theta$. 因此，$\mathrm{Im}\,\theta$ 是 K 的子群. ■

若 N 是群 G 的一个正规子群，则 N 是同态映射 $\theta: G \to G/N$ 的同态核，其中 θ 把每个 $g \in G$ 映射到陪集 gN. 因此可得出结论，一个群 G 的子群 N 是其正规子群当且仅当 N 是一个同态映射的同态核.

12.6 变换群和置换群

设 S 是一个非空集合，称映射 $f: S \to S$ 为 S 上的一个变换. 当 f 为一一对应时，称 f 为一一变换. 很容易验证 S 上的所有一一变换关于函数的复合构成群，该群称为 S 上的**一一变换群**. 此群的任何一个子群称为**变换群**. 当 S 为有限集时，S 上的一一变换就称为**置换**. S 上的某些置换所构成的群就称为置换群. 当 $|S| = n$ 时，S 上的所有置换组成的集合关于复合构成的群称为 ***n* 次对称群**，记作 S_n. S_n 的任何一个子群称为**置换群**.

变换群和置换群在群论中有很重要的作用，任何群都可用它们来表示.

集合 S 上的一个置换可简记为

$$\begin{pmatrix} x_1 & x_2 & \cdots & x_n \\ \sigma(x_1) & \sigma(x_2) & \cdots & \sigma(x_n) \end{pmatrix},$$

其中 $x_1, x_2, \cdots, x_n$ 是集合 S 中的元素，$\sigma(x_1), \sigma(x_2), \cdots, \sigma(x_n)$ 是这些元素在置换 σ 下的像. 集合 S 的**恒等置换**把 S 中的每个元素映照到它自身.

例如，$\begin{pmatrix} 1 & 2 & 3 \\ 2 & 3 & 1 \end{pmatrix}$ 表示集合 $\{1, 2, 3\}$ 的一个置换，它把 $1 \to 2$, $2 \to 3$, $3 \to 1$.

一个置换可以表示为一些轮换的乘积.

定义 12.6.1　设 r 是 S_n 上的一个置换，满足

(1) $r(a_1) = a_2, r(a_2) = a_3, \cdots, r(a_m) = a_1$,

(2) $r(a) = a$，当 $a \neq a_i (i = 1, 2, \cdots, m)$,

则称 r 是一个长度为 m 的**轮换**，并记作 $r = (a_1 a_2 \cdots a_m)$. 长度为 2 的轮换称为**对换**.

例如，

$$\sigma_1 = \begin{pmatrix} 1 & 2 & 3 & 4 & 5 & 6 \\ 3 & 2 & 4 & 5 & 1 & 6 \end{pmatrix} = (1\quad 3\quad 4\quad 5)$$

是一个长度为 4 的轮换；

$$\sigma_2 = \begin{pmatrix} 1 & 2 & 3 & 4 & 5 & 6 \\ 1 & 5 & 3 & 4 & 2 & 6 \end{pmatrix} = (2\quad 5)$$

是一个对换.

显然长度为 m 的轮换 r 的阶数 $o(r) = m$，长度为 1 的轮换就是单位元，记作(1). 两个轮换乘积的计算方法是由左往右进行复合计算，例如，

$$(1\quad 3\quad 4\quad 5)(2\quad 5) = (1\quad 3\quad 4\quad 2\quad 5).$$

由上可知，如果能把任一置换表示为轮换，则无论书写还是运算都会简化很多.

定理 12.6.1　设 σ 是 S_n 上的任一置换，则 σ 可分解为不相交的轮换之积：

$$\sigma = r_1 r_2 \cdots r_k.$$

若不计因子的次序，则分解式是唯一的. 此处的“不相交”指的是任何两个轮换中无相同元素.

该定理的证明在许多书上均可找到，在此不再赘述.

下面看一个例子，设

$$\sigma = \begin{pmatrix} 1 & 2 & 3 & 4 & 5 & 6 & 7 \\ 3 & 7 & 5 & 2 & 1 & 6 & 4 \end{pmatrix},$$

可从任意一个元素开始,逐个写出轮换:

$$\sigma=(1\quad 3\quad 5)(2\quad 7\quad 4)(6),$$

其中6称为σ **的不动点**,可略去,故σ可表示为

$$\sigma=(1\quad 3\quad 5)(2\quad 7\quad 4).$$

σ是两个不相交的轮换之积,因为这两个轮换不相交,次序可以任意.

定理 12.6.2(凯莱定理) 任何一个群同构于一个变换群,任何一个有限群同构于一个置换群.

证明: 先证明定理的前半部分:任何一个群同构于一个变换群.

设G是任意一个群,首先要构造一个变换群G',然后证明$G\cong G'$.

(1) 构造一个变换群G':任取$a\in G$,定义G上的一个变换f_a如下:

$$f_a(x)=xa,\ \forall x\in G.$$

可证f_a是一个一一变换:因$f_a(x_1)=f_a(x_2)$,即$x_1a=x_2a$,则有$x_1=x_2$,所以f_a是单射;任意的$b\in G$,取$x_0=ba^{-1}$,则$f_a(x_0)=x_0a=b$,所以f_a也是满射;故f_a是一一变换.

令$G'=\{f_a\mid a\in G;f_a(x)=xa,\ \forall x\in G\}$.很容易证明$G'$对映射复合构成群:任意的$f_a$、$f_b\in G'$,$f_af_b(x)=xab=f_{ab}(x)$,所以$f_af_b=f_{ab}\in G'$,封闭性满足;单位元为$f_e$;且$f_a^{-1}=f_{a^{-1}}$;所以$G'$是一个变换群.

(2) 证明$G\cong G'$:

作映射φ:$a\mapsto f_a(G\to G')$,对任意$a\in G$,$\varphi(a)=f_a$.

若$\varphi(a)=\varphi(b)$,即$f_a=f_b$,则$xa=xb$,从而$a=b$,所以φ是单射.显然φ也是满射.故φ是双射.

对任意的a、$b\in G$,$\varphi(ab)=f_{ab}=f_af_b=\varphi(a)\varphi(b)$.

所以φ是G到G'的同构映射,$G\cong G'$.

当G有限时,G'是一个置换群,从而可得定理的后半部分. ■

这是群论中非常重要的一个定理,它的证明要点是在群G的基础上,构造一个G上的变换群G',即G上所有线性函数f_a所构成的变换群,并证明G与G'同构.用这种方法可对任何一个群,找出与它同构的变换群或置换群.

例 12.6.1 Klein四元群$K=\{e,a,b,c\}$,找出一个置换群与K同构.由凯莱定理的证明过程可知,置换群$G'=\{f_g\mid g\in K,f_g(x)=xg,\ \forall x\in K\}$与$K$是同构的,$G'$的各元素如下:

$$f_e=\begin{pmatrix} e & a & b & c \\ e & a & b & c \end{pmatrix}=(e),$$

$$f_a=\begin{pmatrix} e & a & b & c \\ a & e & c & b \end{pmatrix}=(ea)(bc),$$

$$f_b=\begin{pmatrix} e & a & b & c \\ b & c & e & a \end{pmatrix}=(eb)(ac),$$

$$f_c=\begin{pmatrix} e & a & b & c \\ c & b & a & e \end{pmatrix}=(ec)(ab),$$

用$\{1, 2, 3, 4\}$代替$\{e, a, b, c\}$,则

$$K\cong\{(1), (12)(34), (13)(24), (14)(23)\}. \blacksquare$$

* 12.7 群码

编码在数字通信、数字计算机和数据处理等领域中有广泛应用. 本节简单介绍群论在编码理论中的一个应用,即群编码及其性质.

12.7.1 纠错码的基本概念

在计算机和数据通信系统中,信号大多采用二进制表示. 在传输二进制数字信号时,存在各种干扰,可能会产生信号失真现象. 为了使发送端发送的数字信息能正确地传送到接收端,可以在信息传送前进行一次抗干扰编码,然后再发送,其模型如图 12.7.1 所示.

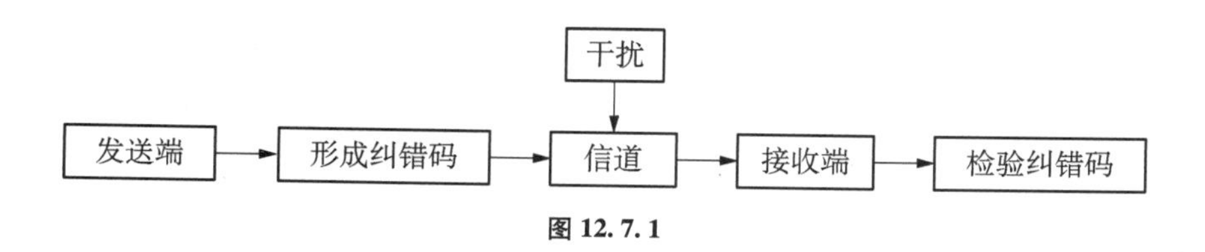

图 12.7.1

二进制数字信号采用有限长的二元 n 元素组$(c_1, c_2, \cdots, c_n)$来表示,其中 $c_i=0$ 或 1. 可把 0、1 看作 $\mathbf{Z}_2$ 中的元素,即$(c_1, c_2, \cdots, c_n)\in\mathbf{Z}_2^n$, $(\mathbf{Z}_2^n, +)$是群. 利用二元 n 元素组可表示 2^n 种不同的符号. 例如,设原始的数字信息的集合是 $\mathbf{Z}_2^5$,可定义单射 $E: \mathbf{Z}_2^5\to\mathbf{Z}_2^6$ 为原始数字信息抗干扰编码

$$E((c_1, c_2, c_3, c_4, c_5))=\left(c_1, c_2, c_3, c_4, c_5, c_6=\sum_{i=1}^{5}c_i\right),$$

发送端发送$(c_1, c_2, c_3, c_4, c_5, c_6)$.

一般地,设发送端原始数字信息的集合为 Z_2^k, k 为正整数,令 n 是大于 k 的正整数,作单射 E: $Z_2^k \to Z_2^n$,像集合 Im E 称为**二元码**,Im E 的元素称为**码字**,n 为**码长**. 码字中的每个分量称为**码元**,码字中非零码元的个数称为码字的**重量**. Z_2^n 中的元素称为**字**,E 称为**编码函数**.

定义 12.7.1 设 $\boldsymbol{u}$、$\boldsymbol{v}$ 是 Z_2^n 中的元素,称 $\boldsymbol{u}$、$\boldsymbol{v}$ 中对应位置上数字不同的个数为 $\boldsymbol{u}$、$\boldsymbol{v}$ 间的**海明距离**(简称**距离**),记为 $d(\boldsymbol{u}, \boldsymbol{v})$.

例如,(1, 1, 1, 0, 0, 0, 0)与(1, 0, 0, 1, 1, 0, 0)之间的海明距离为 4.

定义 12.7.2 在码 $\boldsymbol{C}$ 中,两个码字的距离的极小值 $\min\{d(\boldsymbol{u}, \boldsymbol{v}) \mid \boldsymbol{u}、\boldsymbol{v} \in \boldsymbol{C}, \boldsymbol{u} \neq \boldsymbol{v}\}$,称为 $\boldsymbol{C}$ 的**极小距离**.

极小距离译码准则 设接收字为 $\boldsymbol{v}$,在码 $\boldsymbol{C}$ 中找一个码字 $\boldsymbol{u}$,使 $\boldsymbol{v}$ 与 $\boldsymbol{u}$ 的距离是 $\boldsymbol{v}$ 与 $\boldsymbol{C}$ 中所有码字的距离的极小值,即 $d(\boldsymbol{u}, \boldsymbol{v}) = \min\{d(\boldsymbol{x}, \boldsymbol{v}), \boldsymbol{x} \in \boldsymbol{C}\}$,则将 $\boldsymbol{v}$ 译成码字 $\boldsymbol{u}$.

定理 12.7.1 一个码 $\boldsymbol{C}$ 可以查出不超过 k 个差错,当且仅当码 $\boldsymbol{C}$ 的极小距离 $\geqslant k+1$.

证明: 设码 $\boldsymbol{C}$ 的极小距离 $\geqslant k+1$. 假定发送端发送一个码字 $\boldsymbol{u}$,传送中错了 $\leqslant k$ 位,结果收到了字 $\boldsymbol{v}$,于是 $d(\boldsymbol{u}, \boldsymbol{v}) \leqslant k$. 因 $\boldsymbol{C}$ 的极小距离 $\geqslant k+1$,于是 $\boldsymbol{v}$ 如果不是 $\boldsymbol{u}$ 就不是码字. 因此,可以肯定传送中发生了差错. 所以,$\boldsymbol{C}$ 是可以检查出 k 个差错的检错码.

反之,设 $\boldsymbol{C}$ 可以检查出不超过 k 个差错,这表示与一个码字的距离不超过 $k(k>0)$ 的所有字都不是码字,故 $\boldsymbol{C}$ 的极小距离至少是 $k+1$. ■

定理 12.7.2 一个码 $\boldsymbol{C}$ 可纠正 k 个差错,当且仅当 $\boldsymbol{C}$ 的极小距离 $\geqslant 2k+1$.

证明: 设 $\boldsymbol{C}$ 的极小距离 $\geqslant 2k+1$,假定发送端发送一个码字 $\boldsymbol{u}$,并且传送中错了 $\leqslant k$ 位,结果收到的字是 $\boldsymbol{r}$,于是 $d(\boldsymbol{u}, \boldsymbol{r}) \leqslant k$. 对任何 $\boldsymbol{v} \in \boldsymbol{C}$,且 $\boldsymbol{u} \neq \boldsymbol{v}$,有 $d(\boldsymbol{u}, \boldsymbol{r}) + d(\boldsymbol{r}, \boldsymbol{v}) \geqslant d(\boldsymbol{u}, \boldsymbol{v}) \geqslant 2k+1$. 因此,$d(\boldsymbol{r}, \boldsymbol{v}) \geqslant k+1$. 这就是说 $\boldsymbol{r}$ 与任意一个不等于 $\boldsymbol{u}$ 的码字的距离都 $\geqslant k+1$,而与 $\boldsymbol{u}$ 的距离 $\leqslant k$. 因此,$\boldsymbol{r}$ 与 $\boldsymbol{u}$ 的距离最小,由最小距离译码准则,将 $\boldsymbol{r}$ 译成 $\boldsymbol{u}$.

反之,设码 $\boldsymbol{C}$ 能纠正 k 个错. 用反证法,设在 $\boldsymbol{C}$ 中存在两个不同的码字 $\boldsymbol{u}$、$\boldsymbol{v}$,有 $d(\boldsymbol{u}, \boldsymbol{v}) \leqslant 2k$. 设发送码字 $\boldsymbol{u}$ 经传送后,得到接收字 $\boldsymbol{r}$,设 $\boldsymbol{r}$ 与 $\boldsymbol{u}$ 中有 k 位不同,且这 k 位恰是 $\boldsymbol{u}$ 与 $\boldsymbol{v}$ 不同的位的一部分. 因为 $d(\boldsymbol{u}, \boldsymbol{v}) \leqslant 2k$,故 $d(\boldsymbol{r}, \boldsymbol{v}) \leqslant k$. 这样,如果 $d(\boldsymbol{r}, \boldsymbol{v}) < k$,由最小距离译码准则,$\boldsymbol{r}$ 将被误译为 $\boldsymbol{v}$;如果 $d(\boldsymbol{r}, \boldsymbol{v}) = k$,则 $\boldsymbol{r}$ 既可以译成 $\boldsymbol{u}$,又可以译成 $\boldsymbol{v}$. 因此,不能纠正 k 个错,这与假设矛盾,所以,$\boldsymbol{C}$ 的极小距离 $\geqslant 2k+1$. ■

例 12.7.1 码 $\boldsymbol{C}$ = {(0, 0, 0, 0, 0, 0), (0, 0, 1, 1, 0, 1), (0, 1, 0, 0, 1, 1), (0, 1, 1, 1, 1, 0), (1, 0, 0, 1, 1, 0), (1, 0, 1, 0, 1, 1), (1, 1, 0, 1, 0, 1), (1, 1, 1, 0, 0, 0)}, $\boldsymbol{C}$ 的极小距离为 3,则可纠单错. 如接收字是(1, 1, 0, 0, 0, 1),应译为(1, 1, 0, 1, 0, 1). 设接收字(0, 0, 1, 0, 0, 1) 是由发送码字(0, 0, 0, 0, 0, 0) 在第三位和第六位出错而得到,但根据最小距离译码准则,将会把(0, 0, 1, 0, 0, 1) 译为(0, 0, 1, 1, 0, 1). 因此,码 $\boldsymbol{C}$ 不能纠两位错. ■

12.7.2 二元线性码的生成矩阵与校验矩阵

编码函数 $E: \boldsymbol{Z}_2^k \to \boldsymbol{Z}_2^n$,将一个 k 位数字信息$(a_1, a_2, \cdots, a_k)$映射到一个 n 位码字$(b_1, b_2, \cdots, b_k, b_{k+1}, \cdots, b_n)$. 容易证明$(\boldsymbol{Z}_2^n, +)$的子群一定是子空间,反之亦然. 因此,若$(\mathrm{Im}\, E, +)$是$(\boldsymbol{Z}_2^n, +)$的子群时,码 $\mathrm{Im}\, E$ 就是**二元线性码**,也称为**群码**.

设 $\boldsymbol{C} = \mathrm{Im}\, E$ 是码长为 n 的二元线性码,若 $\boldsymbol{C}$ 是 $\boldsymbol{Z}_2^n$ 的 k 维子空间,设 $\boldsymbol{v}_1, \boldsymbol{v}_2, \cdots, \boldsymbol{v}_k$ 是 $\boldsymbol{C}$ 在 $\boldsymbol{Z}_2$ 上的一组基. 若令 $\boldsymbol{v}_k = (v_{k_1}, v_{k_2}, \cdots, v_{k_n})$,则

$$\boldsymbol{G} = \begin{bmatrix} v_{11} & v_{12} & \cdots & v_{1n} \\ v_{21} & v_{22} & \cdots & v_{2n} \\ \vdots & \vdots & & \vdots \\ v_{k1} & v_{k2} & \cdots & v_{kn} \end{bmatrix},$$

是 $\boldsymbol{Z}_2$ 上一个秩为 k 的 $k \times n$ 矩阵. $\boldsymbol{C}$ 中任一码字 $\boldsymbol{u} = (u_1, u_2, \cdots, u_n)$ 均可用这组基线性表示,系数属于 $\boldsymbol{Z}_2$,且表示法唯一,即

$$\boldsymbol{u} = \alpha_1\boldsymbol{v}_1 + \alpha_2\boldsymbol{v}_2 + \cdots + \alpha_k\boldsymbol{v}_k,\ \alpha_i \in \boldsymbol{Z}_2.$$

反之,$\boldsymbol{v}_1, \boldsymbol{v}_2, \cdots, \boldsymbol{v}_k$ 的任一系数属于 $\boldsymbol{Z}_2$ 的线性组合都是 $\boldsymbol{C}$ 中的码字. 因此,$\boldsymbol{G}$ 称为 $\boldsymbol{C}$ 的一个**生成矩阵**. 于是上式可表示为

$$\begin{aligned} \boldsymbol{u} &= (\alpha_1, \alpha_2, \cdots, \alpha_k)\begin{pmatrix} \boldsymbol{v}_1 \\ \boldsymbol{v}_2 \\ \vdots \\ \boldsymbol{v}_k \end{pmatrix} \\ &= (\alpha_1, \alpha_2, \cdots, \alpha_k)\boldsymbol{G}. \end{aligned}$$

可把上式看作是原始数字信息集合 $\boldsymbol{Z}_2^k$ 的一个编码,即

$$E((\alpha_1, \alpha_2, \cdots, \alpha_k)) = (\alpha_1, \alpha_2, \cdots, \alpha_k)\boldsymbol{G}.$$

这样的编码依赖于 $\boldsymbol{G}$ 的选择,$\boldsymbol{G}$ 的行数就是信息位的个数,即 $\boldsymbol{G}$ 的维数.

码 $\boldsymbol{C}$ 的基不唯一,则生成矩阵 $\boldsymbol{G}$ 不唯一. 若取 $\boldsymbol{G} = (I_k \quad P_{k\times(n-k)})$,其中 $\boldsymbol{I}_k$ 是 $\boldsymbol{Z}_2$ 上的 k 阶单位矩阵,$P_{k\times(n-k)}$ 是 $\boldsymbol{Z}_2$ 上任一 $k \times (n-k)$ 阶矩阵,这时 $\boldsymbol{u}$ 的前 k 位可看作它的信息位.

例 12.7.2 设二元线性码的生成矩阵

$$\boldsymbol{G} = \begin{bmatrix} 1 & 0 & 0 & 1 & 1 & 0 \\ 0 & 1 & 0 & 1 & 0 & 1 \\ 0 & 0 & 1 & 0 & 1 & 1 \end{bmatrix},$$

取 $(\alpha_1, \alpha_2, \alpha_3) \in \boldsymbol{Z}_2^3$,

$$\boldsymbol{u} = E((\alpha_1, \alpha_2, \alpha_3)) = (\alpha_1, \alpha_2, \alpha_3)\begin{bmatrix}1 & 0 & 0 & 1 & 1 & 0\\0 & 1 & 0 & 1 & 0 & 1\\0 & 0 & 1 & 0 & 1 & 1\end{bmatrix}$$

$$= (\alpha_1, \alpha_2, \alpha_3, \alpha_1 + \alpha_2, \alpha_1 + \alpha_3, \alpha_2 + \alpha_3) \in \boldsymbol{Z}_2^6.$$

这时 $\boldsymbol{u}$ 的前三位就是信息位. ■

码长为 n,信息位长 k 的码,简称为(n, k)码. 向量 $\boldsymbol{r} = (\alpha_1, \alpha_2, \alpha_3)$ 可通过 $\boldsymbol{rG}$ 编码. 然而,给定接收向量 $\boldsymbol{v}$,从生成矩阵 $\boldsymbol{G}$ 不易确定 $\boldsymbol{v}$ 是否是码字. 下面讨论校验矩阵.

设 $\boldsymbol{C}$ 是二元(n, k)线性码,$\boldsymbol{G}$ 是它的一个生成矩阵,令

$$\boldsymbol{C}^* = \{\boldsymbol{u} \mid \boldsymbol{u} \in Z_2^n, \text{而 } \boldsymbol{v}\boldsymbol{u}^{\mathrm{T}} = 0, \ \forall \boldsymbol{v} \in \boldsymbol{C}\},$$

这里 $\boldsymbol{u}^{\mathrm{T}}$ 是 $\boldsymbol{u}$ 的转置. 不难证明:$\boldsymbol{C}^*$ 是 Z_2^n 的一个 $n-k$ 维子空间. $\boldsymbol{C}^*$ 可以看作是一个二元$(n, n-k)$线性码. 称 $\boldsymbol{C}^*$ 为 $\boldsymbol{C}$ 的对偶码.

设 $\boldsymbol{u}_1, \boldsymbol{u}_2, \cdots, \boldsymbol{u}_{n-k}$ 是 $\boldsymbol{C}^*$ 在 $\boldsymbol{Z}_2$ 上的一组基,令

$$\boldsymbol{H} = \begin{pmatrix}\boldsymbol{u}_1\\\boldsymbol{u}_2\\\vdots\\\boldsymbol{u}_{n-k}\end{pmatrix},$$

则 $\boldsymbol{H}$ 是 $\boldsymbol{C}^*$ 的生成矩阵,它是 $\boldsymbol{Z}_2$ 上的一个秩为 $n-k$ 的$(n-k) \times n$ 矩阵. 显然,对于任何 $\boldsymbol{x} \in \boldsymbol{Z}_2^n$,$\boldsymbol{x} \in \boldsymbol{C}$ 当且仅当 $\boldsymbol{H}\boldsymbol{x}^{\mathrm{T}} = \boldsymbol{0}^{\mathrm{T}}$. 因此,$\boldsymbol{H}$ 可用来判断 $\boldsymbol{Z}_2^n$ 中的字是否是码字,称 $\boldsymbol{H}$ 为 $\boldsymbol{C}$ 的**校验矩阵**.

设 $\boldsymbol{x} \in \boldsymbol{Z}_2^n$, $n-k$维列向量 $\boldsymbol{H}\boldsymbol{x}^{\mathrm{T}}$ 称为 $\boldsymbol{x}$ 的**校验子**. $\boldsymbol{x}$ 是 $\boldsymbol{C}$ 的一个码字当且仅当 $\boldsymbol{x}$ 的校验子 $\boldsymbol{H}\boldsymbol{x}^{\mathrm{T}} = \boldsymbol{0}^{\mathrm{T}}$. 由于 $\boldsymbol{G}$ 中的每一行都是 $\boldsymbol{C}$ 的码字,于是 $\boldsymbol{H}\boldsymbol{G}^{\mathrm{T}} = \boldsymbol{0}$. 若取 $\boldsymbol{G} = (\boldsymbol{I}_k \quad \boldsymbol{P}_{k\times(n-k)})$,那么 $\boldsymbol{H} = (\boldsymbol{P}_{k\times(n-k)}^{\mathrm{T}} \quad \boldsymbol{I}_{n-k})$.

当校验矩阵 $\boldsymbol{H}$ 没有零列,也没有两列相等时,可以利用校验矩阵来纠正差错. 设发送端发送一个码字 $\boldsymbol{u} = (\alpha_1, \alpha_2, \cdots, \alpha_n)$,并且传送中第 i 个分量出错了,结果收到 $\boldsymbol{v} = \boldsymbol{u} + \boldsymbol{e}$,其中 $\boldsymbol{e} = (0, \cdots, 0, 1, 0, \cdots, 0)$,第 i 个分量为1,其它分量都为0,则有 $\boldsymbol{H}\boldsymbol{v}^{\mathrm{T}} = \boldsymbol{H}(\boldsymbol{u}+\boldsymbol{e})^{\mathrm{T}} = \boldsymbol{H}(\boldsymbol{u}^{\mathrm{T}} + \boldsymbol{e}^{\mathrm{T}}) = \boldsymbol{H}\boldsymbol{u}^{\mathrm{T}} + \boldsymbol{H}\boldsymbol{e}^{\mathrm{T}} = \boldsymbol{0}^{\mathrm{T}} + \boldsymbol{H}\boldsymbol{e}^{\mathrm{T}} = \boldsymbol{H}\boldsymbol{e}^{\mathrm{T}}$,这里 $\boldsymbol{H}\boldsymbol{e}^{\mathrm{T}}$ 是 $\boldsymbol{H}$ 的第 i 列. 这就是说:当接收字为 $\boldsymbol{v}$ 时,$\boldsymbol{H}\boldsymbol{v}^{\mathrm{T}}$ 为 $\boldsymbol{0}^{\mathrm{T}}$,则 $\boldsymbol{v}$ 是码字;$\boldsymbol{H}\boldsymbol{v}^{\mathrm{T}}$ 不为 $\boldsymbol{0}^{\mathrm{T}}$,而是 $\boldsymbol{H}$ 的第 i 列时,则传送中第 i 个分量出差错了.

例 12.7.3 一个二元$(6, 3)$线性码 $\boldsymbol{C}$,它的生成矩阵为

$$\boldsymbol{G} = \begin{bmatrix}1 & 0 & 0 & 1 & 1 & 0\\0 & 1 & 0 & 1 & 0 & 1\\0 & 0 & 1 & 0 & 1 & 1\end{bmatrix}.$$

设需要传送(1, 0, 1),于是

$$E((1,0,1))=(1,0,1)\begin{bmatrix}1&0&0&1&1&0\\0&1&0&1&0&1\\0&0&1&0&1&1\end{bmatrix}=(1,0,1,1,0,1),$$

即发送码字 $\boldsymbol{u}=(1,0,1,1,0,1)$. 如果收到字 $\boldsymbol{v}=(1,0,0,1,0,1)$,那么计算校验子 $\boldsymbol{Hv}^{\mathrm{T}}$. 由 $\boldsymbol{G}$ 可求出 $\boldsymbol{H}$ 为

$$\boldsymbol{H}=\begin{bmatrix}1&1&0&1&0&0\\1&0&1&0&1&0\\0&1&1&0&0&1\end{bmatrix}.$$

因此

$$\boldsymbol{Hv}^{\mathrm{T}}=\begin{bmatrix}1&1&0&1&0&0\\1&0&1&0&1&0\\0&1&1&0&0&1\end{bmatrix}\begin{pmatrix}1\\0\\0\\1\\0\\1\end{pmatrix}=\begin{pmatrix}0\\1\\1\end{pmatrix}.$$

因为$(0,1,1)^{\mathrm{T}}$是 $\boldsymbol{H}$ 的第 3 列,这说明收到的字 $\boldsymbol{v}$ 第 3 位有差错,所以应译成(1, 0, 1, 1, 0, 1). ■

怎样产生一个能纠正一个差错的二元(n, k)码 $\boldsymbol{C}$? 由上面可知,只要找出一个没有零列,并且没有两列相等的 $\boldsymbol{C}$ 的校验矩阵 $\boldsymbol{H}=(\boldsymbol{P}_{(n-k)\times k}\quad \boldsymbol{I}_{n-k})$ 即可.

12.7.3 群码的译码

定理 12.7.3 *由 $\boldsymbol{G}=(\boldsymbol{I}_k\quad \boldsymbol{P}_{k\times(n-k)})$ 给出的编码函数 E: $\boldsymbol{Z}_2^k\to\boldsymbol{Z}_2^n$ 为 $E(\boldsymbol{x})=\boldsymbol{xG}$, $\forall \boldsymbol{x}\in\boldsymbol{Z}_2^k$,得到的码是群码.*

证明: 因$(\boldsymbol{Z}_2^k,+)$和$(\boldsymbol{Z}_2^n,+)$都是群,对于任何 $\boldsymbol{x}=(\alpha_1,\alpha_2,\cdots,\alpha_k)\in\boldsymbol{Z}_2^k$, $E(\boldsymbol{x})=\boldsymbol{xG}$. 任意的 $\boldsymbol{x}_1$、$\boldsymbol{x}_2\in Z_2^k$, $E(\boldsymbol{x}_1+\boldsymbol{x}_2)=(\boldsymbol{x}_1+\boldsymbol{x}_2)\boldsymbol{G}=\boldsymbol{x}_1\boldsymbol{G}+\boldsymbol{x}_2\boldsymbol{G}=E(\boldsymbol{x}_1)+E(\boldsymbol{x}_2)$,因此, E 是 $\boldsymbol{Z}_2^k\to\boldsymbol{Z}_2^n$ 的同态映射. 所以, $\mathrm{Im}\,E$ 是 $\boldsymbol{Z}_2^n$ 的子群,故码 $\mathrm{Im}\,E$ 是群码. ■

定理 12.7.4 *群码 $\boldsymbol{C}$ 的极小距离等于 $\boldsymbol{C}$ 中非零码字的最小重量.*

证明: 设 $\boldsymbol{C}$ 的极小距离是 d,并设 d 是不同码字 $\boldsymbol{u}_1$ 和 $\boldsymbol{u}_2$ 之间的距离,即 $d=d(\boldsymbol{u}_1,\boldsymbol{u}_2)$. 令 b 是 $\boldsymbol{C}$ 中非零码字的最小重量,并设 b 是码字 $\boldsymbol{v}$ 的重量,即 $b=W(\boldsymbol{v})$. 由于 $\boldsymbol{u}_1\neq\boldsymbol{u}_2$,于是 $\boldsymbol{u}_l+\boldsymbol{u}_2\neq 0$,而 $d=d(\boldsymbol{u}_1,\boldsymbol{u}_2)=W(\boldsymbol{u}_1+\boldsymbol{u}_2)\geqslant b$. 另一方面,因为 $\boldsymbol{Z}_2^n$ 的任意子群都包含 $\boldsymbol{Z}_2^n$ 的单位元 $\boldsymbol{0}$,于是 $\boldsymbol{0}$ 是

码字,从而 $b = W(\boldsymbol{v}) = W(\boldsymbol{v} + \boldsymbol{0}) = d(\boldsymbol{v}, \boldsymbol{0}) \geqslant d$. 因此 $d = b$. ■

设群码 $\boldsymbol{C}$,即 $(\boldsymbol{C}, +)$ 是 $(\boldsymbol{Z}_2^n, +)$ 的子群,由于 $(\boldsymbol{Z}_2^n, +)$ 是交换群,所以 $(\boldsymbol{C}, +)$ 是 $(\boldsymbol{Z}_2^n, +)$ 的正规子群. $\boldsymbol{C}$ 可以把 $\boldsymbol{Z}_2^n$ 划分成陪集, $\boldsymbol{Z}_2^n$ 中的两个元素是否在同一陪集中与校验矩阵 $\boldsymbol{H}$ 有关.

定理 12.7.5 设 $\boldsymbol{C}$ 是群码, $\boldsymbol{H}$ 是它的一个校验矩阵,则 $\boldsymbol{Z}_2^n$ 中两个字 $\boldsymbol{u}$、$\boldsymbol{v}$ 属于 $\boldsymbol{C}$ 的同一陪集当且仅当它们的校验子 $\boldsymbol{H}\boldsymbol{u}^{\mathrm{T}} = \boldsymbol{H}\boldsymbol{v}^{\mathrm{T}}$.

证明: $\boldsymbol{Z}_2^n$ 的两个元素 $\boldsymbol{u}$、$\boldsymbol{v}$ 属于 $\boldsymbol{C}$ 的同一陪集当且仅当 $\boldsymbol{u} - \boldsymbol{v} \in \boldsymbol{C}$,当且仅当 $\boldsymbol{H}(\boldsymbol{u} - \boldsymbol{v})^{\mathrm{T}} = \boldsymbol{0}$. 因此, $\boldsymbol{u}$、$\boldsymbol{v}$ 属于 $\boldsymbol{C}$ 的同一陪集当且仅当 $\boldsymbol{H}\boldsymbol{u}^{\mathrm{T}} - \boldsymbol{H}\boldsymbol{v}^{\mathrm{T}} = \boldsymbol{0}$,即 $\boldsymbol{H}\boldsymbol{u}^{\mathrm{T}} = \boldsymbol{H}\boldsymbol{v}^{\mathrm{T}}$. ■

利用上面结果,可以作群码 $\boldsymbol{C}$ 的译码表如下.

(1) 把 $\boldsymbol{C}$ 的所有码字排在第一行,并使 $\boldsymbol{0} = (0, 0, \cdots, 0)$ 排在第一行的最左面,见表 12.7.1.

(2) 把 $\boldsymbol{C}$ 的同一陪集的字排在同一行中,而用这一陪集中的字的校验子作为这一陪集的标记,并标在这一行的左端.

(3) 如果在一个陪集中,重量最小的字只有一个 $\boldsymbol{x}$, $\boldsymbol{x}$ 称为这一陪集的陪集首项. 把 $\boldsymbol{x}$ 排在该行的最左面,即在 $\boldsymbol{0}$ 的下面,而在任一个码字 $\boldsymbol{u}$ 的下面排上 $\boldsymbol{x} + \boldsymbol{u}$.

(4) 如果在一个陪集中,重量最小的字多于 1 个,可以在其中任选一个 $\boldsymbol{x}_1$,同样排在 $\boldsymbol{0}$ 的下面,而在任一码字 $\boldsymbol{u}$ 的下面排上 $\boldsymbol{x}_1 + \boldsymbol{u}$. 这时,这个陪集中的字都排在虚线下面.

表 12.7.1

码字 / 校验子	$\boldsymbol{0}$	…	$\boldsymbol{u}$	…	$\boldsymbol{v}$	…	$\boldsymbol{u}+\boldsymbol{v}$	…
⋮	⋮		⋮		⋮		⋮	
$\boldsymbol{H}\boldsymbol{x}^{\mathrm{T}}$	$\boldsymbol{x}$		$\boldsymbol{x}+\boldsymbol{u}$		⋮		$\boldsymbol{x}+\boldsymbol{u}+\boldsymbol{v}$	…
……………………								
⋮	⋮		⋮		⋮		⋮	

有了这个译码表,当收到字 $\boldsymbol{r}$ 时,就译成 $\boldsymbol{r}$ 所在列中上面的码字,可以证明这种译码表的排法是符合极小距离译码准则的. 如果在一个陪集中,只有一个重量最小的字 $\boldsymbol{x}$,设 $\boldsymbol{v}$ 是任意一个码字,而且 $\boldsymbol{v} \neq \boldsymbol{u}$,于是 $d(\boldsymbol{x}+\boldsymbol{u}, \boldsymbol{u}) = W(\boldsymbol{x}+\boldsymbol{u}+\boldsymbol{u}) = W(\boldsymbol{x})$. 由于 $\boldsymbol{u}$、$\boldsymbol{v} \in \boldsymbol{C}$,所以 $\boldsymbol{u}+\boldsymbol{v} \in \boldsymbol{C}$,而 $W(\boldsymbol{x}) < W(\boldsymbol{x}+\boldsymbol{u}+\boldsymbol{v})$,因此 $d(\boldsymbol{x}+\boldsymbol{u}, \boldsymbol{u}) = W(\boldsymbol{x}) < W(\boldsymbol{x}+\boldsymbol{u}+\boldsymbol{v}) = d(\boldsymbol{x}+\boldsymbol{u}, \boldsymbol{v})$,于是根据极小距离译码准则,当收到 $\boldsymbol{x}+\boldsymbol{u}$ 时应译成 $\boldsymbol{u}$,所以 $\boldsymbol{x}+\boldsymbol{u}$ 应排在 $\boldsymbol{u}$ 的下面. 如果在一个陪集中重量最小的字多于一个,如 $\boldsymbol{x}, \boldsymbol{x}+\boldsymbol{u}_1, \boldsymbol{x}+\boldsymbol{u}_2, \cdots, \boldsymbol{x}+\boldsymbol{u}_{m-1}$ 的重量相等,这里 $\boldsymbol{0}, \boldsymbol{u}_1, \boldsymbol{u}_2, \cdots, \boldsymbol{u}_{m-1} \in \boldsymbol{C}$,对任何 $\boldsymbol{u} \in \boldsymbol{C}$,且 $\boldsymbol{u} \notin \{\boldsymbol{0}, \boldsymbol{u}_1, \boldsymbol{u}_2, \cdots, \boldsymbol{u}_{m-1}\}$,有 $W(\boldsymbol{x}) < W(\boldsymbol{x}+\boldsymbol{u})$. 在这种情况下,不难证明:在这个陪集中任一字 $\boldsymbol{x}+\boldsymbol{u}$ 与 m 个码字 $\boldsymbol{u}, \boldsymbol{u}+\boldsymbol{u}_1, \boldsymbol{u}+\boldsymbol{u}_2, \cdots, \boldsymbol{u}+\boldsymbol{u}_{m-1}$ 的距离都相等,而与其余的 $\boldsymbol{v}$ 的距离 $d(\boldsymbol{x}+\boldsymbol{u}, \boldsymbol{v}) > d(\boldsymbol{x}+\boldsymbol{u}, \boldsymbol{u})$. 根据极小距离译码准则,这时陪集中任一字 $\boldsymbol{x}+\boldsymbol{u}$ 应译成哪个码字不能确

定. 因此,这时这个陪集中的字排在虚线下面.

容易证明,上面的译码方法译码正确当且仅当差错模式是陪集首项.

12.8　小结

本章主要介绍了群的基本概念和简单性质,其中包括群的概念、子群、群的阶数、元素的阶数、陪集、正规子群、商群、群同态和群同构等. 子群是群的一种重要子代数,拉格朗日定理刻画了子群和原来群的阶数之间的关系. 陪集是群的一种很特殊的子集,陪集可构成原来群的一个划分. 群的陪集关于陪集的乘法运算构成一个新的群,即为商群. 置换群在群论中具有很重要的地位,任何一个群都同构于一个变换群或置换群. 凯莱定理可将群统一到变换群或置换群的框架下,变换或置换的表示很简洁,从而简化了群的表示. 本章最后介绍了群论在编码理论中的一个应用,即群编码及其简单性质.

这一章的学习,不仅要掌握这些基本概念和性质. 同时也要学习抽象代数的研究思想和研究方法,它们在计算科学的许多领域中都有应用.

12.9　习题

1. 设$(S, *)$是一个半群,如果对所有的a、$b \in S$,只要$a \neq b$,必有$a * b \neq b * a$. 证明

(1) 任意的$a \in S$,有$a * a = a$;　　(2) 任意的a、$b \in S$,有$a * b * a = a$;

(3) 任意的a、b、$c \in S$,有$a * b * c = a * c$.

2. 下面的系统是群吗?

(1) $(\{1, 2, 3, 4, 6, 12\}, GCD)$;　　(2) $(\{z \in C \mid |z| = 1\}, +)$.

3. 代数系统$(\mathbf{Z}, \circ)$,这里$\circ$为$a \circ b = a + b - 2$, $\forall a$、$b \in \mathbf{Z}$,证明$(\mathbf{Z}, \circ)$是一个群.

4. 假设$(G, *)$是一个半群. 证明如果以下条件成立,则$(G, *)$是群:

(1) G中存在一个右单位元e,即$\forall a \in G$, $ae = a$.

(2) $\forall a \in G$,存在$b \in G$,使得$ab = e$.

5. 证明有单位元且满足消去律的有限半群一定是群.

6. 设$(G, *)$是一个半群,且对所有的a、$b \in G$,方程$a * x = b$, $y * b = a$都有解. 证明$(G, *)$是一个群.

7. 设G是一个群, a、$b \in G$且$(ab)^2 = a^2b^2$. 证明$ab = ba$.

8. 设$(G, \circ)$是一个群, $u \in G$. 定义$a * b = a \circ u^{-1} \circ b$, $\forall a, b \in G$. 证明$(G, *)$也是一

个群.

9. 假定G是一个群,~是G上的一个等价关系且具有性质:$\forall a$、x、$y \in G$, $ax \sim ay \Rightarrow x \sim y$. 证明:$H = \{x \mid x \in G, x \sim e\}$是$G$的一个子群,其中$e$是$G$中的单位元.

10. 假设$(G, \cdot)$是一个群,$H = \{a \mid a \in G$,有$a \cdot b = b \cdot a$, $\forall b \in G\}$,H被称为G的中心. 证明:$(H, \cdot)$是$(G, \cdot)$的一个子群.

11. 设H是群G的有限子集,证明H是G的子群当且仅当对任何的a、$b \in H$有$ab \in H$.

12. 设a是群G的一个元素,其阶数为n, H是G的子群. 证明:如果$a^m \in H$,且$(m, n) = 1$,则$a \in H$.

13. 指出下列群是否是循环群?若是循环群,给出一个生成元:

(1) 整数加群$(\mathbf{Z}, +)$; (2) 有理数加群$(\mathbf{Q}, +)$;

(3) 正有理数乘法群$(\mathbf{Q}_+, \times)$;

(4) 给定正整数n, n次单位根组成的集合$U_n = \{x \mid x \in \mathbf{C}, x^n = 1\}$,关于乘法构成的群;

(5) 给定整数m,集合$G = \{km \mid k \in \mathbf{Z}\}$,关于加法构成的群.

14. 证明:循环群必是交换群.

15. 设G是阶数为素数p的循环群,则对于G的任意元a,只要$a \neq e$, a都是G的生成元.

16. 证明:循环群的子群是循环群.

17. 设G是6阶循环群,找出G的所有生成元和G的所有子群.

18. 设$G = (\mathbf{Q}^*, \cdot)$,这里$\mathbf{Q}^*$是非零有理数集,$\cdot$为数的乘法. 令$H = \{1, -1\}$, $(H, \cdot)$是$(G, \cdot)$的子群,任取a、$b \in \mathbf{Q}^*$,于是$Ha = \{a, -a\}$,问两个右陪集Ha、Hb何时相等?

19. 假设群S_3, $H = \{(1), (1, 2)\}$,求出H的所有左陪集.

20. 证明:群G的两个正规子群的交仍是其正规子群.

21. 设H为群G的子群,K为G中满足条件$aH = Ha$的所有元素a构成的集合,证明:K是G的一个包含H的子群,并且H是K的正规子群.

22. 设G是非零实数乘法群,下述映射f是否是G到G的同态映射?对于同态映射f,求$\operatorname{im} f$和$\ker f$.

(1) $f(x) = |x|$; (2) $f(x) = 2x$;

(3) $f(x) = x^2$; (4) $f(x) = \dfrac{1}{x}$;

(5) $f(x) = -x$; (6) $f(x) = x + 1$.

23. 设$(G, *)$是一个群,$a \in G$,如果f是G到G的映射,使得对于每一个$x \in G$,都有$f(x) = a * x * a^{-1}$,证明:f是G上的自同构.

24. 设f和g是群G到G'的满同态,而$\varphi(x) = f(x) \cdot g(x)$, $\forall x \in G$. 证明:φ是G到G'

的同态映射当且仅当 G' 是可交换的.

25. 设 f 和 g 都是群$(G_1, \times)$到群$(G_2, *)$的同态映射,证明:$(C, \times)$是$(G_1, \times)$的一个子群,其中 $C=\{x \mid x \in G_1 \text{ 且 } f(x)=g(x)\}$.

26. 设置换 $s=\begin{pmatrix}1 & 2 & 3 & 4 & 5\\ 2 & 4 & 3 & 5 & 1\end{pmatrix}$, $t=\begin{pmatrix}1 & 2 & 3 & 4 & 5\\ 2 & 5 & 1 & 4 & 3\end{pmatrix}$,求 s^2, st, ts, s^{-1}, t^{-1}.

27. 将下列置换分解为不相交的轮换和对换之积:

(1) $\begin{pmatrix}1 & 2 & 3 & 4 & 5 & 6\\ 5 & 1 & 6 & 3 & 2 & 4\end{pmatrix}$;　　(2) $\begin{pmatrix}1 & 2 & 3 & 4 & 5 & 6\\ 4 & 6 & 3 & 1 & 2 & 5\end{pmatrix}$;

(3) $\begin{pmatrix}1 & 2 & 3 & 4 & 5 & 6\\ 3 & 2 & 6 & 1 & 4 & 5\end{pmatrix}$.

28. 证明:任一置换都可表成若干对换的乘积.

29. 证明:S_4 可由$\{(12), (13), (14)\}$生成.

***30.** 设二元(9, 4)线性码的生成矩阵 $\boldsymbol{G}=\begin{bmatrix}1 & 0 & 0 & 0 & 1 & 0 & 1 & 0 & 1\\ 0 & 1 & 0 & 0 & 1 & 1 & 1 & 1 & 1\\ 0 & 0 & 1 & 0 & 1 & 1 & 0 & 1 & 0\\ 0 & 0 & 0 & 1 & 0 & 1 & 1 & 0 & 1\end{bmatrix}$,

利用 $\boldsymbol{G}$,把下列数字信息编码:

$$(1, 1, 0, 1), (0, 1, 1, 1), (0, 0, 0, 0), (1, 0, 0, 0).$$

***31.** 设二元(6, 3)线性码的生成矩阵 $\boldsymbol{G}=\begin{bmatrix}1 & 0 & 0 & 1 & 0 & 1\\ 0 & 1 & 0 & 1 & 1 & 1\\ 0 & 0 & 1 & 0 & 1 & 1\end{bmatrix}$.

(1) 利用 $\boldsymbol{G}$,把下列数字信息编码:(1, 1, 0), (a_1, a_2, a_3).

(2) 求出该二元线性码的校验矩阵.

(3) 判断(1, 1, 1, 0, 0, 1), (1, 0, 1, 1, 0, 1)是码字吗?

***32.** 一个二元(6, 3)线性码 $\boldsymbol{C}$,它的校验矩阵为 $\boldsymbol{H}=\begin{bmatrix}1 & 1 & 0 & 1 & 0 & 0\\ 1 & 0 & 1 & 0 & 1 & 0\\ 0 & 1 & 1 & 0 & 0 & 1\end{bmatrix}$.

(1) 对方收到字 $\boldsymbol{v}=(1, 0, 0, 1, 0, 1)$, $\boldsymbol{v}$ 是码字吗?

(2) 计算出码 $\boldsymbol{C}$ 的生成矩阵 $\boldsymbol{G}$.

(3) 假设要传送数字信息(1, 0, 1),则发送码字是什么?

***33.** 设编码函数 E: $\boldsymbol{Z}_2^2 \to \boldsymbol{Z}_2^3$,码 $\boldsymbol{C}=\{(0, 0, 0), (1, 0, 1), (0, 1, 1), (1, 1, 1)\}$,问 $\boldsymbol{C}$ 是群码吗?

第十三章　环和域

环是抽象代数中发展较晚的代数系统,其抽象理论诞生于20世纪.韦德伯恩、诺特和阿廷对环论的发展作出了卓越的贡献.20世纪30年代,范德瓦尔登综合了群和环的抽象理论,写成《近世代数学》一书,标志着抽象代数学正式创立.

本章主要介绍环的基本概念和简单应用.环是有两种二元运算并建立在群的基础上的一种代数系统,域是一种特殊的环.因此,环的许多基本概念与理论是群的相应内容的推广.同时环也有一些特殊的问题,如零因子问题等.因此,读者在学习这一章时,应随时与群的相关概念与理论进行比较,温故而知新.

13.1　环

13.1.1　环的定义

定义 13.1.1　设$(A, +, *)$是一个代数系统,满足

(1) $(A, +)$是一个 Abel 群,

(2) $(A, *)$是一个半群,

(3) $*$对$+$的左、右分配律都成立:即对任意的a、b、$c \in A$,有

$$a*(b+c)=a*b+a*c,\ (a+b)*c=a*c+b*c,$$

则称代数系统$(A, +, *)$是**环**.

为了区别环中的两种二元运算,通常把第一种运算"+"叫做加法,第二种运算"$*$"叫做乘法.如果环$(A, +, *)$对乘法可交换,则称其为**可换环**.

例 13.1.1　整数集合$\mathbf{Z}$对数的加法构成一个 Abel 群,对数的乘法构成一个可换半群,故$(\mathbf{Z}, +, *)$是可换环.同样,$\mathbf{Q}$、$\mathbf{R}$、$\mathbf{C}$对数的加法和乘法也构成可换环.■

例 13.1.2　设整数模n的同余类集合$\mathbf{Z}_n=\{[0], [1], [2], \cdots, [n-1]\}$,在$\mathbf{Z}_n$中定义加

法和乘法分别为模 n 的加法和乘法：$[a]+[b]=[a+b]$, $[a]\cdot[b]=[ab]$.

我们已经知道$(\mathbf{Z}_n, +)$是一个 Abel 群，$(\mathbf{Z}_n, \cdot)$是一个半群. 下面验证分配律：

$$[a]\cdot([b]+[c])=[a]\cdot([b+c])=[a(b+c)]=[ab+ac]=[ab]+[ac].$$

类似地，$([a]+[b])\cdot[c]=[ac]+[bc]$. 所以$(\mathbf{Z}_n, +, \cdot)$ 是环，称为**整数模 n 的剩余类环**. ■

例 13.1.3 设整数环上一元多项式的集合 $\mathbf{Z}[x]=\{a_0+a_1x+a_2x^2+\cdots+a_nx^n \mid a_i\in\mathbf{Z}, n$ 为非负整数，x 为未知元$\}$. 很容易验证，$\mathbf{Z}[x]$ 对多项式的加法和乘法构成环，此环称为**整数环上的一元多项式环**. ■

类似地，$\mathbf{Q}[x]$, $\mathbf{R}[x]$和 $\mathbf{C}[x]$分别是有理数域、实数域和复数域上的一元多项式环.

13.1.2 特殊元素和性质

设$(A, +, *)$是环. 加群$(A, +)$中的单位元通常记作 0. 由于环中乘法对加法的左右分配律都成立，易知加法的单位元恰为乘法的零元，故 0 也称为环的零元. 元素 a 在加群中的逆元(**负元**)记作$-a$. 环的单位元是指乘法半群$(A, *)$的单位元，记作 1. 一个元素 a 的逆元是指它在乘法半群中的逆元，记作 a^{-1}.

由负元可在 A 中定义减法：即任意的 a、$b\in A$, $a-b=a+(-b)$，且具有性质：$(-a)b=a(-b)=-ab$, $(-a)(-b)=ab$. 乘法对减法的分配律亦成立：即任意的 a、b、$c\in A$, $a(b-c)=ab-ac$, $(a-b)c=ac-bc$.

具有单位元的环称为**含幺环**.

环中的乘法可逆元又称为**正则元**或**单位**. 注意不要将“单位”与“单位元”搞混.

我们知道群中运算满足消去律. 但是在环中，消去律不一定成立. 例如，在前面的例 13.1.2 中，我们考虑 $\mathbf{Z}_4$ 这个环，$[2]\neq[0]$，但是$[2]\cdot[2]=[0]$，因此 Z_4 不满足消去律. 为此，下面引入“零因子”的概念.

定义 13.1.2 设 A 是一个环，a、$b\in A$，若 $ab=0$, $a\neq 0$, $b\neq 0$，则称 a 为***左零因子***，b 为***右零因子***. 若一个元素既是左零因子又是右零因子，则称之为***零因子***.

例如，考虑 $\mathbf{Z}$ 上二阶方阵全体构成的集合 $M_2(\mathbf{Z})$，很容易证明 $M_2(\mathbf{Z})$关于矩阵加法和乘法构成环. 在 $M_2(\mathbf{Z})$中，$\boldsymbol{A}=\begin{bmatrix}1&0\\0&0\end{bmatrix}\neq 0$, $\boldsymbol{B}=\begin{bmatrix}0&0\\1&1\end{bmatrix}\neq 0$, $\boldsymbol{AB}=0$，所以 $\boldsymbol{A}$ 是左零因子，$\boldsymbol{B}$ 是右零因子. 又 $\boldsymbol{B}'=\begin{bmatrix}0&1\\0&1\end{bmatrix}\neq 0$, $\boldsymbol{B}'\boldsymbol{A}=0$，故 $\boldsymbol{A}$ 也是右零因子，因而 $\boldsymbol{A}$ 是 $M_2(\mathbf{Z})$ 中的一个零因子.

对可换环而言，这三个概念合而为一. 在什么情况下一个环内有零因子呢？零因子与环的什么性质有关？下面的定理回答了这个问题.

定理 13.1.1 环中无左(右)零因子的充分必要条件是乘法左(右)消去律成立.

证明: 必要性: 设环 R 中无左零因子. 若 $a \neq 0$, $ab = ac$,则有 $a(b-c)=0$,因 $a \neq 0$ 且环中无左零因子,故必有 $b-c=0$,即 $b=c$. 类似可证明右消去律成立.

充分性: 设在环 R 中,左消去律成立. 设 $a \neq 0$,若 $ab=0$,则对 $ab=a0$ 应用消去律,得 $b=0$,因而不存在 $a \neq 0$ 和 $b \neq 0$ 使 $ab=0$,即环中无左零因子. 同理可证环中亦无右零因子. ■

环中是否有零因子直接关系到环内运算的消去律是否成立,这对方程求解等问题影响很大.

13.1.3 环的分类

定义 13.1.3 设 $A \neq \{0\}$, $(A, +, *)$ 是可换环,且无零因子,则称 A 是**整环**. 具有单位元且每个非零元都有乘法逆元的环称为**除环**. 可换除环称为**域**.

例 13.1.4 $\mathbf{Z}$、$\mathbf{Q}$、$\mathbf{R}$ 和 $\mathbf{C}$ 是整环. 事实上,$\mathbf{Q}$、$\mathbf{R}$ 和 $\mathbf{C}$ 是域. 这里恰巧每一个域都是整环;$\mathbf{Z}$ 是一个为整环但不为域的例子,因为元素 $2 \in \mathbf{Z}$ 不具有乘法逆元. ■

例 13.1.5 $\mathbf{Z}_6$ 不是一个整环,因为 $2*3=0$,后面将证明 $\mathbf{Z}_n$ 是一个整环,实际上 $\mathbf{Z}_n$ 是一个域当且仅当 n 是素数. ■

例 13.1.6 $x^2+3x-4 \in \mathbf{Z}_{12}[x]$ 在 $\mathbf{Z}_{12}$ 中有根 1、4、5、8. 见表 13.1.1.

表 13.1.1

X	0	1	2	3	4	5
$x^2+3x-4 \pmod{12}$	8	0	6	2	0	0
X	6	7	8	9	10	11
$x^2+3x-4 \pmod{12}$	2	6	0	8	6	6

因此,在环中,n 次方程的根有可能多于 n 个,原因就在于 $\mathbf{Z}_{12}$ 不是一个整环,$(x+4)(x-1)=0$ 并不意味着它的一个因式为零. ■

下图给出了各种环之间的关系.

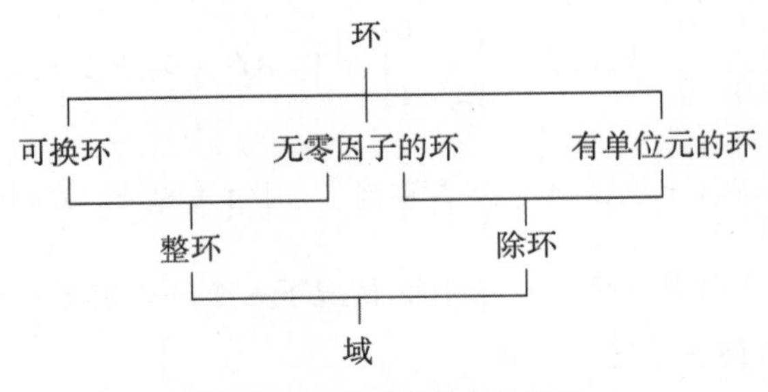

图 13.1.1 各种环之间的关系

定理 13.1.2　域是整环.

证明： 假设 F 是一个域. 下面证明 F 没有零因子. 假设 $ab=0$ 且 $a\neq 0$,则 a 有逆元 a^{-1},因此有 $a^{-1}ab=a^{-1}0$,于是 $b=0$. 因此,F 没有零因子,F 是一个整环. ■

从图 13.1.1 可看出整环不一定是域,但读者可证明有限整环一定是域.

定理 13.1.3　$m\in \mathbf{Z}_n$ 是零因子当且仅当 $(m,n)\neq 1$.

证明： 首先证明若 $(m,n)=1$,则 m 不是一个零因子. 假设 $(m,n)=1$,则存在 a、$b\in\mathbf{Z}$,使得 $am+bn=1$. 对方程两边模 n,得到 $a'm\equiv 1(\bmod n)$,$a'\in\mathbf{Z}_n$,其中 $a\equiv a'(\bmod n)$.

假定 $k\in\mathbf{Z}_n$ 且 $mk\equiv 0(\bmod n)$. 因 $a'm\equiv 1(\bmod n)$,所以 $a'mk\equiv k(\bmod n)$,即 $k\equiv 0(\bmod n)$,因此 m 不是一个零因子.

相反,假设 $(m,n)=k>1$. 也就是 $n=ka$,其中 $1<a<n$. 特别地,我们把 a 看作 $\mathbf{Z}_n$ 中的一个非零元. 则 m 在 $\mathbf{Z}_n$ 中的阶为 $\dfrac{n}{(m,n)}=\dfrac{n}{k}=a$. 因此,在 $\mathbf{Z}_n$ 中 $ma\equiv 0(\bmod n)$,即 m 是一个零因子. ■

推论 1　$\mathbf{Z}_n$ 是一个域当且仅当 n 是一个素数.

证明： 假设 n 是合数,则有 a 和 b 满足 $1<a$, $b<n$ 且 $ab=n$. 由 a 和 b 是 $\mathbf{Z}_n$ 中的元素,我们得到在 $\mathbf{Z}_n$ 中 $ab\equiv 0(\bmod n)$. 因此,$\mathbf{Z}_n$ 有零因子,它不是一个整环. 因为域是整环,所以 $\mathbf{Z}_n$ 不是一个域.

假定 n 是一个素数. 非零元素 $1,2,\cdots,n-1$ 都和 n 互素,因此它们都不是 $\mathbf{Z}_n$ 中的零因子,由定理 13.1.3 知 $\mathbf{Z}_n$ 是一个整环,且因为它有限,故 $\mathbf{Z}_n$ 是一个域. ■

13.2　子环、理想和商环

和群中的子群、正规子群和商群等概念类似,在环中也有相应的概念.

13.2.1　子环和理想

定义 13.2.1　假设 R 是一个环,一个**子环**是一个子集 $S\subset R$ 满足：

1. S 关于加法运算封闭：若 a、$b\in S$,则 $a+b\in S$;
2. R 中的零元在 S 中,即 $0\in S$;
3. S 中每个元素都有加法逆元：若 $a\in S$,则 $-a\in S$;
4. S 关于乘法运算封闭：若 a、$b\in S$,则 $ab\in S$.

下面给出环的另一种子集,即理想. 理想和群中的正规子群相对应,用正规子群可构造商群,用理想可构造商环.

定义 13.2.2 假设 R 是一个环,R 的一个**理想**是一个子集 $S \subset R$ 满足:

1. S 关于加法运算封闭:若 a、$b \in S$,则 $a+b \in S$;
2. R 中的零元在 S 中:$0 \in S$;
3. S 中每个元素关于加法逆元存在:若 $a \in S$,则 $-a \in S$;
4. 若 $a \in \mathbf{R}$, $b \in S$,则 $ab \in S$ 且 $ba \in S$.

子环关于乘法运算封闭,理想中的元素和环中(可能在理想外)的元素之积仍在理想中. 显然,每个理想都是子环,反之则不然.

例 13.2.1 $\mathbf{Z}$ 是 $\mathbf{R}$ 的子环. 因为它包含 0,有加法逆元,关于加法和乘法运算都封闭. 然而,$\mathbf{Z}$ 不是 $\mathbf{R}$ 的一个理想. 例如,$\sqrt{3} \in \mathbf{R}$, $3 \in \mathbf{Z}$,但$\sqrt{3} \cdot 3 \notin \mathbf{Z}$. ■

例 13.2.2 很容易证明,子集 $2\mathbf{Z} = \{\cdots, -4, -2, 0, 2, 4, \cdots\}$ 是整数环的一个理想. ■

更一般地,读者可利用整数的性质证明: $\mathbf{Z}$ 的理想都是子集 $n\mathbf{Z} = \{nz \mid z \in \mathbf{Z}\}$,其中 $n \in \mathbf{N}$.

例 13.2.3 考虑环 $\mathbf{Z}_4 \times \mathbf{Z}_4$ 的子集 $I = \{(0, 0), (1, 1), (2, 2), (3, 3)\}$. 很容易验证 I 是 $\mathbf{Z}_4 \times \mathbf{Z}_4$ 的一个子环,因为 I 中元素的加法、乘法都封闭;其次,I 包含加法单位元$(0, 0)$, I 中的元素具有形式(n, n). 其加法逆元为

$$-(n, n) = (-n, -n) = (4-n, 4-n) \in I.$$

但 I 不是 $\mathbf{Z}_4 \times \mathbf{Z}_4$ 的理想,因为$(3, 1) \in \mathbf{Z}_4 \times \mathbf{Z}_4$, $(1, 1) \in I$, $(3, 1)(1, 1) = (3, 1) \notin I$. ■

定义 13.2.3 假设 R 是具有单位元 1 的可换环, $a \in \mathbf{R}$. 子集$(a) = \{ra \mid r \in \mathbf{R}\}$ 是 R 的一个理想,它由 a 的所有倍数组成,称为由 a 生成的**主理想**.

注意: 这里的倍数是整数中倍数概念的推广.

定义 13.2.4 一个整环 R,如果它的每一个理想都是主理想,则称 R 为**主理想整环**.

例如,很容易证明整数环 $\mathbf{Z}$ 是一个主理想整环.

*13.2.2 商环

设 A 是环,I 是 A 的一个理想,则 I 是加法群$(A, +)$的正规子群,A 对 I 的加法商群为

$$A/I = \{a + I \mid a \in A\},$$

记 $[a] = a + I$,在 A/I 中定义“模 I 的加法”为

$$[a] + [b] = [a+b],$$

再定义“模 I 的乘法”为

$$[a]\cdot[b]=[ab].$$

可以证明它们都是 A/I 中的二元运算，只需证明唯一性：

设 $[a_1]=[a_2]$，$[b_1]=[b_2]$，则 $a_1-a_2\in I$，$b_1-b_2\in I$，故存在 x_1、$x_2\in I$ 使 $a_1=a_2+x_1$，$b_1=b_2+x_2$，因此 $a_1+b_1-(a_2+b_2)=x_1+x_2\in I$，从而 $[a_1+b_1]=[a_2+b_2]$；又 $a_1b_1=a_2b_2+x_1b_2+a_2x_2+x_1x_2$，故 $a_1b_1-a_2b_2\in I$，从而 $[a_1b_1]=[a_2b_2]$.

很容易验证 $(A/I, +)$ 是可换群，$(A/I, \cdot)$ 是半群. 且+对 · 的分配律满足，所以 A/I 是环，此环称为 A 关于 I 的商环.

定义 13.2.5 设 A 是环，I 是 A 的一个理想，$(A/I, +, \cdot)$ 称为 A 关于 I 的**商环**或称为 **A 关于 I 的同余类环**，仍记为 A/I.

例 13.2.4 设 $A=(\mathbf{Z}, +, *)$，$H=(n)$ 是由正整数 n 生成的理想，则

$$A/(n)=\{k+(n) \mid 0\leqslant k\leqslant n-1\}=\{[0], [1], [2], \cdots, [n-1]\}=\mathbf{Z}_n,$$

需要注意的是同一记号 $\mathbf{Z}_n$ 表示不同的意义，当 $\mathbf{Z}_n$ 被看成是模 n 的商群时，$\mathbf{Z}_n$ 中只有加法一种二元运算；当 $\mathbf{Z}_n$ 被看成是商环时，有加法和乘法两种二元运算. ■

13.3 环同态

关于环的同态和同构的概念与群的同态和同构的概念十分类似，在学习时应多注意它们之间的不同之处.

定义 13.3.1 假设 R 和 S 是环. 一个**环同态**是一个函数 $f: R\to S$ 满足：

(1) 任意的 r_1、$r_2\in\mathbf{R}$，$f(r_1+r_2)=f(r_1)+f(r_2)$；

(2) 任意的 r_1、$r_2\in\mathbf{R}$，$f(r_1r_2)=f(r_1)f(r_2)$.

这两条性质保证了 f 应该“保持”环结构（即，加法和乘法）.

例 13.3.1 函数 $f: \mathbf{Z}_2\to\mathbf{Z}_2$ 定义为

$$f(x)=x^2,$$

证明它是一个环同态.

证明： 首先，$f(x+y)=(x+y)^2=x^2+2xy+y^2=x^2+y^2=f(x)+f(y)$，$2xy=0$（因为 2 乘以任何数在 $\mathbf{Z}_2$ 中都为 0）. 其次，$f(xy)=(xy)^2=x^2y^2=f(x)f(y)$. ■

例 13.3.2 函数 g: $\mathbf{Z} \to \mathbf{Z}$ 定义为

$$g(x) = 2x,$$

证明它不是一个环同态.

证明: 因为 $g(x+y) = 2(x+y) = 2x + 2y = g(x) + g(y)$,故 g 是阿贝尔群$(Z, +)$上的一个群同态;但 $g(1*3) = g(3) = 2*3 = 6$,而 $g(1)g(3) = (2*1)(2*3) = 12$, 因此 $g(1*3) \neq g(1)g(3)$. ■

定理 13.3.1 假设 R 和 S 是环,f: $R \to S$ 是一个环同态. 则有

(1) $f(0) = 0$;

(2) 任意的 $r \in \mathbf{R}$, $f(-r) = -f(r)$.

证明:

(1) $f(0) = f(0+0) = f(0) + f(0)$,故 $f(0) = 0$.

(2) 由(1)有, $0 = f(0) = f(r + (-r)) = f(r) + f(-r)$. 这就说明 $f(-r)$ 是 $f(r)$ 的加法逆元,即 $f(-r) = -f(r)$. ■

由此可知,环同态不仅保持了加法和乘法,也保持了加法单位元和加法逆元. 这个性质非常有用.

注: 一个环同态 f 一定满足 $f(0)=0$ 和 $f(-r)=-f(r)$,但它们并不是环同态定义的一部分. 检验一个环同态,只需检验它保持加法和乘法运算即可. 但是反过来,如果一个函数不满足 $f(0)=0$ 或 $f(-r)=-f(r)$,则它不是环同态.

例如,函数 f: $\mathbf{Z} \to \mathbf{Z}$ 定义为: $f(x) = 2x + 5$, f 不是一个环同态,因为 $f(0) = 5 \neq 0$. 另一方面,函数 g: $\mathbf{Z} \to \mathbf{Z}$ 定义为: $g(x) = 3x$,满足 $g(0) = 0$,且任意的 $n \in \mathbf{Z}$, $g(-n) = -g(n)$. 然而 g 不是环同态,因为 $g(3*2) = g(6) = 3*6 = 18$,而 $g(3)*g(2) = (3*3)*(3*2) = 54$,故 $g(3*2) \neq g(3)*g(2)$.

环同态和理想之间有非常重要的关系,下面讨论其部分关系.

定义 13.3.2 环同态 ϕ: $R \to S$ 的**同态核**是 $\ker\phi = \{r \in \mathbf{R} \mid \phi(r) = 0_s\}$,其中 0_s 表示 S 中的零元;环同态 ϕ: $R \to S$ 的**同态像**是 $\operatorname{im}\phi = \{\phi(r) \mid r \in \mathbf{R}\}$.

定理 13.3.2 环同态的同态核是理想.

证明: 令 ϕ: $R \to S$ 是一个环同态,0_r 和 0_s 分别表示 R 和 S 中的零元. 假设 $x, y \in \ker\phi$,则 $\phi(x) = 0_s$, $\phi(y) = 0_s$. 故有

$$\phi(x+y) = \phi(x) + \phi(y) = 0_s + 0_s = 0_s.$$

因此, $x + y \in \ker\phi$. 因为 $\phi(0_r) = 0_s$,故 $0_r \in \ker\phi$. 其次,如果 $x \in \ker\phi$,则 $\phi(x) = 0_s$,因此 $-\phi(x) = 0_s$,故 $\phi(-x) = 0_s$,即 $-x \in \ker\phi$. 最后,若 $x \in \ker\phi$, $r \in \mathbf{R}$,则

$$\phi(rx)=\phi(r)\phi(x)=\phi(r)*0_s=0_s,$$
$$\phi(xr)=\phi(x)\phi(r)=0_s*\phi(r)=0_s.$$

由此得出 $rx, xr \in \ker\phi$. 因此,$\ker\phi$ 是理想. ■

下面的定理告诉我们环同态的同态像是一个子环,而非理想,证明请读者自行完成.

定理 13.3.3　假设 $\phi: R\to S$ 是一个环同态,则 $\mathrm{im}\,\phi$ 是 S 的一个子环.

13.4　域

如果一个环至少含有 0 和 1 两个元素,每一个非零元均有乘法逆元,则此环为除环,可交换的除环为域. 由于在域中加、减、乘运算都封闭,因而许多与四则运算有关的问题都涉及域的性质,例如几何作图问题、代数方程求解等. 下面先介绍域的基本结构,然后再讨论扩域的性质和应用. 因为域是一种特殊的环,有关环的性质在域中都成立,不再重复.

13.4.1　域的基本概念和简单性质

定义 13.4.1　设 F 是域$(K, +, *)$的非空子集,且$(F, +, *)$也是域,则称 F 是 K 的**子域**, K 是 F 的**扩域**,记作 $F \leqslant K$.

例如,有理数域$(\mathbf{Q}, +, *)$是实数域$(\mathbf{R}, +, *)$的子域,$(\mathbf{R}, +, *)$是$(\mathbf{Q}, +, *)$的扩域.

定理 13.4.1　设$(K, +, *)$是域$(F, +, *)$的扩域,则 K 是 F 上的线性空间.

证明略,从线性空间的定义可得.

定义 13.4.2　设 K 是域 F 的扩域,F 上线性空间 K 的维数称为扩域 K 在 F 上的**次数**,记为$(K: F)$. 如果$(K: F)$是有限的,则称 K 是 F 的**有限扩域**.

定义 13.4.3　设 F 是任意域,1 是 F 的单位元,如果对于任何正整数 n,有

$$\underbrace{1+1+\cdots+1}_{n\text{个}1}=n\cdot 1\neq 0,$$

则称 F 的**特征**为 0;如果有正整数 n,使 $n\cdot 1=0$,则称 F 的**特征**为适合条件 $n\cdot 1=0$ 的最小正整数 n,记为 $ChF=n$.

例如,$\mathbf{R}$ 和 $\mathbf{Q}$ 的特征为 0;当 p 是素数时,域 $\mathbf{Z}_p$ 的特征为 p.

定理 13.4.2　设 F 是域,则 F 的特征为 0 或者一素数 p.

证明:　设 F 的特征不为 0,即存在最小的正整数 p,使 $p\cdot 1=0$, p 必为素数. 因为,如果 p 是合数,则 $p=p_1p_2$,这里 $1<p_1\leqslant p_2<p$,因此

$$p \cdot 1 = (p_1 p_2) \cdot 1 = (p_1 \cdot 1)(p_2 \cdot 1) = 0,$$

于是 $p_1 \cdot 1 = 0$ 或 $p_2 \cdot 1 = 0$,这与 p 为最小正整数矛盾. ■

推论 有限域的特征必为素数 p.

环的非零元不一定有逆元. 例如,整数环中,除 1 和−1 外,其它元素均无逆元. 因此,线性方程在环中不一定有解. 那么,是否可以将环扩成域? 显然,有零因子的环或非交换环不可能扩成一个域. 因为域不包含零因子或非交换的元素对. 一般来说,整环可扩成域,且有下述性质:

定理 13.4.3 设 D 是一个整环,构造集合

$$F = \left\{ \frac{b}{a} \,\middle|\, a、b \in D \text{ 且 } a \neq 0 \right\},$$

其中 $\frac{b}{a} = ba^{-1}$. 在 F 中定义加法 + 和乘法 * 为

$$\frac{a}{b} + \frac{c}{d} = \frac{ad + bc}{bd},\ \frac{a}{b} * \frac{c}{d} = \frac{ac}{bd},$$

则$(F, +, \cdot)$是一个包含 D 的域,称 F 为 D 的**分式域**,记作 $F(D)$.

证明: 分三步证.

(1) 证明上述定义的+和 · 是 F 中的二元运算. 由于 D 没有零因子,即 $b \neq 0$, $d \neq 0$,可推出 $bd \neq 0$,于是$\frac{a}{b} + \frac{c}{d}$, $\frac{a}{b} * \frac{c}{d} \in D$.

如果 $\frac{a}{b} = \frac{a'}{b'}$, $\frac{c}{d} = \frac{c'}{d'}$,即 $ab' = a'b$, $cd' = c'd$,则

$$(ad + bc)(b'd') = (ab')dd' + bb'(cd') = (a'd' + b'c')bd.$$

因此,$\frac{ad + bc}{bd} = \frac{a'd' + b'c'}{b'd'}$. 同理可推出:$\frac{ac}{bd} = \frac{a'c'}{b'd'}$. 故上述定义的 + 和 * 都是 F 中的二元运算.

(2) 证明 F 是域. 很容易验证上述定义的加法满足交换律和结合律,零元为 $\frac{0}{b} \in F$, $\frac{a}{b}$ 的负元为 $-\frac{a}{b} \in F$. 故 F 关于加法构成可换群. 下面证明 F 中不等于零的元素关于上述定义的乘法构成可换群. 显然,乘法满足交换律和结合律;单位元为$\frac{a}{a}$; $\frac{a}{b}$ 的逆元为$\frac{b}{a}$. 故 F 中不等于零的元素关于乘法构成可换群. 不难证明:分配律也满足. 因此$(F, +, *)$是域.

(3) 证明 F 包含 D. 对任意的 $x \in D$,可任取 $a \neq 0$,有 $x = \frac{ax}{a} \in F$,故 $D \subseteq F$.

例如$(\mathbf{Z}, +, *)$的分式域就是$(\mathbf{Q}, +, *)$. ■

定义 13.4.4 设 S 是域 F 中的一个非空子集,则包含 S 的最小子域称为由 S 生成的子域,记作 (S). 由元素 1 生成的子域称为**素域**.

素域是域的最小子域,且表征了域的特性. 下述定理刻画了素域的结构.

定理 13.4.4 设 F 是域, F_0 是 F 的素域,则

$$F_0 \cong \begin{cases} \mathbf{Q}, & \mathrm{ch}\, F = 0, \\ \mathbf{Z}_p, & \mathrm{ch}\, F = p(\text{素数}). \end{cases}$$

证明: 若 $\mathrm{ch}\, F = 0$,则在 $(F, +)$ 中 $O(1) = \infty$,对任意的 $n, m(\neq 0) \in \mathbf{Z}$,有 $(n \cdot 1)(m \cdot 1)^{-1} \in F_0$. $(1) = \{(n \cdot 1)(m \cdot 1)^{-1} \mid n, m \in \mathbf{Z}, m \neq 0\} \cong \mathbf{Q}$. 所以 $F_0 \cong \mathbf{Q}$.

若 $\mathrm{ch}\, F = p$(素数),则 $O(1) = p$, $(1) \cong \mathbf{Z}_p$,所以 $F_0 \cong \mathbf{Z}_p$. ■

定义 13.4.5 设 K 是域 F 的扩域,$f(x) \in F[x]$,称 K 为 $f(x)$ 在 F 上的一个**分裂域**(或**根域**),如果 K 含有 $f(x)$ 的所有根,而 K 的任一真子域不含 $f(x)$ 的所有根.

分裂域是十分重要的代数系统,利用分裂域的理论可证明著名的代数基本定理. 有兴趣的读者可参阅书后的参考书目.

13.4.2 有限域

从上面可知,一个有限域 F 的特征必为某个素数 p, F 的素域为 $\mathbf{Z}_p$. 设 F 对 $\mathbf{Z}_p$ 的扩张次数为 n,即 $(F: \mathbf{Z}_p) = n$,则 F 是 $\mathbf{Z}_p$ 上的 n 维线性空间,存在一组基 $\boldsymbol{u}_1, \boldsymbol{u}_2, \cdots, \boldsymbol{u}_n$ 使 F 可简单表示为

$$F = \{a_1\boldsymbol{u}_1 + a_2\boldsymbol{u}_2 + \cdots + a_n\boldsymbol{u}_n \mid a_i \in \mathbf{Z}_p(1 \leqslant i \leqslant n)\}.$$

显然,F 中有 p^n 个元素.

下面介绍有限域的基本性质.

定理 13.4.5 设 F 是有限域.

(1) 若 F 的特征为素数 p,则 F 是 $\mathbf{Z}_p$ 的扩域.

(2) 若 F 的特征为素数 p, $(F: \mathbf{Z}_p) = n$, 则 $|F| = p^n$.

(3) 若 F 的特征为素数 p, $|F| = p^n$,则 F 是 $x^{p^n} - x$ 在 $\mathbf{Z}_p$ 上的分裂域.

定理 13.4.6 任意素数 p 和正整数 n,存在有限域 F,使得 $|F| = p^n$,且在同构意义下 F 是唯一的.

这两个定理的证明在许多抽象代数书上都能找到,在此不再赘述.

定义 13.4.6 具有 p^n 个元素的有限域称为 p^n 阶的**伽罗瓦域**,记为 $GF(p^n)$.

伽罗瓦域具有很好的性质. 有兴趣的读者可参阅抽象代数教材. 伽罗瓦域在编码和密码中有

非常广泛的应用,如伽罗瓦域上循环码的构造研究已取得了一系列突破性的成果,有兴趣的读者可参考相关的文献.

*13.4.3 扩域的性质和几何作图问题

扩域中的元素在性质上有很大的差异.

定义 13.4.7 设 K 是域 F 的扩域,$k \in K$ 称为 F 上的**代数元**,如果存在不全为零的 a_0, a_1, …, $a_n \in F$,使 $a_0 + a_1k + a_2k^2 + \cdots + a_nk^n = 0$,换句话说,$k$ 是 $F[x]$ 中非零多项式的根. K 中非 F 上的代数元称为 F 上的**超越元**. 在复数域中,有理数集上的代数元也称为**代数数**.

例如,7、$\sqrt{5}$、i 都是 $\mathbf{Q}$ 上的代数元,因为它们分别是多项式 $x-7$、x^2-5、x^2+1 的根.

例 13.4.1 试问 $2-\sqrt{7}\mathrm{i}$ 是 $\mathbf{Q}$ 上的代数元吗?

解: 令 $x = 2-\sqrt{7}\mathrm{i}$,则 $x-2=-\sqrt{7}\mathrm{i}$. 故 $(x-2)^2=-7$,整理得:$x^2-4x+11=0$.

因此,$2-\sqrt{7}\mathrm{i}$ 是 $\mathbf{Q}$ 上的代数元. ■

定义 13.4.8 设 K 是 F 的扩域,$\alpha \in K$ 是 F 的代数元,满足 $P(\alpha)=0$ 的次数最低的多项式

$$P(x) = a_0 + a_1x + \cdots + a_{n-1}x^{n-1} + x^n \in F[x],$$

称为 α 在 F 上的**最小多项式**,n 称为 **α 在 F 上的次数**.

设 E 是 F 的扩域,$S \subseteq E$ 是一个非空子集,称包含 F 与 S 的最小扩域为 **F 添加 S 所构成的扩域**,记作 $F(S)$. 添加一个元素 $u \in E$ 所得扩域记作 $F(u)$,称为 F 上的**单扩张**. 单扩域具有性质:

定理 13.4.7 设 E 是 F 的扩域,$u \in E$.

(1) 若 u 是 F 上的代数元,则 $F(u) = \{a_0 + a_1u + \cdots + a_{n-1}u^{n-1} \mid a_i \in F\} \cong F[x]/(m(x))$,且$(f(u):F)=n$,其中 $m(x)$ 为 u 在 F 上的最小多项式,n 为 u 在 F 上的次数;

(2) 若 u 是 F 上的超越元,则 $F(u) = \{\frac{f(u)}{g(u)} \mid f(x), g(x) \in F(x), g \neq 0\} \cong F(x)$ 的分式域,且 $(F(u):F)=\infty$.

该定理精确地刻画了单扩域的结构,其证明可参阅书后的参考书目. 下面利用扩域的知识讨论著名的尺规作图问题.

所谓的"尺规作图问题"是指用圆规和一把无任何标记的直尺能作出哪些图形. 以下几个典型问题:两倍立方体问题、三等分任意角问题、圆化方问题、分圆问题,曾困扰了人们很长时间,直到出现近世代数,才获得了圆满解决. 下面来看这些问题是如何解决的.

要用代数方法求解，首先要将尺规作图问题代数化. 尺规作图就是根据一些已知的初等几何图形，一些线段，一些点，求出一些初等几何图形，如线段，点等. 即，已知平面上的一些点，要求用尺规作出另一些点来. 平面上的点可用坐标表示. 这样，尺规作图问题可代数化为：已知一些实数 1, a_1, a_2, …, a_n，要求用尺规作图作出另一些数 b_1, b_2, …, b_m. 显然尺规可以作出的实数有：

（1）若干线段之和；

（2）两线段之差；

（3）已知三线段 a、b、c，可作出 x，使 $a : b = c : x$；

（4）已知二线段 a、b，作 y，使 $a : y = y : b$.

也就是，已知一些正实数 1, $|a_1|$, $|a_2|$, …, $|a_n|$，可作出它们的和、差、积、商和开平方. 因此，有理数都可以尺规作图. 由扩域的知识可知，可用尺规作图作出 $K = \mathbf{Q}(1, a_1, a_2, \cdots, a_n)$ 中的实数，其中 $\mathbf{Q}$ 是有理数域. 对任意的 $b \in K(b > 0)$，可继续作出 $K(\sqrt{b})$ 中的实数. 如此进行下去可作出 $K(\sqrt{b_1})(\sqrt{b_2})\cdots(\sqrt{b_s})$ 中的实数，其中 $b_i > 0$, $b_i \in K(\sqrt{b_1})(\sqrt{b_2})\cdots(\sqrt{b_{i-1}})$，即用尺规作图仅可作出域 $K(\sqrt{b_1})(\sqrt{b_2})\cdots(\sqrt{b_s})$ 中的实数.

下面利用上述模型来讨论三等分任意角问题.

设 α 是已知角，求 θ，使 $\alpha = 3\theta$. 由公式 $\cos\alpha = \cos 3\theta = 4\cos^3\theta - 3\cos\theta$ 得 $\cos\theta$ 是多项式 $f(x) = 4x^3 - 3x - \cos\alpha$ 的根. 不妨令 $\alpha = 60°$，则 $f(x) = 4x^3 - 3x - \dfrac{1}{2}$, $x = \cos 20°$ 是其根. 很容易验证 $f(x)$ 无有理根，故 $f(x)$ 在 $\mathbf{Q}$ 上不可约. 由定理 13.4.7 知，$(K(\cos 20°) : K) = 3$，而

$$(K(\sqrt{b_1})(\sqrt{b_2})\cdots(\sqrt{b_s}) : K) = 2^s.$$

因为 $3 \nmid 2^s$，故 $x = \cos 20°$ 不在 $K(\sqrt{b_1})(\sqrt{b_2})\cdots(\sqrt{b_s})$ 中. 因此三等分任意角不可行.

类似地，两倍立方体问题、圆化方问题、分圆问题等也可用扩域的知识完全解决，请读者自行完成.

* 13.5 有限域上的遍历矩阵及其在密码学中的应用

13.5.1 有限域 F_q 上的遍历矩阵

定理 13.4.4 告诉我们，当 p 为素数时，有限域 F_p 为素域，其阶数为 p^n. 取 $p = 2$，素域 F_2 上的 n 阶方阵是由 0 和 1 构成的矩阵，它具有一些很重要的数据加密特性. 令 M_n 为 F_2 上的所有 n 阶满秩方阵构成的集合，则 M_n 关于 F_2 中的矩阵乘法构成群. 设 B_n 为全体 $2^n - 1$ 个非零 n 位二进制数构成的集合. 很容易证明如果 $2^n - 1$ 是素数，则 n 一定是素数.

对任意$\boldsymbol{Q} \in M_n$,定义映射f_Q: $B_n \to B_n$,使得对任意$\boldsymbol{x} \in B_n$, $f_Q(x) = \boldsymbol{Q}x$,这里可将x看作F_2上的一个$n \times 1$矩阵. 易证f_Q是双射,即f_Q为B_n的一个置换. 可将f_Q唯一地表示为如下不相交的轮换之积:

$$f_Q = (a_{1_1}a_{1_2}\cdots a_{1n_1})(a_{2_1}a_{2_2}\cdots a_{2n_2})\cdots(a_{k_1}a_{k_2}\cdots a_{kn_k}).$$

显然,

$$n_1 + n_2 + \cdots + n_k = |B_n| = 2^n - 1.$$

设$\boldsymbol{Q}$在群M_n中的阶为d,则$(\boldsymbol{Q}) = \{\boldsymbol{Q}, \boldsymbol{Q}^2, \boldsymbol{Q}^3, \cdots, \boldsymbol{Q}^{d-1}, \boldsymbol{Q}^d = \boldsymbol{I}\}$构成$M_n$的子群,其中$\boldsymbol{I}$为$n$阶单位阵,且有如下定理:

定理 13.5.1 对任意的$\boldsymbol{Q} \in M_n$, f_Q的轮换之积中任一轮换的长度必整除$\boldsymbol{Q}$在M_n中的阶.

该定理的证明留作练习请读者自行完成.

当f_Q只有一个长度为$2^n - 1$的轮换时,$\boldsymbol{Q}$在M_n中的阶必为$2^n - 1$,且对任意的$\boldsymbol{x} \in B_n$,恒有$(\boldsymbol{Q})\boldsymbol{x} = B_n$,即$\boldsymbol{Q}\boldsymbol{x}$, $\boldsymbol{Q}^2x$, $\cdots$, $\boldsymbol{Q}^{2^n-2}x$, $\boldsymbol{Q}^{2^n-1}x = x$恰好取遍$B_n$. 所以,$\boldsymbol{Q}$对每一个非零$n$位二进制数都具有良好的遍历性,称$M_n$中具有这样性质的$n$阶满秩方阵$\boldsymbol{Q}$为“素域$F_2$上的$n$阶遍历矩阵”,简称遍历矩阵.

类似地,可定义有限域F_q上的遍历矩阵. 令P_n表示F_q上的所有n阶满秩方阵构成的集合,设$\boldsymbol{Q} \in P_n$,如果对F_q中任意的非零列向量$\boldsymbol{v} \in F_q^n - \{\boldsymbol{0}\}$, $\boldsymbol{Q}\boldsymbol{v}$, $\boldsymbol{Q}^2\boldsymbol{v}$, $\cdots$, $\boldsymbol{Q}^{q^n-2}\boldsymbol{v}$, $\boldsymbol{Q}^{q^n-1}\boldsymbol{v}$恰好取遍$F_q^n - \{\boldsymbol{0}\}$,则称$\boldsymbol{Q}$为$F_q$上的遍历矩阵,这里$\boldsymbol{0} = (0, 0, \cdots, 0)^{\mathrm{T}}$.

由上面的讨论可知,F_2上的n阶遍历矩阵在群中的阶数必为$2^n - 1$.

定义 13.5.1 对F_2上的n维向量$\boldsymbol{g} = (g_n, \cdots, g_2, g_1) \in F_2^n$,定义$\boldsymbol{Q}_g \in M_n$为:

$$\boldsymbol{Q}_g = \begin{bmatrix} 0 & 1 & 0 & 0 & 0 & \cdots & 0 & 0 \\ 0 & 0 & 1 & 0 & 0 & \cdots & 0 & 0 \\ 0 & 0 & 0 & 1 & 0 & \cdots & 0 & 0 \\ & & & & & \ddots & & \\ 0 & 0 & 0 & 0 & 0 & \cdots & 0 & 1 \\ g_n & g_{n-1} & . & . & . & \cdots & g_2 & g_1 \end{bmatrix}.$$

定理 13.5.2 设n和$2^n - 1$互素,则对任意的$\boldsymbol{g} = (g_n, \cdots, g_2, g_1) \in F_2^n$,其中$g_n \neq 0$, $\boldsymbol{Q}_g$为遍历矩阵当且仅当$\boldsymbol{Q}_g$关于F_2中的矩阵乘法的阶为$2^n - 1$.

该定理的证明留作练习,请读者自行完成.

13.5.2 遍历矩阵在密码学中的应用

遍历矩阵在密码学中有诸多应用,如设计、伪随机数、对称密钥密码、公钥密码、序列密码、一次一密的身份认证等. 下面简要介绍将遍历矩阵应用于伪随机数和公钥加密的基本实现思想.

13.5.2.1 伪随机数

伪随机数在密码学中有比较重要的应用. 由遍历矩阵的定义可知：对任意 $\boldsymbol{x} \in B_n$, $\boldsymbol{Qx}$, $\boldsymbol{Q}^2\boldsymbol{x}$, …, $\boldsymbol{Q}^{2^n-2}\boldsymbol{x}$, $\boldsymbol{Q}^{2^n-1}\boldsymbol{x}=\boldsymbol{x}$ 恰好取遍 B_n. 这说明利用遍历矩阵可穷举 n 维向量,即产生 2^n-1 个非零向量. 当 n 的取值足够大时,伪随机数的周期也会很大,这样就会产生随机数的效果.

例如,当 $n=3$ 时的遍历矩阵 $\boldsymbol{Q}$,它的周期为 $2^3-1=7$. 可取如下的伪随机矩阵：

$$\boldsymbol{Q}=\begin{bmatrix}1&0&1\\1&1&1\\1&1&0\end{bmatrix},\ \boldsymbol{Q}^2=\begin{bmatrix}0&1&1\\1&0&0\\0&1&0\end{bmatrix},\ \boldsymbol{Q}^3=\begin{bmatrix}0&0&1\\1&0&1\\1&1&1\end{bmatrix},\ \boldsymbol{Q}^4=\begin{bmatrix}1&1&0\\0&1&1\\1&0&0\end{bmatrix},$$

$$\boldsymbol{Q}^5=\begin{bmatrix}0&1&0\\0&0&1\\1&0&1\end{bmatrix},\ \boldsymbol{Q}^6=\begin{bmatrix}1&1&1\\1&1&0\\0&1&1\end{bmatrix},\ \boldsymbol{Q}^7=\begin{bmatrix}1&0&0\\0&1&0\\0&0&1\end{bmatrix}.$$

任取 $\boldsymbol{x}=(1,0,1)^{\mathrm{T}}$, $\boldsymbol{Qx}$, $\boldsymbol{Q}^2\boldsymbol{x}$, …, $\boldsymbol{Q}^{2^n-1}\boldsymbol{x}$ 对应的序列为：$(0,0,1)$, $(1,1,0)$, $(1,0,0)$, $(1,1,1)$, $(0,1,0)$, $(0,1,1)$, $(1,0,1)$.

13.5.2.2 公钥密码

公钥密码是密码学的重要组成部分,同时也是建立 PKI 体系的基础. 应用遍历矩阵可以实现公钥加密. 公钥密码的特点是每个用户都拥有自己的公钥和私钥. 双方进行通信时,信息的接收者任选不同域上的两个 n 阶遍历矩阵 $\boldsymbol{Q}_1$ 和 $\boldsymbol{Q}_2$,并选取任意的两个整数 a 和 b,将 $\boldsymbol{Q}_1$, $\boldsymbol{Q}_2$, $\boldsymbol{Q}_1^a$ 和 $\boldsymbol{Q}_2^b$ 公开作为公钥,a 和 b 作为私钥. 信息的发送者按同样的道理任意选取两个整数 s 和 t 作为私钥 $(s,t\in(1,2^n-1))$,并将加密后的密文信息 $\boldsymbol{C}=(\boldsymbol{Q}_1)^{s+a}\boldsymbol{M}(\boldsymbol{Q}_2)^{t+b}$ 以及公钥 $\boldsymbol{Q}_1^s$ 和 $\boldsymbol{Q}_2^t$ 发送给信息的接收者,其中 $\boldsymbol{M}$ 为 n 阶明文方阵. 接收者收到信息后计算 $[(\boldsymbol{Q}_1)^{s+a}]^{-1}\boldsymbol{C}[(\boldsymbol{Q}_2)^{t+b}]^{-1}$ 从而恢复明文信息 $\boldsymbol{M}$. 破解上述密码传输协议等价于求解四个离散对数问题,而离散对数问题属于 NP 难问题,只要选取的遍历矩阵在群中的阶数足够大,此公钥加密算法的安全性很高.

13.6 小结

环和域是两种应用非常广泛的代数系统,如整环、理想可用在因式分解、方程的求根等方面；多项式环被广泛应用于编码中；有限域在组合、编码、密码等学科的理论研究和应用中都有很广泛的应用. 本章主要介绍了环和域的基本概念和简单应用,其中包括环、子环、理想、零因子、整环、商环、域、环同态和有限域等基本概念和简单性质,应用扩域的知识讨论了历史上著名的尺规作图问题,进而证明了三等分任意角不可行. 本章的很多概念和性质都是群的相应概念的推广,学习时应和群的相应概念作比较,温故而知新.

零因子是环中非常重要的概念,零因子使环中 n 次方程的根有可能多于 n 个. 整环是不含零因子的环,因此整环中的 n 次方程的根不多于 n 个. 理想是环中非常特殊的代数系统,理想和群中的正规子群相对应,正规子群可用来构造商群,理想同样可用来构造商环. 有限域是极其重要的代数系统,有非常广泛的应用,有兴趣的同学可阅读 13.4 和 13.5 节,了解有限域的基本概念和简单应用.

13.7 习题

1. 在正整数集 $\mathbf{N}_+$ 上定义两个二元运算: $a \otimes b = a^b$, $a * b = a$. 问 $\otimes$ 对 $*$ 是否是可分配的? $*$ 对 $\otimes$ 是否是可分配的?

2. 设环 $(R, +, *)$ 有单位元 1,在 R 上定义 $a \oplus b = a + b - 1$, $aOb = a + b - a * b$. 证明: $(R, \oplus, O)$ 也是一个有单位元的环.

3. 设 R 是一个环,对所有的 $a \in R$,有 $a^2 = a$,这样的环称作布尔环. 试证明:

(1) R 是可交换的; (2) 任意的 $a \in R$, $a + a = 0$;

(3) 如果 $|R| > 2$,则 R 不是整环.

4. 设 $A = \left\{ \begin{pmatrix} a & b \\ 2b & a \end{pmatrix} \middle| a, b \in \mathbf{Z} \right\}$,证明: A 关于矩阵加法和乘法构成一个整环.

5. 设 A 是一个环,问

(1) 若 a、b 是 A 的零因子且 $a \neq \pm b$, $a + b$ 和 $a - b$ 是否也是零因子?

(2) 若 a、b 不是 A 的零因子且 $a \neq \pm b$, $a + b$ 和 $a - b$ 是否一定不是零因子?

(3) 若 a 不是零因子,b 是零因子, $a + b$ 和 $a - b$ 是否一定是零因子或一定不是零因子?

试举例说明或证明之.

6. 在 $\mathbf{Z}_{15}$ 中,求方程 $x^2 - [1] = [0]$ 的全部根.

7. 设 R 是一个环, $x \in R$. 如果 $x^2 = x$,则称 x 是 R 的幂等元. 证明整环中除 0 和 1 外,无其它的幂等元.

8. 在 $\mathbf{Z}_3$ 和 $\mathbf{Z}_5$ 中,求解方程组 $\begin{cases} x + 2z = [1], \\ y + 2z = [2], \\ 2x + y = [1]. \end{cases}$

9. 设环 R 有且仅有一个右单位元,试证 R 有单位元.

10. 判断下列各集合是否是所指环的子环或理想：

(1) 整数集 $\mathbf{Z}$ 在整系数多项式环 $\mathbf{Z}[x]$ 中；

(2) 自然数集 $\mathbf{N}$ 在整数环 $\mathbf{Z}$ 中；

(3) 整系数多项式集合 $\mathbf{Z}[x]$ 在有理数域上的多项式环 $\mathbf{Q}[x]$ 中；

(4) 常数项为偶数的整系数多项式集合 E 在整系数多项式环 $\mathbf{Z}[x]$ 中.

11. 设 A 是一个环，$e \in A$，证明 $L = \{x - xe \mid x \in A\}$ 是 A 的一个左理想.

12. 设 R 是一个环，$A, B \subseteq R$. 定义 $A + B = \{a + b \mid a \in A, b \in B\}$.

(1) 证明：当 A, B 是理想时，$A + B$ 也是理想.

(2) 举例说明当 A、B 是子环时，$A + B$ 未必是子环.

13. 假设 I 是一个具有单位元 1 的环的理想. 若 $1 \in I$，则 $I = R$.

14. 证明：域 F 的理想仅有 $\{0\}$ 和 F.

***15.** 在高斯整环 $\mathbf{Z}[\mathrm{i}] = \{a + b\mathrm{i} \mid a, b \in \mathbf{Z}\}$ 中，试给出主理想 $(1 + \mathrm{i})$ 的元素的表达式以及商环 $\mathbf{Z}[\mathrm{i}]/(1 + \mathrm{i})$.

16. 设环 R 的理想 A 有单位元 e（即 $e \in A$ 且任意的 $a \in A$，$ae = ea = a$），B 是 A 的理想，则 B 也是 R 的理想.

***17.** 设 f 是环 R 到 R' 的同态映射，证明：

(1) f 将 R 中的零元 0 映射到 R' 中的零元 $0'$；

(2) f 将 R 的子环映射到 R' 的子环；

(3) f 将 R 的理想映射成 $f(R)$ 的理想.

18. 设 R 和 R' 是两个环，令 $f(a) = 0'$，$\forall a \in R$，其中 $0'$ 是 R' 的零元. 试证明 f 是 R 到 R' 的同态映射，这个同态映射叫做**零同态**.

19. 设 f 是环 $R \to R'$ 的满同态，问下述命题是否正确？若正确，则给予证明；若不正确，则举一反例.

(1) 若 R 是交换环，则 R' 也是交换环；　(2) 若 R' 是交换环，则 R 也是交换环；

(3) 若 R 有单位元，则 R' 也有单位元；　(4) 若 R' 有单位元，则 R 也有单位元；

(5) 若 R 无零因子，则 R' 也无零因子；　(6) 若 R' 无零因子，则 R 也无零因子.

***20.** 设 f 是环 R 到 R' 的同态，$b \in R'$，证明 $f^{-1}(b) = a + \mathrm{Ker} f$，其中 a 满足 $f(a) = b$.

***21.** 设 $A = \mathbf{Z} \times \mathbf{Z}$ 关于如下定义的加法、乘法构成环：$(a, b) + (c, d) = (a + c, b + d)$，$(a, b) * (c, d) = (ac, bd)$. 设 $f: A \to Z$，对任意 $(a, b) \in A$，$f((a, b)) = a$. 证明 f 是 A 到 $\mathbf{Z}$ 的同态映射，并求 $\ker f$、$A/\ker f$.

22. 找出环 $\mathbf{Z}_n$ 的所有自同态.

***23.** 设 φ 是环 R 到 R' 的同态映射，H_1 和 H_2 是 R 的子环，且包含 $\ker \varphi$. 证明：若 $\varphi(H_1) = \varphi(H_2)$，则 $H_1 = H_2$.

* **24.** 设K是F的扩域，a、$b \in K$分别是F上的m次和n次代数元，证明：$(F(a, b) : F) \leqslant mn$，且当$(m, n) = 1$时等号成立.

* **25.** 证明：72°角可三等分.

第十四章　格和布尔代数

与环和域一样,格也是包含两种二元运算的代数系统,但它的性质与环和域完全不同.格论大约形成于二十世纪30年代,由德国数学家戴德金(R. Dedekind)在研究交换环和理想时引入.布尔代数是一种特殊的格,由英国数学家布尔(G. Boole)在十九世纪50年代作为逻辑代数而创立.格论和布尔代数在数学的许多分支中均有应用,在近代的计算机科学中也起着重要作用,如用于逻辑电路设计、数据仓库、信息安全等.

本章介绍格和布尔代数的基本知识,包括它们的两种定义和基本性质.限于篇幅和本书的读者对象,我们省略了某些繁琐的证明,但给出了格和布尔代数的基本框架和主要结论.

14.1　格

格有两种定义方式,一种是偏序格,另外一种是代数格,它们可以相互导出,本质上是等价的.

14.1.1　偏序格

作为偏序集的格我们已经在5.5.5小节中给出了定义,这里再重复一下.

定义 14.1.1　如果偏序集$(L, \leqslant)$中任何两个元素均有上、下确界,则称$(L, \leqslant)$为**格**.以下将作为特殊偏序集的格称为偏序格.

如图14.1.1所示的偏序集不是格,因为子集$\{b, c\}$虽然有三个上界d、e和f,但却没有上确界.

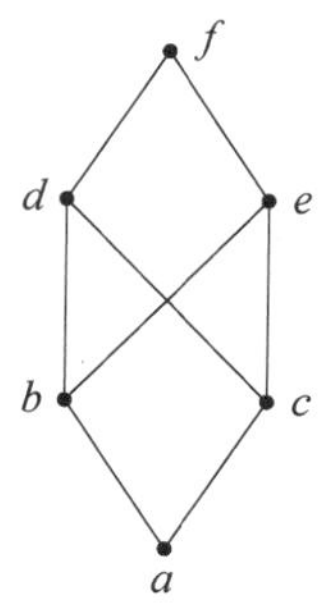

图 14.1.1　一个非格的偏序集

在任意偏序集$(X, \leqslant)$中,如果$a, b \in X$,且$a \leqslant b$,则$\{a, b\}$必有上确界和下确界,分别为b和a.因此,任意偏序集是格当且仅当其中任何一对不可比较的元素都有上、下确界.

例 14.1.1　如图14.1.2所示的两个偏序集都是格.在如图14.1.2(a)所示的偏序集中,仅有一对不可比较的元素:b和c,且它们的上、下确界都存在,分别

是 d 和 a. 在如图 14. 1. 2(b)所示的偏序集中,不可比较的元素有三对: b 和 c、d 和 c、d 和 e,不难看出这三对元素都有上、下确界. ■

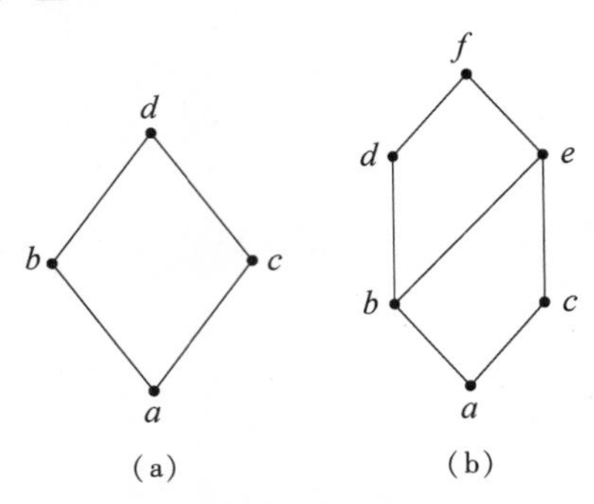

图 14. 1. 2　两个偏序格

例 14. 1. 2　设 S 是集合,则偏序集$(P(S), \subseteq)$是格,且对任意 A、$B \in P(S)$, A 和 B 的上、下确界分别是 $A \cup B$ 和 $A \cap B$.

证明: 设 S 是集合. 对于任意 A、$B \in P(S)$,有 $A \subseteq A \cup B$, $B \subseteq A \cup B$,所以 $A \cup B$ 是$\{A, B\}$的上界. 另一方面,若 T 是$\{A, B\}$ 的上界,则 $A \subseteq T$, $B \subseteq T$,从而 $A \cup B \subseteq T$,即, $A \cup B$ 是$\{A, B\}$的上确界. 类似地, $A \cap B$ 是$\{A, B\}$ 的下确界. 综上,$(P(S), \subseteq)$ 是格. ■

图 14. 1. 3 展示了三个格的哈斯图:$(P(\{a\}), \subseteq)$、$(P(\{a, b\}), \subseteq)$ 和$(P(\{a, b, c\}), \subseteq)$.

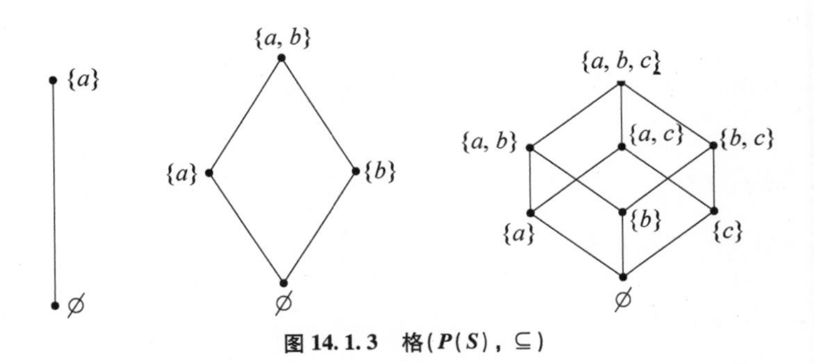

图 14. 1. 3　格$(P(S), \subseteq)$

例 14. 1. 3　对于任意 $k \in \mathbf{N}_+$,令 D_k 表示 k 的所有正因子组成的集合,则$(D_k, |)$ 是格.

证明: 设 $k \in \mathbf{N}_+$, $D_k = \{x \mid x \in \mathbf{N}_+$,且 $x \mid k\}$. 不难看出,对于任意 m、$n \in D_k$,其最小公倍数和最大公约数都属于 D_k,且分别是$\{m, n\}$ 的上、下确界. 所以,$(D_k, |)$ 是格. ■

图 14. 1. 4 展示了格 $(D_{30}, |)$ 和$(D_{36}, |)$ 的哈斯图.

在格中,任意两个元素的上、下确界都是唯一的,由此可以在格上定义两种运算,从而导出代数系统.

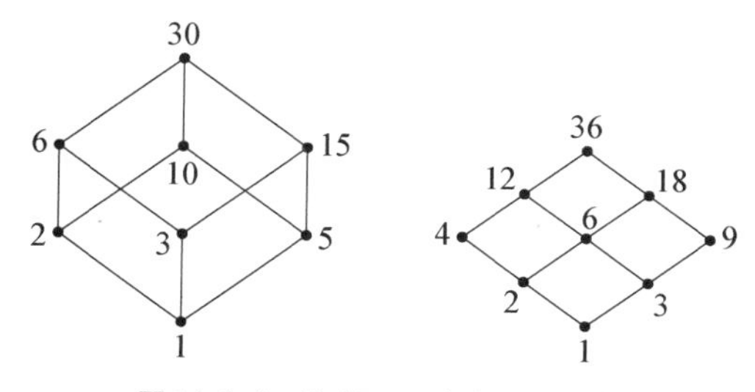

图 14.1.4　格 $(D_{30}, \mid)$ 和 $(D_{36}, \mid)$

定义 14.1.2　设 $(L, \leqslant)$ 是偏序格. 对于任意的 a、$b \in L$, 定义运算 + 和 $*$:

$$a + b = \sup_{(L, \leqslant)}(a, b),$$
$$a * b = \inf_{(L, \leqslant)}(a, b).$$

称 $(L, +, *)$ 是由偏序格 $(L, \leqslant)$ 规定的代数系统.

例如, 由 $(P(S), \subseteq)$ 所规定的代数系统是 $(P(S), \cup, \cap)$.

定理 14.1.1　设 $(L, +, *)$ 是由偏序格 $(L, \leqslant)$ 规定的代数系统. 对于任意 a、b、$c \in L$, 有

(1) $a \leqslant a + b$, $b \leqslant a + b$;

(2) $a * b \leqslant a$, $a * b \leqslant b$;

(3) 若 $a \leqslant b$, 则 $a + c \leqslant b + c$, $a * c \leqslant b * c$.

证明: 设 $(L, +, *)$ 是由偏序格 $(L, \leqslant)$ 规定的代数系统, a、b、$c \in L$.

(1) 因为 $a + b$ 是 $\{a, b\}$ 的一个上界, 所以, $a \leqslant a + b$, $b \leqslant a + b$.

(2) 因为 $a * b$ 是 $\{a, b\}$ 的一个下界, 所以, $a * b \leqslant a$, $a * b \leqslant b$.

(3) 假设 $a \leqslant b$.

由(1)可知, $b \leqslant b + c$, $c \leqslant b + c$. 由假设及偏序关系的传递性可知, $a \leqslant b + c$. 于是, $b + c$ 是 $\{a, c\}$ 的上界, 而 $a + c$ 是 $\{a, c\}$ 的上确界, 所以 $a + c \leqslant b + c$.

由(2)可知, $a * c \leqslant a$, $a * c \leqslant c$. 由假设及偏序关系的传递性可知, $a * c \leqslant b$. 于是, $a * c$ 是 $\{b, c\}$ 的下界, 而 $b * c$ 是 $\{b, c\}$ 的下确界, 所以 $a * c \leqslant b * c$. ■

定理 14.1.2　设 $(L, +, *)$ 是由偏序格 $(L, \leqslant)$ 规定的代数系统. 对于任意 a、b、$c \in L$, 有

(1) 幂等律: $a + a = a$, $a * a = a$;

(2) 交换律: $a + b = b + a$, $a * b = b * a$;

(3) 结合律: $a + (b + c) = (a + b) + c$, $a * (b * c) = (a * b) * c$;

(4) 吸收律: $a + (a * b) = a$, $a * (a + b) = a$.

证明: 设 $(L, +, *)$ 是由偏序格 $(L, \leqslant)$ 规定的代数系统, a、b、$c \in L$.

(1) 幂等律可从+和 $*$ 的定义直接得出.

(2) 交换律可从+和 $*$ 的定义直接得出.

(3) 令 $l = a + (b + c)$, $r = (a + b) + c$.

由定理 14.1.1(1),显然,$a \leqslant l$, $b + c \leqslant l$, $b \leqslant b + c$, $c \leqslant b + c$,所以 l 是 $\{a, b, c\}$ 的上界. 如果 m 也是 $\{a, b, c\}$ 的上界,那么 $a \leqslant m$, $b \leqslant m$, $c \leqslant m$,于是 $b + c \leqslant m$,从而 m 是 $\{a, b + c\}$ 的上界. 而 l 是 $\{a, b + c\}$ 的上确界,所以 $l \leqslant m$. 综上,l 是 $\{a, b, c\}$ 的上确界.

同理可证,r 也是 $\{a, b, c\}$ 的上确界,所以 $l = r$.

等式 $a * (b * c) = (a * b) * c$ 可类似地证明.

(4) 由定理 14.1.1(1),$a \leqslant a + (a * b)$. 由定理 14.1.1(2),$a * b \leqslant a$,从而 $a + (a * b) \leqslant a + a = a$. 所以,由偏序关系的反对称性可知 $a + (a * b) = a$.

等式 $a * (a + b) = a$ 可类似地证明. ■

在偏序格$(L, \leqslant)$规定的代数系统$(L, +, *)$中,因为两种运算的结合律都成立,所以可以递归地定义"连加"和"连乘". 设 a_1、a_2、…、a_n 是 L 中的 $n(n \geqslant 3)$ 个元素,定义

$$a_1 + a_2 + \cdots + a_n = (a_1 + a_2 + \cdots + a_{n-1}) + a_n,$$

$$a_1 * a_2 * \cdots * a_n = (a_1 * a_2 * \cdots * a_{n-1}) * a_n.$$

定理 14.1.2(3)的证明过程告诉我们,对于格中的任意三个元素 a、b、c,$\{a, b, c\}$ 的上、下确界都存在,分别是 $a + b + c$ 和 $a * b * c$. 事实上,利用数学归纳法不难证明:格的任何有限子集均有上、下确界,分别为子集中各元素的和与积.

定理 14.1.3 任意格的任意有限子集均有上、下确界. 若集合 $A = \{a_1, a_2, \cdots, a_n\}(n \in \mathbf{N})$ 是格的子集,则 A 的上确界和下确界分别是 $a_1 + a_2 + \cdots + a_n$ 和 $a_1 * a_2 * \cdots * a_n$.

定理 14.1.3 的证明留作练习,请读者自行完成.

由定理 14.1.3 可知,有限格必有最大元和最小元.

14.1.2 代数格

定义 14.1.3 如果代数系统$(L, +, *)$中的两种运算均满足交换律、结合律和吸收律,那么称代数系统$(L, +, *)$是**格**.

以下将作为代数系统的格称为代数格.

由定理 14.1.2 可知,偏序格所规定的代数系统是代数格,所以代数系统$(P(S), \cup, \cap)$是代数格,其中 S 是任意集合.

定义 14.1.4 设代数系统$(L, +, *)$是格,若$(L', +, *)$是其子代数,且$(L', +, *)$也是格,则称$(L', +, *)$为$(L, +, *)$的**子格**.

定理 14.1.4 代数格$(L, +, *)$中的两种运算均满足幂等律.

证明： 设代数系统$(L, +, *)$是格，$a \in L$.

$$a + a = a + (a * (a + a)) \quad \text{(乘法吸收律)}$$
$$= a. \quad \text{(加法吸收律)}$$
$$a * a = a * (a + (a * a)) \quad \text{(加法吸收律)}$$
$$= a. \quad ■ \quad \text{(乘法吸收律)}$$

定理 14.1.5 设代数系统$(L, +, *)$是格，$a, b \in L$，则$a + b = b$当且仅当$a * b = a$.

证明： 设代数系统$(L, +, *)$是格，$a, b \in L$.

若$a + b = b$，则由吸收律，$a * b = a * (a + b) = a$.

若$a * b = a$，则由交换律和吸收律，$a + b = (b * a) + b = b + (b * a) = b$. ■

定理 14.1.6 设$(L, +, *)$是格. 若定义L上的二元关系$\leqslant_+$如下：

$$a \leqslant_+ b \text{ 当且仅当 } a + b = b,$$

那么$\leqslant_+$是L上的偏序关系，而且$(L, \leqslant_+)$是偏序格.

证明： 设$(L, +, *)$是格，定义L上的二元关系$\leqslant_+$如上.

(1) 证明$\leqslant_+$是L上的偏序关系.

对任意$a \in L$，由幂等律$a + a = a$可知，$a \leqslant_+ a$. 所以，$\leqslant_+$是自反关系.

对任意a、$b \in L$，如果$a \leqslant_+ b$，$b \leqslant_+ a$，那么$a + b = b$，$b + a = a$. 由交换律，$a + b = b + a$，从而$a = b$. 所以，$\leqslant_+$是反对称关系.

对任意a、b、$c \in L$，如果$a \leqslant_+ b$，$b \leqslant_+ c$，那么$a + b = b$，$b + c = c$. 于是，$a + c = a + (b + c) = (a + b) + c = b + c = c$，亦即$a \leqslant_+ c$. 所以，$\leqslant_+$是传递关系.

综上，$\leqslant_+$是L上的偏序关系.

(2) 证明$(L, \leqslant_+)$是格.

设a、$b \in L$.

由于$a + (a + b) = (a + a) + b = a + b$，所以$a \leqslant_+ a + b$. 类似地，$b \leqslant_+ a + b$. 于是，$a + b$是$\{a, b\}$关于$\leqslant_+$的上界. 若$m$也是$\{a, b\}$关于$\leqslant_+$的上界，则$a \leqslant_+ m$，$b \leqslant_+ m$，从而$(a + b) + m = a + (b + m) = a + m = m$. 于是，$a + b \leqslant_+ m$. 所以，$a + b$是$\{a, b\}$关于$\leqslant_+$的上确界.

同理可证，$a * b$是$\{a, b\}$关于$\leqslant_+$的下确界.

综上，L中的任意两个元素关于$\leqslant_+$的上、下确界都存在，所以$(L, \leqslant_+)$是偏序格. ■

由定理 14.1.5，我们也可以等价地从代数格的$*$运算导出偏序格，请读者自行思考.

由定理 14.1.6，代数格$(L, +, *)$可导出偏序格$(L, \leqslant_+)$；由定理 14.1.2，偏序格$(L, \leqslant_+)$又可导出代数格；而且，由定理 14.1.6 的证明过程可知，偏序格$(L, \leqslant_+)$导出的代数系统恰为$(L, +, *)$. 反过来，从偏序格$(L, \leqslant)$出发，可导出代数格$(L, +, *)$，从代数格$(L, +, *)$又可以导出偏序格，而且，该偏序格本质上就是$(L, \leqslant)$. 从这个意义上讲，代数格也就是偏序格，今后我们将不再区分这两种格.

注意： 按照14.1.1小节中的方式可以从偏序格导出代数格，但是，从偏序格导出代数格的方法不唯一，读者不难自行举例说明. 今后，我们所说的从偏序格导出的代数格特指按14.1.1小节中的方式所导出的代数格. 类似地，我们所说的从代数格导出的偏序格特指按14.1.2小节中的方式所导出的偏序格.

14.2 有界格、有补格和分配格

定义14.2.1 有最大元和最小元的格称为**有界格**.

有界格的最大元和最小元通常分别记为1和0，有界格（也是代数系统）记为$(L, +, *, 0, 1)$. 于是，对于任意$a \in L$，有

$$0 \leqslant a \leqslant 1,$$

$$a + 1 = 1,\ a * 1 = a,$$

$$a * 0 = 0,\ a + 0 = a.$$

定义14.2.2 若有界格$(L, +, *, 0, 1)$中的元素a和b满足下面的等式：

$$a + b = 1,$$

$$a * b = 0,$$

则称a和b互为**补元**.

对于一般的有界格，其中的元素可能没有补元，也可能有多个补元. 但是，0和1互为补元，且它们的补元都是唯一的，请读者自行证明.

例14.2.1 在如图14.2.1(a)所示的有界格中，a没有补元，b有两个补元c和d. 在如图14.2.1(b)所示的有界格中，每个元素有且仅有一个补元，其中互补的四对元素分别是：a和a'、b和b'、c和c'、0和1. ■

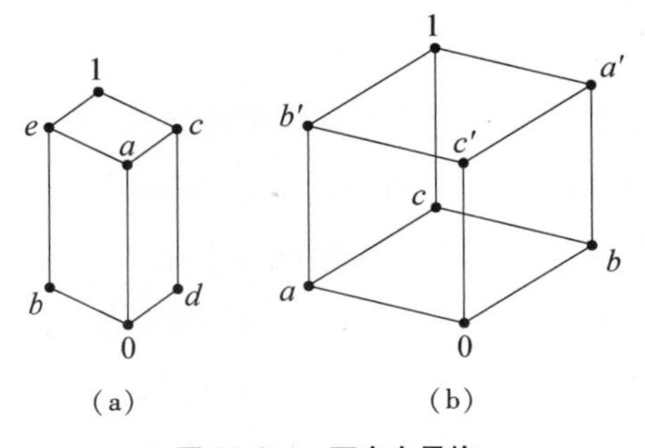

图14.2.1 两个有界格

定义 14.2.3　每个元素都有补元的有界格称为**有补格**.

例 14.2.2

(1) 如图 14.2.1(a)所示的有界格不是有补格,因为 a 没有补元.

(2) 如图 14.2.1(b)所示的格是有补格,且其中每个元素都只有一个补元.

(3) 如图 14.2.2(a)和(b)所示的格都是有补格,但有些元素有两个补元.

(4) 对于任意集合 S, $(P(S), \cup, \cap, \varnothing, S)$ 是有补格,且对于任意 $X \in P(S)$, $S - X$ 是其唯一的补元. ■

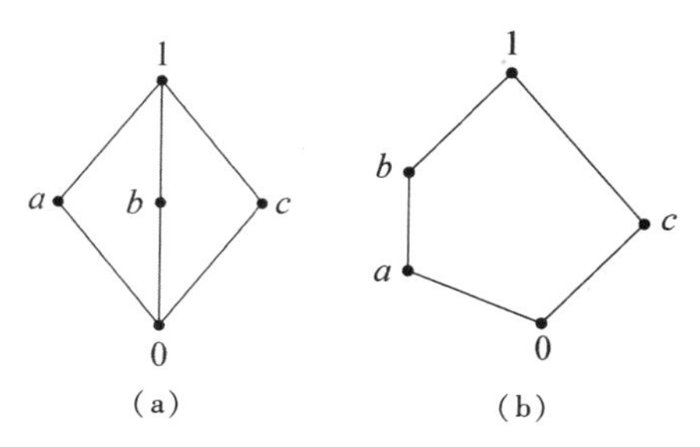

图 14.2.2　两个有补格

定义 14.2.4　在格$(L, +, *)$中,若+关于 * 和 * 关于+的分配律都成立,则称之为**分配格**.

例 14.2.3

(1) 如图 14.2.2(a)和(b)所示的格都不是分配格,因为 $a + (b * c) \neq (a + b) * (a + c)$. 这两个格很重要,它们可用来判定一个格是否是分配格,参见定理 14.2.1.

(2) 对于任意集合 S, $(P(S), \cup, \cap, \varnothing, S)$是分配格,因集合的 $\cup$ 和 $\cap$ 运算都满足分配律. ■

例 14.2.4　在分配格的定义中,要求+关于 * 和 * 关于+的分配律都成立,事实上,只要其中之一成立,另一个也一定成立.

若$(L, +, *)$是格,则下列命题等价:

(1) 对于任意 a、b、$c \in L$, $a + (b * c) = (a + b) * (a + c)$;

(2) 对于任意 a、b、$c \in L$, $a * (b + c) = (a * b) + (a * c)$.

证明: 设$(L, +, *)$是格.

(1) 假设对于任意 $x, y, z \in L$, $x + (y * z) = (x + y) * (x + z)$,则对于任意 $a, b, c \in L$,有

$$(a * b) + (a * c) = ((a * b) + a) * ((a * b) + c) \quad \text{(假设)}$$

$$= a * ((a * b) + c) \quad \text{(吸收律)}$$

$= a * ((a + c) * (b + c))$ (假设和交换律)

$= (a * (a + c)) * (b + c)$ (结合律)

$= a * (b + c).$ (吸收律)

(2) 假设对于任意 x、y、$z \in L$, $x * (y + z) = (x * y) + (x * z)$,则类似地可以证明：对于任意 $a, b, c \in L$, $a * (b + c) = (a * b) + (a * c)$. ■

定理 14.2.1 一个格是分配格当且仅当其中不存在与图 14.2.2 所示的那两个格同构的子格.

定理 14.2.1 的证明比较繁琐,有兴趣的读者可以查阅其他参考书籍.

推论 有界分配格中的任意元素至多只有一个补元.

证明： 若有界分配格 $(L, +, *)$ 中的元素 a 有一个以上补元,不妨设 b, c 都是 a 的补元,则 L 的五元子格 $\{0, 1, a, b, c\}$ 要么与图 14.2.2(a)所示的格同构,要么与图 14.2.2(b)所示的格同构. 这与定理 14.2.1 矛盾,所以 L 中的任意元素至多只有一个补元. ■

定义 14.2.5 至少含两个元素的有补分配格称为**布尔格**或**布尔代数**.

通常,作为偏序格的有补分配格称为布尔格,相应的代数系统称为布尔代数.

设 $(B, +, *, 0, 1)$ 是布尔代数. 由定理 14.2.1 的推论,B 中的每个元素都有唯一的补元. 对于任意 $a \in B$, a 的补元记为 a'. 将 $'$ 看作 B 上的一元运算,布尔代数就记为 $(B, +, *, ', 0, 1)$.

例 14.2.5

(1) 对于任意非空集合 S, $(P(S), \cup, \cap, ^-, \varnothing, S)$ 是布尔代数,即集合代数构成布尔代数.

(2) $(D_{30}, |)$ 是布尔格,但 $(D_{36}, |)$ 不是布尔格. ■

综合上述讨论,若 $(B, \leqslant)$ 是布尔格,则由其导出的代数系统 $(B, +, *, ', 0, 1)$ 具有下列性质：

(1) +和 * 满足交换律、结合律、吸收律和幂等律,因为 $(B, \leqslant)$ 是格；

(2) +关于 * 、* 关于+的分配律都成立,因为 $(B, \leqslant)$ 是分配格；

(3) +和 * 满足同一律和零律,因为 $(B, \leqslant)$ 是有界格, 0 和 1 分别是其最小元和最大元；

对任意 $a \in L$,有：

$$a + 1 = 1,\ a * 0 = 0;\text{(零律)}$$

$$a * 1 = a,\ a + 0 = a.\text{(同一律)}$$

(4) $'$ 满足双重否定,因为有补分配格的补元唯一；

对任意 $a \in L$,有：

$$(a')' = a.\text{(双重否定)}$$

(5) 补律和德摩根律成立,因为$(B, \leqslant)$是补格.

对任意a、$b \in L$,有:

$$a + a' = 1,\ a * a' = 0;\ (\text{补律})$$
$$(a + b)' = a' * b',\ (a * b)' = a' + b'.\ (\text{德摩根律})$$

14.3 布尔代数

14.3.1 布尔代数和布尔格

与格一样,布尔代数也可以通过代数系统直接定义,并从作为代数系统的布尔代数导出相应的作为偏序格的布尔格. 两种定义本质上是等价的.

定义 14.3.1 设$(B, +, *, ')$是代数系统,其中,+和$*$是二元运算,$'$是一元运算,B中有两个特殊元素0和1. 此外,对于任意a、$b \in B$,有

(1) 交换律:$a + b = b + a$, $a * b = b * a$;

(2) 分配律:$a + (b * c) = (a + b) * (a + c)$, $a * (b + c) = (a * b) + (a * c)$;

(3) 同一律:$a + 0 = a$, $a * 1 = a$;

(4) 补律:$a + a' = 1$, $a * a' = 0$.

满足上述条件的代数系统$(B, +, *, ')$称为**布尔代数**,并记为$(B, +, *, ', 0, 1)$.

例 14.3.1

(1) 显然,作为偏序格的布尔格所导出的代数系统都是布尔代数.

(2) 命题代数$(\{0, 1\}, \vee, \wedge, \neg, 0, 1)$是布尔代数,这个布尔代数是最小的布尔代数,称为**二元布尔代数**.

定理 14.3.1 设$(B, +, *, ', 0, 1)$是布尔代数,在B上定义二元关系$\leqslant_+$如下:

$$a \leqslant_+ b \text{ 当且仅当 } a + b = b.$$

那么,$(B, \leqslant_+)$是布尔格,且$(B, \leqslant_+)$所导出的代数系统恰为$(B, +, *, ', 0, 1)$.

定理 14.3.1 可以类似于定理 14.1.6 那样证明,请读者自行完成.

作为偏序格的布尔格与作为代数系统的布尔代数之间的关系类似于偏序格和代数格之间的关系,二者本质上是等价的,所以我们也不作区分.

14.3.2 有限布尔代数

为了进一步讨论布尔代数的结构,下面先引入原子的概念,并进而说明任意有限布尔代数都

与某一集合代数同构.

定义 14.3.2 设$(B, +, *, ', 0, 1)$是布尔代数,B中覆盖0的元素称为**原子**.

也就是说,若$(B, +, *, ', 0, 1)$是布尔代数,a是其中的原子,那么$0 < a$,且对任意$x \in B$,只要$0 < x \leqslant a$,就有$x = a$.

不难看出,如果a_1和a_2都是布尔代数$(B, +, *, ', 0, 1)$中的原子,且$a_1 \neq a_2$,那么$a_1 * a_2 = 0$.

定理 14.3.2 设$(B, +, *, ', 0, 1)$是有限布尔代数,S是其原子的集合,则$(B, +, *, ', 0, 1)$与$(P(S), \cup, \cap, ^{-}, \varnothing, S)$同构.

定理14.3.2的证明比较繁琐,有兴趣的读者可以查阅其他参考书籍.

由定理14.3.2,任何有限布尔代数的基数(计数)都是2的幂,基数相同的有限布尔代数都是同构的.

定义 14.3.3 布尔代数的子代数系统称为**子布尔代数**.

设$(B, +, *, ', 0, 1)$是布尔代数.如果B的子集B'构成子代数,那么$B' \neq \varnothing$.设$x \in B'$.由于x'、$x + x'$和$x * x'$均属于B',所以$0, 1 \in B'$.因此,二元布尔代数$B_2 = (\{0, 1\}, +, *, ', 0, 1)$是$(B, +, *, ', 0, 1)$的最小的子布尔代数,亦即$B_2$是$(B, +, *, ', 0, 1)$的任何子布尔代数的子布尔代数.

例 14.3.2 从同构的意义上讲,命题代数$(\{0, 1\}, \vee, \wedge, \neg, 0, 1)$(参见例14.3.1(2))是任何布尔代数的子代数.

例 14.3.3 设$(B, +, *, ', 0, 1)$是布尔代数.若$a \in B$,则$\{a, a', 0, 1\}$构成$(B, +, *, ', 0, 1)$的包含a的最小的子布尔代数.

14.3.3 对偶原理

事实上,对偶原理不仅在布尔代数中成立,在一般的格上也成立.

如果$(L, \leqslant)$是格,那么$(L, \geqslant)$也是格.如果$(L, +, *)$是由$(L, \leqslant)$导出的代数系统,那么由$(L, \geqslant)$导出的代数系统恰为$(L, *, +)$,而且$(L, \leqslant)$的最大元恰为$(L, \geqslant)$的最小元,$(L, \leqslant)$的最小元恰为$(L, \geqslant)$的最大元.

若P是与格有关的命题,将其中的$+$、$*$、$\leqslant$、$\geqslant$、0和1分别替换成$*$、$+$、$\geqslant$、$\leqslant$、1和0得到命题P^*,则称P和P^*互为**对偶命题**.

格的对偶原理 与格有关的命题为真当且仅当其对偶命题为真.

请读者回忆一下,集合代数和命题代数中均有对偶原理,因为它们都是特殊的布尔代数.

14.4　小结

本章介绍了格和布尔代数的基础知识，包括偏序格和代数格的概念及其等价性、几种特殊的格（有界格、有补格和分配格）、格和布尔代数的基本性质、有限布尔代数的性质等等，这些内容大致体现了格和布尔代数的基本框架和主要结果. 格和布尔代数在数学和计算机科学中都有广泛的应用，读者应掌握这些基本内容及其思想.

14.5　习题

1. 如图 14.5.1 所示的五个偏序集是否为格？为什么？

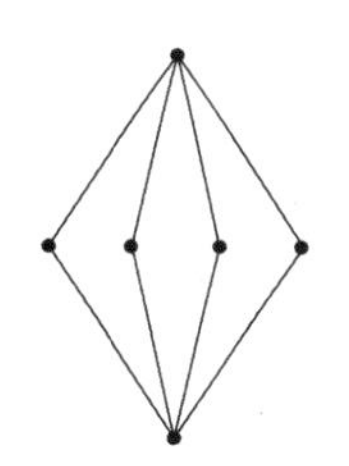
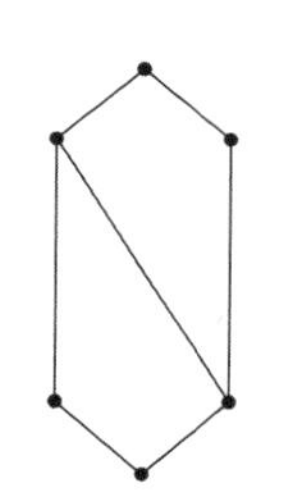
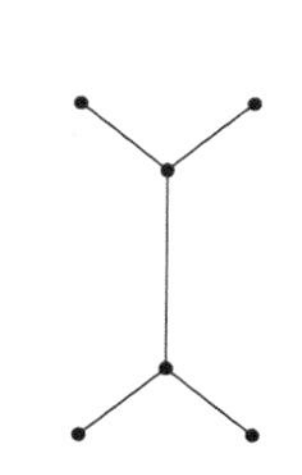
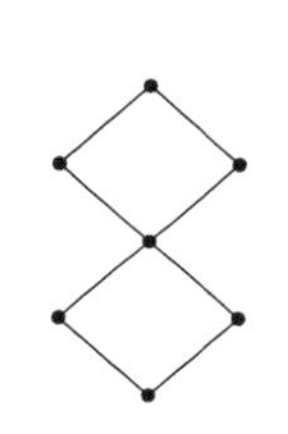
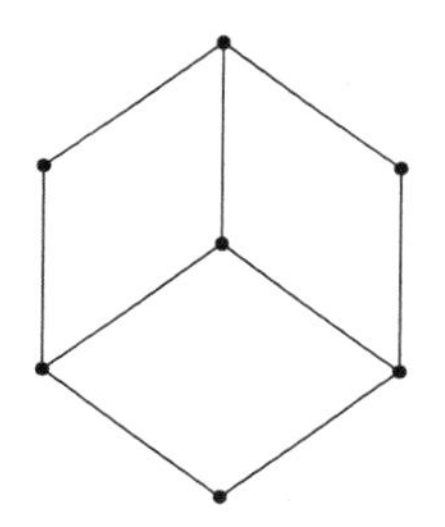

图 14.5.1　五个偏序集

2. 设$(L, \leqslant)$是格，对于任意 a、b、$c \in L$，证明：

(1) $a * b = a$ 当且仅当 $a + b = b$；

(2) $a * b \neq a$ 且 $a * b \neq b$ 当且仅当 a、b 不可比较；

(3) $a * b = a + b$ 当且仅当 $a = b$；

(4) $(a * b) + (a * c) \leqslant a * (b + c)$；

(5) $(a * b) + (c * d) \leqslant (a + c) * (b + d)$；

(6) $a \leqslant c$ 当且仅当 $a + (b * c) \leqslant (a + b) * c$；

(7) 若 $a < b$，那么 $b + ((a + b) * c) = a + b$；

(8) $a + ((a + b) * (a + c)) = (a + b) * (a + c)$.

3. 证明格是全序集当且仅当其非空子集均为子格.

4. 设$(L, +, *)$是格. 证明：对于任意 a、b、$c \in L$, $a + (b * c) \leqslant (a + b) * (a + c)$.

5. 设$(L, \leqslant)$是格，$a \in L$. 令 $T = \{x \mid x \in L \text{ 且 } x \leqslant a\}$. 证明 T 是$(L, \leqslant)$的子格.

***6.** 设 φ 是$(P(S), \cup, \cap)$上的自同态映射，且 $A_1 \subseteq S$. 令 $B = \{A \mid A \subseteq S, \varphi(A) = A_1\}$. 证明：$(B, \cup, \cap)$是$(P(S), \cup, \cap)$的子格.

*7. 若f是A到B的单射,令$S=\{f(X)\mid X\subseteq A\}$. 这里, $f(X)=\{f(x)\mid x\in X\}$. 证明: $(S,\cup,\cap)$是$(P(B),\cup,\cap)$的子格.

8. 如图 14.5.2 所示的四个格是否为分配格或有补格? 请指出图 14.5.2(a)所示的格中互补的元素对.

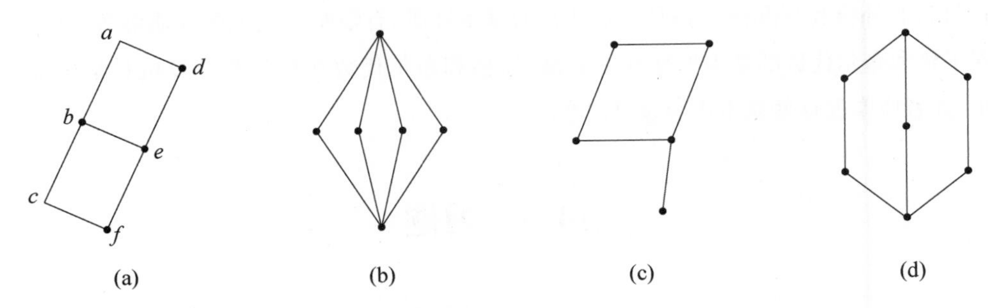

图 14.5.2 四个格

9. 设$(L,\leqslant)$是有界格. 证明: 若$|L|\geqslant 2$,则L中不存在以自身为补元的元素.

10. 证明: 有界分配格中,所有具有补元的元素组成一个子格.

11. 设$(L,\leqslant)$是布尔格. 对于任意a、b、$c\in L$,证明:

(1) 如下四个命题等价: (i)$a\leqslant b$, (ii)$a'+b=1$, (iii)$a*b'=0$, (iv)$b'\leqslant a'$;

(2) 如果$a\nleqslant b'$,那么存在非零元x,使得$x\leqslant a$且$x\leqslant b$;

(3) $a=b$当且仅当$(a*b')+(a'*b)=0$;

(4) 如果$c\leqslant a$且$c\leqslant a'$,那么$c=0$;

(5) 如果$a\leqslant c$且$a'\leqslant c$,那么$c=1$;

(6) $a=0$当且仅当$(a*b')+(a'*b)=b$.

12. 设$(L,\leqslant)$是分配格, $k\in L$. 定义φ_1: $L\to L$和φ_2: $L\to L$如下: 对于任意$x\in L$, $\varphi_1(x)=x*k$, $\varphi_2(x)=x+k$. 证明: φ_1和φ_2都是$(L,+,*)$上的同态映射.

13. 设$(B,+,*,',0,1)$是布尔代数. 证明: 对于任意a、b、$c\in B$,下列命题成立:

(1) $a*(a'+b)=a*b$;

(2) $a+(a'*b)=a+b$;

(3) $(a*b)+(a*b')=a$;

(4) $(a+b)*(a+b')=a$.

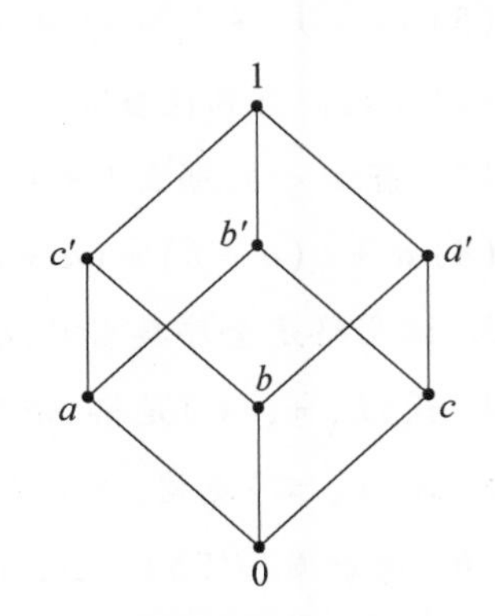

图 14.5.3 布尔代数$(B,+,*,',0,1)$

14. 求出布尔代数$(\{\varnothing,\{a_1,a_2\},\{a_3,a_4\},E\},\cup,\cap,\bar{},\varnothing,E)$的原子集$S$,这里$E=\{a_1,a_2,a_3,a_4\}$. 画出$(P(S),\subseteq)$的哈斯图.

15. 布尔代数中的非零元a是原子的充要条件是: 当

$a = x + y$ 时,必有 $x = a$ 或 $y = a$.

16. 若 a、b 是布尔代数$(B, +, *, ', 0, 1)$的原子,且 $a \neq b$,则 $a * b = 0$.

17. 布尔代数$(B, +, *, ', 0, 1)$如图 14.5.3 所示. 问:在如图 14.5.4 所示的偏序集中,哪些构成$(B, +, *, ', 0, 1)$的子格和子布尔代数?哪些是格或布尔代数?

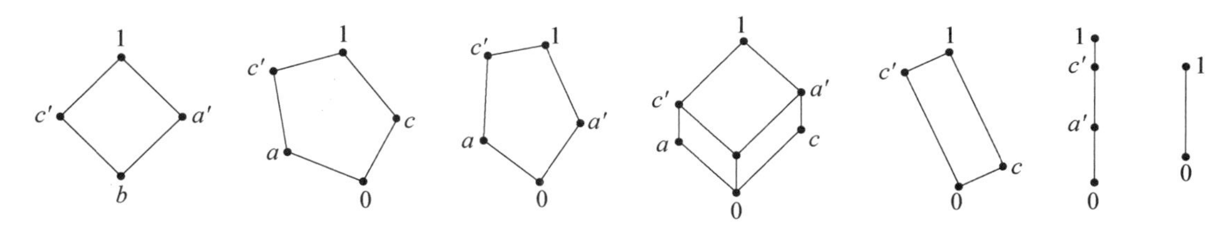

图 14.5.4　偏序集